北京创新天正软件有限公司　编著

TArch® TS4.0 天正建筑软件

使用手册

人 民 邮 电 出 版 社

北 京

图书在版编目（CIP）数据

TArch TS4.0天正建筑软件使用手册 / 北京创新天正软件有限公司编著. -- 北京 : 人民邮电出版社, 2010.8
ISBN 978-7-115-22972-4

Ⅰ. ①T… Ⅱ. ①北… Ⅲ. ①建筑设计：计算机辅助设计－应用软件，TArch TS4.0 Ⅳ. ①TU201.4

中国版本图书馆CIP数据核字(2010)第088821号

内容提要

TArch TS 4.0 是天正建筑系列软件的最新版本。以美国 Autodesk 公司开发的通用 CAD 软件 AutoCAD 为平台，按照国内当前最新建筑设计和制图规范、标准图集开发，是在国内建筑设计市场占有率长期居于领先地位的优秀国产建筑设计软件。

本书系统地介绍了 TArch TS 4.0 的各项功能，全面讲解了 TArch TS 4.0 的使用方法和技巧，在附录中还收集了全部菜单命令和简要解释。

本书结构清晰，内容丰富，是学习天正建筑软件 TArch TS 4.0 颇具权威的使用手册，适合于天正建筑软件的用户选用。

TArch® TS 4.0 天正建筑软件使用手册

◆ 编　　著　北京创新天正软件有限公司
　责任编辑　黄汉兵

◆ 人民邮电出版社出版发行　　北京市崇文区夕照寺街 14 号
　邮编　100061　　电子函件　315@ptpress.com.cn
　网址　http://www.ptpress.com.cn
　三河市海波印务有限公司印刷

◆ 开本：787×1092　1/16
　印张：18.75
　字数：448 千字　　　　2010 年 8 月第 1 版
　印数：1－2 000 册　　　2010 年 8 月河北第 1 次印刷

ISBN 978-7-115-22972-4

定价：88.00 元

读者服务热线：(010)67132692　印装质量热线：(010)67129223
反盗版热线：(010)67171154

北京创新天正软件有限公司

北京市海淀区中关村南大街乙12号天作国际大厦1栋B座10层　100081

电话：(010)68910932, 68910934, 68910935　E-mail：info@tangent.com.cn

传真：(010)82168138　http：//www.tangent.com.cn

前　言

北京天正公司是由具有建筑设计行业背景的资深专家发起成立的高新技术企业，自1994年开始已以AutoCAD为图形平台成功开发了建筑、暖通、电气、给排水等方面的专业软件，是Autodesk公司在中国内地的第一批注册开发商。十五年来，天正公司的建筑CAD软件在全国范围内取得了极大的成功，可以说天正建筑软件已成为国内建筑CAD的行业规范，它的建筑对象和图档格式已经成为设计单位之间、设计单位与甲方之间图形信息交流的基础。

天正系列软件产品贯彻了工具集的设计思想，且具有技术先进、易学好用、灵活可靠的特点。近年来，随着建筑设计市场的需要，天正日照、建筑节能、规划、土方、造价等软件也相继推出，欢迎关注。

天正建筑TArch TS运行环境

天正建筑TArch TS软件既有单机版，也有适用于单位或集团的网络版，分别支持Windows 98/2000、Windows XP和Windows Vista的操作系统。天正建筑软件TArch TS以AutoCAD为平台，采用“分布式工具集”作业方式，给设计师以极大的灵活性。用户可以随时单击任何一个天正建筑软件工具随心所欲地进行绘图设计，不受流程和步骤的限制；天正建筑软件完整地保留了AutoCAD的原界面和命令，这些命令集和天正命令集“和平共处”，两者可结合使用。从某种意义上讲，天正建筑系列软件是对AutoCAD命令集本地化和专业化扩充，从而使普通的绘图软件AutoCAD变成专业设计软件，其中天正建筑TArch TS涉及的就有500多个专业化的绘图工具软件。

天正建筑TArch TS技术特性

天正建筑TArch TS软件是国内最早在AutoCAD平台上开发的商品化建筑专业软件。在开发过程中，天正建筑软件努力融汇国际先进的编程技术与国内用户丰富的建筑CAD使用经验，首次提出了“分布式工具集”的建筑CAD软件设计思想，向用户提供了一系列高效智能的绘图工具。始于天正建筑“工具集”的概念和方法，在相关下行专业系列中也得以继承和发扬，成了天正软件的代名词。经过了十多年的实践证明，工具集是符合当前建筑 CAD 应用水平的一种好方法。

工具集概念的形成和实现，使许多设计师不再是使用基本的 CAD 命令，而是通过使用天正系列软件以达到大幅提高工作效率的目的。

天正系列软件在遵守国家相关的设计规范同时，也允许用户进行个性化的定制，如文字字体、平面的门窗样式、标注斜线的样式、图层名称和颜色等。总之，使用天正建筑 TArch TS 软件，你就能够体会到天正对用户无微不至的关怀。

天正建筑 TArch TS 软件界面对象的快捷菜单，可以在选定一组图元后，右击弹出与这些图元相关的命令菜单组，大大提高绘图效率。

天正建筑软件以图层为根本，除了图块以外，任何自绘的图元放到天正相应的图层后，都可以使用天正命令操作。

应用天正建筑 CAD 系列软件，设计师可以从容地漫游于建筑设计的全程，包括方案设计、初步设计和施工图设计。从绘制第一条轴线开始直到输出设计蓝图，整个应用过程直观、方便，该软件既符合国家相关设计规范，又尊重设计师的习惯。此外，在每个专业软件中都留有图形接口，不同专业的设计师可以相互进行图纸委托，避免重复劳动。

天正建筑 TArch TS 主要功能

平面图：设计从轴线开始，墙线是根本

绘制直线轴网和弧线轴网再配合轴线的添加、移动、修剪等修改编辑工具，保证设计师可以完成任意轴网的布置；沿轴线轻松地绘制期望的单或双墙线、插入和替换柱子，利用【轴网生墙】命令可以沿轴网生成双线墙，用户可以进一步对墙线做编辑，如修补、裁剪、复制、移动等；点取平面门窗子菜单的命令，可以插入门窗、更换门窗样式、修改门窗宽度、给出门窗名称，以及门窗表格直接从图提取；阳台依据墙体直接生成；楼梯、台阶的设计在相应的参数化对话框中就可实现。依靠图库中提供或自建的各种洁具、设施图块的插入进行厨房和卫生间的布置，采用人机对话方式，给定参数后即可自动生成布置图。丰富的建筑图中常用的图案，可以供用户选择。

在方案设计阶段，用户可以先绘制单线墙完成房间布置，确定后再由单线墙生成轴网。

立剖面：平面自动生成立剖面，或使用工具绘制立剖面

【立面绘制】通过模式对话框可以快速生成立面。立剖面可以插入门窗、变尺寸、更换样式等且操作都十分简单。【屋顶绘制】采用参数化对话框，用户可以在十几种屋顶形式中任取所需。地坪线、雨水管、台阶剖面都有专用命令。

剖面图与立面图在生成过程中十分相似，但剖面图有剖切实体和可见物体之分，天正建筑 TArch TS 已经考虑了这些问题，用户可以自由选择要还是不要可见部分，至于楼梯、屋顶、楼板、地坪和门窗等可以通过选用相应的命令轻松获得。

总图规划：简单实用

天正建筑 TArch TS 还可以用于规划图设计绘图、道路绘制、各种总图符号，以及室外园林的绿化等工具，可以方便地绘制总规划图。

尺寸标注：操作简单，内容丰富

图纸【尺寸标注】是一个复杂且重要的环节，天正建筑 TArch TS 提供的尺寸工具为用

户考虑得十分周到，从轴线标注到门窗标注、洁具标注，还有逐点、两点、墙中、墙厚、沿直墙注及等距注墙等，标注数值可以自动上下调节。像其他工具一样，尺寸标注也有很多编辑工具，如标注延伸、平移、纵移、断开、合并和改值等。【注明改值】用于检查尺寸标注的显示值和测量值是否一致。

标高标注：智能化的标高和符号标注

标高标注和地坪标注只需要用鼠标一点即可获得，其值以图中所选点的实际 Y 值为默认值，用户也可以进行更改。符号标注中包括索引号、剖切号、图号、指北针、箭头、对称轴、引注和做法标注等，这些绘图工具都符合国家的有关设计规范和建筑师习惯。

图库系统：实用的建筑专业图库

天正图库分为系统图库和用户图库两部分，其中系统图库是天正建筑软件提供给用户的常用图库，自建和收集的图库中是设计者对重要资料的积累，因此天正允许建立用户图库，且可将单图或多图入库并建立幻灯片。软件升级时，只需要将用户图库复制到新版本的安装位置即可继续使用。

图库插入的同时可以进行旋转、翻转或外框插入，对已经插入的图库也可以进行同样的操作，天正还提供了许多其他图块编辑工具，如剪切等。

文字：文字标注和编辑

文字菜单中的【字型参数】用于定制全部中英文字体的参数，用户可以在两种文字之间任选其一：矢量字体和系统“.ttf”字体。默认汉字为十分节省资源的 HZTXT 矢量字。用户可以直接引入在其他文档编辑软件中生成的“.txt”文件，如设计说明等。文字的编辑命令也很丰富，如横排、曲排、字变、上标、下标、统一字高、单词旋转、GB-BIG5 字体互转等，这些工具足够用户为建筑图添加上丰富多彩的文字说明。

表格绘制：符合规范，形式多样

表格的核心是表头，绘制表格时要从表头入手，用户可以保存表头以备将来调用。对于绘制好的表格，能够对其增加（或减少）表行列、复制格线。表中文字录入方便文字既可以直接按行列输入，也可以从表格中点取或从词库中选择，序号自动生成。

布图出图：灵活、方便、直观

天正建筑 TArch TS 软件很好地解决了在同一张图纸上绘制不同比例图纸的问题。依靠【内涵比例】定制每个图形的出图比例，然后在两种布图方式（窗口布置和图块布置）中选择其一。通常，前者更加灵活。“插入图框”对话框可以定义出任意尺寸的图纸，图签、会签可以按本单位的需要重新定制修改。

接口-条件图：常用绘图和编辑工具

在这个菜单中，天正建筑 TArch TS 提供了很多公用的修改和编辑工具，有与图层相关的修改命令，也有关于线、图块和图案的编辑命令。

上述介绍限于篇幅，仅仅是天正建筑 TArch TS 的主要内容，只有真正使用了它，才能领略其博大的内涵。

天正建筑 TArch TS 的工作模式

在天正建筑 TArch TS 软件中工作，有 3 种操作模式可供选择：图标菜单、屏幕菜单和快捷命令。用户不仅可以方便地设置快捷命令，而且可以导入和导出快捷命令。

目　录

第 8 章　图框与布图……………………… 226

第1章 天正建筑 TArch TS 4.0 软件概述

本章中主要介绍关于天正建筑 TArch TS 4.0 软件安装前后的一些综合内容，包括：

（1）软件运行的软、硬件环境要求；

（2）软件的安装；

（3）软件运行时的提示和说明书中的一些格式约定；

（4）软件菜单简化命令及热键。

1.1 软件的软、硬件环境要求

天正建筑 TS 软件是在 AutoCAD 平台上运行的，因此其对计算机硬件环境的要求就是 AutoCAD 软件对计算机的要求，有关 AutoCAD 各种版本对计算机的硬件要求，请参见 AutoCAD 的说明书。天正建筑 TS 软件可以在 AutoCAD R14～AutoCAD 2009 等各版本的平台上运行（但目前尚不能支持 64 位的 AutoCAD）；所适用的操作系统包括 Windows 95～Windows 2000、Windows NT4.0、Windows XP 和 Windows Vista 等各种版本的 Windows 系统。

1.2 软件的安装

在安装天正建筑 TS 软件以前，应该先在计算机上安装好 AutoCAD 软件。安装该软件时，双击 Setup.exe 文件的图标，安装程序便开始运行。接着，在屏幕上弹出如图 1-1 所示的“欢迎使用天正建筑 TS 软件安装向导”对话框。

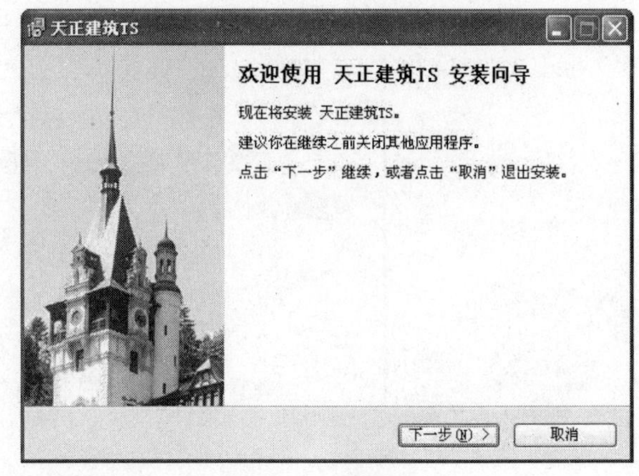

图 1-1　欢迎界面

单击「下一步」按钮，弹出如图 1-2 所示的“选择授权方式”对话框，在其中选择授权方式。选择使用单机版和网络版的，需要有授权锁。如果选择安装网络版，会弹出如图 1-3 所示的对话框，在该对话框中可以输入软件授权网络锁的服务器名称。在这里输入服务器名称能够加快本机运行时查找网络锁的速度。安装其他版本，这个对话框不出现。

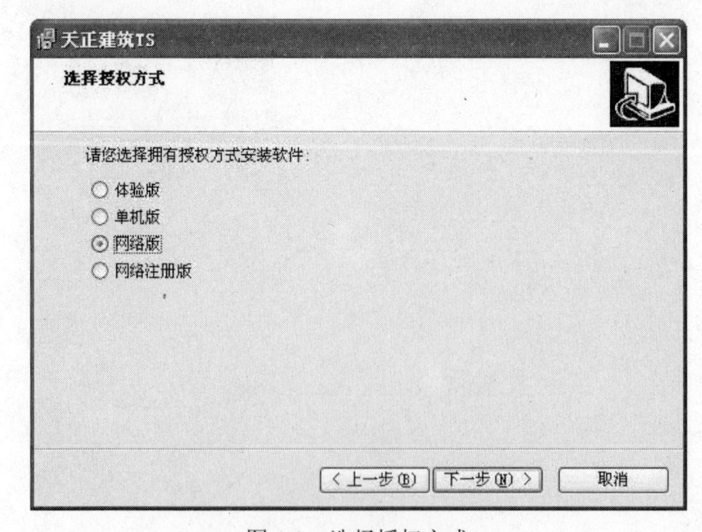

图 1-2　选择授权方式

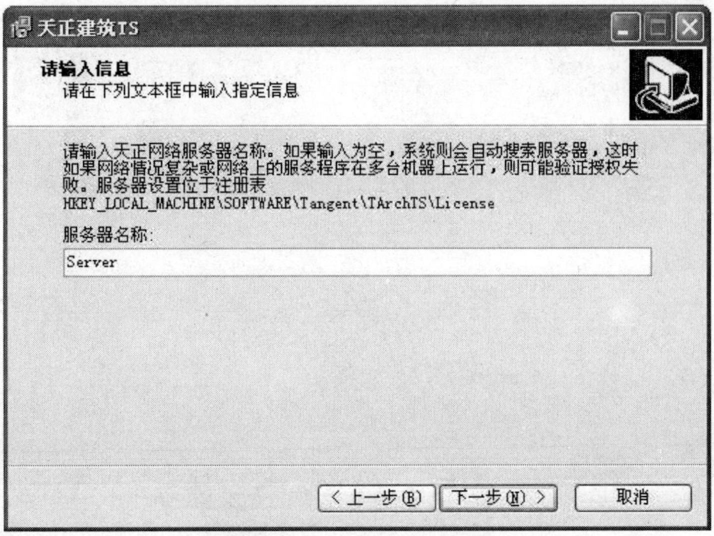

图 1-3　输入服务器名称

选择软件的安装路径。在弹出如图 1-4 所示的对话框中选择软件的安装路径；不希望使用默认路径时，可单击「浏览」按钮，调出设定路径的对话框修改安装路径。下一个选择是在如图 1-5 所示对话框中设定工作目录，即放置图形文件的默认路径，可以直接在输入框中修改，也可以单击「浏览」按钮选路径。

单击「下一步」按钮，如果您的计算机上同时装有多个版本的 AutoCAD 软件，便会弹出如图 1-6 所示的“选择 AutoCAD 平台”对话框，可以在其中选择需要使用的 AutoCAD 平台软件，然后单击「下一步」按钮，继续安装。如果在计算机中只安装了一个版本的 AutoCAD，此对话框不会出现。

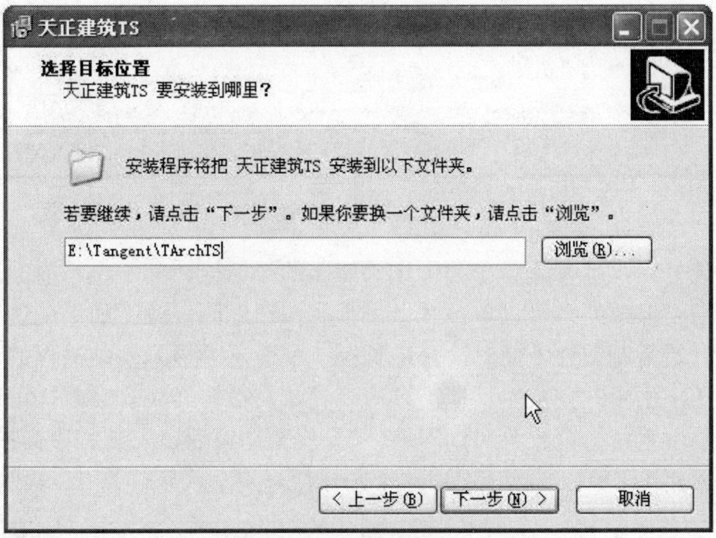

图 1-4　选择软件安装路径

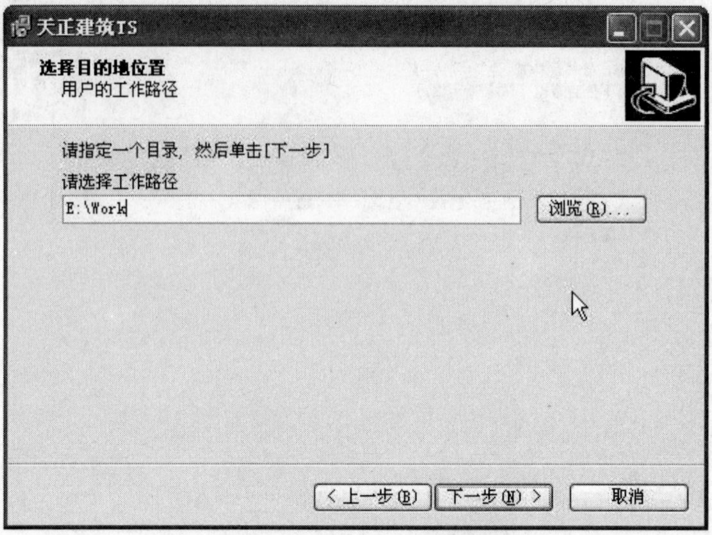

图 1-5　选择放置绘图文件的工作目录

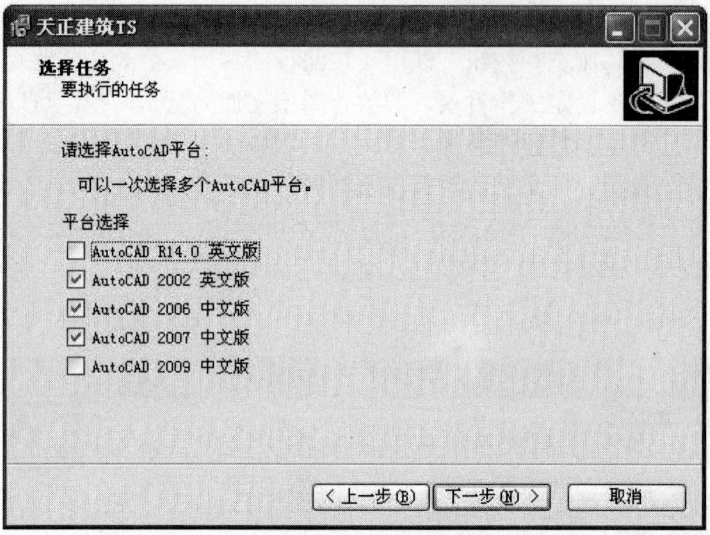

图 1-6　选择 AutoCAD 平台

以上设置项选好后，屏幕上弹出如图 1-7 所示的对话框，其中显示前面选定的路径和版本设置。如果有需要修改的，可以单击「上一步」按钮返回修改；如果确认无误，就可以单击「安装」按钮开始复制文件。此时，弹出如图 1-8 所示的显示安装进程的对话框。安装完毕后，弹出如图 1-9 所示的完成对话框。单击「完成」按钮结束安装前，可以在这个对话框中选择是否“需要用系统右键菜单启动本软件”。安装结束后，安装程序会在 Windows 的桌面上设置一个天正建筑 TS 的图标，双击这个图标便可启动天正建筑 TS 软件开始绘图。

注意：使用天正建筑 TS 软件单机版的用户，应在开机前将锁插入计算机的打印机插口或是 USB 接口中；使用网络版的用户，需要通过网络与插网络锁的服务器连接。

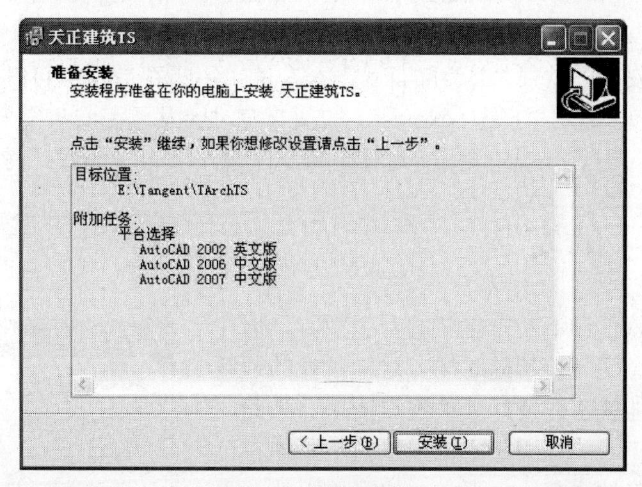

图 1-7　确认安装

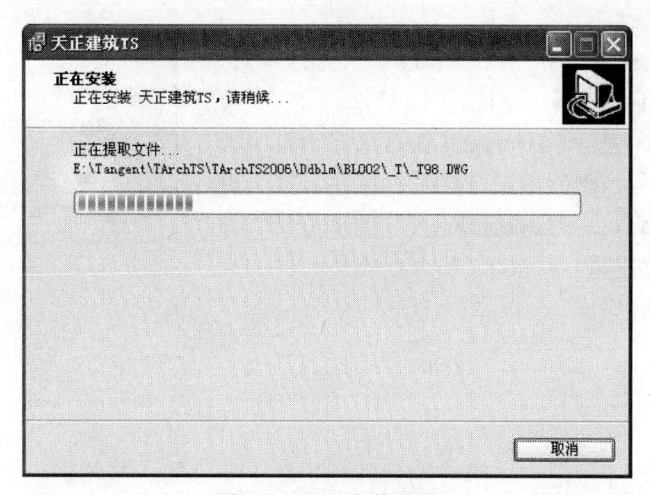

图 1-8　显示安装进程

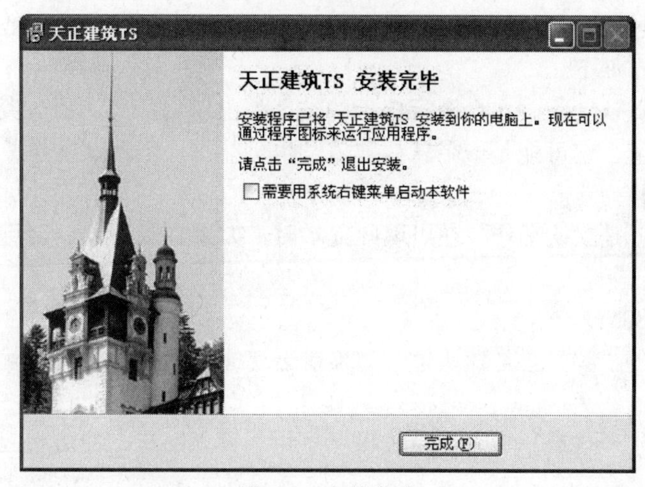

图 1-9　安装完成

天正建筑 TS 软件安装完毕后，其安装目录下有 Lisp、Sys、Ddblm 和 Ddblu 等 4 个目录。

其中 Lisp 和 Sys 目录存放的是系统运行所需的程序和图块文件，Ddblm 目录下存放系统图库中的图块文件。新安装的软件，Ddblu 目录下是空的，用于存放用户自制的图块。

AutoCAD 中安装了快捷工具（express）的用户有时会发现在安装了天正软件后，原来下拉菜单中的「快捷工具」这一项不见了。此时在命令行输入“expresstools”，就可以启动 express。

1.3 软件补丁的安装

天正建筑 TS 软件会不断推出新的升级版本，但在两个版本之间可能会间隔较长的时间，这样所做的最新改进和新增加的功能就不能及时地被用户所用。为此，本软件会在下一个正式的升级版本推出以前不断地在公司网站上更新补丁包的内容，需要的用户可以下载补丁包，以便于更新自己的软件。补丁包中包含一些名为“updateXXX”的目录和一个“UpDateTz.exe”文件，将这个压缩包的文件释放出来，双击“UpDateTz.exe”文件，会弹出如图 1-10 所示的对话框；在这个对话框中选择要加补丁的版本号，然后单击「更新」按钮，补丁更新就完成了。如果将这些“updateXXX”目录与安装程序 Setup.exe 文件放在同一目录下，那么在安装软件的同时，补丁更新也同时完成。

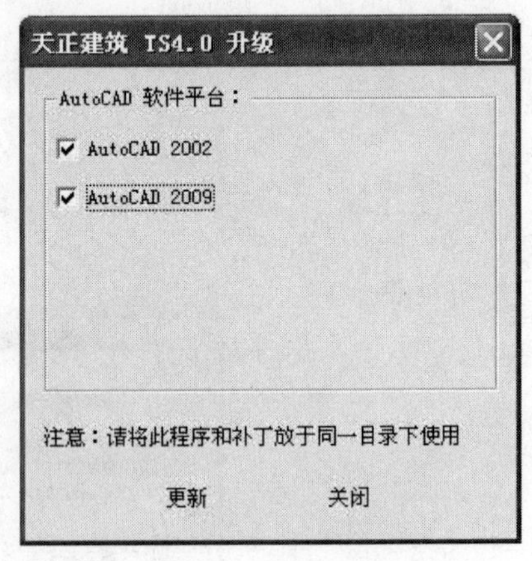

图 1-10　补丁安装

1.4 格式约定

为方便用户阅读本手册，本节介绍软件和手册中使用的一些约定。

1．命令提示内容的约定

在命令的执行过程中，通常在命令行会出现一些提示，请用户输入数据，或键入命令。其提示中的一些约定如下。

（1）默认值与默认动作。在命令行提示的结尾处出现尖括号，那么尖括号中的文字表示本提示响应的默认值，它可能是一个默认数值，也可能是一个默认动作。例如：

请点取捕捉网格的基点 <退出>:

这里“退出”就是默认动作。在出现此提示时，如果直接按<回车>键，就相当于执行退出命令。再如：

保温层厚度 <80>:

上面尖括号中的“80”就是默认值，如果在出现此提示时<回车>，就相当于用户输入了“80”这个数字。

（2）关键字。在一些提示中会出现关键字字母，键入字母，便可相应地执行一些动作。例如：

请点取墙的起点[W 墙厚/Q 左中右/F 参照点/D 单段] <退出>:

出现以上提示时，如果键入“W”，便可重新输入墙厚；键入“F”，可取一个参照点；

而键入“D”，就只画一段直线墙。对于 AutoCAD 2000 版以上的 AutoCAD 版本，经适当的设置后，使用右键还可以弹出如图 1-11 所示的菜单。又例如：

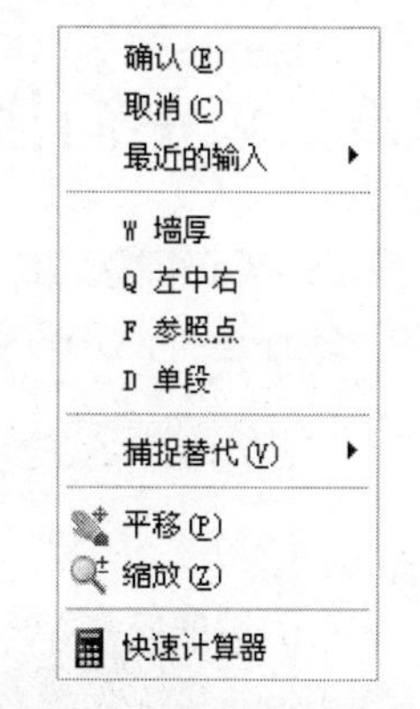

图 1-11　热键右键菜单

请取插入点[{A}90 度旋转/{S}X 翻转/{D}Y 翻转/{R}改插入角/{T}改基点] <退出>:

出现此提示时，就可以键入“A”、“S”、“D”、“R”或“T”来执行相应的动作（如 90 度旋转、*X* 方向翻转、*Y* 方向翻转等）。这里的关键字是用大括号括起来的，说明每个关键字代表一个热键，按热键字母后不需<回车>，动作即开始执行。

（3）在命令提示行中出现要求操作者选取一些图元的提示时，往往会紧接着出现“select objects:”的英文提示，这说明操作者可以用 AutoCAD 提供的各种选图元方法（如点选、开窗口选等）来选定多个图元；不出现这样的英文提示时，一般一次只能选一个图元。

2．本手册中格式与术语的约定

（1）介绍命令的格式。在每节介绍命令的开头部分，都以相同的格式列出此命令的主要特征。如[直线轴网]一节的开头部分如下：

3.1.1　直线轴网　zhxzhw (LX)

菜单：平面轴线 ▶ 直线轴网

图元：轴线（DOTE）；红（1）；LINE

功能：生成正交轴网、斜交轴网或单向轴网。

上例第一行中的 3 部分分别表示该命令的中文命令名、英文命令名和简化命令。其中，中文命令是在菜单中显示的命令名；用括号括起的是简化命令，可以直接从命令行键入来启动命令（只有常用的命令有简化命令）；第二行中的“菜单”项表示此命令在屏幕菜单或工具条菜单中的位置；第三行的“图元”项中列出该命令生成或所修改的图元的一些特征，包括：图元所在的层、图元的颜色和类型等；第四行的“功能”项用于简要说明此命令的主要功能。

（2）天正建筑 TS 命令名在本书中用方括号括起，例如：[直线轴网]。对话框中的一些控件的名称加角括号，如直线轴网对话框中的「上开间」。

（3）一些操作术语的约定如表 1-1 所示。

表 1-1　天正建筑 TS 软件中操作术语约定

术语名称	解　释
选取（选择）	用 AutoCAD 开窗口等方法选取图中的一批图元（可同时选多个）
拾取	用 AutoCAD 拾取框点选图中的图元（一次只能选一个）
点取、点一下	用光标在图中取一个点（大多数情况下，也可以用键盘输入坐标）
单击、点击	用箭头光标在对话框的某控件上点一下
双击	用箭头光标在对话框的某控件上连续点两下

1.5 菜单简化命令与热键

1．天正建筑 TS 软件的菜单

软件运行时的界面如图 1-12 所示。

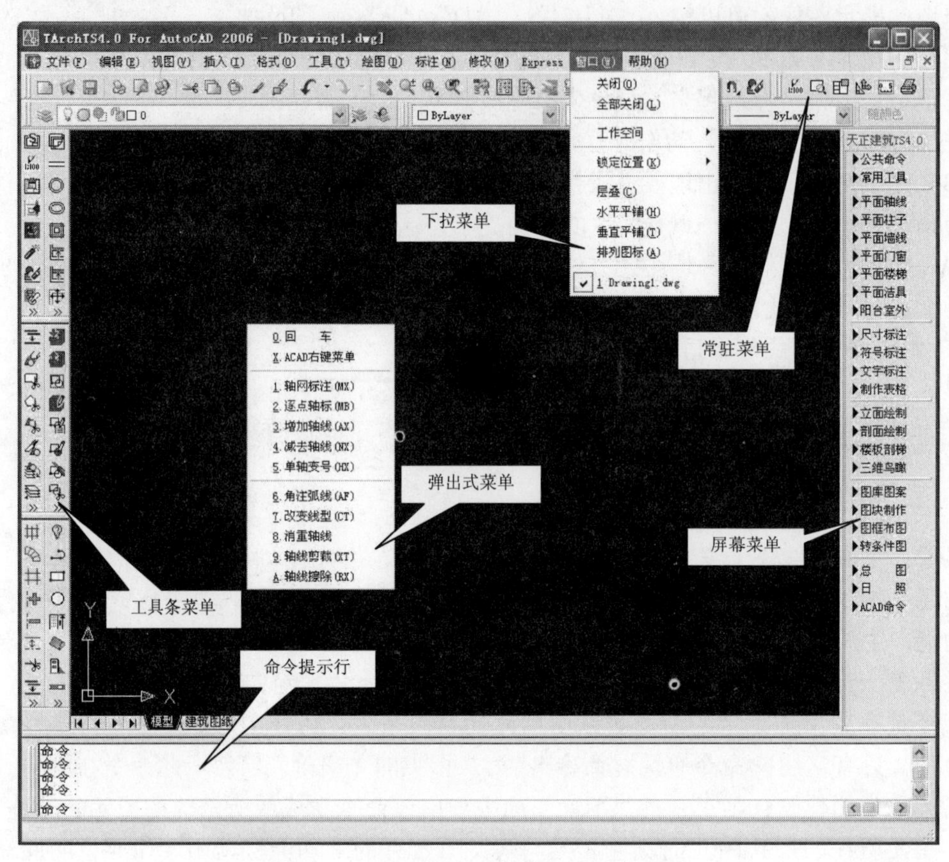

图 1-12 天正建筑 TS 软件运行时的界面

执行天正建筑 TS 软件命令与执行 AutoCAD 命令一样，可以从菜单中选择要运行的命令，并在执行过程中根据命令提示行的提示输入数据，完成操作。为了用户能方便、快捷地找到想要使用的命令，天正建筑 TS 软件提供了多种形式的命令菜单，供操作时使用。

（1）屏幕菜单。本软件自制的屏幕菜单在图 1-12 所示的屏幕右端。单击根菜单中的一项，可以将该项菜单展开；在展开的子菜单位置上单击鼠标右键，可以收拢返回根菜单。在根菜单某项上单击右键，可以弹出该项子菜单（见图 1-13）。

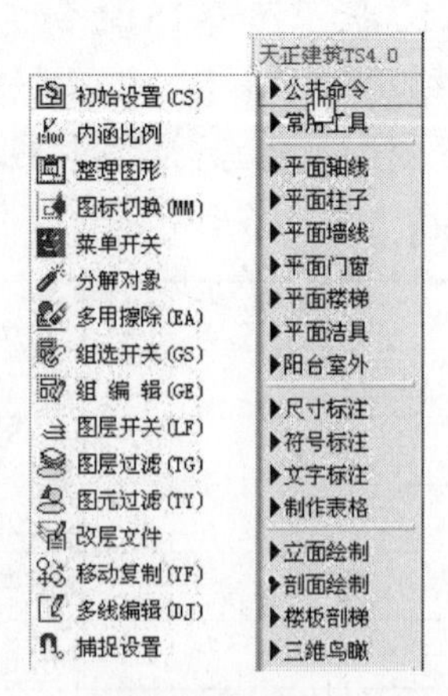

图 1-13 直接在根菜单上弹出子菜单

右键单击菜单最上端，可以弹出如图 1-14 所示的菜单。这个菜单用于设置天正屏幕菜单的工作状态，其中各项功能如下：

- 「选项」用于弹出如图 1-15 所示的“选项设置”对话框，该对话框中可调整菜单的行距、颜色，以及是否需要显示菜单滚动按钮等。
- 「开始菜单自定义」用于使菜单进入用户自定义状态（见图 1-16），可以关闭或打开一些子菜单项，以便于用户自行选择屏幕菜单中的命令项目，解决菜单中内容过多的问题。

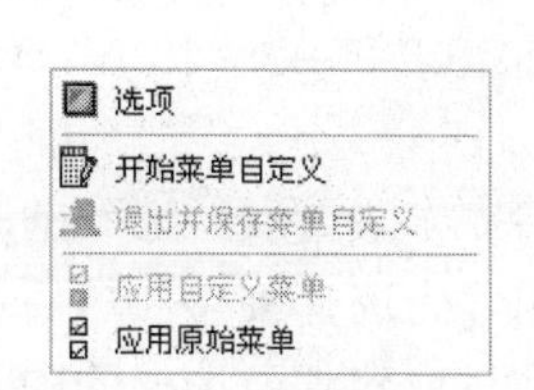

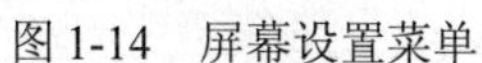

图 1-14　屏幕设置菜单

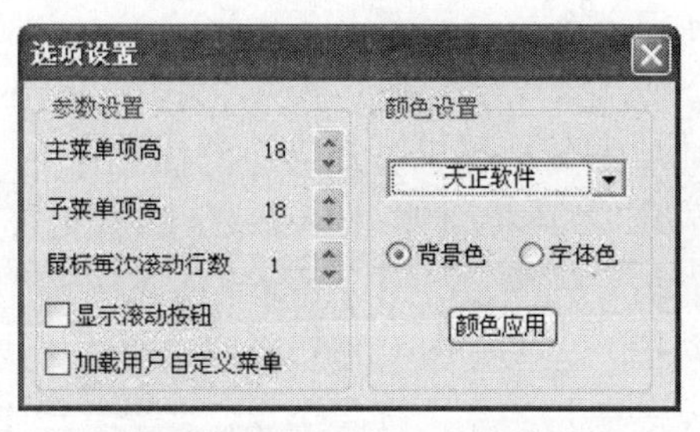

图 1-15　屏幕菜单选项设置对话框

图 1-16　菜单自定义状态

- 「退出并保存菜单自定义」用于结束用户自定义菜单的状态，返回菜单工作状态。
- 「应用原始菜单」用于临时恢复完整的原始菜单，这对于其他人临时使用自己的计算机很有用处。
- 「应用自定义菜单」用于退出“应用原始菜单”状态，返回自定义的菜单。

如果子菜单长度超出可显示范围，可以用鼠标滚轮上下滚动菜单；没有鼠标滚轮的用户，可以在“选项设置”对话框中选择“显示滚动按钮”复选框，在菜单右上方出现的箭头按钮可用于子菜单滚动。

双击菜单最上端，可以在浮动方式和停靠方式之间变化；在浮动方式下，可以调整菜单宽度。用[图标菜单切换]命令可自定义用户自己的屏幕菜单项。

（2）工具条菜单。工具条菜单也称为图标菜单，位于屏幕的左、右两侧（图 1-12 中的仅在左侧）。每个工具条上有 8 个图标按钮（数量也可由用户自行设定），用鼠标单击按钮，便可运行相应的命令。屏幕的一侧一次最多可以排列 6 个工具条，用[图标菜单切换]命令可以选择不同的工具条，这个命令的使用方法见“图标菜单切换”一节。另一个更简便的方法是将鼠标移至屏幕上的某一个工具条菜单处，单击鼠标右键，就可以在弹出的快捷菜单中直接选择要替换的工具条，单击某一项，选中的这个工具条就取代原来的。

单击工具条最下端的一个小按钮（标有“>>”符号的）会弹出列有这个工具条所包含的所有命令的按钮菜单（见图 1-17），单击这个菜单中的按钮也可以启动和运行相应的命令。在工具条上，总是显示按钮菜单中使用频率最高的 8 个按钮。需要执行工具条上未显示的命令时，就要打开按钮菜单，在这个菜单中选择命令。某个命令一旦被使用，其图标按钮就会加入到工具条中，替换掉一个使用次数最少的图标按钮。在按钮菜单中有些命令名的后面会有用括号括起来的英文字母，例如：“直线轴网（LX）”，其中“LX”这两个字母就是这个命令的简化命令。

工具条菜单中列出的命令与屏幕菜单中列出的是一样的，两种菜单可以各自单独使用，也可以配合使用。用[图标切换]命令可以设置工具条菜单的状态。

（3）下拉菜单。屏幕最上面的一排按钮用于打开下拉菜单。这些下拉菜单中都是

AutoCAD 命令，在帮助菜单中有运行天正建筑 TS 帮助的命令。

（4）常驻菜单。屏幕右上角的两个按钮工具栏，称为常驻菜单。常驻菜单中列出了一些常用的命令，这些命令也存在于屏幕菜单中。

（5）弹出式菜单。在一些条件下，单击鼠标右键，会弹出一个菜单，称为弹出式菜单。

按住<Shift>键，单击鼠标右键，弹出如图 1-18 所示的常用命令菜单，其中包括一些 AutoCAD 或天正建筑 TS 软件中的常用命令。

按住<Ctrl>键，单击鼠标右键，会弹出如图 1-19 所示的“高频回溯”菜单。这个菜单中列出的命令项是随用户使用命令的频率而不断变化的，用户使用最多的命令会排在菜单的最前面，长期不用的命令会被从菜单中去掉，原来菜单中没有的命令，使用过后会被加入到菜单中。命令名右侧括号括起的英文字母是该命令的简化命令。此菜单功能仅限于 AutoCAD R14 平台支持的版本中使用，其他版本弹出 AutoCAD 定义的菜单。

在绘图过程中，先选取一些图元（用 AutoCAD 的开窗口或拾取方式选取，选到的图元亮显，并出现蓝色的热夹点，这些被选中图元所构成的选择集称为“先选择集”），然后单击鼠标右键，会弹出如图 1-20 所示的先选择集菜单。这个菜单中的项目内容与所选择的图元类型有关。图 1-20 中是选择一组轴线作为先选择集出现的菜单，其中列出的项目都是与轴线的编辑、修改有关的命令。点取其中的某个命令后，这个先选择集中的图元即成为该命令的操作对象。如果先选择集中主要包含的是墙线或门窗，那么该菜单上的项目也会相应地变成与墙线或门窗编辑有关的命令。

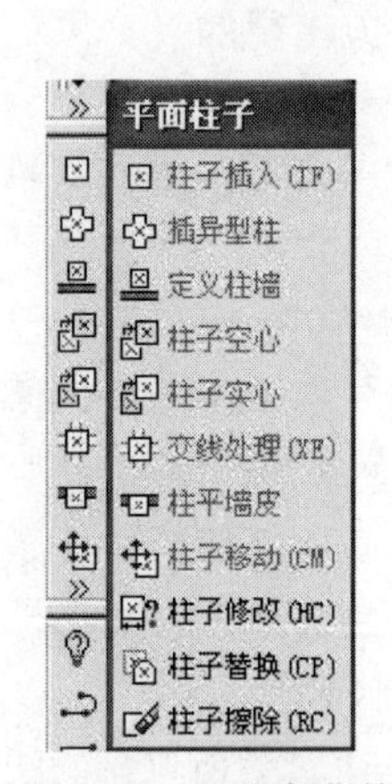

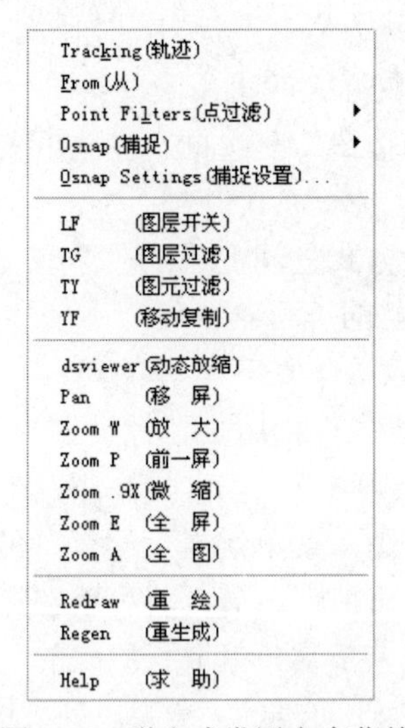

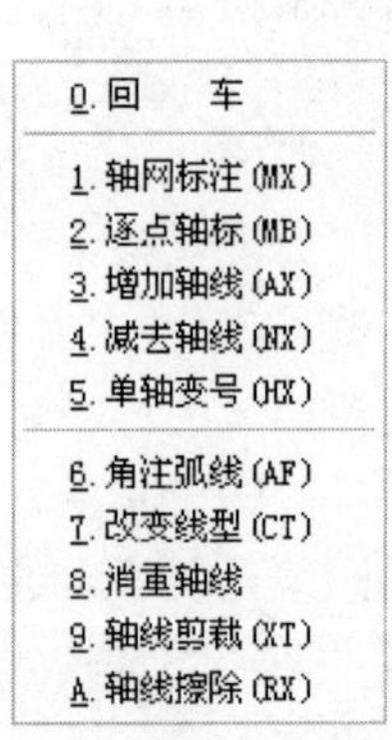

图 1-17 工具条菜单 图 1-18 弹出式常用命令菜单 图 1-19 高频回溯菜单 图 1-20 先选择集菜单

2．简化命令

一些常用的天正建筑 TS 命令也可以通过用键盘输入简化命令来运行（例如：键入“DW”，就可以运行[画双线墙]命令）。为了帮助用户了解和记忆这些简化命令，以上介绍的几种菜单在其中文命令后都标出了简化命令名，天正建筑 TS 简化命令都以两个英文字母命名。用户可以在[初始设置]命令中自行设置天正建筑 TS 的简化命令。

3．屏幕缩放热键和鼠标滚轮缩放

在绘图过程中，按<'>或<Tab>键，可以将图形放大或缩小。按<'>键，图形以光标所在位置为中心放大 1.6 倍；按<Tab>键，图形以光标所在位置为中心缩小 1.6 倍。在 AutoCAD 中，本来<Tab>键是用于在设置了多种捕捉方式时切换捕捉方式的，现在<Tab>键被占用后，可以用<Shift>+<Tab>键来代替原<Tab>键的功能。

使用带滚轮的鼠标，用户还可以用转动滚轮的方式来放大和缩小屏幕中的图形。这个功能本来只有在 AutoCAD 2000 版中才被支持，但在安装了天正建筑 TS 后，AutoCAD R14 的用户也可以使用这项功能。

4．有关屏幕的设置

在运行天正建筑 TS 软件时，最好能将图 1-12 所示的软件运行窗口设置到最大。这样，不仅能使图面的空间大，而且还能保证工具条菜单、常驻菜单和屏幕菜单等全部显示。为保证运行窗口达到最大，建议用户做到以下两点：

（1）为了使 Windows 窗口的可显示部分达到最大，可以将 Windows 窗口下面的任务栏设置成自动隐藏的状态。具体做法是单击 Windows 的「开始」按钮，在弹出的菜单中指向“设置”，然后单击“任务栏和开始菜单”，在弹出的对话框中选中“自动隐藏”复选框。这样在运行天正建筑 TS 软件时，Windows 的任务栏是隐藏的，从而使该运行窗口可达到最大。

（2）将天正建筑 TS 软件运行窗口（也就是 AutoCAD 的窗口）设置成“最大化”的状态，可以用窗口右上角的「最大化」按钮设置。

第2章 通用命令和工具

本章中介绍一些通用的命令和工具，有些命令用于绘图状态的设置，有些用于图形的管理，还有一些是常用的工具。

2.1　新增功能

为了更方便地完成绘图工作，根据专业特点，本软件对 AutoCAD 的一些命令进行了改造。用户可以在[初始设置]命令中设置是否使用这些改造的功能。

2.1.1　多图档切换

多图档切换功能是指在 AutoCAD 2000 以上版本打开多张图时，可以用如图 2-1 所示的图名按钮来在各图之间切换。

本软件在 AutoCAD 2000 及以上版本运行时，打开多于一张图就会弹出如图 2-1 所示的多文档切换按钮，单击图名按钮可以在各图之间切换。在[初始设置]命令中，可以不选“多图档切换”选项关闭本功能。

地下室平面 | 主楼二十六层平面 | 洗浴中心顶面图

图 2-1　显示在图形区上端或下端的多图档切换按钮

在图名按钮上单击鼠标右键，会弹出如图 2-2 所示的菜单。在这个菜单中可以对当前的文件进行保存、关闭、改名、转存等一些操作；也可以查看此文件的属性和选择将这一排按钮放在图形区的上部还是下部，以及是否在只有一个图时也打开这个按钮条。如果要使用“版本转存”命令中的功能，需要另外下载一个插件文件“ViewTab.idx”，将其复制到本软件安装的 SYS 目录下。

图 2-2　右键弹出菜单

2.1.2　多窗口边框拖动

用 AutoCAD 的“视口（Vports）”命令可以将绘图区分为两个以上的视口。直接用 AutoCAD 的命令调整这些视口的大小是一件很麻烦的事。于是，本软件中增加了“多窗口边框拖动”功能。在鼠标移动到这些视口的边界上时，鼠标箭头会变成一个两端箭头的形式，此时按下鼠标左键，就可拖动视口边界移动，达到改变视口大小的目的。

2.1.3　剪裁板增强

由于通过 AutoCAD 本身的剪裁板复制的图会丢失“组”信息，因此本软件依赖“组”信息编辑的功能，如标高标注、两跑楼梯等不能起作用。本软件将剪裁板功能增强后，在不改变原有操作习惯的情况下，可以使“组”信息随图复制。其涉及的命令：复制（CopyClip）、剪切（CutClip）、带基点复制（CopyBase）、粘贴（PasteClip）、粘贴到原坐标（PasteOrig）。

在粘贴（PasteClip）和粘贴为块（PasteBlock）时，采用动态选取插入点方式，可用以下热键改变插入状态。

- “{A}90 度旋转”用于以插入基点为中心，逆时针旋转 90°。
- “{S}X 翻转”用于以插入基点为中心，在 *X* 方向做镜像翻转。
- “{D}Y 翻转”用于以插入基点为中心，在 *Y* 方向做镜像翻转。

- “{R}改插入角”用于以插入基点为中心，动态选取新的插入角度，或直接键入新角度值。
- “{T}改基点”用于动态改变插入基点的位置。
- “{C}缩放”用于动态改变图元大小。

不需要这个功能，可以在[初始设置]中将其关闭。

2.1.4 格式刷增强

本软件的格式刷在 AutoCAD 格式刷的基础上增加了专用功能，可以对平面门窗、柱子、文字等进行特殊处理，还可以进行 Line 和 Pline 的互转。对门窗操作时，门窗被改为样板门窗的样式，还可以用“{S}左右翻”、“{D}内外翻”、“{A}翻名称”等几个热键翻转门窗及名称。对文字操作时，可以用于 TEXT、MTEXT、属性文字、插入块中的文字等。如果用块内的文字做样板，可直接拾取；如果要将属性特征传递到块中的文字上，需用“{S}逐个拾取”热键，并逐个点取需改特征的文字。用热键“{Q}改参数”，可以在弹出的如图 2-3 所示的对话框中设置一些可变的修改方式。

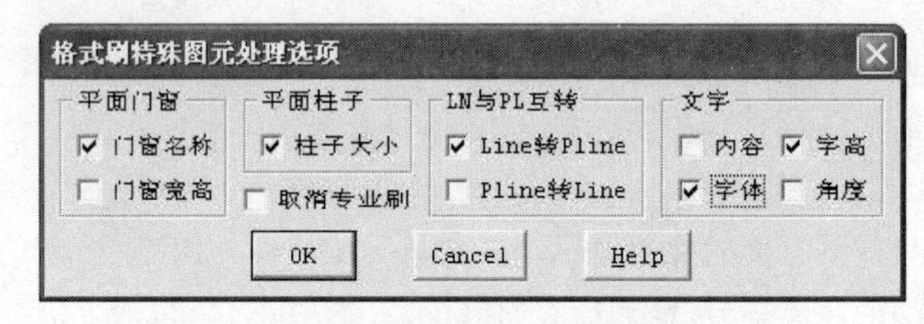

图 2-3 “格式刷特殊图元处理选项”对话框

- 「门窗名称」用于当样板门窗有可见名称时，将门窗名称都改为这个名称。
- 「门窗宽高」用于按样板门窗的宽度修改门窗宽度（中心变宽）。
- 「柱子大小」用于按样板柱子的尺寸改变柱的尺寸。
- 「Line 转 Pline」用于当样板图元为 Pline，被转换图元为 Line 时，将 Line 转换成 Pline，并连同线宽、图层、颜色、线型一起转换。
- 「Pline 转 Line」用于当样板图元为 Line，被转换图元为 Pline 时，将 Pline 转换成 Line，图层、颜色、线型一起转换。
- 「文字」栏中的各项用于当样板图元为文字、属性文字和尺寸文字时，将样板文字属性传递给其他文字、属性文字和尺寸文字（尺寸文字做样板时只能传递文字内容），其中：「内容」按样板文字改变文字的文本内容；「字高」按样板文字改变文字高；「字体」按样板文字改变文字字体；「角度」按样板文字改变文字角度。
- 「取消专业刷」用于完全恢复纯 AutoCAD 的格式刷功能。

在[初始设置]中，可以设置是否使用专业刷的功能。

2.2 公共命令

[公共命令]目录下和位于 AutoCAD 窗口右上角的常驻菜单中包含了一些常用的综合性命令。其中[窗口放大]、[多窗转换]、[纸模切换]和[建筑出图]等命令是用于在图纸和模型空

间相互转换及出图的，这些命令将在“图框与布图”一章中介绍。本节中主要介绍[图标切换]、[初始设置]、[内涵比例]、[屏幕菜单开关]、[组选开关]和[多用擦除]等命令。

2.2.1 初始设置 qarcfg (CS)

菜单：公共命令 ▶ 初始设置

功能：设置绘图时所用的字体、线宽、门窗和标注式样等。

图 2-4 所示为本命令的主对话框，大部分设置工作是在这个对话框中完成的。下面逐一说明其使用方法。

- 「平面门窗式样」和「标注式样」用于设置绘图时门窗和标注箭头的式样，单击图标就可以改变式样。
- 「导出」、「导入」按钮用于将当前软件运行中设置的各种环境数据搜集后，压缩成一个文件导出或是将这样的文件导入到当前的环境中。导出和导入时会分别弹出如图 2-5 和图 2-6 所示的对话框，在这两个对话框中可以选择需要导出或导入的数据种类，以及导入时是合并还是覆盖原环境中的数据。如果导出文件命名为“用户导入数据.tz”，并放在本软件安装目录的 SYS 子目录下，在软件安装（或用补丁更新）后第一次运行就会自动导入该文件的内容。这个方法适用于那些使用一些专门定制内容的用户。
- 「墙线设置」中设置的墙线宽是指内涵比例与出图比例一致的情况下，实际出图时绘制的宽度。
- 「柱子插入填充」用于设置两种柱子在插入时是否需要填充。

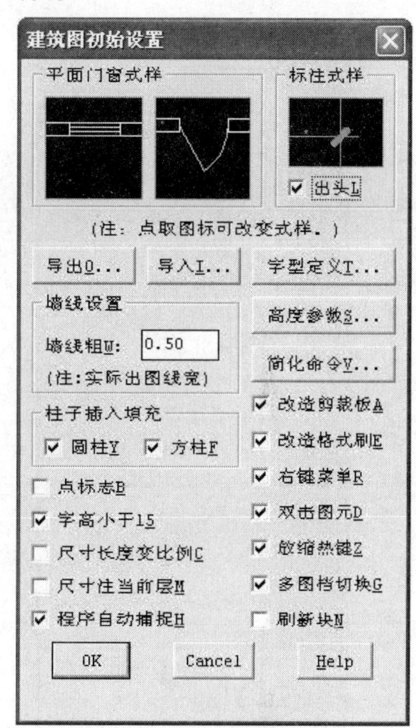

图 2-4 初始设置的主对话框

- 「字型定义」按钮用于调出如图 2-7 所示的“文字字型定义”对话框。利用这个对话框，可以设置标注、轴号和标号中文字的字型，以及字高和宽高比。其中“标注”包括尺寸、标高、面积、半径、坐标点，其字型名为 DIM_FONT。从「分类文字字型」栏中的各个下拉列表框中，可以直接选择 AutoCAD 提供的各种字型；选择了一种新字型后，左上角的字型示意图中会显示选中字型的文字。如果希望选用 Windows 字体，可以选择下拉列表的第一项“<选择 Windows 字型>”，此时会弹出如图 2-8 所示的对话框；在这个对话框中选中一种字体后，单击「OK」按钮，该项目的字型就被设置为选中的 Windows 字型。
- 「高度参数」按钮用于调出如图 2-9 所示的“高度方向参数设置”对话框，在这个对话框中设置的高度参数将作为绘制立面、剖面和三维图形时的默认值。
- 「简化命令」按钮用于调出如图 2-10 所示的对话框来查看和修改简化命令。用这个对话框可以在列表中查看本软件的所有命令及对应的简化命令；用「命令分类选择」栏中的按钮可以选择要在当前列表中是显示本软件的命令还是 AutoCAD 的命令；在列表下左面的编辑框中输入命令名，还可以检索已知的命令。在列表下右面的编辑框中可以自定义简化命令（包括本软件的命令和 AutoCAD 的命令），也可以用「删除」按钮删去已定义的简化命令。

用「合并」按钮可以将用户自定义的 ACAD.PGP 的内容合并到本软件定义的简化命令文件中。在「简化命令选择」栏中可以选择使用哪一个简化命令文件，「默认」简化命令文件是本软件 SYS 目录下的“Acad0.pgp”和“TCHindx0.dat”；「用户」简化命令文件是本软件 SYS 目录下的“Acad.pgp”和“TCHindx.dat”；「ACAD」简化命令则在 AutoCAD 的安装目录下。用户如需要将自定义的简化命令移植到其他环境中，只需将文件“Acad.pgp”和“TChindx.dat”复制到相应的目录下。

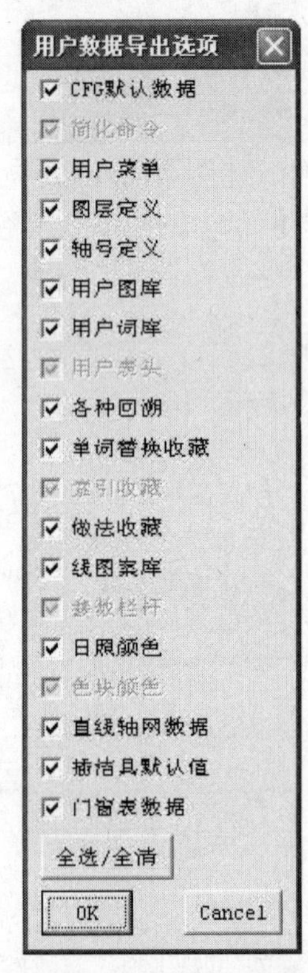

图 2-5　“用户数据导出选项”对话框

图 2-6　“用户数据导入选项”对话框

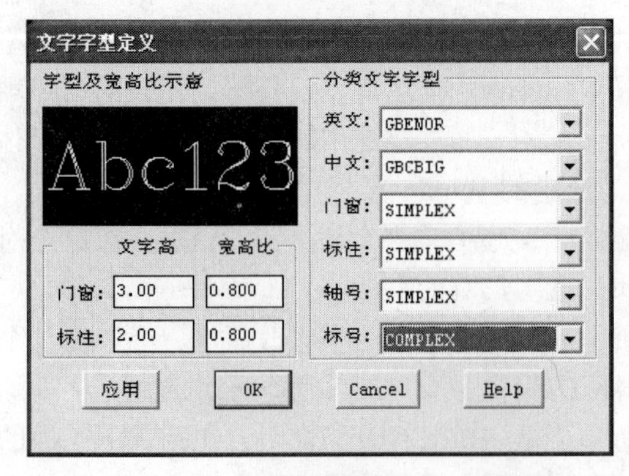

图 2-7　“文字字型定义”对话框

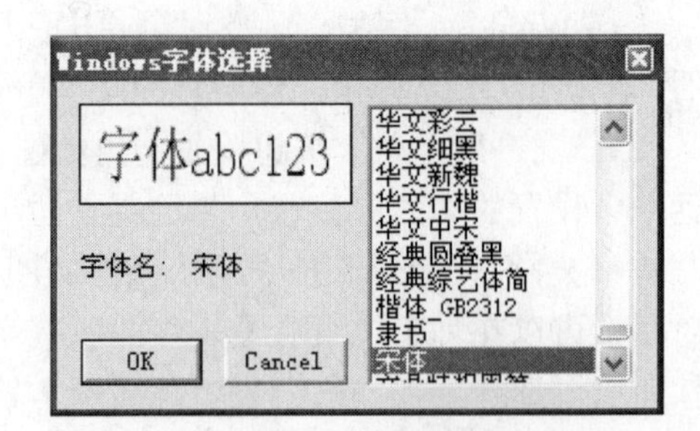

图 2-8　设置 Windows 字型的对话框

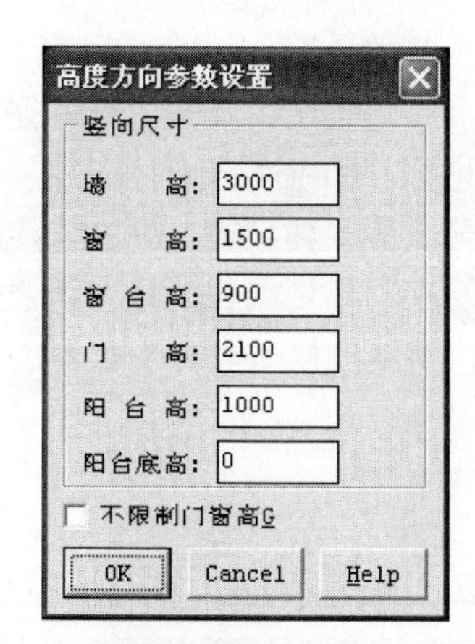

图 2-9　“高度方向参数设置”对话框

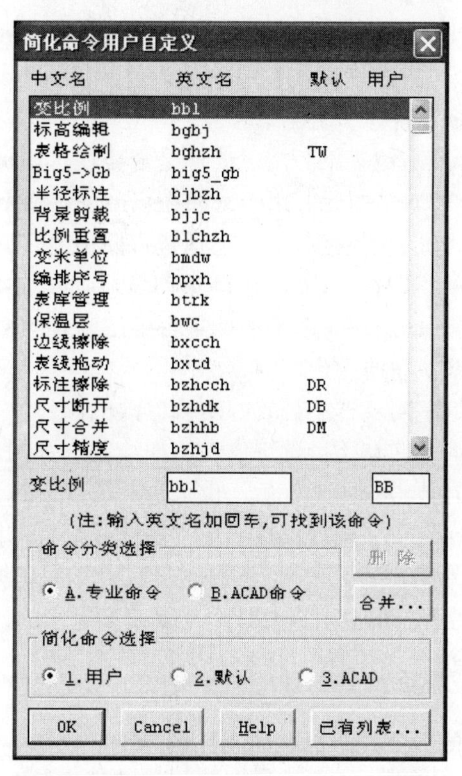

图 2-10　“简化命令用户自定义”对话框

- 「点标志」用于确定在绘图取点时是否要在屏幕上留下十字点标志。
- 「字高小于 15」用于选择是否要在输入字高小于 15 时按实际出图字高处理。有时设计者在写文字输入字高参数时，希望直接输入将来打印出图时的字高，为此设立了此选项。因为大多数的建筑图出图比例都在 1:20～1:500 之间，这样小于 15 的输入值就可以被认为是出图时的字高。但在绘制一些小比例（例如 1:2）的图时，按上述规则来设定字高会有问题。这时可不选此项，自动调整小于 15 字高的规则就不被执行。
- 「尺寸长度变比例」用于设定尺寸标注时是否要变比例。一般情况下，用尺寸标注命令标注尺寸时，所标出的数字就是直接取图中的长度尺寸。但有时也会需要放大画出图形，在尺寸标注时以相应的缩放比例标注，即在尺寸标注时标出的数字与图中图形的实际大小成一定的比例关系。为满足这种情况的需要，本命令中设置了这个选项。图形实际尺寸与标注值的比例关系以 1:100 为基准，即内涵比例为 1:100 时，图形尺寸与标注值一致；内涵比例为 1:50 时，图形尺寸与标注值的比例为 2:1，依此类推可确定其余的比例关系。由于选择了这一项，尺寸标注时所标出的数字可能会与图形的实际尺寸不一致，所以除非确有这方面的要求，否则不要选中这一项。
- 「尺寸注当前层」用于选择是否将尺寸标注在当前层上，不选就标注在软件指定的公共标注层上。
- 「程序自动捕捉」选取此项，在执行一些命令时程序自动为用户设定“交点”、“最近”等捕捉；反之，只使用用户自定的捕捉。
- 「改造剪裁板」用于选择是否使用本软件改造过的剪裁板，改造内容包括：在 14 版中不以快形式粘贴、粘贴后保持原来的组（Group）和粘贴时增加一些调整功能。

- 「改造格式刷」用于选择是否使用本软件改造过的格式刷，改造后格式刷可以用于修改门窗、柱子、文字等。
- 「右键菜单」用于选择是否要在按鼠标右键时弹出先选择集菜单。
- 「双击图元」用于选择在双击各种文字图元时是否要执行相应的本软件的编辑命令。
- 「放缩热键」用于选择是否要用“`”和“Tab”键作为放缩热键。
- 「多图档切换」用于选择是否要使用本软件的多图档切换功能（用于 2000 以上版本）。
- 「刷新块」用于选择是否要在没有改变过图块设置的情况下也对系统图块进行刷新，也用于解决有时用户门窗、标注等一些图块与初始设置中不符的情况。

在这些对话框中设置好所要修改的项目，单击「确定」按钮退出，设置工作就完成了。一般情况下，初始设置工作最好在绘制一张图的开始阶段进行。如确有需要，在绘制了一部分图形乃至整张图画好后，也可进行设置工作。此时，部分设置（如门窗、标注式样和字型等）将在设置完成后直接应用于图中已绘好的图形；但标注字高和墙线粗的修改还需要调用[内涵比例]命令来完成。程序这样设计的目的是为了让用户对这些修改有自主选择的余地。此时调用[内涵比例]修改时，不要改变原来的比例值。

2.2.2 内涵比例 nhbl

菜单：公共命令 ▶ 内涵比例

功能：设定文字、线宽和各种符号的大小比例，使其在出图时保持适当的尺寸。

用计算机绘图的一个优点是可以用各种比例从绘图机出图，从而在绘图时不必考虑图形的比例。但是这个优点同时也带来了一个问题：在变化出图比例，使图形放大或缩小的同时，图中的文字、线宽和各种符号也同时被放大或缩小了。而我们一般希望在打印出的施工图中，文字、线宽和符号的大小是一个常数，也就是说，不管图形的比例是 1:100、1:200，还是什么其他的值，文字、线宽和符号的大小均保持不变。为解决这个问题，本软件中设置了[内涵比例]这个命令。

使用[内涵比例]命令设置了图形的比例后，所有涉及图中文字、符号大小，以及线条宽度的命令，都按所设定的比例来绘制相应的图文。一幅新打开的图，在未执行此命令前，默认的内涵比例为 1:100。而一幅已设置过比例的图，在下一次打开时，仍可保持上一次所设定的比例。“内涵比例”实际上设置的是图中文字、线宽和符号与图形的相对比例关系。图 2-11 表示在一张图中分别用 1:50 和 1:100 的内涵比例绘制的图形。可以看出，1:50 图中的文字和符号比 1:100 图中的要小（长度为其 50%）。

一般情况下，最好在开始绘图前就设定好“内涵比例”，这样绘图过程中的文字、符号大小可直观看到，便于控制其位置。但如果需要，也可以用[内涵比例]命令改变已绘好图的内涵比例，不过此时文字和符号的大小变化可能会使其与其他图形发生干涉。

对于整个图形都用一个比例绘制的图来说，只需设定一次内涵比例，并在出图时将绘图机出图比例设定为等于内涵比例。

对于一幅图中使用几种比例绘制的情况（如附有详图的施工图），绘制这幅图时可能就要多次设定内涵比例，绘制不同比例的部分前，应将内涵比例设定到与此部分所需比例相同。待所有图形绘好后，再用布图命令（单视窗为[做比例块]，多视窗为[定义窗口]）将各部分分别定义其比例。图 2-11 中的图形经布图处理后，就会成为如图 2-12 所示的效果。图形缩放到相应的比例后，文字、符号大小均达到统一。

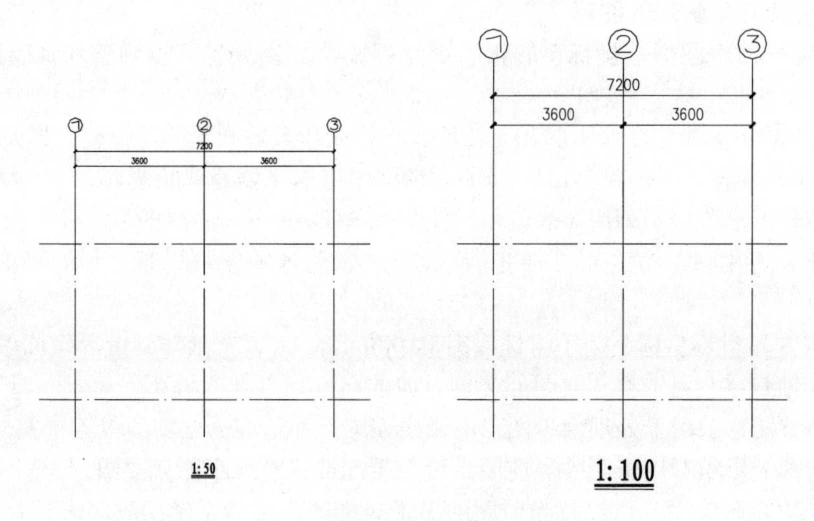

图 2-11　在同一张图中用不同内涵比例绘制的图形

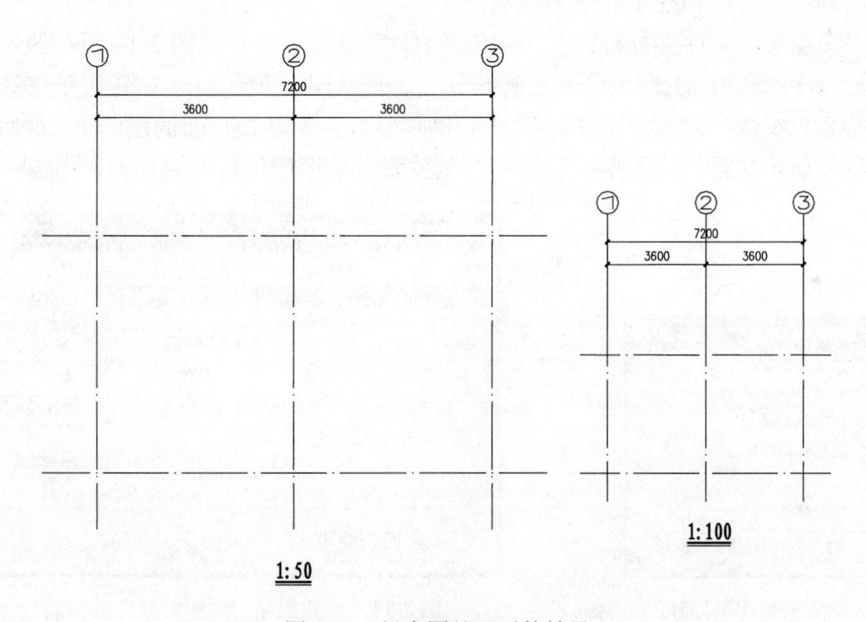

图 2-12　经布图处理后的效果

本命令的操作比较简单，首先输入要设定的比例。然后选取要改变内涵比例的图元，选中的图元中，文字、符号、尺寸线的大小及相关的线宽（如粗墙线）会根据设定的比例发生变化。

> **注意**：本命令只是调整图中的文字、尺寸线、符号和线宽等，对于一个纯粹的无文字图形，运行本命令没有什么意义（除线宽外）。另外，当前图的内涵比例值是存在于“Dimstyle”的“NORMAL”里面，如果用户将其“PURGE”掉了，内涵比例就会变成默认值“1:100”。

2.2.3 整理图形 qltx

菜单：公共命令 ▶ 清理图形

功能：用于清理图形、坐标系转换、*Z*坐标归零、图元坐标值归整和调整图层显示顺序。

本命令主要由「清理图形」、「UCS 转世界坐标」、「Z 轴归零」、「归整图形」和「图层显示顺序」五部分组成，在如图 2-13 所示的对话框中可选择要处理的选项。

- 「清理图形」用于调用 AutoCAD 中的 PURGE 命令，清理图形文件中没用的图层、块定义、线型、字体等，使图形文件变小。对于多次修改的复杂图形，本命令可能会有较好的效果。
- 「UCS 转世界坐标」用于将选取图形中图元的 UCS 全部转到世界坐标系上来。
- 「Z 轴归零」用于将选取图形 *Z* 轴方向的高度和厚度置为 0。
- 「归整图形」用于处理由于图形的微小误差，而造成无法将线段连接在一起的问题。
- 「清理无用组」用于删除当前图中没有图元或只有一个图元的组。
- 「图层显示顺序」可以将当前图的显示遮挡顺序按指定图层顺序表进行调整，可以解决柱子挡墙线、轴线挡柱子等出图要求。

在做"图层显示顺序"处理时，用热键"{Q}改参数"可在如图 2-14 所示的对话框中调整图层显示顺序。其中「1.最上层（上至下）」、「2.最底层（下至上）」按钮用于选择当前列表中显示的是哪一组图层。"最上层"表第一行的层是要显示在最上面的层；而"最底层"表第一行的层是要显示在最下面的层。显示顺序无关紧要的图层尽量不要加入表中。

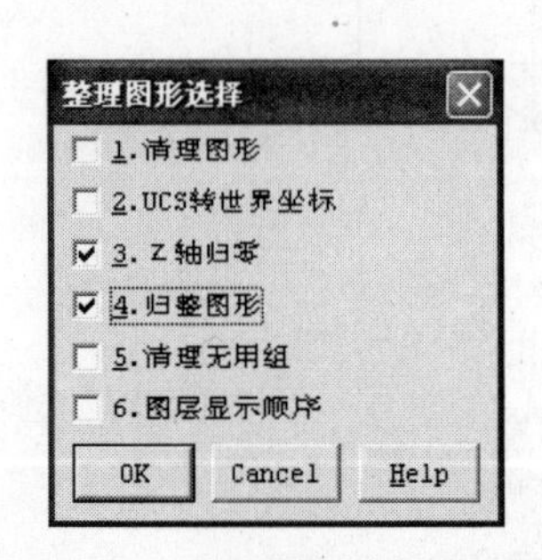

图 2-13 "整理图形选择"对话框

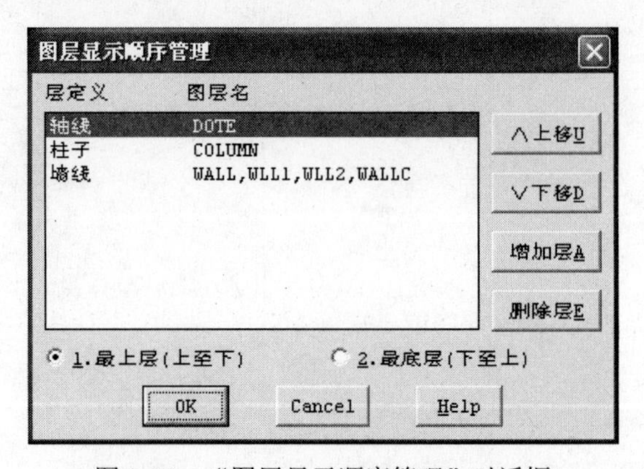

图 2-14 "图层显示顺序管理"对话框

2.2.4 图标切换 mnuctrl (MM)

菜单：公共命令 ▶ 图标切换

功能：改变要显示的工具条菜单，自制用户菜单。

位于屏幕两侧的工具条菜单是选用命令的一个主要手段，每次最多可以显示 6 个工具条。使用本命令，可选择工具条菜单的显示内容。执行本命令，屏幕上弹出如图 2-15 所示的对话框，利用这个对话框可以实现以下几个功能。

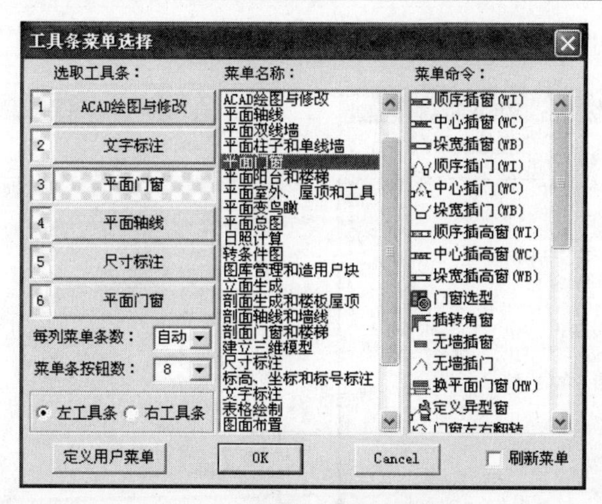

图 2-15　选择工具条的菜单

- 「选取工具条」栏用于选择要显示在屏幕两侧工具条的内容。栏中的 6 个按钮确定 6 个工具条菜单。需要改变某个菜单时，先按下要改菜单名的那个按钮，然后在「菜单名称」列表框中点取要选的工具条菜单名，此按钮上的菜单名便变为新选中的菜单名，同时，「菜单命令」列表框中列出选中菜单内包含的所有命令。将 6 个菜单名按钮都选好所需的工具条后，可用其左边的标有 1～6 数字的按钮选择要不要在屏幕上出现该项工具条菜单。这 6 个小按钮的用法是：按下按钮表示该菜单要显示；再按一下，将按钮弹起，表示该菜单不显示。
- 「每列菜单条数」和「菜单条按钮数」用于设定屏幕上每一列有几个工具条和每个工具条中有几个按钮。如果「每列菜单条数」选择“自动”，就由程序自动设定每列的工具条数。
- 「左工具条」和「右工具条」互锁按钮用于选择当前要设置的是显示在屏幕左侧，还是右侧的工具条菜单。屏幕两侧的工具条菜单可以同时出现，而设置时只能分别设置。
- 「刷新菜单」复选框用于选择是否在单击「OK」按钮退出后，自动刷新软件中的所有菜单（包括屏幕菜单和工具条菜单）。在用户更新软件，覆盖安装后，可以用此方法刷新原有的菜单。
- 「定义用户菜单」按钮用于用户自己定义菜单。单击此按钮，调出如图 2-16 所示的“用户菜单定义”对话框。利用这个对话框，可以制作自己的工具条菜单。

第一步，在右边的「用户菜单」栏的下拉列表框中输入要制作的工具条菜单的名称。名称文字输入后，对话框会变成如图 2-17 所示的状态，此时单击「增加」按钮，新菜单的名称便输入；如果是要修改一个原有的菜单名，可以在输入菜单名后单击「替换」按钮。

第二步，取左边「源菜单」列表中的命令，加入到右边的列表中。加入的办法有两种：(1) 选中一个或多个命令名后，单击「加入>>」按钮，选中的命令便被加入到右边的用户菜单列表。选中多个命令名的方法是按住<Shift>键或<Ctrl>键，再点取列表中的项。用<Shift>键可以连选，<Ctrl>键可点选。(2) 选中一个或多个命令名后，按住鼠标左键，拖动选中的项到右边列表框中，松开鼠标键，这些命令即被加入。

需要选择源菜单中不同的工具条时，可以打开源菜单的下拉列表框，选取其中所需的项。

用同样的方法可以制作多个自制的用户菜单，如果要删除某个菜单中的某一项，用「删除选项」按钮；要删除整个菜单，用「删除目录」按钮。加入到列表中的命令项还可以用「上移∧」、「下移∨」按钮使该项在列表中上、下移动。

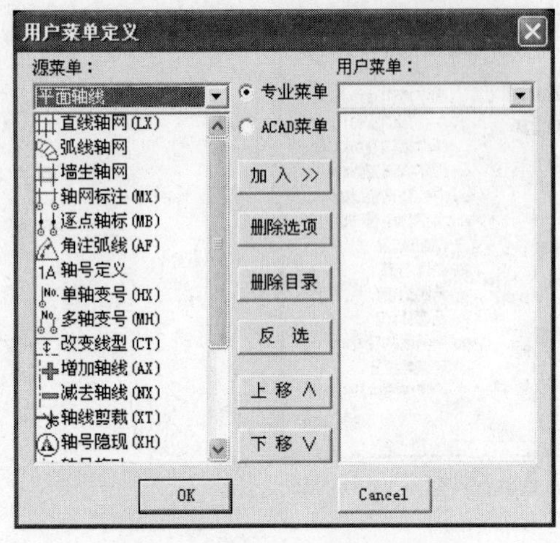

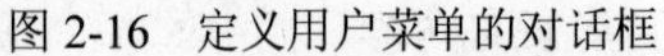
图 2-16　定义用户菜单的对话框

图 2-17　增加新工具条菜单时的状态

打开「用户菜单」的下拉列表框，可以选择要编辑的菜单（如果有多个用户菜单的话）。

「专业菜单」和「ACAD 菜单」互锁按钮用于选择源菜单中列出的菜单种类，不管是天正建筑 TS 中的专业命令，还是 AutoCAD 命令都可以加入到用户自定义的菜单中。

在「用户菜单」的列表中加入命令项后，对话框如图 2-18 所示。单击「OK」按钮可返回“工具条菜单选择”对话框，新加入的用户工具条菜单被加入到「菜单名称」列表中（见图 2-19）。用户定义的菜单同时也可被用于屏幕菜单中。

图 2-18　自制的用户菜单

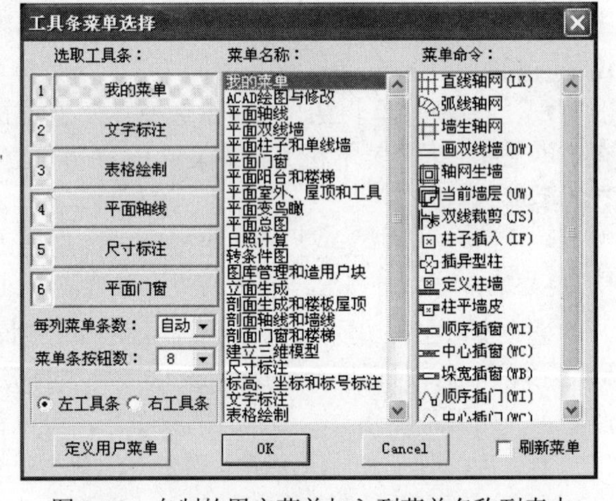

图 2-19　自制的用户菜单加入到菜单名称列表中

2.2.5　菜单开关

菜单：公共命令 ▶ 菜单开关

功能：显示或隐藏屏幕菜单。

单击此按钮可将屏幕菜单从隐藏状态变为显示状态，或从显示状态变为隐藏状态。

2.2.6　分解对象

菜单：公共命令 ▶ 分解对象

功能：将专业对象分解为 AutoCAD 普通图形对象。

本命令提供了一种将天正建筑自定义专业对象（如墙线、门窗等）分解为普通 AutoCAD 的图元对象的方法。本软件中的所有功能都是用于普通 AutoCAD 图元对象的，所以如果需要用本软件中的命令修改这些自定义专业对象时，就需要用本命令分解后才能操作。

点取菜单命令后，命令行提示选择要分解的对象。选择需要分解的专业对象后，这些图元就转换为普通的 AutoCAD 图元。不能使用 AutoCAD 的分解（Explode）命令分解这样的对象，该命令只能进行分解一层的操作，而天正建筑 8.X 对象是多层结构，只有使用本命令才能彻底分解。

2.2.7　多用擦除　dycch (EA)

菜单：公共命令 ▶ 多用擦除

功能：有选择地擦除选中图元。对于门窗和墙线还具有[门窗擦除]和[墙线剪裁]的功能。

用本命令擦除图元时，先根据提示，选取要擦除的图元，然后再拾取一个代表要擦除图元特征的样板图元。拾取以后，不符合样板图元特征的图元（主要是指图层不同）被从要擦除的图元选择集中去除，擦除时只擦与样本图元特征一致的图元。

如果选中的图元中包括门窗或墙线，这个命令还能像擦门窗的命令一样擦除门窗后将墙线复原；或像剪裁墙线的命令一样，将与擦除墙线相连的墙线修补好。

在拾取样板图元时，会出现以下几个热键选项。

- “{C}取消”用于取消并退出擦除程序。
- “{D}选不擦图元”用于在已选定的图元中选不要擦除的图元。
- “{S}取不擦样板”用于在已选定的图元中用样板图元方式选不要擦除的图元。
- “{Q}切换”选择后，在进行“门窗擦除”或“墙线裁剪”时会出现，用该热键能够将这两种特殊擦除方式变成一般擦除方式。

2.2.8　组选开关

菜单：公共命令 ▶ 组选开关

功能：使当前的图元选取状态处于按组选取或不按组选取的状态。

为了方便用户做整体的移动、删除等操作，本软件中许多标注、部件都被设置成图元组（Group），如标高标注、做法标注、楼梯等。做成组后，给整体组的编辑、修改会带来方便，但当用户需要对组中个别图元进行单独修改时，却会因为编组而带来不便。使用本命令，用户就可根据需要打开或关闭[组选开关]。如果原始状态组选开关是打开的，那么执行本命令后就关闭；反之，就打开组选开关。

AutoCAD 也提供了功能相同的热键<Ctrl+A>（用于 R14 版）或<Ctrl+H>（R2000 以上版本）。

2.2.9　组编辑

菜单：公共命令 ▶ 组编辑

功能：生成、添加、移除、炸开组。

本命令用于生成和编辑组。生成新的组时，选取要生成组的图元（本身不是已有组的成员），程序自动将取到的选择集做成一个随机名的组。编辑已有的组时，选取已有的组，有以下几个热键可选。

- “A－添加”用于选择其他图元，将其添加到该组。
- “R－移除”用于选择该组内图元，将其从组中去除。
- “E－炸开”用于直接炸开该组。

本命令不支持嵌套组的编辑。

2.2.10 图层开关 tckg (LF)

菜单：公共命令 ▶ 图层开关

功能：根据需要开/关层、冻结/解冻层、锁定/解锁层和隐藏/再现图元。

本命令通过对图层或图元特性进行操作，可完成 8 种功能：开层、关层、冻结层、解冻层、锁定层、解锁层、隐藏图元、再现图元。用热键“{Q}改参数”，可在如图 2-20 所示的对话框中选择要进行的操作。

- 「多次选取」复选框用于设定是否可以多次进行关闭、冻结等处理。如果不选此项，在进行一次关闭或冻结等处理后，下一次运行本命令就会恢复上一次关闭或冻结的图层；如果选定此项，就可以多次处理，用热键“{E}恢复”恢复最初的图层、图元状态。
- 「恢复原当前层」复选框用于在恢复图层状态时，将当前层也恢复为最初的当前层；如果不选此项，在恢复图层状态时，就不改变当前层。

如果图中存在隐藏图元，执行本命令就会恢复所有的隐藏图元。这是为了保证被隐藏的图元不失去控制。

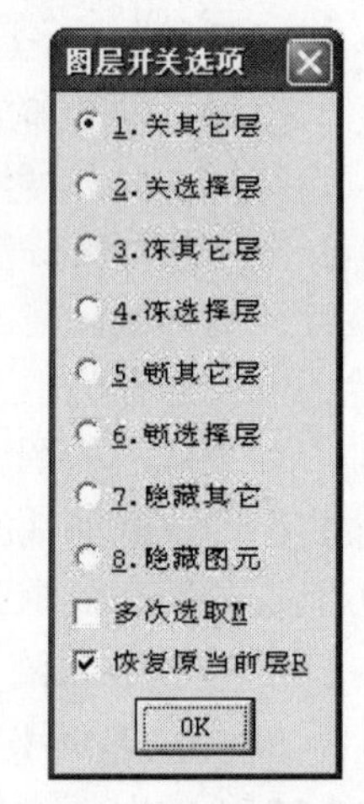

图 2-20 “图层开关选项”对话框

2.2.11 图层过滤 tcgl (TG)

菜单：公共命令 ▶ 图层过滤

功能：通过图层过滤的方法生成选择集。

本命令有以下 4 种使用方法：

（1）在 AutoCAD 命令中要求输入选择集时，透明地执行该命令（命令名前加“'”）。

（2）直接对该命令执行后生成的先选择集进行操作，如改变层、颜色和线型等。

（3）在执行完该命令后，马上执行其他编辑命令。在编辑命令要求输入选择集时，键入<P>，表示用刚才选到的选择集。

（4）选中「定义成组」复选框，在图中选择的图元被定义为一个组。

图 2-21 “图层过滤选择”对话框

执行命令后，屏幕上弹出如图 2-21 所示的对话框。在此对话框中选取过滤图层，方法有以下两种。

- 在列表框中直接点取，按住<Shift>键或<Ctrl>键可多选。
- 单击「图层拾取」按钮，切换到图中通过拾取样板图元选层。

选好过滤图层后，就可选取图元。如需得到一个图元点表（用于 Offset、Trim 等命令），就单击「点选」按钮。如需选取选择集，就单击「选择」按钮。在取到的选择集中，只有过滤图层上的图元。

2.2.12　图元过滤　tytzhxq (TY)

菜单：公共命令 ▶ 图元过滤

功能：通过选取样板图元的方法过滤生成选择集。

执行命令后，选取特征图元，再选取要选图元的范围，程序根据特征图元的特点在指定的范围内选定符合条件的图元。选取特征图元前，也可以用以下两个热键设定图元过滤时的参数。

- “{Q}改参数”用于弹出如图 2-22 所示的对话框，其中，「区分颜色」和「区分线型」只用于区分非随层的颜色和线型；「属性、尺寸改值」用于区别属性或尺寸改值后的内容；「仅按图层过滤」用于使本命令功能相当于[图层过滤]；「文字参数」栏中各项用于设定文字过滤特征；「全清/恢复」和「反选」按钮用于清除或反选选中的项。
- “{A}仅按图层过滤开关”功能与“[Q]改参数”对话框中“仅按图层过滤”复选框的相同，只是为了方便切换。

本命令将图元分为普通图元和特殊图元。“普通图元过滤”时按图元的名称、层、颜色和线型筛选图元，用户可以通过选取多个图元进行综合选取。图 2-22 所示的对话框中设定了普通图元的过滤方式。

“特殊图元过滤”是指按平面门、平面窗、房间面积等这种本软件中专用的图块或填充来筛选分类。如果选中了特殊图元会弹出如图 2-23 所示的对话框，此时可单击两个按钮之一，以确认按哪一种方式进行筛选。

当图 2-22 所示的对话框中“属性、尺寸改值”复选框选上，并只选择一种属性块时，会弹出如图 2-24 所示“选择块属性列表”对话框，其列表框中列出所选图块的所有属性供用户选择（属性只有一种时，不弹出对话框），可以多选。使用这个功能，还可以查看属性块统计结果，检查是否有缺项。单击「察看」按钮，可以到图中逐个观察这些图块。

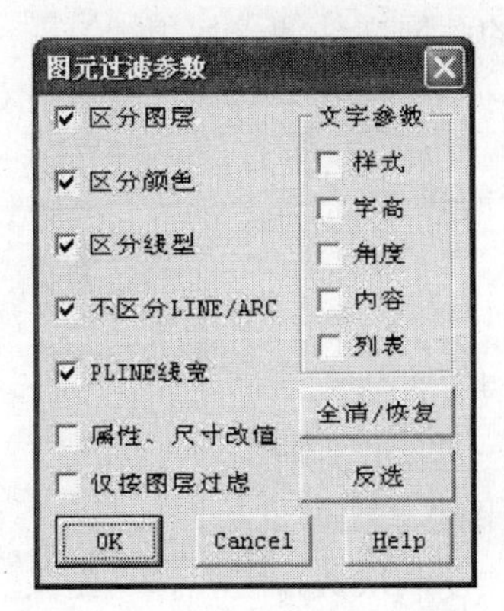

图 2-22　“图元过滤参数”对话框

图 2-23　“特殊图元过滤确认”对话框

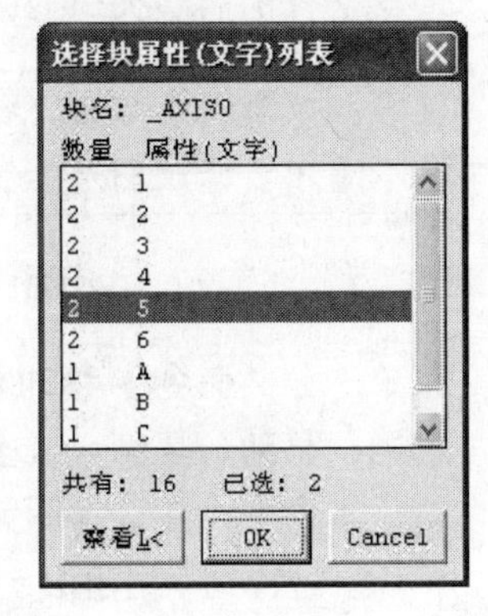

图 2-24　“选择块属性列表”对话框

本命令有以下 3 种执行方法。

- 在 AutoCAD 命令中要求输入选择集时，透明地执行该命令。
- 对该命令执行以后生成的先选择集进行直接操作，如改变层、颜色和线型等。
- 在执行完该命令后，马上执行其他编辑命令。在编辑命令要求输入选择集时，键入<P>进行回答。

2.2.13 改层文件 gcwj

菜单：公共命令 ▶ 改层文件

功能：重新定义图层的名称和颜色设定，可将新的设定以图层文件形式存盘。

用大多数天正建筑 TS 的命令绘图时，绘制的图元都是放置在事先指定的图层上的，每种图层的颜色也是预定的。不同的用户会对图层名和图层颜色有不同的要求，本命令就是提供一个手段，使用户能按自己的要求设置图层的名称和颜色。

图层名和颜色的定义是在如图 2-25 所示的对话框中完成的。上部的列表框中列出了所有天正建筑 TS 使用的图层，点到其中一项，就可以用以下方法对该项的层名和颜色进行修改。

（1）在「图层名」编辑框中输入图层名后<回车>，修改层名。

（2）单击「选色」色块，在弹出的“选择颜色”对话框中选好颜色后返回，修改颜色。

（3）单击「点取层名」按钮，退出对话框；在图中拾取一个位于所希望修改到的图层上的图元，返回对话框后，层名和颜色都按所选的图元的层名、颜色修改。

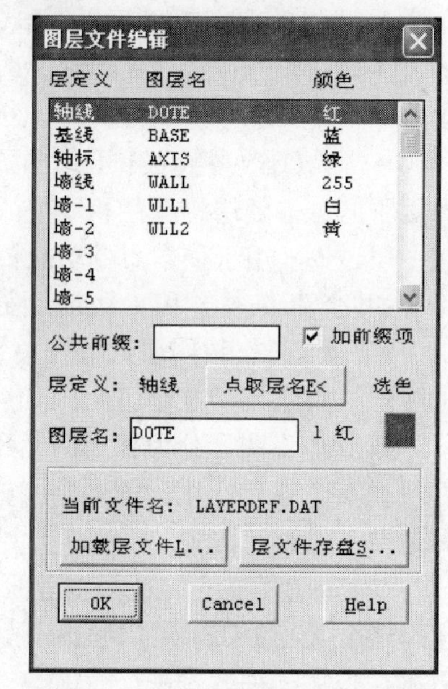

图 2-25 “图层文件编辑”对话框

（4）在「公共前缀」文本框中输入大部分图层都需要的前缀字符；少数不需要公共前缀的图层，可以通过取消选择“加前缀项”复选框改变。

单击「层文件存盘」按钮，可以将用户自己定义的图层文件制成文件存盘，以备以后调用，图层文件的后缀为“.lay”。「加载层文件」按钮用于将已有的图层文件调入使用。

> **注意：** 改变图层名后，将使一些编辑命令不能在改名前绘制的图中正常使用，因此请尽量不要修改图层名。图层颜色的修改一般不会影响命令的执行。

2.2.14 移动复制 ydfzh (YF)

菜单：公共命令 ▶ 移动复制

功能：移动、复制（或多重复制）选择的图元，中途可进行一些动态操作。

执行本命令，在选择图元前，可以用以下热键调整复制和选图元的方式。

- “{1}排列”用于沿一个方向复制多个图元，可以反复修改复制次数，按<回车>结束。
- “{2}定数”用于沿路径线（Pline/Line/Arc/Circle）复制多个图元，可以反复修改复制次数，按<回车>结束。

- “{3}定数转向”用法与“定数”类似，只是复制物体会按路径的方向改变其方向。
- “{4}定距”用法与“定数”类似，只是用户输入距离来控制图元复制的位置。
- “{5}定距转向”用法与“定距”类似，只是复制物体会沿路径的方向改变其方向。
- “{6}图元过滤”即通过[图元过滤]选择图元。
- “{7}图层过滤”即通过[图层过滤]选择图元。

选择要移动或复制的图元后，如果直接点取基点，就是做“移动”；如果按住<Ctrl>键点取基点，就是做“复制”；如果按住<Shift>键点取基点，就是做“连续复制”。用以下两个热键，可以调整操作方式。

- “D－输位移”用于直接输入要移动的位移值。
- “F－参照点”即为取基点所给出一个参照点，然后再通过参照点得到基点。

在动态选取插入点时，有几个热键可以改变插入状态。

- “{A}90 度旋转”用于以插入基点为中心，逆时针旋转 90°。
- “{S} X 翻转”用于以插入基点为中心，在 *X* 方向做镜像翻转。
- “{D} Y 翻转”用于以插入基点为中心，在 *Y* 方向做镜像翻转。
- “{R}改插入角”用于以插入基点为中心，选取新的插入角度，或直接键入新角度值。
- “{T}改基点”用于点取新的插入基点位置。
- “{C}缩放”用于动态改变图元大小。

2.2.15　多线编辑　dxbj (DJ)

菜单：公共命令 ▶ 多线编辑

图元：LWPOLYLINE，POLYLINE，LINE，ARC，WIPEOUT

功能：对多段线进行编辑的工具（加、减顶点，直、弧互换，优化）。

本命令可以对多段线（Pline）、直线、弧做增/减顶点，以及直变弧、弧变直的处理。

在处理前，拾取要编辑的线。拾取线顶点，表示要移动或删除该顶点；如果是末端顶点，还可以向外增加顶点。拾取线段中间位置，表示要在该段增加顶点，也可以将直段变弧段或弧段变直段。拾取的 Pline 如果不只一条，可以选下一条或确认本条。当增加或删除一个顶点后，程序就进入连续增、删顶点的状态，这时点击顶点就立即删除顶点；点击其他位置就会立即在该位置增加顶点，在哪段增加是采取就近的原则。

用以下热键可对 Pline 进行优化和求并、差、交（求并、差、交的 Pline 必须是封闭的）。

- “A—优化”用于选择需要优化的多义线；如果是旧式的 POLYLINE 会转换成新式的 LWPOLYLINE；多义线中有重合顶点的、在同一直段上有多于两个顶点的、在同一弧段上有多于两个顶点的，在不改变多义线形状的情况下，这些多余的顶点都会被删除；删除顶点的个数在命令行有提示。
- “B—并”用于闭合多义线求并集。
- “C—差”用于闭合多义线求差集。
- “J—交”用于闭合多义线求交集。

2.2.16 建筑出图

菜单：公共命令 ▶ 建筑出图

功能：将图形做适当处理后，用绘图机出图。

本命令在对图形进行了一定的预处理后，调用 AutoCAD 的 Plot 命令来出图。处理的内容包括：

（1）将所有的轴线处理为点画线。

（2）消除尺寸界线上用来定位的点。

如果不希望进行这两项预处理，则可以直接使用 AutoCAD 出图命令 Plot 来出图。

如果要出的是采用单视窗或多视窗的方法布过的图，那么不管图中各比例块或视口的比例是多大，都应将绘图机的出图比例定为 1:100。

2.3 常用工具

图层在 AutoCAD 中是一个很重要的概念。在天正建筑 TS 中，它也是用于区分图元类型的一个重要手段。例如，将一条线 LINE 放在“轴线（DOTE）”层上，在编辑时这条线就被认为是一条轴线；但如果将其放在“墙线（WALL）”层上，就可能被认为是墙线。又如轴网在绘制和修改墙线时是一个重要的基准，但又常常在出图时不希望出现轴线，此时如果将轴线删除显然不合适，最好的办法是保留轴网，在需要时将其隐藏或显示。AuotCAD 提供了一些图层管理工具，在此基础上天正建筑 TS 又增加了一些更专用的工具，力求使用户对图层的管理和使用更加方便。

除图层管理的工具外，本节还介绍一些其他的工具，包括消除重线和重合图元、剪裁图形、线段处理、搜索边界和幻灯片库等。

2.3.1 消除重线 xchchx

菜单：常用工具 ▶ 消除重线

图元：LINE，ARC，CIRCLE

功能：消除重叠的线或将串连在同一直线、弧线上的多根线合为一根。

在绘图过程中，有时会在操作者并不知道的情况下产生重线（所谓重线就是重叠在一起或相连但有断点的图元），这样的重线存在，不仅会使图形变大，而且可能会使操作者在继续绘图的过程中遇到麻烦。用本命令就可以消除这样的重线。

执行本命令，屏幕弹出如图 2-26 所示的对话框，在该对话框中可以选取要参与消除重线的图层。选图层的方法有以下几种。

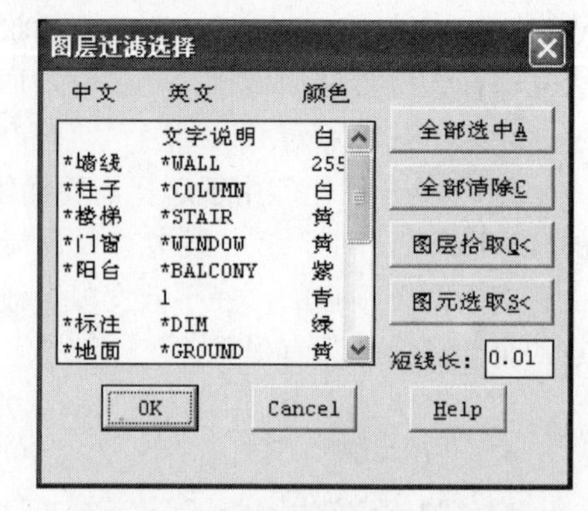

图 2-26 “图层过滤选择”对话框

- 在图层列表中选取，可以按住<Ctrl>键或<Shift>键，点选多个图层。
- 单击「全部选中」按钮，选中所有图层。

- 单击「图层拾取」按钮，切换到图中选图元，从而选取相应图层。
- 单击「图元选取」按钮，可以退出该对话框，并直接到图中选取要消除重线的图元。

单击「OK」按钮退出对话框后，消除重线的工作会自动完成，并在命令行显示出消除重线的结果。

2.3.2　消重图元　xchty

菜单：常用工具 ▶ 消重图元

功能：消除各类重叠的图元，可用于处理无意中做了原地复制的情况。

本命令用于消除图中存在的完全重合的图元，例如，完全重合的门窗图块等。执行本命令，弹出如图 2-26 所示的对话框，在对话框中选取要参与消重图元的图层后，单击「OK」按钮，退出对话框；消重图元的工作自动完成，并在命令行显示出结果。

2.3.3　矩形剪裁　jxjc

菜单：常用工具 ▶ 矩形剪裁

功能：用矩形窗口方式剪下所需部分图形插入图中或存盘。

本命令的主要目的是取图中的一部分图形，将其作为详图的原型，或是存储另作他用。根据提示点取作为剪裁窗口的两个角点后，图中出现剪裁下来的图形，此时可以进行以下操作。

（1）用鼠标将图形拖动到适当的位置，点取插入图中。

（2）按<回车>键，将剪裁下的图形保存为另一张图。

如果剪裁的图形中包含带轴号的轴线，那么剪下的图形中的相应轴线也被标上同样的轴号。另外一些图块、标注等只要有一部分包含在窗口内，就被加入到剪裁下来的图形中，用户可以根据需要保留或擦除。图 2-27 是一个矩形剪裁的示例。

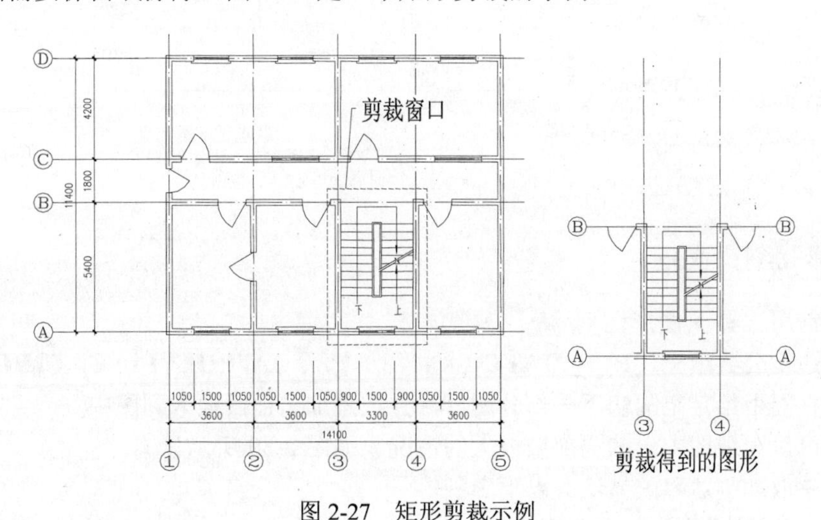

图 2-27　矩形剪裁示例

2.3.4　多边剪裁　dbjc

菜单：常用工具 ▶ 多边剪裁

功能：用多边窗口方式剪下所需部分图形作为详图存盘。

本命令与[矩形剪裁]命令的用途和操作基本相同，只是取剪裁窗口的方式不同。该命令是用取多点连线形成剪裁窗口，因此裁取图形更灵活一些。

热键“S－拾取 PLINE”用于拾取一条闭合的线 Pline 作为剪裁窗口，对图形进行剪裁，并在剪裁得到的图形周围加上剖断线，如图 2-28 所示。

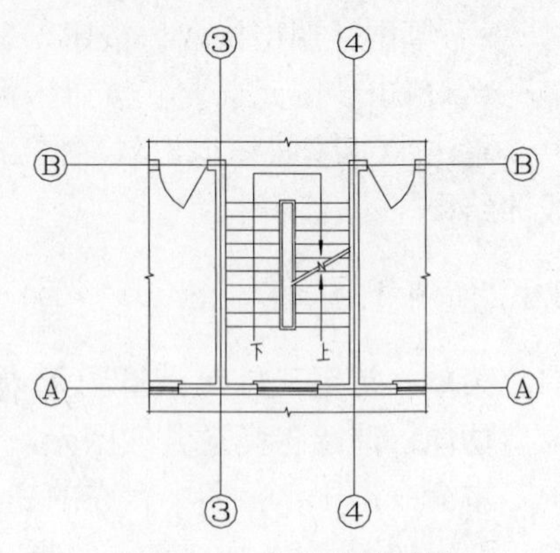

图 2-28　多边剪裁示例

2.3.5　图形剪裁　txjc

菜单：常用工具 ▶ 图形剪裁

功能：对图形进行剪裁，去除剪裁窗口内的图形。

执行本命令，首先要确定剪裁窗口，确定剪裁窗口的方法有以下 3 种。

- 用十字光标点取一根作为剪裁线的直线（这条直线可以是一条线 Pline 的一部分或一个图块中的一条直线），拖动这条直线形成一个矩形窗口［见图 2-29(a)］。
- 点取两点绘制一条剪裁线，与前一种方法一样，拖动直线形成一个矩形窗口。
- 键入“M”，取点画出剪裁边界。

确定了一个剪裁窗口后，还可以选取不想让其参与剪裁的图元，最后各种图元（除文字和标注以外）在剪裁窗口内的部分都被剪裁掉，而边界以外的部分保留［见图 2-29(b)］。对于文字，只有全部包含在窗口内，才被剪去；而标注可随剪裁窗口调整。

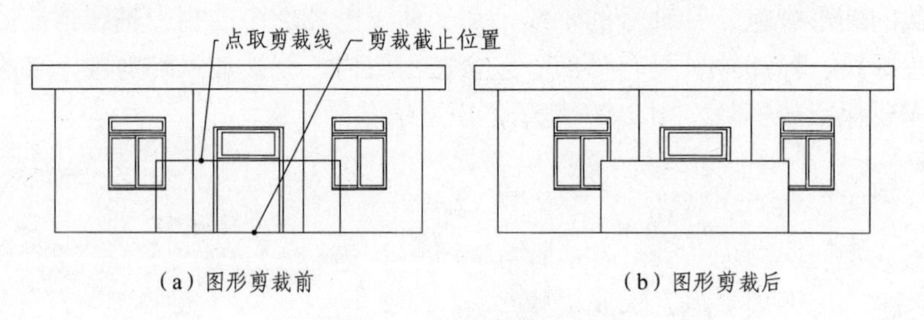

（a）图形剪裁前　　（b）图形剪裁后

图 2-29　图形剪裁示例

2.3.6　图形切割　txqg

菜单：常用工具 ▶ 图形切割

图元：边框公共填充（PUB_HATCH）；白（7）；LWPOLYLINE，CIRCLE

功能：在图上给定范围切下一部分图形，并在添加边框后插入到图中。

本命令可以表现图中一些局部被放大的情况，如图 2-30 所示。

本命令中取切割边界的方法有以下 3 种。

- 用取点的方式画出一个封闭多边形，作为切割边界。
- 用点取圆心，输入半径的方法画一个圆，作为切割边界。
- 用取角点的方法画一个矩形，作为切割边界。

有了切割边界后，边界内的图元或图元的一部分一旦被切割复制，便会形成一个可拖动的图形。此时，用鼠标将这个图形拖到适当的位置，并确定其放大（或缩小）的倍数，一个切割出来的图形便出现在指定位置上。

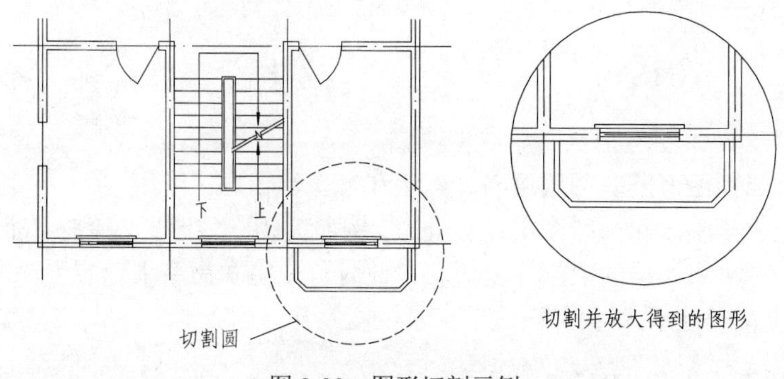

图 2-30　图形切割示例

2.3.7　图元改层　tygc (CE)

菜单：常用工具 ▶ 图元改层

功能：将选定的图元改变到用户指定的图层上。

在选取了要改图层的图元后，可以使用以下两种确定图层的方法。

（1）在提示拾取目标层的图元时，拾取一个已经位于该图层的图元。例如，选中了几条直线后，希望将这些线移到轴线层，就可以在此时拾取一个在轴线层上的图元。要改变图块中属性文字的层，可以用热键“{A}改属性层”，然后拾取要改层的属性文字，这时就只修改属性文字的层，相关图块的图层不变。

（2）在出现上述提示时<回车>，这时，屏幕上弹出如图 2-31 所示的对话框。利用这个对话框可以输入目标层名。输入的方法可以直接在下部的编辑框中键入，也可以从上部的两个列表框中选定层名。对于大多数画在平面图中的图形图元，只需选右边列表框中的层名；但对于一些图元（如立面图形、表格文字等），就可能还需加一个前缀。例如，立面图中的门窗，应该是在“立面门窗”层上，此时就应从左边列表框中点取“立面”，在右边的列表框中点取“门窗”，下面的编辑框中就出现“E_WINDOW”，这就是立面门窗的层名。再如，表格和一般文字应该是在“公共文字”层上，这里就应从左边列表框中点取“公共”，在右边的列表框中点取“文字”，下面的编辑框中就出现“PUB_TEXT”。

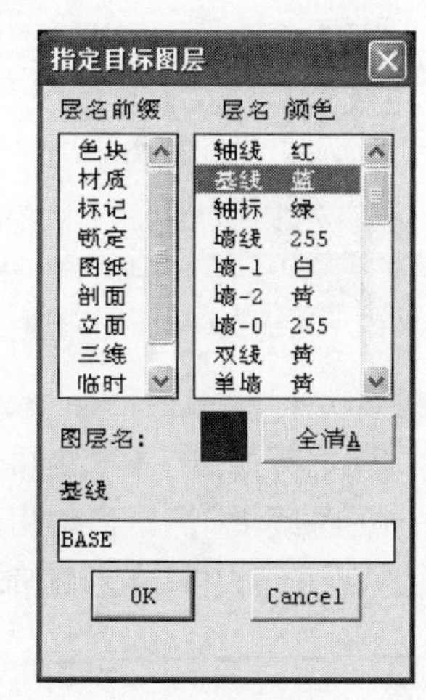

图 2-31　“指定目标图层”对话框

目标图层选好后，所选中的图元就转到这个图层。

2.3.8　当前图层　dqtc (DQ)

菜单：常用工具 ▶ 当前图层

功能：将用户所选图元的图层设定为当前图层。

执行本命令，拾取一个样板图元，当前层就被设为选定图元所在层。此时如果按<回车>

键，就会弹出如图 2-31 所示的对话框，也可以在此对话框中设定当前图层。该对话框的用法如[图元改层]命令一节中所述。

2.3.9 图层记录 tcjl (SY)

菜单：常用工具 ▶ 图层记录

功能：保存当前图形所有图层层名、颜色和线型等信息。

有时操作者希望临时对一些图层进行处理，例如关闭一些图层、改变某个图层的颜色等；进行一些操作后，再将图层的状态恢复原状。此时可使用本命令来记录当前图层的状态，以后再用[图层恢复]命令将图层状态按这个记录恢复。

2.3.10 图层恢复 tchf (RY)

菜单：常用工具 ▶ 图层恢复

功能：恢复上一次[图层记录]命令所记录的图层状态。

利用[图层记录]命令将当时的图层状态记录下来后，在需要的时候可以运行本命令，按所记录的情况将图层恢复到记录时的状态。

2.3.11 加粗线段 jcxd (JC)

菜单：常用工具 ▶ 加粗线段

图元：LINE，ARC，CIRCLE，ELLIPSE，POLYLINE，LWPOLYLINE，SPLINE

功能：加粗指定的线段。

执行本命令，选取要变粗的线段，弹出加粗参数如图 2-32 的对话框。其中「线宽」为加粗后生成多义线的宽度，可以输入数值，也可以单击「图中取线宽<」按钮，切换到图中拾取已有多义线的宽度；「厚度」为生成多义线的厚度，如为空则不改变原有线的厚度；「是否连接线段」用于选择是否将首尾相接的线连接成连续的 LWPOLYLINE 线；「是否偏向一侧」用于选择是向一侧加粗还是正常加粗，如选择偏向一侧加粗，则在完成加粗后还会逐条线询问加粗方向。本命令可以加粗包括样条曲线（SPLINE）在内的各种线段。同时需加粗和改变线型的样条曲线，应先变线型后加粗。加粗后的线段都将被变成线 LWPOLYLINE。

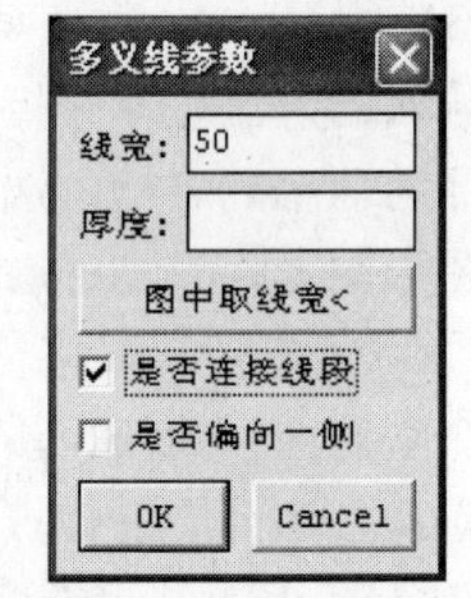

图 2-32 “多义线参数”对话框

2.3.12 虚实变换 xshbh (DS)

菜单：常用工具 ▶ 虚实变换

功能：使线型在虚线与实线之间进行切换。

执行本命令，选取要变换线型的图元后，被选中的图元改变线型（如果原来是虚线就变成实线，原来是实线变为虚线）。本命令对于图块中的线段也有效。

2.3.13 线型变比 xxbb

菜单：常用工具 ▶ 线型变比

功能：改变图中已有图元的线型比例。

本命令适用于各种不同线型的线段。执行本命令，选取要改变线型比例的线段后，再输入线型比例放大系数或周期长度，选中图元的线型比例即被改变。图 2-33 是线型比例改变的示例。在选取要变线型比例的线段后，命令行显示选取图元原有线型周期长度，如选取了不同线型周期长度的图元，显示的线型周期长度是其中任意一段的值。本命令对图块中的线型变比例也是有效的。

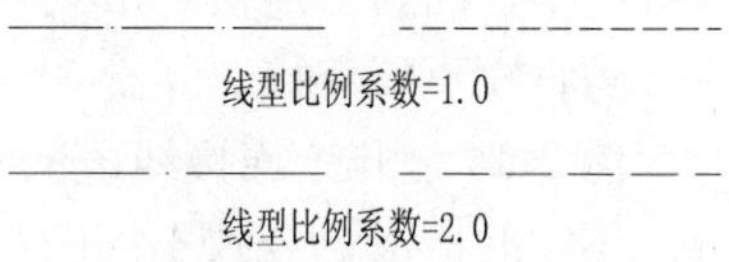

线型比例系数=1.0

线型比例系数=2.0

图 2-33　线型变比示例

2.3.14　图形变线　txbx

菜单：常用工具 ▶ 图形变线

图元：0 层；随原图颜色；POLYLINE

功能：将已有的图块、文字或三维图转变为以线 POLYLINE 绘制的图形。

执行本命令，选取要变线的图元后，选中图元的所有可见线条被投影到平面上，形成一个由二维线 POLYLINE 组成的平面图形。点取插入点位置后，新生成的线条图形被放在指定的位置上。

本命令的一个重要用途是将一幅三维图元构成的图变成一幅由一些二维线条绘制的图。如果希望新生成的图形表现的三维图像是消隐的，那么要在图形变线前将原来的三维图先消隐处理。

2.3.15　双线绘制　shxhzh (DA)

菜单：常用工具 ▶ 双线绘制

图元：双线（DLINE）；黄（2）；LINE，ARC

功能：用于绘制双线的命令。

本命令的功能与[画双线墙]命令的相同，只是绘制出的双线图元所在的层与双线墙不同，也不会与双线墙交合。

2.3.16　线变复线　xbfx

菜单：常用工具 ▶ 线变复线

功能：将若干彼此相接的直线（LINE）、圆弧（ARC）、复线（POLYLINE）连接成整段的复线（LWPOLYLINE，又称为多段线）。

执行本命令，选取一些直线或圆弧，这些线段就从原来的 LINE 或 ARC 变为 LWPOLYLINE（复线）。如果原来这些线段中有一些是首尾相连的，那么这些相连的线段会合并成一条复线。

复线有一些直线或圆弧不具备的特性，例如，可以改变线宽、可以转变成样条曲线等。如果需要将 LWPOLYLINE 变回 LINE 或 ARC，可使用 AutoCAD 的分解（炸开）命令。

2.3.17　连接线段　ljxd (LJ)

菜单：常用工具 ▶ 连接线段

功能：将两条直线、圆弧或 PLINE 线连接起来，或多选连接同层共线的线段。

本命令所能连接的线段包括所有可能有交点的两段直线或弧。同一直线上的直线段、或同心同半径的弧，连接后成为一个图元。平行但不在同一直线上的直线、不能相交的弧与弧或弧与直线不能连接。

图 2-34 是几个连接线段的示例。在连接位置可能发生歧义时，要注意拾取线段时的拾取点，不同的拾取点导致不同的保留段，如图 2-34（a）和图 2-34（b）所示。

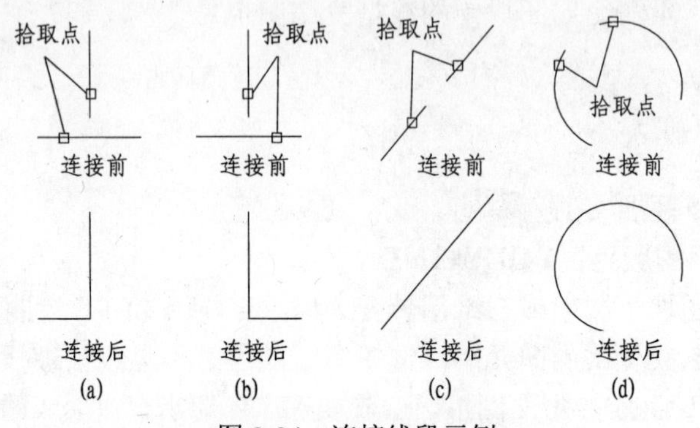

图 2-34　连接线段示例

除了用以上单选连接方法连接线段外，还可以用热键“{D}多选同线连接”将连接方式改为多选连接同线线段的方式，此时选中的相同层、相同种类的同线线段会被连接起来。通过热键“{D}单选连接”可以再变回前一种连接方式。

2.3.18　交点打断　jddd (BX)

菜单：常用工具 ▶ 交点打断

功能：将交于一点的线（或弧）同时打断，或者交点打断并将交线变为圆弧。

执行本命令后，可以有以下 3 种运行结果。

（1）单交点打断，拾取交点，经过交点的线段即被打断（双向打断）。

（2）多交点打断，分别拾取交点两侧的线，该线在两点之间的交点处都会被打断（单向打断）。

（3）交点圆角，拾取要设置圆角的交点［见图 2-35（a）］，交点的各个交角即被圆弧连接［见图 2-35（b）］；如果需改变圆弧半径，可拾取弧线［见图 2-35（c）］，弧线半径即被改变［见图 2-35（d）］；如需要恢复直角连接，可将圆角半径设为 0。

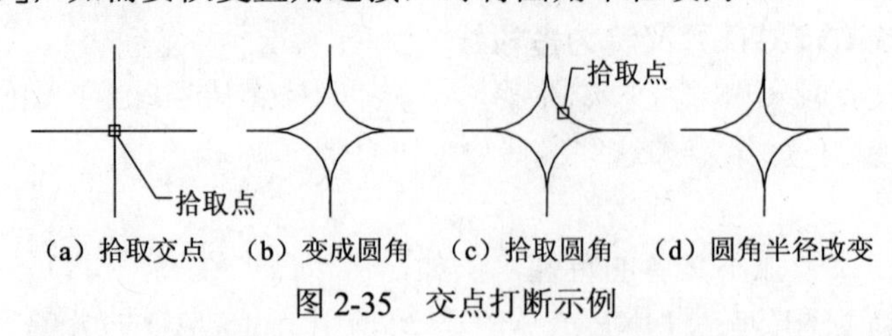

图 2-35　交点打断示例

2.3.19　轴线开关　zhxkg (XF)

菜单：常用工具 ▶ 轴线开关

图元：轴线（DOTE），轴标（AXIS）

功能：开关轴线、轴标层（共有 3 种状态）。

本命令是用于控制轴线、轴标图层的开关，共有以下 3 种运行结果。

（1）在第一次使用本命令时，关闭轴线层。

（2）在轴线层处于关闭状态，轴标层处于打开状态时，关闭轴标层。

（3）在轴线、轴标层都处于关闭状态或不存在轴标层时，打开轴线、轴标层。

2.3.20　填充开关　tchkg

菜单：常用工具 ▸ 填充开关

功能：将图中的色块填充打开或关闭。

执行本命令，可以使图中的色块显示或隐藏。

2.3.21　搜索边界　ssbj (SB)

菜单：常用工具 ▸ 搜索边界

图元：临时基线（TMP_BASE）；蓝（5）；POLYLINE，HATCH

功能：搜索图形的几何边界，可将搜索到的区域涂色（用于面积累加）。

执行本命令，首先选取参与搜索的图元范围，然后在欲求边界的区域内点一下，区域边界自动被搜出；这时，在图上任取一点绘出该边界；如输入颜色号，则给房间涂色（用于求累加面积）；若<回车>，则跳过该区域，继续下一次搜索。

在运行过程中，一些可选的热键功能如下：

- “{D}画默认层”或“{D}画当前层”用于选择将搜索得到的轮廓线画在默认层(TMP_BASE)，或画在当前层；
- “{S}图块轮廓”用于绘制图块的外轮廓线（图块的外轮廓必须是闭合的）；
- “A－显示全部”用于显示全部搜索到的轮廓线；
- “D－加偏移线”用于在搜出的轮廓线一侧，再画一条偏移线。

如果求房间面积，最好使用[搜索墙线]命令。

2.3.22　搜索墙线　ssqx (SW)

菜单：常用工具 ▸ 搜索墙线

图元：临时基线（TMP_BASE）；蓝（5）；POLYLINE，HATCH

功能：搜索墙线的边界，可将搜索到的区域涂色（用于面积累加）。

本命令专用于搜索墙线和门窗构成的区域，操作方法与[搜索边界]命令相同。若求任意线的区域边界，请使用[搜索边界]命令。

2.3.23　奇数分格　jshfg

菜单：常用工具 ▸ 奇数分格

图元：屋顶（ROOF）；青（4）；LINE

功能：将一块矩形区域按奇数分格。

执行本命令，按命令行提示点取要分格矩形区域的 3 个角点，然后分别输入两个方向的分格宽度或分格数，分格线就自动绘出，同时还绘出对称轴线（见图 2-36）。

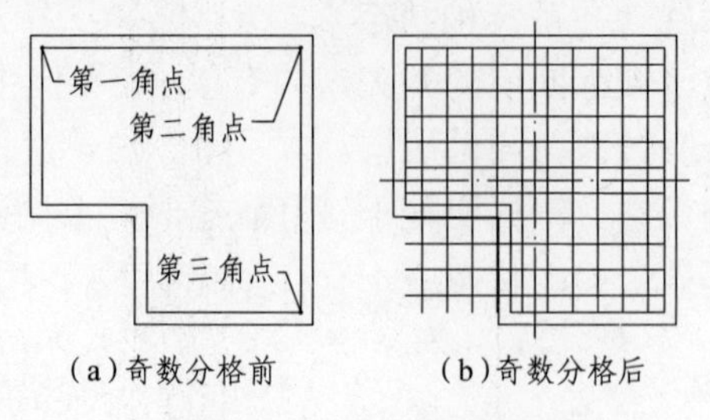

（a）奇数分格前　　（b）奇数分格后

图 2-36　奇数分格示例

2.3.24　偶数分格　oshfg

菜单：常用工具 ▶ 偶数分格

图元：屋顶（ROOF）；青（4）；LINE

功能：将一块矩形区域按偶数分格。

本命令用法与[奇数分格]命令相同，只是选中的矩形按偶数分格，也不绘制对称轴线（见图 2-37）。

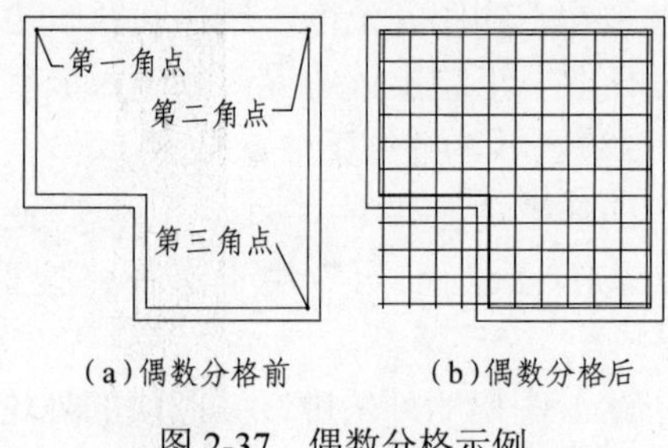

（a）偶数分格前　　（b）偶数分格后

图 2-37　偶数分格示例

2.3.25　擦分格线　cfgx

菜单：常用工具 ▶ 擦分格线

图元：屋顶（ROOF）；青（4）；LINE

功能：擦除给定矩形范围内的分格线。

执行本命令，按命令行提示点取要擦除分格线的矩形范围内的 3 个角点，指定范围内的分格线就被擦除（见图 2-38）。

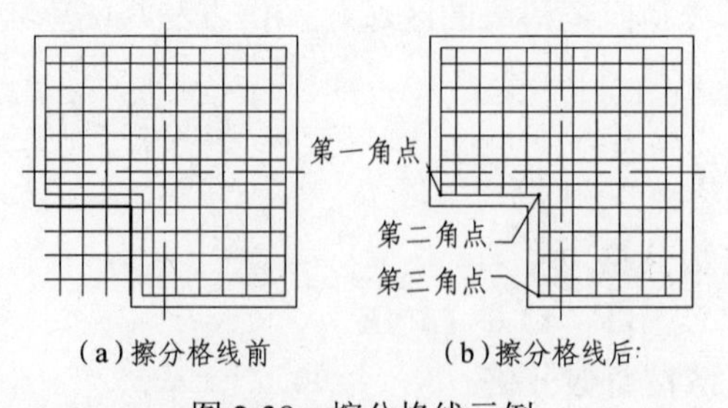

（a）擦分格线前　　（b）擦分格线后

图 2-38　擦分格线示例

2.3.26　计算器　jsq (CA)

菜单：常用工具 ▶ 计算器

功能：用于一般算术计算。

执行本命令后，屏幕上弹出“计算器”对话框，利用这个对话框可进行一些常规的算术运算。

本命令优先使用 Windows 计算器。该计算器分为科学计算（见图 2-39）和普通计算（见图 2-40）两种方式；它能长期驻留在 AutoCAD 窗口中，而不影响使用其他的命令。因为本命令优先调用 Windows 的 CalcPlus 计算器，如果用户有自己的计算器，需事先将计算器的执行文件名改为 CalcPlus.exe，并将此文件复制到 Windows 的 System32 目录下。

如果 Windows 系统中没有安装计算器，则启用本软件自带的计算器（见图 2-41）。这个计算器不能长期驻留在 AutoCAD 窗口中，需要安装 Windows 的“计算器”时，操作思路：[控制面板] → [添加或删除程序] → [添加或删除 Windows 组件] → [附件和工具]。

图 2-39　Windows 科学计算器

图 2-40　Windows 普通计算器

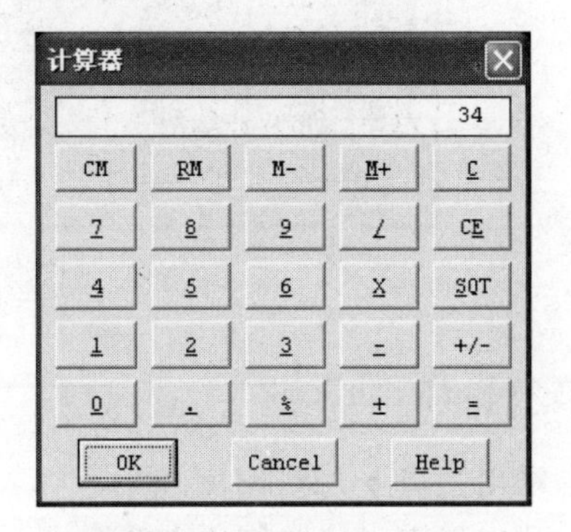

图 2-41　软件自带计算器

2.3.27　幻灯成图　hdcht

菜单：常用工具 ▶ 幻灯成图

图元：随当前图层；随幻灯颜色；LINE，LWPOLYLINE

功能：将幻灯片转成 DWG 图形。

执行本命令并选择了要成图的幻灯片文件后，屏幕上弹出如图 2-42 所示的对话框。在此对话框中，可以设定是用 POLYLINE 还是用 LINE 来绘制幻灯图片；还可以设定将绘制的图形放在哪个层上。如果选择要成图的文件是一个幻灯库文件（以“.slb”为后缀），那么屏幕上还会弹出如图 2-43 所示的用于选择库中幻灯片的对话框。选好要成图的幻灯片，并设定好成图的图元类型和图层后，幻灯片的图形便绘入图中。

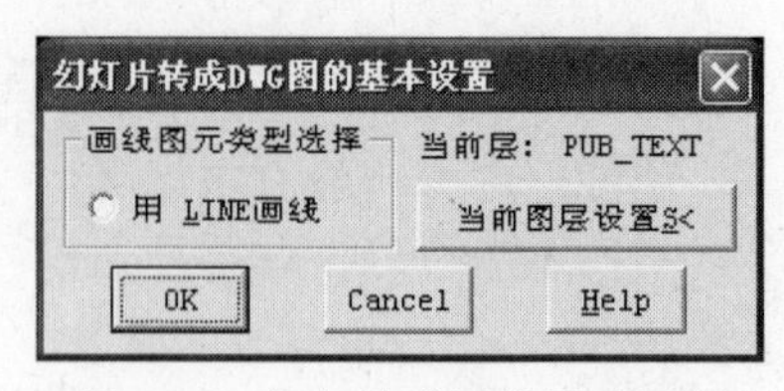

图 2-42　幻灯片成图设置对话框

2.3.28　幻灯入库　hdrk

菜单：常用工具 ▶ 幻灯入库

功能：将幻灯片加入到幻灯库中。

执行本命令，首先选定要入库的幻灯片文件，然后选定要加入的幻灯库文件名，选中的幻灯片就被加入到这个幻灯库中。要入库的幻灯片也可以在一个幻灯片库文件中选择，此时会弹出如图 2-43 所示的对话框，以便于在其中选择要入库的幻灯片。

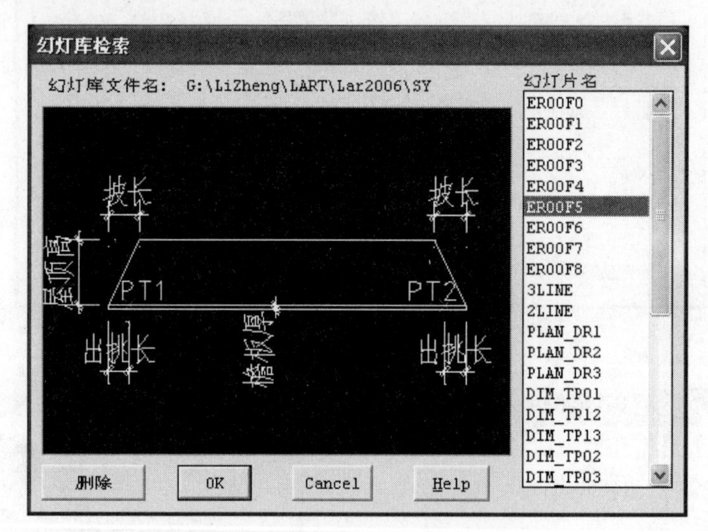

图 2-43　幻灯库中选幻灯片的对话框

2.3.29　幻灯出库　hdchk

菜单：常用工具 ▶ 幻灯出库

功能：将幻灯库中的幻灯片文件调出。

执行本命令，选择要导出幻灯文件的幻灯库文件，在弹出的如图 2-43 所示的对话框中选择要导出的幻灯片；退出该对话框后，导出的幻灯片文件生成在当前的工作目录下。

第3章

平面图绘制

绘制平面图是建筑设计中的重要部分，因此用于绘制平面图的各种命令也是本软件中重要组成部分，其中包括绘制轴网、墙体、门窗、柱子、楼梯和阳台等各种类型的平面图组成图元的工具。一般情况下，建议用户按以下步骤进行平面图的绘制。

（1）建立轴网，并对其进行标注。

（2）插入柱子、绘制墙线。

（3）插入门窗。

（4）绘制楼梯、阳台等。

（5）其他修饰工作。

不过以上只是在设计方案基本确定后的一般做法。在设计阶段也可以用先绘制单线墙，调整后再利用单线墙生成轴网的做法。事实上，由于设计工作复杂而灵活多变，所以不可能总是用某种固定的模式。用户也不必过多考虑绘图工作的先后顺序。本软件的工具集方式能够满足用户多变的设计工作需求。

3.1 轴线

简单的直、弧线轴网可以通过输入参数很快地生成。复杂一些的轴网可用多个简单轴网拼合，或先生成简单轴网，再用修剪、拉伸等编辑手段修改而成。

3.1.1 直线轴网 zhxzhw (LX)

菜单：平面轴线 ▶ 直线轴网

图元：轴线（DOTE）；红（1）；LINE

功能：生成正交轴网、斜交轴网或单向轴网。

轴网绘制时所需的尺寸数据都从如图 3-1 所示的对话框中输入。

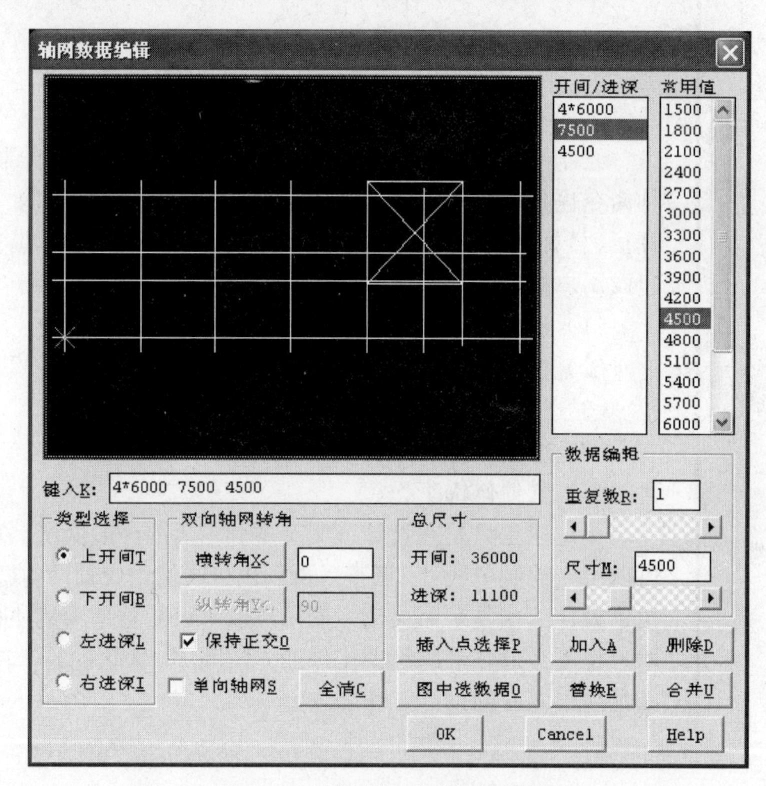

图 3-1 “轴网数据编辑”对话框

下面简要说明这个对话框的功能和使用方法。

- 「键入」编辑框中用于直接输入轴线间隔数据，数据间隔以空格表示。
- 「类型选择」栏用于选择当前编辑的是哪一组数据。
- 「双向轴网转角」栏用于输入轴网纵横轴线方向角（见图 3-2）。选择「保持正交」复选框，纵横轴线间呈 90° 相交；不正交时，需要分别输入纵、横轴线转角。
- 「插入点选择」用于变换轴网的插入点位置。
- 「图中选数据」按钮用于选取图中已有轴网，以获取轴网数据。
- 「单向轴网」复选框用于选择生成单向的轴网。

- 「开间/进深」列表中用于显示当前开间或进深的数据。在示意图中点取可显示当前数据。
- 「常用值」栏中用于选择轴线间隔数据加入左面的列表中。
- 「数据编辑」栏中输入数据后，单击「加入」按钮可以加入到上面的列表框中。
- 「加入」、「替换」、「删除」、「合并」按钮用于将编辑框中数据加入列表框或对列表框中数据进行编辑。在列表框中选多行数据，单击「合并」按钮可以将多个数据合并为一个。

以下分别介绍生成正交、斜交和单向轴网的方法。

（1）生成正交轴网。在对话框中输入数据后，单击「OK」按钮，并根据提示在图中点取轴网的插入位置，轴网即插入图中。如果需要，在插入前还可以对轴网做旋转、翻转和修改插入角或插入基点的操作（见图 3-2）。

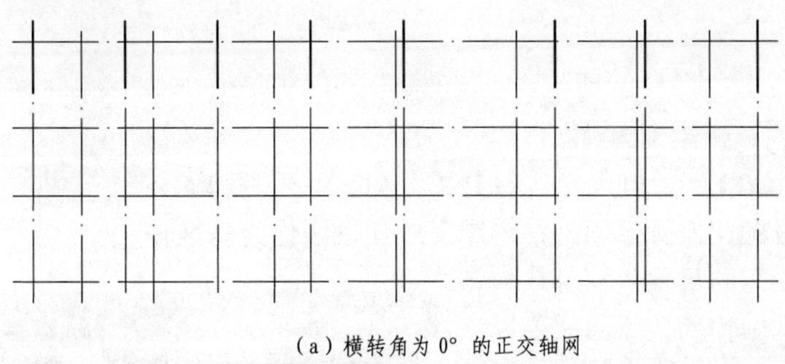

（a）横转角为 0° 的正交轴网

横转角

（b）非水平的正交轴网

图 3-2　正交轴网示例

（2）生成斜交轴网。如果要生成的轴网是非正交的，可以在「双向轴网转角」栏中不选“保持正交”复选框，同时分别设定横、纵转角，即可生成斜交轴网（见图 3-3）。

（3）生成单向轴网。在对话框中选中“单向轴网”复选框，即可绘制单向轴网。在退出对话框后，还需指定轴网方向和轴线的长度（见图 3-4）。

在点取插入位置前，还可以用以下热键修改轴网的状态。

- “{A}90 度旋转”、“{R}改插入角”、“{S}X 翻转”、“{D}Y 翻转”用于将轴网旋转或翻转。
- “{T}改基点”用于改变拖动轴网的基点。
- “{C}缩放”用于将轴网缩小或放大。

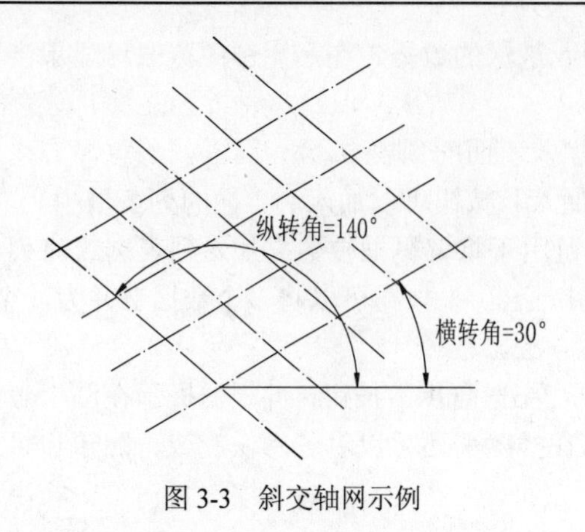

图 3-3　斜交轴网示例

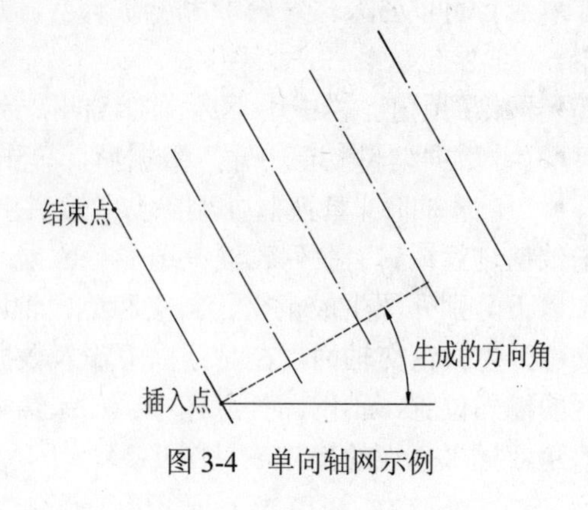

图 3-4　单向轴网示例

3.1.2　弧线轴网　hxzhw

菜单：平面轴线▶弧线轴网

图元：轴线（DOTE）；红（1）；LINE，ARC，CIRCLE

功能：生成弧线轴网或圆形轴网，可用直或弧轴线作为基准轴。

轴网绘制时，所需的尺寸数据可从如图 3-5 所示的对话框中输入。下面简要说明这个对话框的功能和使用方法。

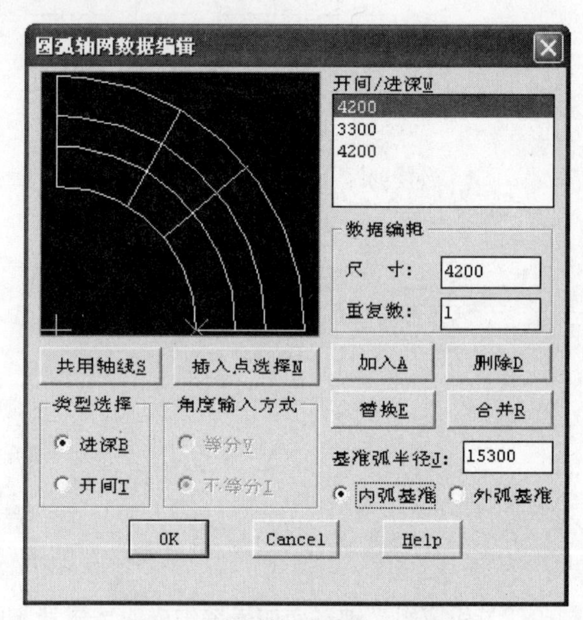

图 3-5　弧线轴网数据输入对话框

- 「类型选择」栏用于选择当前显示的数据是开间还是进深。进深是指沿半径方向的弧线间隔长度尺寸，开间为直轴线间的角度。
- 「开间/进深」列表用于显示轴网数据，选择类型为「进深」时，其中显示进深尺寸；选择类型为「开间」时，显示开间角度（单位为度）。
- 「数据编辑」栏用于输入轴网数据。
- 「加入」、「替换」、「删除」、「合并」按钮用于将编辑框中数据加入到列表或对列表中数据进行编辑。在列表中选多行数据，单击「合并」按钮可以将多个数据合并为一个。
- 「角度输入方式」用于选择开间是否是等分的。选择「等分」时，只需输入总开间角度；选择「不等分」时，要分别输入各开间的角度数据到列表中。
- 「基准弧半径」是指作为基准的弧半径。基准弧可以是轴网的内弧，也可以是外弧，由选项下面的“内弧基准”和“外弧基准”单选按钮确定。

本命令可以生成弧线轴网和圆形轴网。生成弧线轴网，可以选择以下 3 种方法。

- 对于与直线轴网相连的弧轴网，可以在出现提示时用拾取连接轴线的方法，直接取得相连的轴网的进深数据，作为本弧轴网的数据。然后移动鼠标，确定弧轴网的弯曲方向，便可进入对话框进一步编辑。
- 将已有的一根弧轴线（轴线层的 ARC）作为基准轴线绘制轴网，这根弧轴将作为轴网一侧的轴线，其半径和内含角被带入弧线轴网对话框。
- 绘制不与轴网相连的弧轴网，在执行命令后出现第一个提示时应<回车>表示不与轴网相连，然后点取轴网的定位点，并给出初始角，再确定弧轴网的弯曲方向后，可进入对话框继续编辑。

在对话框中调整好轴网数据后，单击「OK」按钮可退出对话框；点取轴网在图中的插入点后，轴网便绘好了。图 3-6 所示是一个弧线轴网的示例。

生成圆形轴网时要将开间的总角度设为 360°，其他的设置方法与一般弧线轴网的相同。图 3-7 所示是一个圆形轴网的示例。

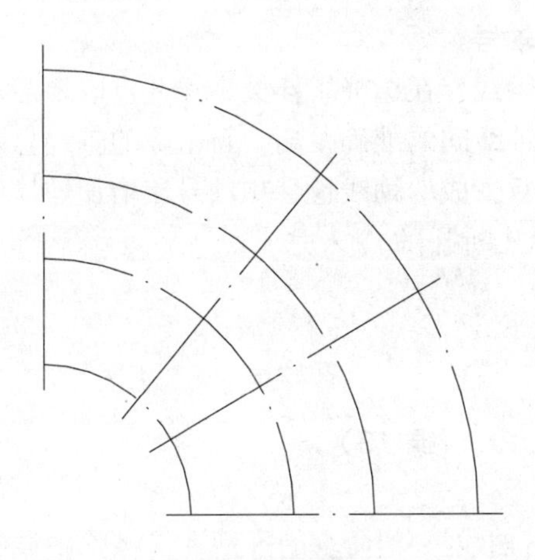

图 3-6　弧线轴网示例

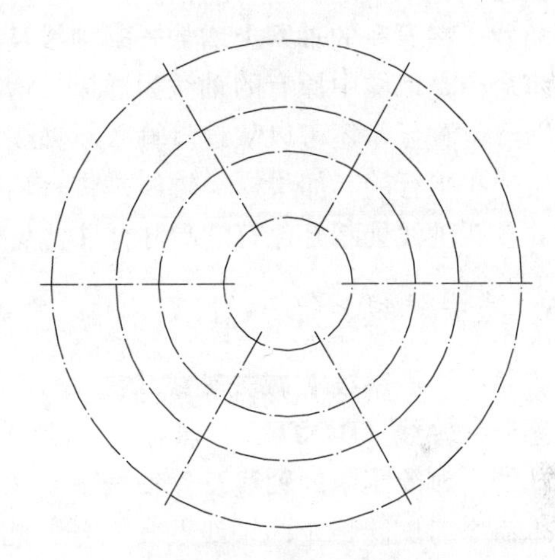

图 3-7　圆形轴网示例

3.1.3　墙生轴网　qshzhw

菜单：平面轴线 ▶ 墙生轴网

图元：轴线（DOTE）；红（1）；LINE，ARC

功能：根据已有的单线墙或双线墙生成正交轴网和弧线轴网。

选取要生成轴网的单线墙或双线墙，即可生成与这些墙线相关的轴网。用双线墙生成的轴网，轴线取墙中心线。如取到多方向的墙线，按同方向数量较多的一组为基准生成轴网。如没有取到正交墙线，则生成单向轴网。与弧墙相关的直墙，需过弧心才生成轴线。

图 3-8 所示为[墙生轴网]的示例。选中图 3-8（a）中的所有墙线，便生成如图 3-8（b）所示的轴线。

如生成的轴网不符合要求，用户可使用[直线轴网]中的「图中选数据」功能，取出已生成轴网进行修改。

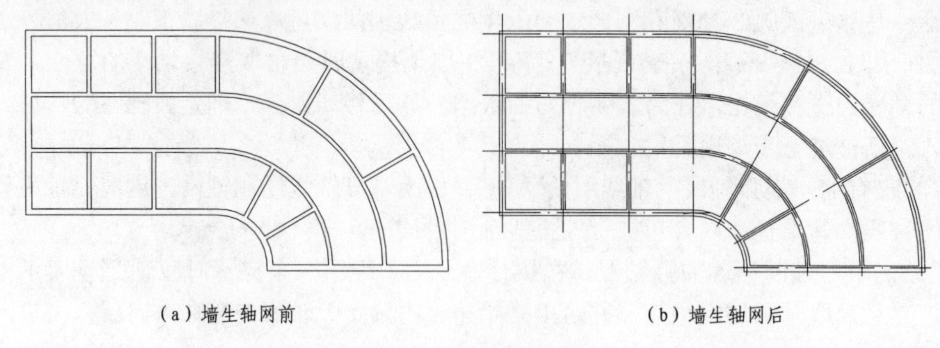

（a）墙生轴网前　　（b）墙生轴网后

图 3-8　墙生轴网示例

3.1.4　增加轴线　zjzhx (AX)

菜单：平面轴线 ▶ 增加轴线

图元：轴线（DOTE），轴标（AXIS）；红（1），绿（3）

功能：在原有的轴网上增加一条轴线及其相关轴号。

本命令是以图中原有的轴线为样板，增加一条轴线。在选择了样板轴线并点取要增加轴线的大致位置后，还可以从键盘输入新轴线与样板轴线间的准确距离。新生成的轴线总是与样板轴线相平行的。如果样板轴线是带有轴号的，新生成的轴线也会加轴号。增加轴线后如果需要在新轴线处断开原有的尺寸标注，可以用[标注断开]命令来完成。

3.1.5　减去轴线　jqzhx (NX)

菜单：平面轴线 ▶ 减去轴线

图元：轴线（DOTE），轴标（AXIS）；红（1），绿（3）

功能：删除图中的轴线及其轴号。

本命令可删除指定的轴线及其轴号。此命令与[轴线擦除]命令的区别在于擦除轴线的同时还会删除相关的轴号。减去轴线后，如果需要连接擦除轴线处的尺寸标注,可使用[标注合并]命令来完成。

3.1.6　改变线型　gbxx (CT)

工具条菜单：平面轴线 ▶ 改变线型

图元：轴线（DOTE）；红（1）；LINE，ARC，CIRCLE

功能：改变轴线的线型。

如果原来图中的轴线为连续线型，则执行命令后变为点画线；如果原来已经是点画线了，就改回为连续线型。执行命令过程中，提示输入线型比例时，一般可以直接<回车>，取其默认值（图的内涵比例为 1:100 时，此值为 1000）。如果认为点画线的点画间距不合适，可调整这个比例。线型比例的数字越大，点画间距越大。

3.1.7　轴线剪裁　zhxjc

菜单：平面轴线 ▶ 轴线剪裁

图元：轴线（DOTE）；红（1）；LINE，ARC，CIRCLE

功能：裁去一组轴线的一端或某个指定区域内的轴线。

通常用本命令是剪去一根或一组轴线的一端。出现取轴线提示时，点取轴线上的一点，再在要剪去的方向上点取一点，这根轴线便被剪去一部分（见图3-9）；如果在出现提示时，取两点构成一条剪裁线，并使剪裁线与一组轴线相交，那么这组轴线在指定方向上沿剪裁线被切掉（见图3-10）。

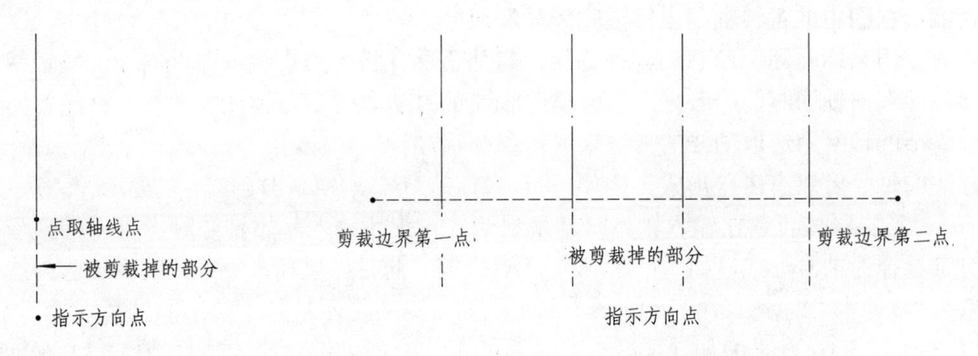

图3-9　单根轴线剪裁示例　　　　图3-10　多根轴线剪裁示例

用以下热键，还可以进行一些特殊方式的剪裁。

- “W－窗口”、“F－边界”用于指定一个窗口，剪裁掉窗口内的所有轴线。“W”用于开一个矩形窗口，“F”可以开任意多边形窗口。开窗后，窗内轴线被切去（见图3-11）。
- “M－门窗”用于将门窗处的轴线切断。选取要剪去轴线的门窗后，这些门窗处的轴线被切断。

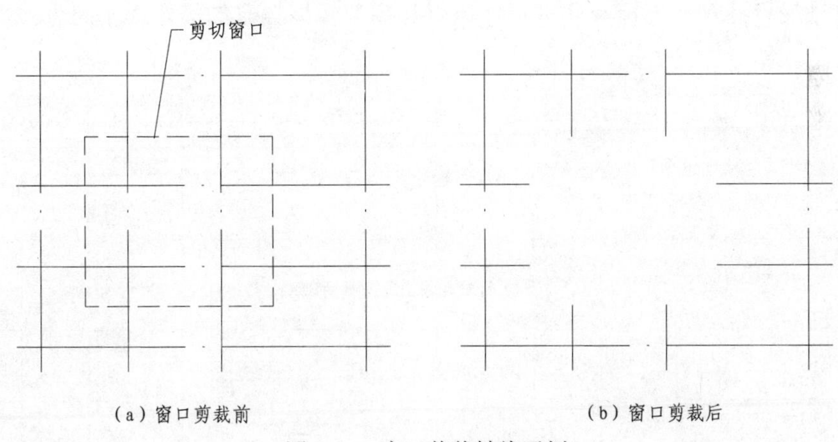

图3-11　窗口剪裁轴线示例

3.1.8　轴线擦除　zhxcch (RX)

菜单：平面轴线 ▶ 轴线擦除

图元：轴线（DOTE），轴标（AXIS）；轴线：红（1），标注：绿（3）；尺寸标注：DIMENTION，轴标：INSERT

功能：擦除指定的轴线和轴线标注。

执行本命令，按提示选定要擦除的轴线和标注后，这些轴线和轴线标注即被擦除。

3.1.9 轴网标注 zhwbzh (MX)

菜单：平面轴线 ▶ 轴网标注

图元：轴标（AXIS），轴字（AXIS_TEXT）；绿（3）；尺寸标注：DIMENTION，轴标：INSERT，尺寸界线，轴线：LINE

功能：在图中的各种轴网上标注轴线号和尺寸。

本命令用来标注图中已有的各种轴网，包括正交、斜交的直线双向轴网、弧线轴网和单向轴网。标双向轴网时，一般采用拾取横断轴线的方法取得参与标注的轴线；标注单向轴网和比较复杂的轴网用选取轴线的方法来取得参与标注轴线。

标注的轴号可以有多种形式，例如："1，2，3，…"、"A，B，C，…"或"A1，A2，A3，…"。选择形式可以在输入轴号时体现出来，在提示输入起始轴号时，提示的括号内显示出可供选择的轴号形式，如"1"、"A"、"A1"等。此时如果输入"4"，就表示选第一种形式，输入"B5"就表示选择第三种形式，依此类推。如果提示括号中给出的轴号形式还不够，可以用[轴号定义]命令来增加（或减少）轴号的形式。如果键入起始轴号为"Z"，在标注时就不标轴号。以下分别说明各种轴网的标注方法。

一般轴网标注时，只要拾取要标注轴线的横断轴线就可将这些截到的轴线一次标好。图 3-12 所示是一个正交轴网的标注示例。要在 3 个方向标注轴网，只需分别拾取这 3 个方向上的横断轴线。正交水平轴网标注时一般是从左向右，从下向上排序号，如果需要反向排序号，可以在键入的轴号前加"－"。图 3-13 所示是一个弧线轴网标注的示例。其操作过程与直线轴网标注的基本相同，只是在取弧轴线时要用取点的方法确定起始轴的位置，另外所标注的射线轴线只标轴号不标尺寸，尺寸可以让用户根据自己的需要用不同方式来标注。

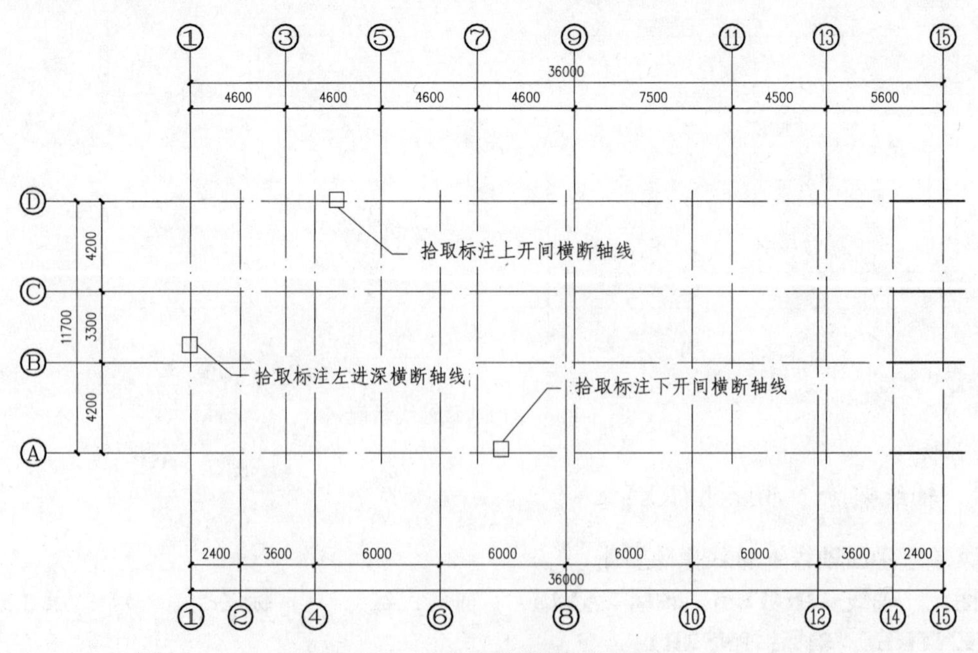

图 3-12 正交水平轴网标注示例

在标注像图 3-12 所示的轴网时，软件之所以能识别上、下开间的轴线，是因为不参与标注轴线的伸出段比参与标注的要短一些。知道了这一点，用户也可以自己通过调整轴线的出头长短，来控制轴线参与或不参与标注。

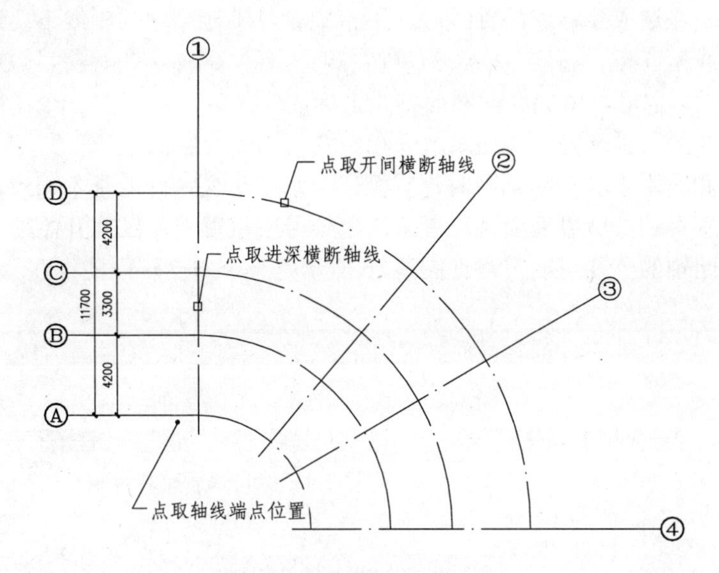

图 3-13　弧线轴网标注示例

在标注如图 3-14 所示的轴网时，可以用热键“S－选取轴网”或按<回车>键来选择用选轴网方式取要标注的轴线，然后拖动鼠标确定要标注的方向［见图 3-14（a)]，这样该方向的轴线标注就完成了［见图 3-14（b)]。

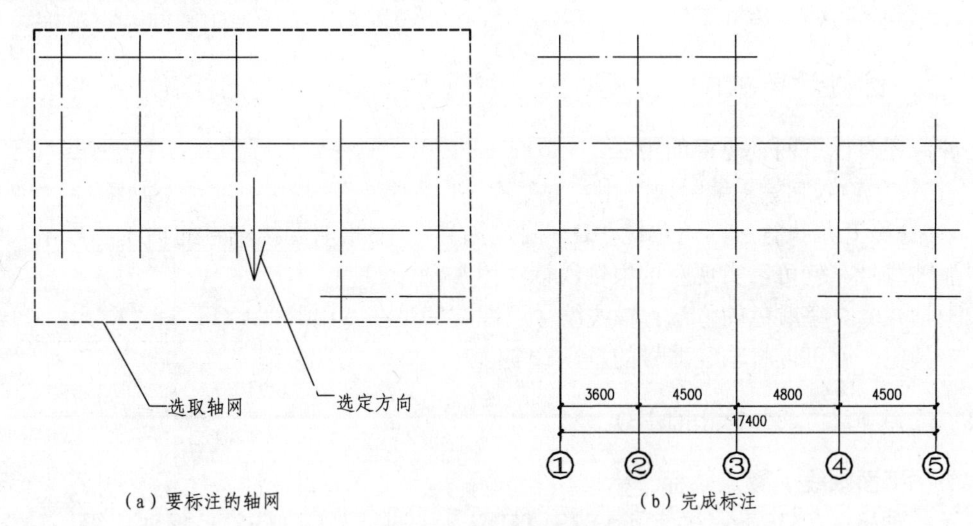

（a）要标注的轴网　　（b）完成标注

图 3-14　选取轴网标注示例

如果标注方向的轴线长短不齐，会出现以下 3 个可供选择的热键。

- “1－全部标注”用于忽略轴线的长短，全部标注。
- “2－不标稍短轴线”允许轴线由多组轴网组成，各组轴网里不标的轴线，须比该组长轴线短 388～1140。不标注的短轴也参与轴号排序，两端的轴线一定标注。

- “3－不标所有短轴”不允许使用多组轴网，凡比最长轴线短 388 以上的轴线均不标注。不标注的短轴也参与轴号排序，两端的轴线一定标注。

由于图 3-14 中的轴网在两组轴网中都没有稍短的轴线，所以选热键“1”或“2”都可以实现如图的标注。在选取要标注的轴线时，不希望参与轴号排序的轴线不要选（可以只选取要标注方向的轴线）。

对于单向轴网，也可以用选取轴网的方式来标注。图 3-15 所示是一个用单向轴网标注的示例。

在标注斜交和非水平的正交轴网时，其操作与水平正交轴网的基本相同，只是因为轴线排列不是水平或垂直的，所以需要操作者来决定轴号应从哪一条轴线开始标注，即根据提示在靠近要作为起始轴的位置点取一点。图 3-16 所示是一个斜交轴网的标注示例。

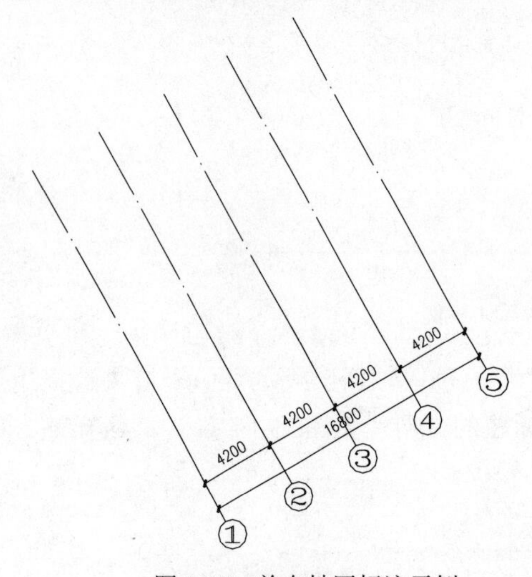

图 3-15 单向轴网标注示例

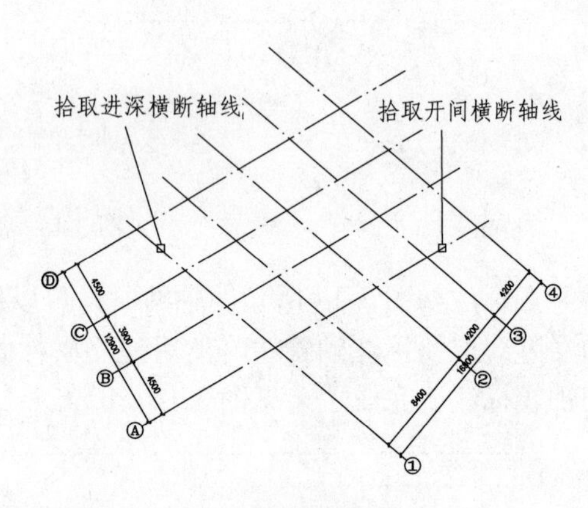

图 3-16 斜交轴网标注示例

另外，还有以下两个热键的用法。

- 在提示输入起始轴编号时，用热键“Z－不画轴号”，就可以实现不画轴号。
- 在命令开始执行后，用热键“D－附加轴号”，并拾取要标轴号的轴线，再输入要标注的附加轴线号，就可以实现对这根轴线标注附加轴号。

改变轴线号文字颜色的方法：轴线编号属性文字是在专用层“AXIS_TEXT”上，只需改变该层的颜色，就可以将轴线编号的颜色改变。

3.1.10 逐点轴标 zhdzhb (MB)

菜单：平面轴线 ▶ 逐点轴标

图元：轴标（AXIS），轴字（AXIS_TEXT），轴线（DOTE）；标注：绿（3），轴线：红（1）；尺寸标注：DIMENTION，轴线标注：INSERT，尺寸界线，轴线：LINE

功能：对多组同方向的轴线，以及无轴网的单线墙进行标注。

本命令可以在只有部分轴线和单墙线（甚至完全没有轴线和墙线）的情况下，生成和补齐轴线并对这组轴线进行标注。图 3-17 所示是一个逐点轴标的示例。图 3-17（a）表示进行标注前的单线墙图形。

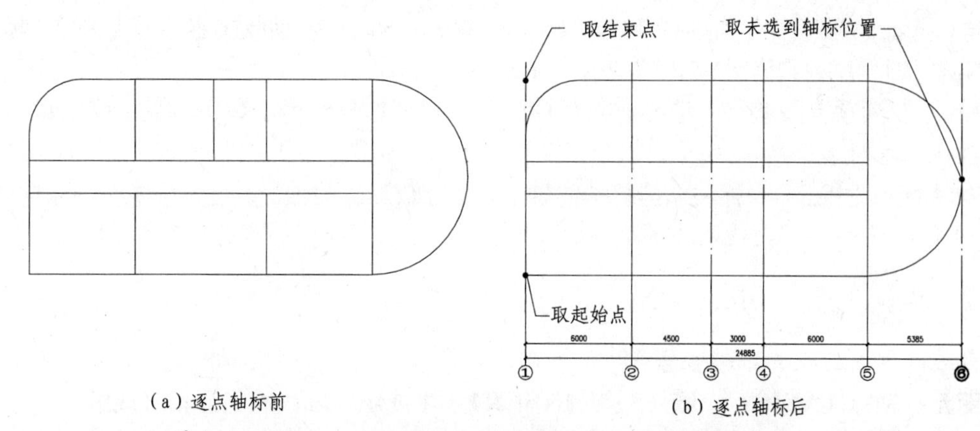

（a）逐点轴标前　　（b）逐点轴标后

图 3-17　对画好的单线墙图形进行逐点轴标

进行标注时，首先选取所有的单线墙作为要参与标注的墙线，然后根据提示点取要标注，但未被选到的轴标位置，再点取轴线的起始点和结束点，并输入起始轴编号，即可完成轴线标注。

在这个示例中，因为选取了墙线，所以标注时不用再取方向参照线。但如果不取任何墙线或轴线直接取点标注，那么在点取起始点后会要求操作者用橡皮线点取或者输入轴线生成的方向角。这个方向角是指轴线生成时的排列方向，如图 3-18 所示。

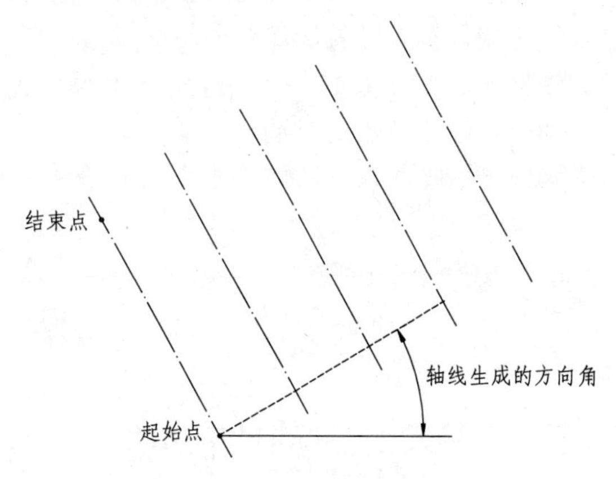

图 3-18　轴线生成的方向角

3.1.11　轴号定义　zhhdy

菜单：平面轴线 ▶ 轴号定义

功能：选择轴网标注中要使用的轴线号形式。

本命令可以选择各种轴号标注中用到的轴号序列形式。选择工作是在如图 3-19 所示的对话框中进行的。在建筑制图中可能用到的各种基本形式，都列在该对话框的左、右两个列表中。左列表中显示不被使用的形式，右列表中显示正在使用的形式。

- 「加入」、「取消」按钮用于将「未使用组合」中的项加入到「已使用组合」中，或反之。
- 「变前项」、「变后项」用于在组合为两项时选择是前项还是后项变化。例如：对于“字母 数字（A1）”组合，选择「变前项」，轴号标

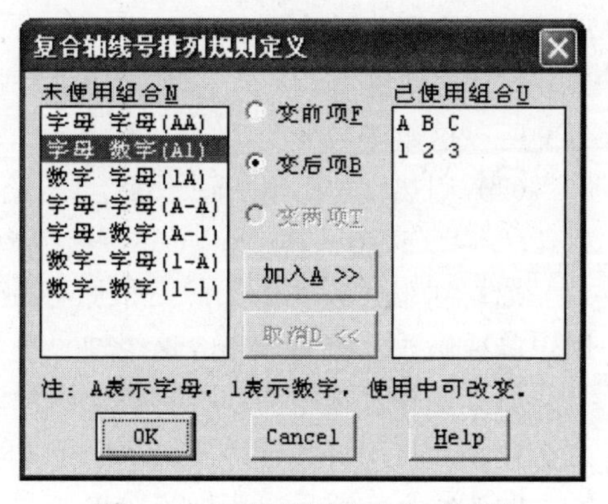

图 3-19　选轴线号形式的对话框

注时输入起始轴号“n5”，轴号序列为“n5，p5，q5，r5，…”；如果选择「变后项」，起始轴号“N5”，轴号序列则为“N5，N6，N7，N8，…”。

- 「变两项」按钮用于选择前、后项同时变化。这只适用于数字与数字或字母与字母的组合。

有时，在图中还需要标注一些特殊的轴号，如分数形式的轴号。这时可以在轴号标好后，用[单轴变号]命令来修改成所需的形式。

3.1.12 单轴变号 dzhbh (HX)

菜单：平面轴线 ▸ 单轴变号

图元：轴标（AXIS）；绿（3）；INSERT；生成组（轴线圈与分轴号成组）

功能：逐个改变图中的轴线编号。

根据提示拾取轴线或轴号，然后输入新的轴号数字，轴号就改好了。如果拾取的是轴线，且轴线两端都标有轴号，那么两端的轴号同时被修改；如果拾取的是轴号，那么仅修改所取到的轴号。

如果在输入新轴号时输入分式形式，如“1/A”，那么会修改成如图 3-20 所示的形式。也可在轴线号中加入汉字，如“甲 1”，但汉字字型固定为“HZTXT.SHX”。

图 3-20　分式轴号

3.1.13 多轴变号 duozhbh (MH)

菜单：平面轴线 ▸ 多轴变号

图元：轴标（AXIS）；绿（3）；INSERT

功能：改变图中一组轴线编号，该组编号自动重新排序。

执行本命令，选取一组要修改的轴线号，并输入首号的修改值，所有选中的轴号即被修改。轴号修改有多种方式，下面通过一个例子说明。

设选中的一组轴号为 1，2，2/3，3，4，5，并将修改后的起始轴号定为 2。执行本命令后，可以有以下 3 个选择。

（1）用热键“Y-完全重编”，不考虑原有轴线号的顺序，只按照轴线号的位置关系重新编号。所以这组轴号变为 2，3，4，5，6，7。

（2）用热键“S-附加轴不变”，忽略附加轴，其他轴号完全重新编号。这组轴号变为 2，3，2/3，4，5，6。

（3）回车并选“No”时，按原有轴号的顺序关系变号，附加轴号 2/3 被作为特殊情况让用户单独修改（改为 3/4），这组轴号变为 2，3，3/4，4，5，6。

如果操作者选中的轴号中包含两种以上形式的轴号（例如“1，2，3”和“A，B，C”），那么程序会自动将其分为多组，分别询问首号，并修改。当输入的起始轴线号前面加“-”时，轴号顺序将反向排列。当输入分区轴号时，如果其排列顺序不对，请执行命令[轴号定义]修改相应的轴号定义。当需要在轴号中加入汉字或将轴号改为附加轴线号时，请使用[单轴变号]

命令。

3.1.14　轴号拖动　zhhtd

菜单：平面轴线 ▶ 轴号拖动

图元：轴标（AXIS）；绿（3）；INSERT，LINE

功能：沿尺寸界线方向拖动带轴号的轴网标注线的位置。

执行本命令，用拾取起始轴号和结束轴号的方法选定要参与拖动的轴号，再点取拖动的起始点（也是拖动的基准点），用鼠标拖动轴号到一个适当的位置，点取拖动终点，从而完成轴号拖动。图 3-21 所示是一个轴号拖动的示例。

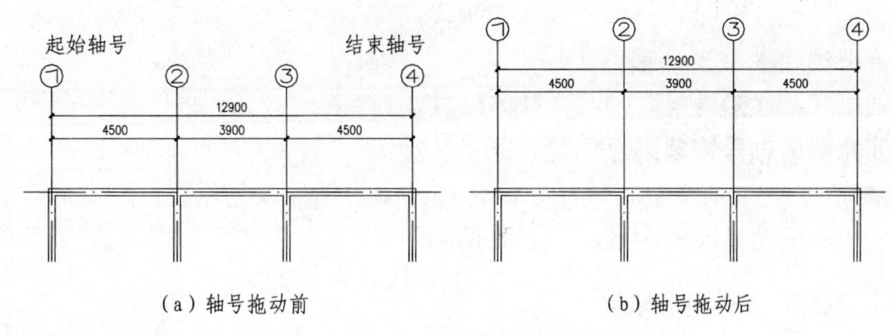

（a）轴号拖动前　　（b）轴号拖动后

图 3-21　轴号拖动示例

如果希望部分选定的轴号不参与拖动，可以在给出拖动的起点前键入“R”，即可从选定的要拖动图元中去掉不想让其参与拖动的部分。

3.1.15　轴号移动　zhhyd

菜单：平面轴线 ▶ 轴号移动

图元：轴标（AXIS）；绿（3）；INSERT，LINE

功能：沿尺寸界线方向移动带轴号的轴网标注线的位置。

本命令与[轴号拖动]命令相似，区别在于本命令执行时轴号引线的长度不变化。图 3-22 所示为一个轴号移动的示例。

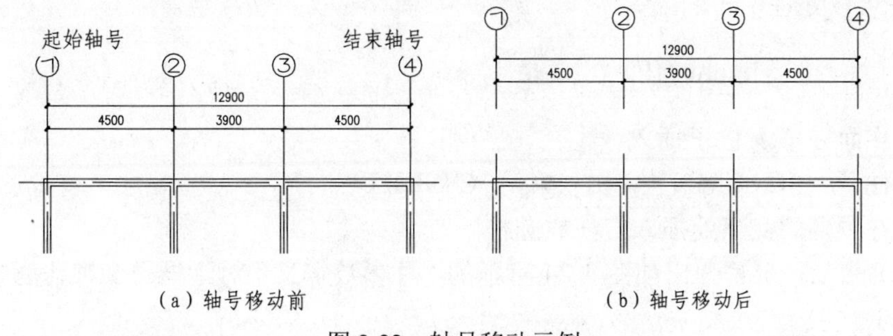

（a）轴号移动前　　（b）轴号移动后

图 3-22　轴号移动示例

3.1.16　轴号外偏　zhhwp

菜单：平面轴线 ▶ 轴号外偏

图元：轴标（AXIS）；绿（3）；INSERT，LINE

功能：调整已标注的轴号，使轴号向外偏，从而避免其重叠。

在两根相邻的轴距离很近的情况下，标注的轴号会重叠在一起，这时可以用本命令实现轴号外偏来避开重叠，如图 3-23 所示。操作中选轴线号时，如果轴线两端的轴线号都需处理，应拾取轴线。如只处理一端的轴线号，可以直接拾取轴线号。

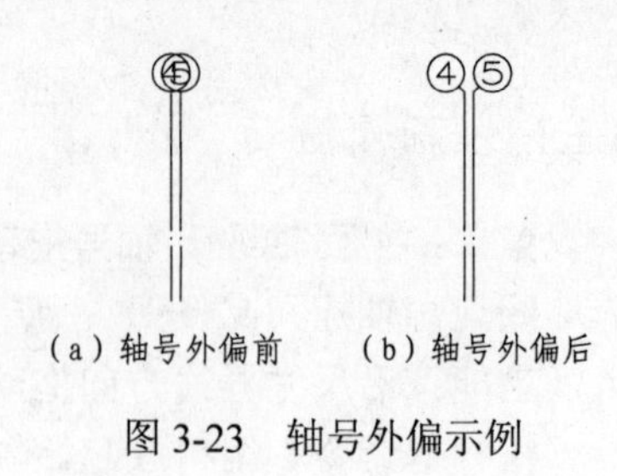

图 3-23　轴号外偏示例

3.1.17　取消外偏　qxwp

菜单：平面轴线 ▶ 取消外偏

图元：轴标（AXIS）；绿（3）；INSERT，LINE

功能：使外偏的轴号恢复到原位置。

本命令是[轴号外偏]命令的逆操作，即将已外偏的轴号恢复原状。用本命令恢复一组外偏轴号中的一个外偏轴号，即可形成一侧外偏的效果。

3.1.18　轴号隐现　zhhyx (XH)

菜单：平面轴线 ▶ 轴号隐现

图元：轴标（AXIS）；绿（3）；INSERT

功能：改变轴线号中数字的可见性。

建筑制图中，有时需要隐去轴线号圈中数字，本命令就用于此目的。选取要改变可见性的轴线号后，所选取的轴线号中的数字即隐藏或显现。

3.2　柱子

柱子是以图块的形式插入图中。形状比较复杂的柱可以用[插异型柱]命令来绘制，或者在插入一般方（或圆）柱后，用[柱子替换]命令取图库中的柱子图块来替换。[柱平墙皮]和[交线处理]命令可以处理柱与墙的关系。

3.2.1　柱子插入　zhzchr (IF)

菜单：平面柱子 ▶ 柱子插入

图元：柱子（COLUMN）；白（7）；INSERT

功能：在轴网的交点处插入方柱或圆柱。

执行本命令后，屏幕弹出如图 3-24 所示的“柱参数定义”对话框。该对话框中各参数的功能说明如下。

- 「插入方式」栏用于选择柱子插入时定位方式。如果选择「轴网交点」单选按钮，柱子的插入点必须在轴网交点上（可点取或开窗口选轴网交点），方柱的「转角」为相对于轴网的角度；如果选择「捕捉单插」单选按钮，柱子可以插在任意位置，方柱的「转角」为绝对角度，动态插入时，键入“A”可以作 90° 旋转。

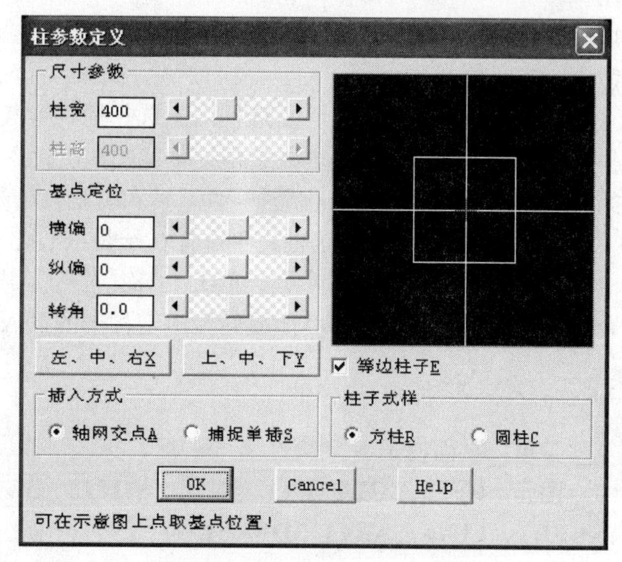

图 3-24　“柱参数定义”对话框

- 「等边柱子」选中时，表示柱子截面宽高尺寸相同，此时「柱高」栏变为不可用。
- 「柱子式样」用于选定柱子的形式，有方柱和圆柱两种形式可供选择。
- 「尺寸参数」栏用于输入柱子尺寸。对于方柱，输入柱宽、柱高值；对于圆柱，输入直径。
- 「基点定位」栏用于定义柱子中心相对于基准点的偏移和转角。柱子中心的轴线先旋转后偏移。
- 「左、中、右」和「上、中、下」按钮用于改变柱子的定位基准点，其共有 9 个基准点可供用户选择。用户也可以直接在示意图上点取基点位置，这与用两个按钮调整的作用相同。

修改以上参数，右边窗口适时显示修改结果，图中绿色十字线为柱子中心点（基点），蓝色十字线为「捕捉单插」时的柱子插入点，红色十字线为「轴网交点」时的柱子插入点。

柱子插入图中以前，可以用热键“{A}90 度旋转”旋转柱子插入角。

3.2.2　插异型柱　chyxzh

菜单：平面柱子 ▸ 插异型柱

图元：柱子（COLUMN）；白（7）；INSERT

功能：用于插入+形、T 形、L 形等形状的异型柱。

执行本命令后，屏幕弹出如图 3-25 所示的对话框。其各参数功能说明如下。

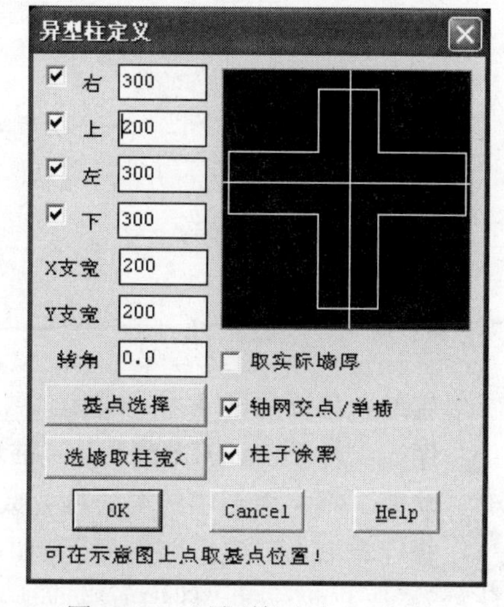

图 3-25　“异型柱定义”对话框

- 「上」、「下」、「左」、「右」复选框用于选择异型柱在 4 个方向上是否出头，在右侧编辑框中可输入出头长度（从柱中心算起）。
- 「X 支宽」、「Y 支宽」用于输入水平和垂直方向出头的宽度。
- 「转角」用于输入柱子转角。
- 「基点选择」按钮用于切换基准点。用户可以直接在示意图上点取基点位置。
- 「选墙取柱宽<」按钮用于在图上选取墙节点，使柱子出头宽度和插入角度与墙线匹配。在图中选“墙节点”，就是选取所有与柱相关的墙线。
- 「取实际墙厚」复选框用于选择柱子插入时 *X*、*Y* 方向的厚度是否随插入处的实际墙厚值而定，这时「X 支宽」、「Y 支宽」和「轴网交点/单插」变为不可用,「转角」角度值要设为插入点处墙线的角度(可以用单击「选墙取柱宽」按钮到图中取角度)。

- 「轴网交点/单插」复选框用于选择插入方式。如果选取该选项，可点取或开窗口选择要插入柱子的轴线交点，柱子根据轴线的角度插入，此时「转角」是柱子相对轴线的转角；如不选该项，则可在任意位置插入，「转角」是柱子插入的绝对角度。
- 「柱子涂黑」复选框用于选择柱子是空心还是实心。

在对话框中设置好各参数，单击「OK」按钮退出对话框，即可将柱子插入图中。如果需要，还可以用热键“{A}90 度旋转”改变柱子的插入角。

3.2.3 定义柱墙 dyzhq

菜单：平面柱子 ▶ 定义柱墙

图元：柱子（COLUMN），柱填（SOLID_HATCH），当前墙层；白（7 墙层颜色）；INSERT，LINE，ARC，3DFACE

功能：将选取图元定义成柱子或生成轮廓融合的墙线。

执行本命令，选择要变柱或墙的图元后，再选需要变成什么，共有 6 种选择：“1－黑柱”、“2－白柱”、“3－黑墙”、“4－白墙”、“5－PL 黑墙”、“6－PL 白墙”，其中“黑”是指柱或墙内填充，“白”为不填充。所以实际是以下 3 类功能。

（1）定义柱子。将选取的各组图元分别做成柱子（相连图元为一组）。生成的柱子只保留外轮廓，中间部分的线条均删除，插入基点定在水平矩形外包轮廓的中心，如图 3-26 所示。定义时，最好使柱子处于水平状态，这样可以使生成的柱子块是水平的。

（2）定义剪力墙。选取柱与墙的混合体，生成混合体外轮廓线构成的剪力墙线（见图 3-27）。

（3）定义 Pline 剪力墙。与定剪力墙效果相同，只是生成的墙线是 Pline，放在“WALLC”层（墙-0）。

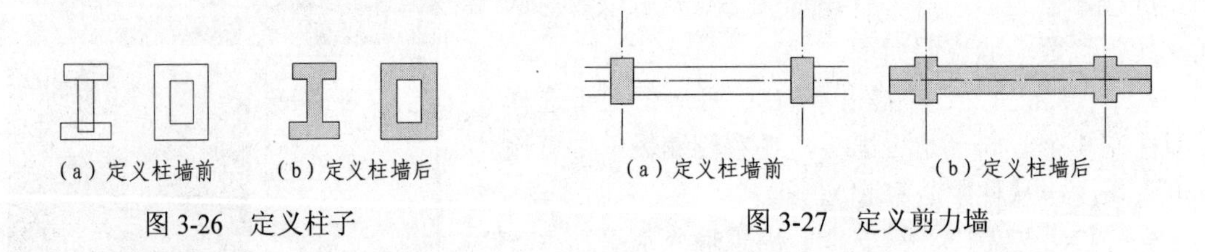

（a）定义柱墙前　（b）定义柱墙后

图 3-26　定义柱子

（a）定义柱墙前　（b）定义柱墙后

图 3-27　定义剪力墙

3.2.4 柱子空心 zhzkx

菜单：平面柱子 ▶ 柱子空心

图元：柱子（COLUMN），柱填（SOLID_HATCH）；白（7）；INSERT

功能：将平面图中的实心柱变成空心柱。

执行本命令，先选取处理范围，一般有 3 种选择：“1-全选”、“2-选同名柱”和“3-选变化柱”。选前两项时，图中所有或某几种柱同时处理，不会生成新的柱图块；而选第 3 项时，由于仅选择一部分柱来处理，会生成新的柱子块而造成图文件增大，所以应尽量使用前两种取柱的方式。实心柱变成空心柱如图 3-28 所示。

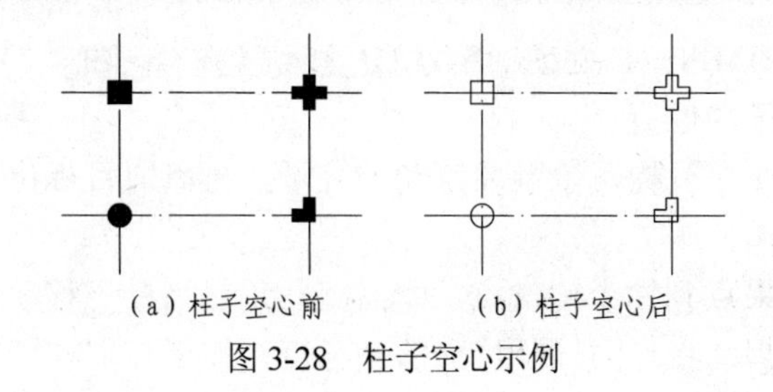

图 3-28　柱子空心示例

3.2.5　柱子实心　zhzshx

菜单：平面柱子 ▶ 柱子实心

图元：柱子（COLUMN），柱填（SOLID_HATCH）；白（7）；INSERT

功能：将平面图中的空心柱变成实心柱。

本命令与[柱子空心]命令的操作过程相同，只是本命令是将空心柱变成实心柱。

3.2.6　交线处理　jxchl (XE)

菜单：平面柱子 ▶ 交线处理

图元：柱子（COLUMN），柱填（SOLID_HATCH）；白（7）；INSERT

功能：清理穿过柱子的墙线或将被打断墙线恢复。

执行本命令，选取清理墙线的柱子，此时所选柱子内的墙线便被清理掉，如图 3-29 所示。用热键“R－恢复墙线”可以恢复被本命令打断的墙线。

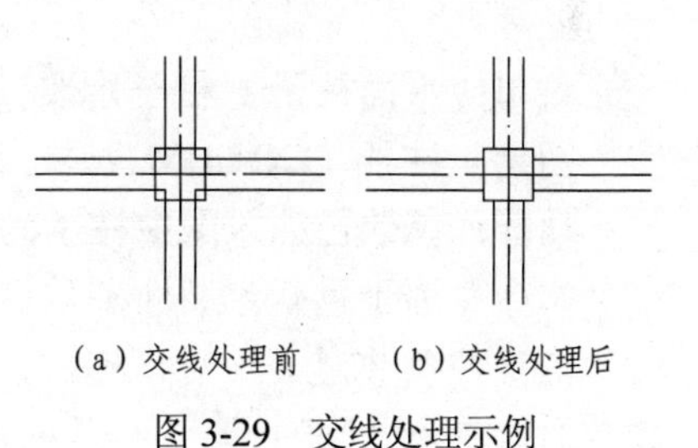

图 3-29　交线处理示例

3.2.7　柱平墙皮　zhpqp

菜单：平面柱子 ▶ 柱平墙皮

图元：柱子（COLUMN）；白（7）；INSERT

功能：移动柱子使方柱的一侧与指定墙线对齐。

执行本命令，选取要移动的柱子，拾取基准墙线，再点取柱子所在一侧，柱子的侧边就移动到与墙线平齐的位置，如图 3-30 所示。

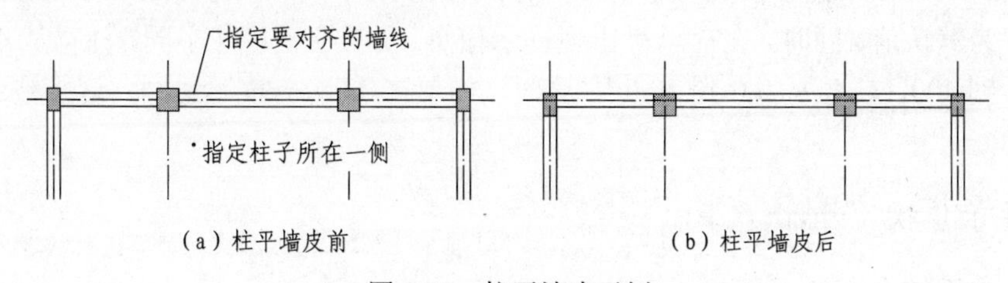

图 3-30　柱平墙皮示例

3.2.8　柱子移动　zhzyd (CM)

菜单：平面柱子 ▶ 柱子移动

图元：柱子（COLUMN），柱填（SOLID_HATCH）；白（7）；INSERT

功能：移动图中柱子的位置。

执行本命令后，按命令行提示拾取要移动的柱子，再点取目标位置，柱子就被移到指定位置。

在拾取柱子时，如果点到柱子的角点，即捕捉此角点为柱子移动的参考点；如果点到柱与其他线的交点，即捕捉此点作为柱子移动的参考点；如果点取柱子的一边，但没点到柱子与其他线（如轴线、墙线等）的交点，即捕捉柱中点作为柱子移动的参考点（见图 3-31）。

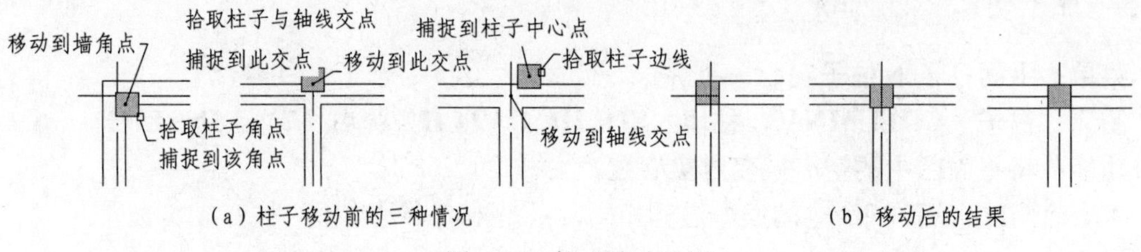

图 3-31　柱子移动示例

3.2.9　柱子修改　zhzxg (HC)

菜单：平面柱子 ▶ 柱子修改

图元：柱子（COLUMN），柱填（SOLID_HATCH）；白（7）；INSERT

功能：修改已插入图中柱子的参数。

本命令用于重新定义柱参数。执行本命令，选取要修改参数的柱子后，屏幕弹出如图 3-24 所示的“柱参数定义”对话框，该对话框的使用可参见[柱子插入]一节。在该对话框中修改参数后，单击「OK」按钮退出对话框，所选柱子按修改的参数设置。

此外，还有以下几点需注意的问题。

（1）图中显示的柱形状只有方柱和圆柱，不一定与要修改的柱子一样，这个图形只反映柱子的外轮廓尺寸。

（2）无论图中要修改柱子的偏心距和插入角度如何，“柱参数定义”对话框中的初始「横偏」、「纵偏」和「转角」都为 0；本命令所做的平移和旋转，都是相对于被修改柱子原有位置进行的。

（3）当选取了多个柱子，并且它们的尺寸或转角有所不同，这时程序会任选其中一个柱子的尺寸作为默认值；同时，在提示行出现提示信息，如“柱子尺寸不同，柱宽从 400 到 600，柱长从 400 到 400，转角从 0.0 到 40.0”。这时，如单击「OK」按钮返回，这些被选中的柱子就会变为同一尺寸。

3.2.10　柱子替换　zhzth (CP)

菜单：平面柱子 ▶ 柱子替换

图元：柱子（COLUMN），柱填（SOLID_HATCH）；白（7）；INSERT

功能：将图中的柱子用图库中另一种形式的柱子来替换。

执行本命令，选取要换型的柱子，屏幕上弹出如图 3-32 所示的对话框；在图库中选择用于替换的柱，单击「OK」按钮退出对话框，图中柱子被替换成所选图块。

如果用热键“{S}图上选型”，可在图上拾取已有柱子作为替换原型，然后再选取要更换的柱子。这时形状和大小同时替换。

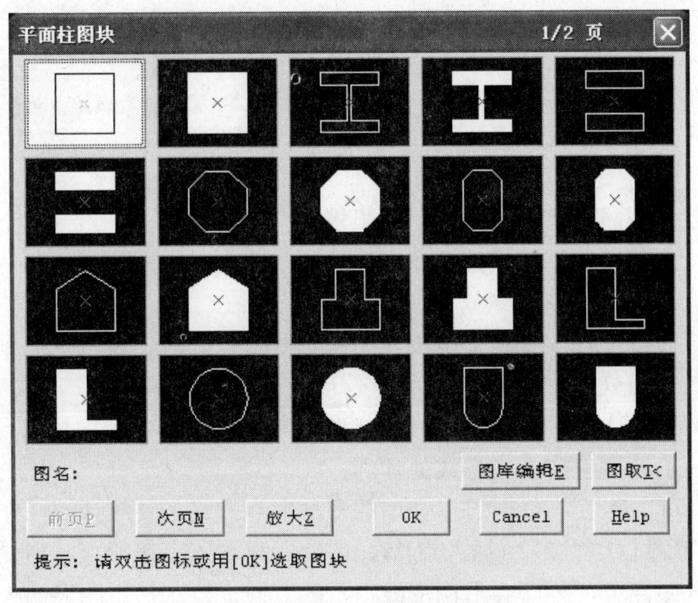

图 3-32　“平面柱图块”对话框

3.2.11　柱子擦除　zhzcch (RC)

菜单：平面柱子 ▶ 柱子擦除

图元：柱子（COLUMN），柱填（SOLID_HATCH）；白（7）；INSERT

功能：擦除图中的柱子，并恢复由[交线处理]命令打断的墙线。

执行本命令后，选取要擦除的柱子，所选柱子即被擦除。同时，擦除前被[交线处理]命令打断的墙线会被恢复。

3.3　墙线

画墙线时，可以直接绘制双线墙；也可以先绘制单线墙，然后用[单线变双]命令将单线墙转变为双线墙。后者常用于方案设计阶段，便于修改和编辑。绘制双线墙时，可以直接用画墙线的命令绘制直、弧线、圆或椭圆墙，利用已有的轴网生成墙线，还可以用墙线复制的方法利用原有的墙线生成相似的墙线。墙线画好后，还可以用[墙线移动]、[改变墙厚]等命令对墙线进行编辑。[当前墙层]命令可以改变绘制墙线的层。

3.3.1　当前墙层　dqqc (UW)

菜单：平面墙线 ▶ 当前墙层

功能：设定当前墙层。

为了满足用户对墙体的不同填充与加粗的需求，本软件提供了多墙层设置，并可利用此命令改变当前墙层。在层定义文件“LAYERDEF.DAT”中定义的墙层都列在如图 3-33 所示对话框的列表框中。单击「OK」按钮后，选取的墙层便被设为当前墙层。

图 3-33 “当前墙层设定”对话框

3.3.2 画双线墙 hshxq (DW)

菜单：平面墙线 ▶ 双线直墙

图元：当前墙层；颜色随层（BYLAYER）；LINE，ARC

功能：用于绘制双线直墙（折线墙）或弧墙。

本命令是一个直接绘制双线墙的命令。建议用户先生成轴网，再绘制双线墙。本命令在绘制取点过程中有以下特点：

（1）优先捕捉轴线交点。在捕捉范围内如有轴线交点，即使显示捕捉到其他位置，程序也将按捕捉到轴线交点处理。

（2）正交优先（与 AutoCAD 命令不同）。当正交打开（按<F8>键可以开关正交）时，即使捕捉到轴线交点，程序也按正交方式处理。

（3）支持 AutoCAD 在画线时可以使用的多种取点方式。临时捕捉，在取点时键入捕捉方式，如“CEN”(圆心)、“NS”(插入点)等；方向距离输入，在取点时用鼠标拖动橡皮线确定方向，然后键入距离值，程序会沿橡皮线指示的方向，绘制指定距离的一段墙线；相对点输入，在取点时可以键入如“@1000,2000”、“@3600<30”等相对距离值。

在绘图过程中，可以用以下各种热键切换绘图状态。

- “D 单段”，若需要画多个单段墙线，可使用该功能。避免了多次退出后再进入的麻烦。此热键只在命令开始时出现。
- “A 弧墙”，进入画双线弧墙状态，取到弧墙下一端点后，根据提示点取弧墙中间点，这段弧墙就绘制完成了。键入“C”可转成取圆心、半径绘弧墙的方式，此时如按<回车>键，还可以切换这段弧墙的绘制方向。在画完一段弧墙后，程序自动切换到直墙绘制状态。
- “W 墙厚”，弹出如图 3-34 所示的“墙厚输入”对话框，其列表中列出最近使用过的五组墙厚值。「左墙厚」是指沿绘制方向左侧墙线到中心线的偏移距离；「右墙厚」是指右侧墙线到中心线的偏移距离；如果左墙线偏移到中心线的右侧，或右墙线偏移到中心线的左侧，其值就应该为负数。如果不想长期保留当前值，可以不选「长期保留该值」复选框，该组数据将保留在数组的最后，这样可以保证前四组数据不会丢失。「左」、「中」和「右」按钮可以使总墙厚不变，让左、右墙厚的值一侧为 0 或等分。「左右交换」按钮可以使左、右墙厚互换其值。「双线拖动」复选框可以选择画双线墙时拖动线的方式；这是因为双线拖动时不能支持“极轴追踪”的一些用法，只有单线拖动时才能做到。「加堵头」复选框用于设置是否需要墙端的堵头。

图 3-34 “墙厚输入”对话框

- “Q 左中右”，用于改变左、右墙厚的关系，“左右对换”、“居中”和“还原”三种情况循环切换。如果起始状态为居中，则偏移时一侧为 0。

● “F 参照点”，如直接取点有困难时，可取一个定位方便的点作为参照点。给出相对坐标后，即可准确定出墙线上的点。

● “C 改接头”，为了适应多数普通的情况，当用户点取了已有双线墙附近的点时，程序会自动与已有的双线墙连接。但当用户确实是要将这个点作为墙线端点时，就需键入“C”来消去这种自动修正。再键入“C”可以恢复自动修正（见图 3-35）。

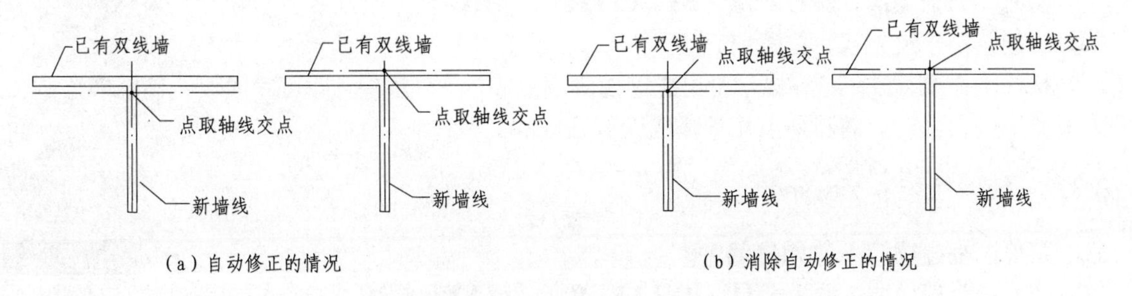

（a）自动修正的情况　　（b）消除自动修正的情况

图 3-35　墙线接头自动修正示例

● “S 改捕捉”，轴线交点的捕捉优先，使得用户很难在轴线交点附近取得捕捉点。即使捕捉到了柱子角点，程序也会自动选择附近的轴线交点。这时如键入“S”，就可以使墙端点回到柱子角点上。再键入“S”可以恢复自动捕捉（见图 3-36）。

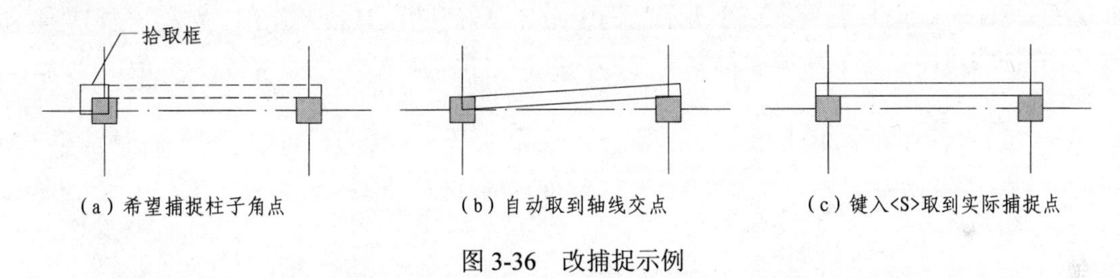

（a）希望捕捉柱子角点　　（b）自动取到轴线交点　　（c）键入<S>取到实际捕捉点

图 3-36　改捕捉示例

● “G 隔墙”，当相同材质的墙交叉时，是按普通方式连接。当材质不同时，可以通过键入“G”来切换不同的交叉模式（见图 3-37）。

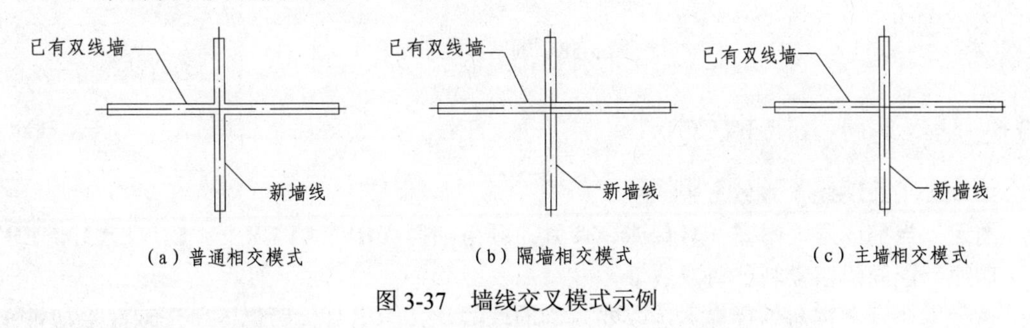

（a）普通相交模式　　（b）隔墙相交模式　　（c）主墙相交模式

图 3-37　墙线交叉模式示例

● “U 回退”，将刚画的一段墙消去，退回到前一步的状态。

3.3.3　双线圆墙　shxyq

菜单：平面墙线 ▶ 双线圆墙

图元：当前墙层；颜色随层（BYLAYER）；CIRCLE

功能：用于绘制双线圆墙。

执行本命令，按命令行提示给出圆心、半径和内外墙厚值，即可完成双线圆墙绘制。

3.3.4 双椭圆墙 shxtyq

菜单：平面墙线 ▶ 双椭圆墙

图元：当前墙层；颜色随层（BYLAYER）；ARC

功能：用于绘制双线椭圆墙。

执行本命令，按命令行提示给出椭圆的轴端点和内、外墙厚，即可完成双线椭圆墙绘制。为了便于用户修改，椭圆是由 4 条弧线近似画成的。

3.3.5 轴网生墙 zhwshq

菜单：平面墙线 ▶ 轴网生墙

图元：当前墙层；颜色随层（BYLAYER）；LINE，ARC

功能：根据选取的平面轴网绘制双线墙。

用矩形窗口选取要绘制双线墙的平面轴网，双线墙即绘制完成。墙厚采用绘制双线墙的默认值，用热键“W－墙厚”可进行修改。当左、右墙厚不相等时，需逐条轴线确认墙的偏轴方向。对于已有双线墙的部位，不再绘制。本命令可以配合其他双线墙命令（如[画双线墙]和[双线裁剪]）一起使用。图 3-38 所示的例子是先画好外墙，然后使用本命令开窗口选取图中所有的轴线，即可完成内墙绘制。

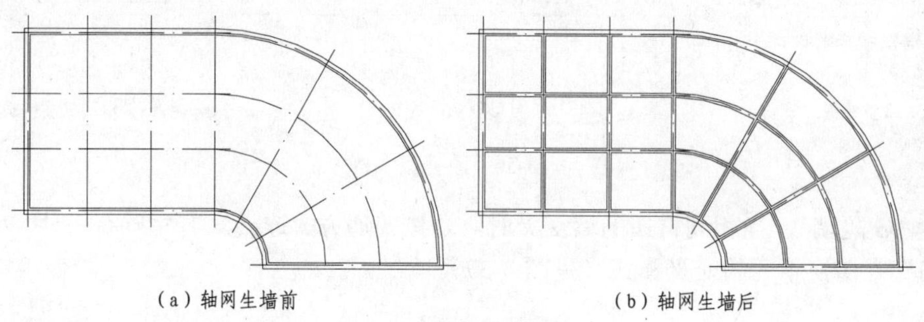

（a）轴网生墙前　　（b）轴网生墙后

图 3-38　轴网生墙示例

3.3.6 墙线复制 qxfzh (CQ)

菜单：平面墙线 ▶ 墙线复制

图元：当前墙层，门窗（WINDOW）；颜色随层（BYLAYER）；LINE，INSERT

功能：连同门窗复制已有双线墙。

执行本命令，按命令行提示选取要复制的墙线，并给出具体距离，所选双线墙就被平行复制到指定位置。复制距离在有轴线时以轴线为起点，无轴线时以墙中心线为起点。图 3-39 为墙线复制的示例。

选取要复制墙线后，用热键“F－截取一部分”可以只截取选定墙线的一部分来复制。如果需要按相同距离复制多条相同的墙线，可以在点取要复制的位置时，输入要复制墙线的数量，这样多条墙线便一次复制完成。

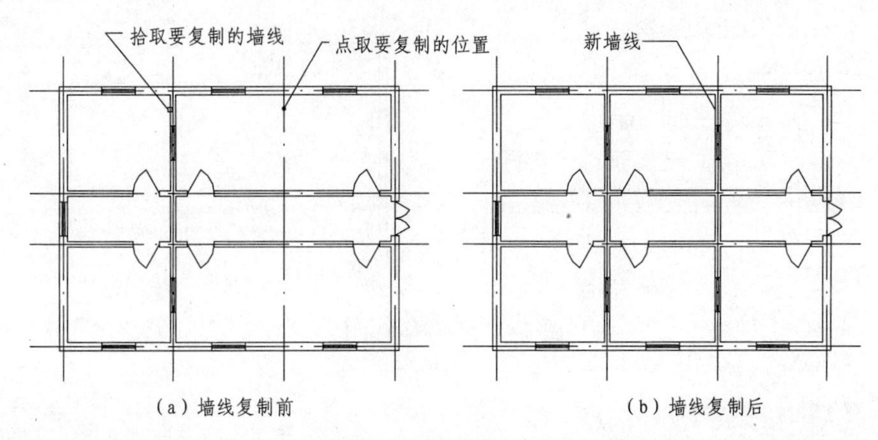

图 3-39　墙线复制示例

3.3.7　隔墙复制　gqfzh

菜单：平面墙线 ▶ 隔墙复制

图元：当前墙层，门窗（WINDOW）；颜色随层（BYLAYER）；LINE，INSERT

功能：可将带门窗的双线墙复制成隔墙。

本命令的操作方法与[墙线复制]命令相同，只是复制的墙为如图 3-40 所示的隔墙。

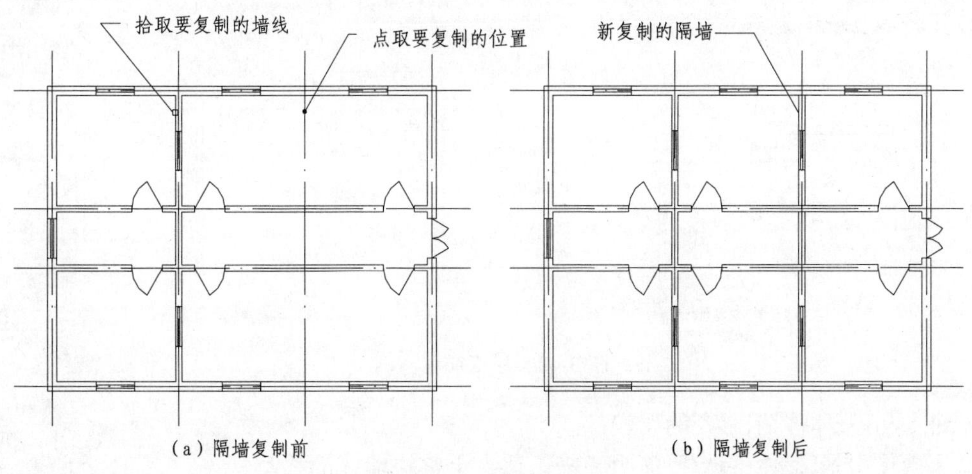

图 3-40　隔墙复制示例

3.3.8　整体移墙　zhtyq (M0)

菜单：平面墙线 ▶ 整体移墙

图元：所选墙层，门窗（WINDOW）；颜色随层（BYLAYER）；LINE，INSERT

功能：将墙线连同其上的门窗沿法线方向移动一段距离，相连墙线随着修改。

执行本命令，按命令行提示选取要移动的墙线，再给出移动方向和移动距离（可直接输入数据，也可在屏幕上取点），所选的墙线就移到指定的位置，如图 3-41 所示。

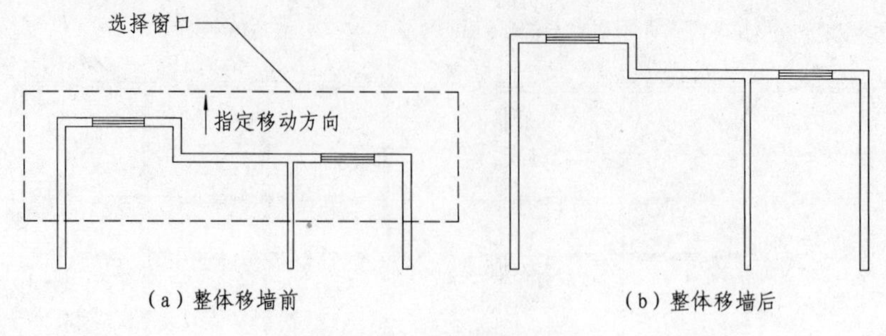

图 3-41　整体移墙示例

3.3.9　移双线墙　yshxq (M2)

菜单：平面墙线 ▶ 移双线墙

图元：所选墙层，门窗（WINDOW）；颜色随层（BYLAYER）；LINE，INSERT

功能：移动一组双线墙（连同其上的门窗），移墙的同时可以改变墙厚，相连墙线随着伸缩。

执行本命令，按命令行提示选取第一道要移动的双线墙，给出移动距离和新的墙厚值，再选取其他要做相同移动的墙线，<回车>后所选墙线就移动到指定位置，同时墙厚也改变，如图 3-42 所示。

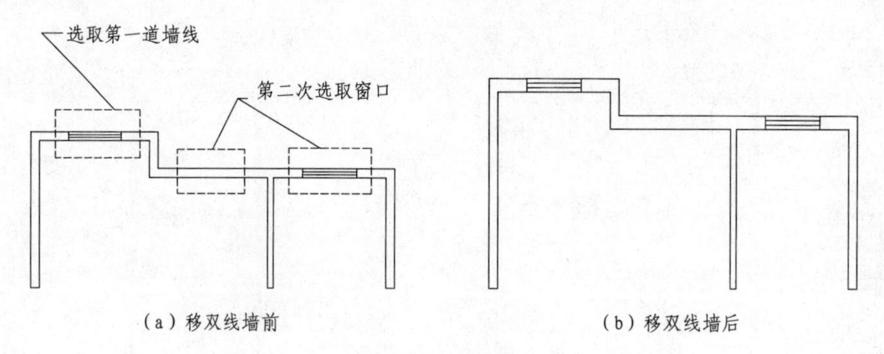

图 3-42　移双线墙示例

本命令与[整体移墙]命令的比较：

（1）操作上，[整体移墙]要简明一些，适合于整块墙体的移动。

（2）功能上，[移双线墙]更灵活、机动一些，可以在移墙的同时还改变墙厚，适合于分段或需变墙厚时的墙体移动。

3.3.10　墙线移动　qxyd (M1)

菜单：平面墙线 ▶ 墙线移动

图元：所选墙层，门窗（WINDOW）；颜色随层（BYLAYER）；LINE，INSERT

功能：移动双线墙中的单根墙线（连同门窗），可用此命令来改变墙厚。

执行本命令，当命令行提示拾取墙线时，只能点取单根墙线，然后按命令行提示继续操作，点一下要移到的位置，并给出移动距离，<回车>后所选的整根墙线连同门窗按指定方向平行移动到给定的距离处，如图 3-43 所示。用热键“F－截取一部分”，可以只截取选中墙线中的一段进行移动，如果是弧线墙应按逆时针方向顺序取点。一根墙线移动完毕后，屏幕重复第一个提示，这时可继续移动，也可按<回车>键退出。

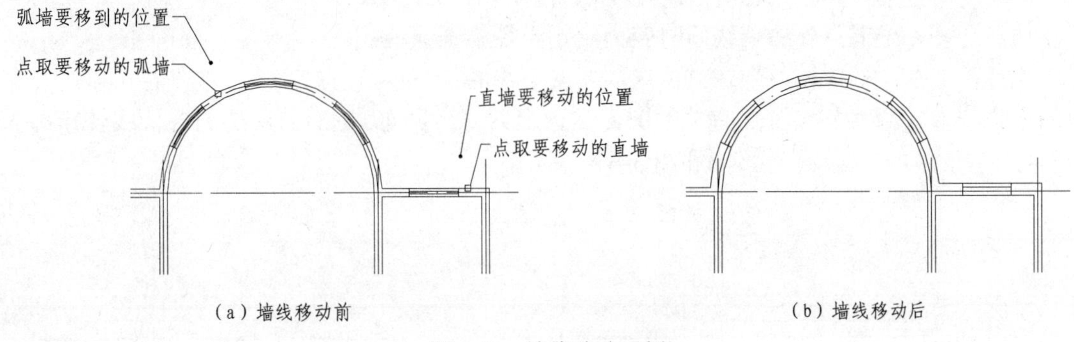

图 3-43　墙线移动示例

3.3.11　改变墙厚　gbqh

菜单：平面墙线 ▶ 改变墙厚

图元：所选墙层，门窗（WINDOW）；颜色随层（BYLAYER）；LINE，INSERT

功能：将某一厚度的墙（连同门窗）变成另一厚度。

执行本命令，选取要改变厚度的墙，输入墙的原始厚度和新的厚度，所选墙的厚度变成新值。如果所选中的多根墙线不只有一种厚度，程序只将厚度等于用户输入厚度的墙变厚。

本命令只适用于以墙中心为基准的墙厚变化。如还要改变双线墙的偏心距离，需配合使用[移双线墙]或[墙线移动]命令。

3.3.12　墙线圆角　qxyj

菜单：平面墙线 ▶ 墙线圆角

图元：所选墙层；颜色随层（BYLAYER）；LINE，ARC

功能：使 L 形墙线变为给定半径的圆弧墙线。

执行本命令，给出内侧墙线的圆弧半径（圆弧半径不能为 0），再选取要圆角的墙线，可以直接点取，也可以用开窗口的方式选取（须将与该节点有关的图元都选上，所以最好用“C”窗口选取），每次只能选取一个节点。按<回车>键后，所选节点即变成给定半径的圆角，如图 3-44 所示。

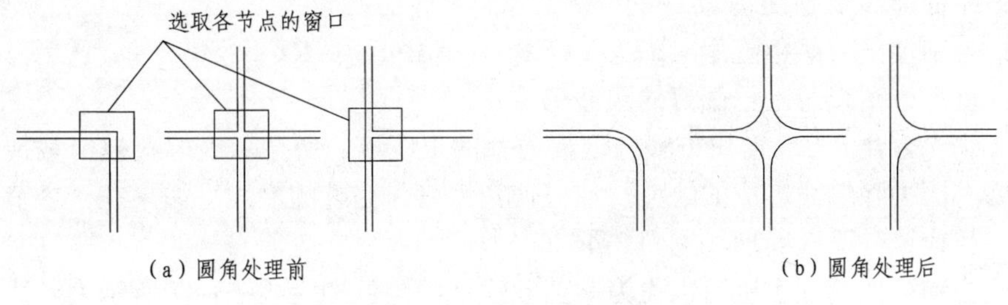

图 3-44　墙线圆角示例

3.3.13 等径圆角 qxdjyj

菜单：平面墙线 ▶ 等径圆角

图元：所选墙层；颜色随层（BYLAYER）；LINE，ARC

功能：使多个节点处的墙线同时变为给定半径的圆弧墙线。

执行本命令，输入转角半径，再选取要变半径的各节点，可以直接点取，也可以用开窗口的方式选取（须将与该节点有关的图元都选上）；接<回车>键后，所选的各墙线转角都变为指定半径的圆角，如图 3-45(a)和图 3-45(b)所示。

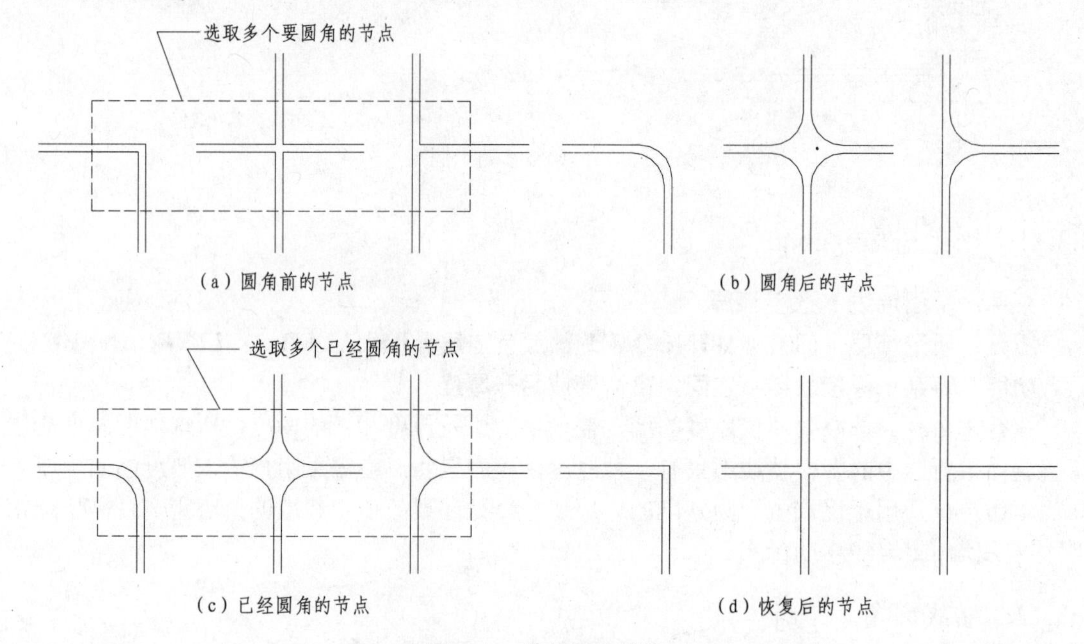

图 3-45 等径圆角示例

本命令主要用于单组墙线倒圆角［如图 3-45(b)中右边的两种情况］，或者将原有圆角恢复为尖角的情况［如图 3-45(c)、图 3-45(d)，此时要把圆弧半径设为 0］。而在变双线墙的圆角时，由于变化后内外墙线的半径是相同的，因此在多数情况下不符合要求［如图 3-45(b)中左边的情况］，这种情况请用[墙线圆角]命令。

3.3.14 双线裁剪 shxcj (JS)

菜单：平面墙线 ▶ 双线剪裁

图元：当前墙层；颜色随层（BYLAYER）；LINE，ARC

功能：剪裁当前墙层上已画好的双线墙。

执行本命令，用“C”窗口方式选取要剪裁的双线墙，所选双线墙就被剪裁掉。在剪裁后能自动修补因去除墙线造成的缺口，从而使其恢复为完整的墙线。如果在一个节点上需裁掉两道墙，就应该分两次处理［见图 3-46（a)］。

与墙线方向一致的柱子也可以作为裁剪双线墙的定位图元，图 3-47 所示为墙线在柱子处被裁剪的情况。

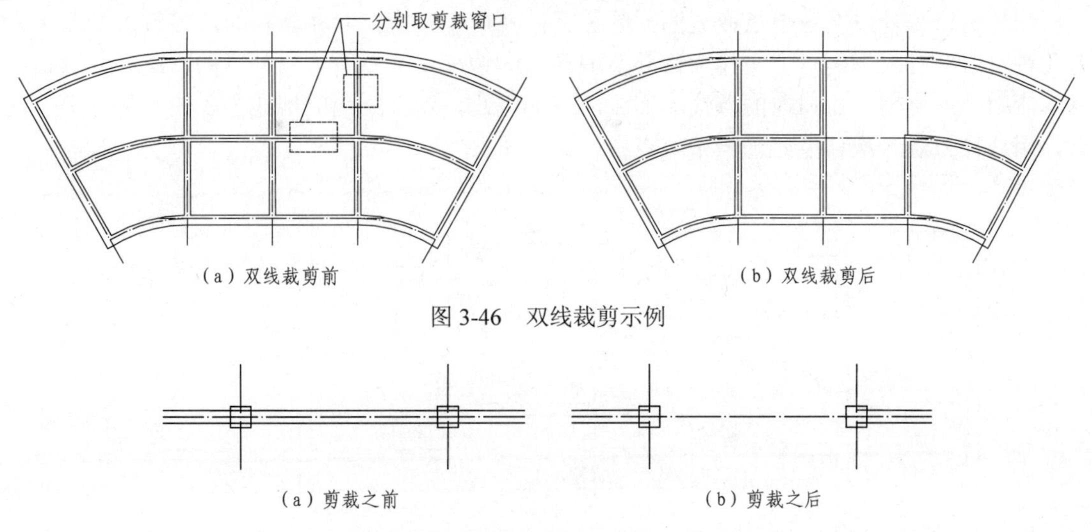

图 3-46　双线裁剪示例

图 3-47　墙线在柱子处被剪裁示例

3.3.15　墙线修补　qxxb (XQ)

菜单：平面墙线 ▶ 墙线修补

图元：所选墙层；颜色随层（BYLAYER）；LINE，ARC

功能：修补残缺的双线墙。

本命令有 5 种用法：直接点墙线进行处理（拾线修补）；开窗口框选一个墙线节点进行处理（窗口修补）；选取多个墙线节点进行交线清理（交线清理）；使多组墙线延伸（延伸修补）；使两组墙线相交（两墙交角）。

（1）拾线修补。运行本命令后，直接拾取墙线就可以对该墙线做延伸或剪裁的修补。使用时，应注意正确地点取被修改墙线的部位。点取的部位不同，所得到的结果可能不同。例如：要删去某根墙线的伸出部分，则应点在伸出部分上，相当于执行 Trim 命令；要使一条墙线与另一条墙线相交，则应点这条墙线需延长的一端，相当于执行 Extend 命令；要使两条不相交的墙线相连，则应在距两条墙线交点 500 以上处点一下，相当于执行 Fillet 命令。图 3-48 所示为拾线修补的示例。

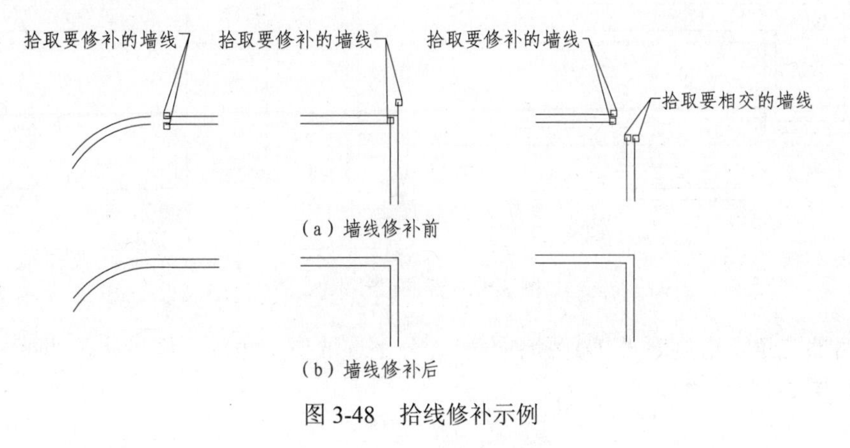

图 3-48　拾线修补示例

（2）窗口修补。在图中点取无图元的位置，就可以开窗口取要修补的墙线节点。图 3-49 为几种窗口修补的示例，上一排为修补前取窗口的情况，下一排为修补后的情况。开窗口的基本规则是：全部在窗口内的墙线为需要清理的墙线，窗口外面的墙线为不改变的部分。注意，用这种方法一次只能处理一个节点。

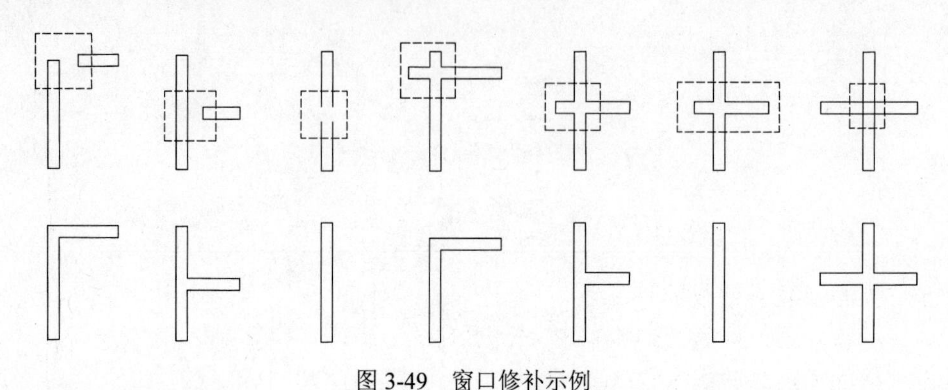

图 3-49　窗口修补示例

（3）交线清理。用热键“{C}交线清理”，开窗选取要清理交线的墙线，即可完成交线清理（见图 3-50）。

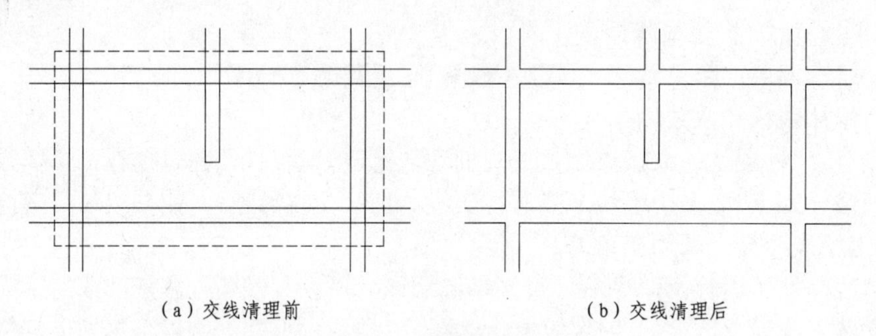

（a）交线清理前　　（b）交线清理后

图 3-50　交线清理示例

（4）延伸双墙。用热键“{E}延伸双墙”，开窗选取要延伸的墙线（该延伸墙线的数量须多于其他方向墙线），然后再给出要延伸到的位置，即可完成墙线延伸（见图 3-51）。

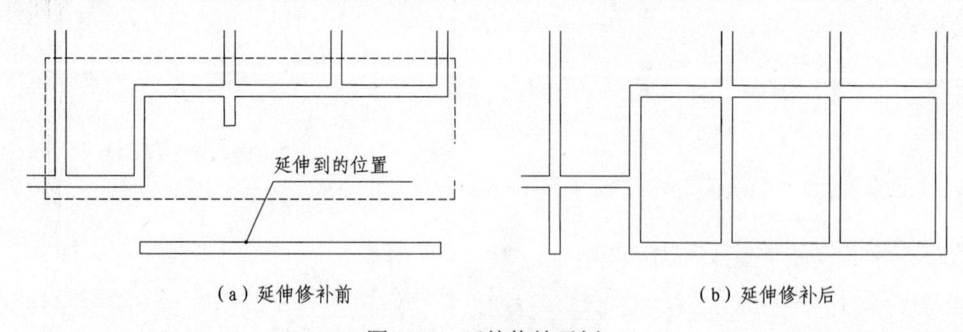

（a）延伸修补前　　（b）延伸修补后

图 3-51　延伸修补示例

（5）两墙交角。用热键“{D}两墙交角”，分别选取要交角的两组墙线，即可完成两墙交角修补（见图 3-52）。

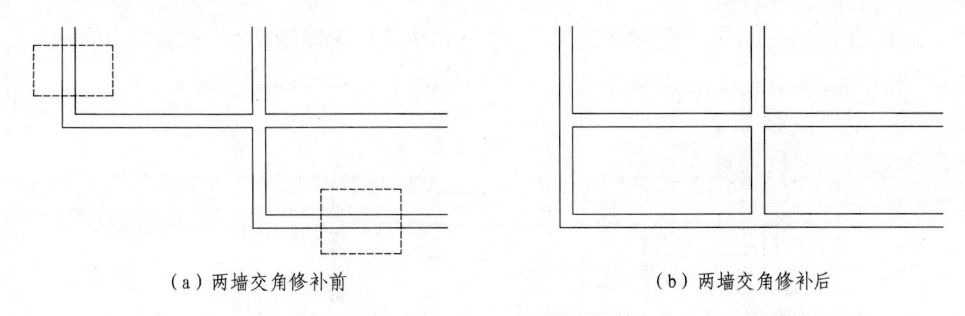

图 3-52　两墙交角修补示例

3.3.16　墙线擦除　qxcch (RQ)

菜单：平面墙线 ▶ 墙线擦除

图元：所有墙层；颜色（BYLAYER）；LINE，ARC，CIRCLE

功能：擦除指定的单线墙或双线墙。

本命令仅擦除位于墙层上的图元，适用于单线墙、双线墙。

3.3.17　加保温层　jbwc

菜单：平面墙线 ▶ 加保温层

图元：面层（SURFACE）；洋红（6）；LINE，ARC

功能：在所需的墙一侧加保温层。

执行本命令，按命令行提示点取需要画保温层的墙线上的点，然后根据提示给出保温层的方向、厚度，就在图中绘出如图 3-53 所示的保温层。

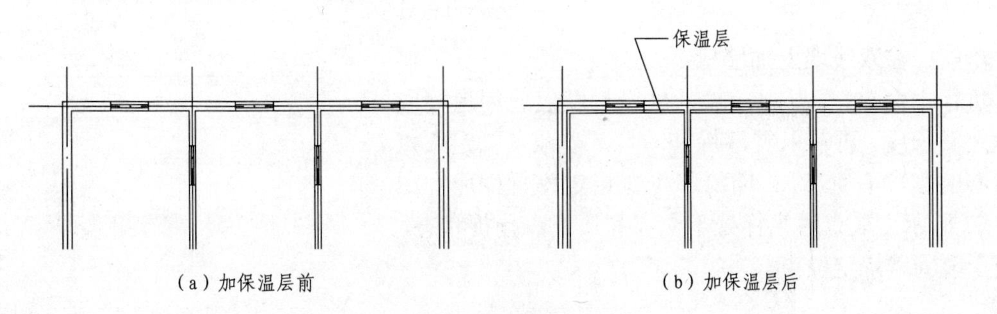

图 3-53　加保温层示例

3.3.18　定义隔墙　dygq (GQ)

菜单：平面墙线 ▶ 定义隔墙

图元：当前墙层；颜色随层（BYLAYER）；LINE，ARC

功能：将当前墙层上一段或数段两端与其他墙线相交的双线墙处理为隔墙。

执行本命令后，再按命令行提示拾取要定义成隔墙的双线墙（或用开“C”窗口方式选取）；按<回车>键后，所选双线墙就被处理成隔墙（见图 3-54）。

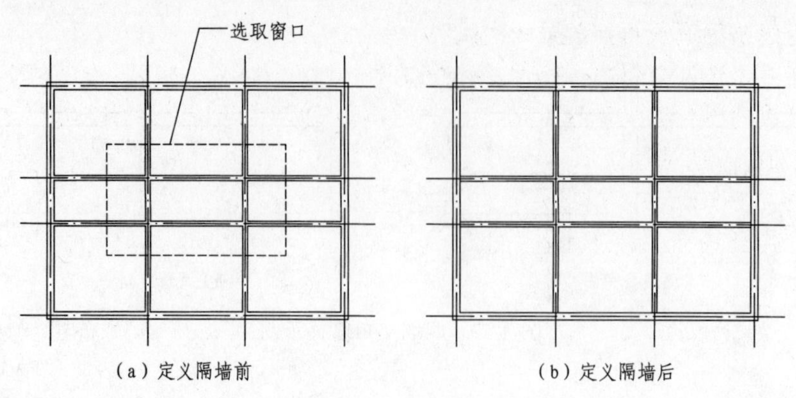

图 3-54　定义隔墙示例

3.3.19　隔墙复原　gqfy (NG)

菜单：平面墙线 ▶ 隔墙复原

图元：当前墙层；颜色随层（BYLAYER）；LINE，ARC

功能：将当前墙层上已定义好的双线隔墙恢复原状。

本命令是[定义隔墙]命令的逆操作。执行本命令，按命令行提示拾取要复原的双线隔墙（或用 Crossing（窗交）方式选取），按<回车>键后所选双线隔墙就恢复原状。

3.3.20　增加墙垛　zjqd

菜单：平面墙线 ▶ 增加墙垛

图元：当前墙层；颜色随层（BYLAYER）；LINE，ARC

功能：在双线墙上加墙垛。

执行本命令，根据提示输入墙垛长度值或用鼠标取点确定其长度，再输入左墙垛和右墙垛宽度（以定位点为中心的左、右宽度），墙垛即可在指定位置生成，如图 3-55 所示。取点时光标处于交点和最近点捕捉状态，以便于取到墙垛定位点。

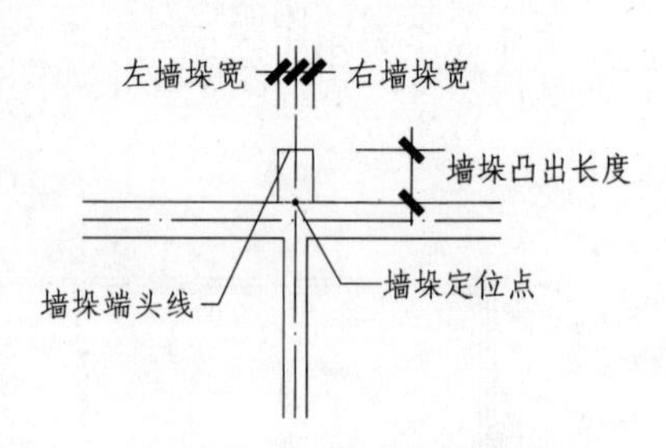

图 3-55　增加墙垛示例

3.3.21　消去墙垛　xqqd

菜单：平面墙线 ▶ 消去墙垛

图元：当前墙层；颜色随层（BYLAYER）；LINE，ARC

功能：消去墙垛，将墙线恢复原状。

执行本命令，根据屏幕提示点取墙垛端头直线，便可以消去墙垛，恢复墙线的原状。

3.3.22　墙线出头　qxcht

菜单：平面墙线 ▶ 墙线出头

图元：公共面层（PUB_SURFACE）；洋红（6）；LINE，ARC

功能：为建筑图增加手绘效果的出头线。

执行本命令，选取要作出头处理的墙线或柱子，输入出头长度后，即在所选墙线和柱子上绘出手绘效果的出头线（见图 3-56），需要时可用[取消加粗]命令将其擦除。本命令可以配合[向内加粗]命令一起使用。

出头线画在 PUB_SURFACE 层上，因此不能参与一些墙线的编辑。一般是在整个平面图都画好后才用此命令。如果已出头的墙线还需编辑，可以用[取消加粗]命令擦除后再进行编辑。

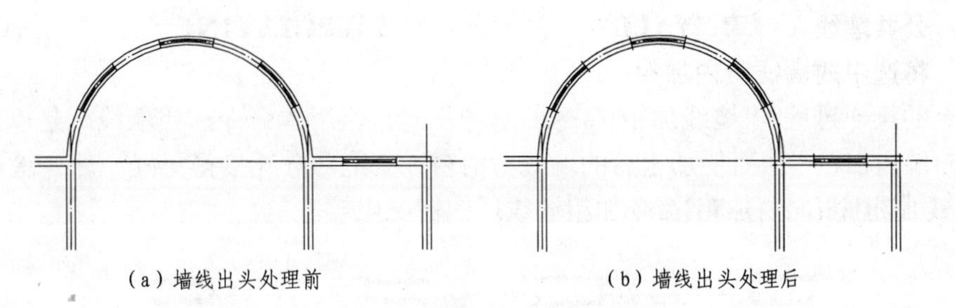

（a）墙线出头处理前　（b）墙线出头处理后

图 3-56　墙线出头处理示例

3.3.23　墙端封口　qdfk

菜单：平面墙线 ▶ 墙端封口

图元：所选墙层；颜色随层（BYLAYER）；LINE

功能：封闭双线墙的端头。

本命令主要用于封闭因双线剪裁、墙线擦除等操作而引起的墙端缺口。分别拾取两条要封口的墙线后，再确定封口方式："1－取长线"、"2－取短线"、"3－取中间"，即可完成墙线封口（见图 3-57）。

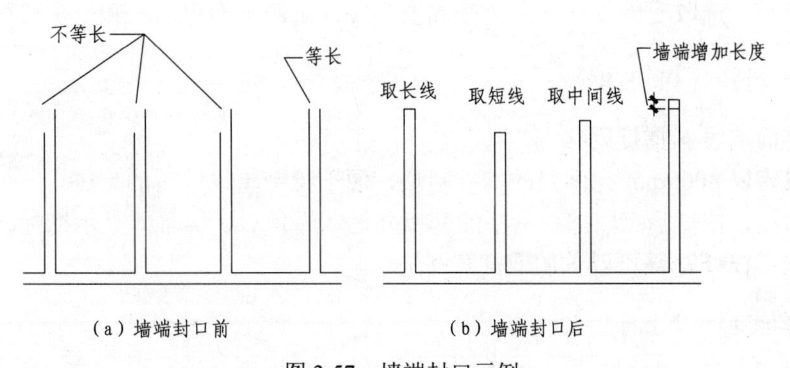

（a）墙端封口前　（b）墙端封口后

图 3-57　墙端封口示例

3.3.24　墙线加粗　qxjc (QT)

菜单：平面墙线 ▶ 墙线加粗

图元：公共墙线（PUB_WALL）；白（255）；LWPOLYLINE

功能：将选中的墙线向两侧加粗。

执行本命令，选择要加粗的墙线，程序即将所选墙线加粗。

变粗后的墙线画在 PUB_WALL 层上，变成用 LWPOLYLINE 画的直线或弧线，因此不能参与一些墙线的编辑。比如，这时另画一条墙线与加粗后的墙线相交，就不再能自动清理相交部分。因此，一般是在整个平面图都画好后才用此命令将墙线加粗。如果已加粗后的墙线还需编辑，可以用[取消加粗]命令恢复后再进行编辑。

3.3.25 向内加粗 xnjc(NC)

菜单：平面墙线 ▶ 向内加粗

图元：公共墙线（PUB_WALL）；白（255）；LWPOLYLINE

功能：将选中的墙线向内加粗。

本命令的操作过程与[墙线加粗]命令的基本相同。但用本命令加粗墙线时是以原细墙线为外边界向墙内加粗，从而使加粗后的墙线与门窗或其他部分连接得更好。图 3-58 所示分别为执行[墙线加粗]和[向内加粗]命令加粗墙线后的情况比较。

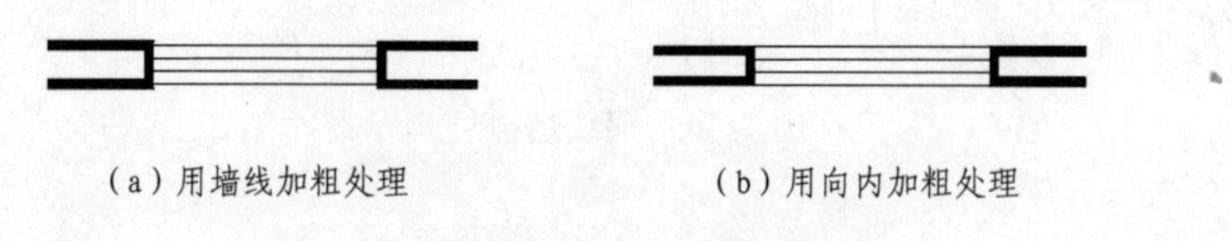

（a）用墙线加粗处理　　（b）用向内加粗处理

图 3-58　两种墙线加粗方式的比较

3.3.26 取消加粗 pmquxjc

菜单：平面墙线 ▶ 取消加粗

图元：公共墙线（PUB_WALL）；白（255）；LWPOLYLINE

功能：将已经由[墙线加粗]、[向内加粗]（或[墙线出头]）命令生成的加粗线（或出头线）擦除。

执行本命令，选取要恢复细线的墙线或出头线，所选到的粗墙线和出头线即被删除。

3.3.27 捕捉网格 bzhwg

菜单：平面墙线 ▶ 捕捉网格

功能：设定以 3000mm 为间距的捕捉网格，便于绘制单线墙时的定位。

执行本命令，按提示点取捕捉网格的基点并键入转角后，屏幕即显示捕捉网格，从而便于单线墙定位。按<F7>键可以关闭或打开网格。

3.3.28 画单线墙 hdxq

菜单：平面墙线 ▶ 画单线墙

图元：单墙（WALL1）；黄（2）；LINE，ARC

功能：绘制单线直墙或弧墙。

执行本命令，按命令行提示画单线墙。绘图过程中，有以下 3 个热键可以切换绘图状态。

- “A－弧墙”用于切换到画单线弧墙的方式，只画一段弧墙就自动返回直墙方式。画弧墙采用先确定两个端点，再确定三点弧的中间点（见图 3-59）。用热键“{C}圆心”可切换到圆心定弧的方式，再按<回车>键还可切换圆弧的顺逆时针方向。

● “F－取参照点”用于直接取画墙线点有困难时，先取一个定位方便的点作为参照点，给出相对坐标后，即可准确定出墙线上的点。

● “U－回退”用于将刚画的一段墙删去，退回到前一步的状态。

在绘制时，可以先画轴线再画单线墙，也可以先画单线墙再用[墙生轴网]或[逐点轴标]命令生成轴线。用[单线变双]或[单变双-2]命令，可以将单线墙变为双线墙。

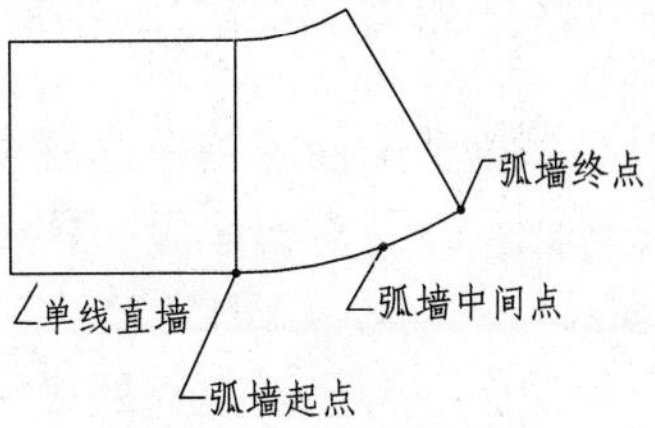

图 3-59　画单线墙示例

3.3.29　单线圆墙　dxyq

菜单：平面墙线 ▶ 单线圆墙

图元：单墙（WALL1）；黄（2）；CIRCLE

功能：用于绘制单线圆墙。

执行本命令，按命令行提示给出圆心的位置，再键入半径值（或在屏幕上点取半径），即可完成单线圆墙绘制（见图 3-60）。

在本命令执行过程中，光标一般处于交点、最近点捕捉状态，从而使圆心能准确定位在轴线交点上。

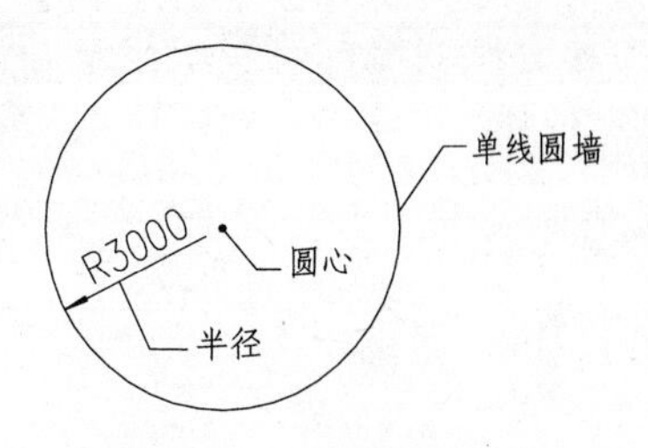

图 3-60　画单线圆墙示例

3.3.30　单线变双　dxbsh

菜单：平面墙线 ▶ 单线变双

图元：变双前单墙（WALL1）；黄（2）；变双后当前墙层；颜色随层（BYLAYER）；LINE，ARC，CIRCLE

功能：将已绘制好的单线墙转换为双线墙。

本命令适合处理完全闭合的单线墙，如单线墙有开口，可用[单变双-2]命令处理。使用本命令应将整栋建筑图形一次处理完成，如必须分步完成的情况，可以第一次使用本命令，以后使用[单变双-2]命令。

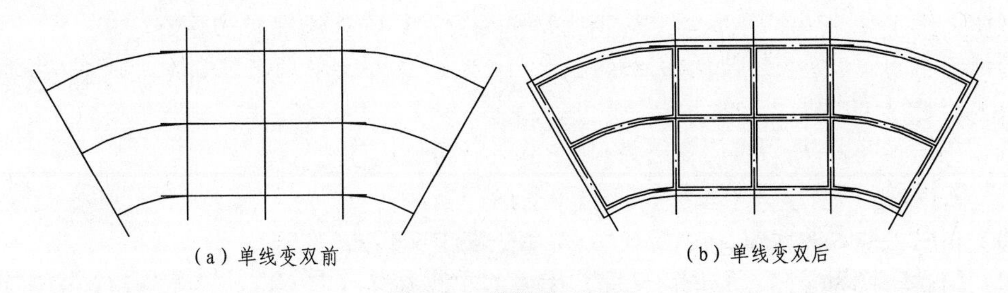

（a）单线变双前　　（b）单线变双后

图 3-61　单线变双示例

执行本命令前，最好先用[消重墙线]消除重复的墙线。执行本命令后，按命令行提示设置好各参数，再选取需要变双线的墙线，按<回车>键，所选的单线墙就变成了双线墙（见图 3-61）。转换时，墙厚可以分为外墙厚和内墙厚，并分别进行设置。内墙只能是居中设定厚度，外墙可以是偏心的。

3.3.31 单变双-2 dxbsh2

菜单：平面墙线 ▶ 单变双-2

图元：变双前单墙（WALL1）；黄（2）；变双后当前墙层；颜色随层（BYLAYER）；LINE，ARC，CIRCLE

功能：将已绘制好的单线墙转换为双线墙，并可处理与已有双线墙的连接。

本命令与[单线变双]命令一样，也用于将单线墙转换为双线墙，区别是：单线转双线时可以处理与双线墙的接头；一次只能处理一种墙厚和偏心距的墙（其中偏心距是指双线墙中心线偏离原单墙线的距离）；程序自动消除重线。处理偏心墙线时，程序会逐个询问偏心方向。

执行本命令，选取要变双的墙线，并按提示设置各参数的值，程序就按用户的要求将单线墙变为双线墙。如果设置了偏心距，要在单线墙一侧取点确定墙的偏轴方向。如果图中原有双线墙与单线墙相连，程序会自动处理新生成的双线墙与原有双线墙的连接关系（见图 3-62）。

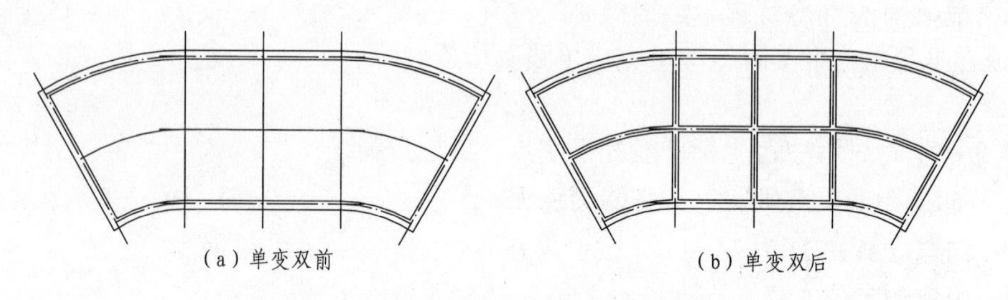

图 3-62 单变双-2 示例

3.4 门窗

一般情况下，门窗是以图块的形式插入到墙线中。设置块的插入比例时，门与窗的插入方式不同：插入门时，图块是以等比例插入，即与墙的厚度无关；而插窗时，窗图块的 Y 比例会随墙厚变化。对于一些特殊的门窗，如门连窗、飘窗等，最好用[定异型窗]命令来进行专门制作。在没有墙线的情况下，可用[无墙插门]、[无墙插窗]命令来插入门窗。

门窗插入图中后，可以用[门窗翻转]、[门窗变宽]等命令对其进行编辑。需要改变已插入门窗的形式时，可用以下几种方法。

（1）在插入门窗前，用[门窗选型]命令定义门窗形式。

（2）在插入门窗后，用[换平面窗]命令更换门窗。

（3）利用已插入的门窗，用[定异型窗]命令来定义新的门连窗。

（4）门窗转换为空洞，应该用平面门库中的空洞替换，而不应该简单地将门窗删除。

（5）普通门窗和高窗互换时，应使用[窗变高窗]或[高窗变窗]命令。

3.4.1 门窗选型 mchxx

菜单：平面门窗 ▶ 门窗选型

功能：设定通用的门窗插入命令所插门窗形式。

点取本命令后，屏幕弹出如图 3-63 所示的“平面门窗形式设定”对话框；在对话框中单击「选窗 W」、「选单门 D」或「选双门 D」按钮，便会弹出“门窗图块”对话框，在该对话框中可以选取作为默认形式的窗图块。单击「复原」按钮，可以恢复默认的门窗形式。

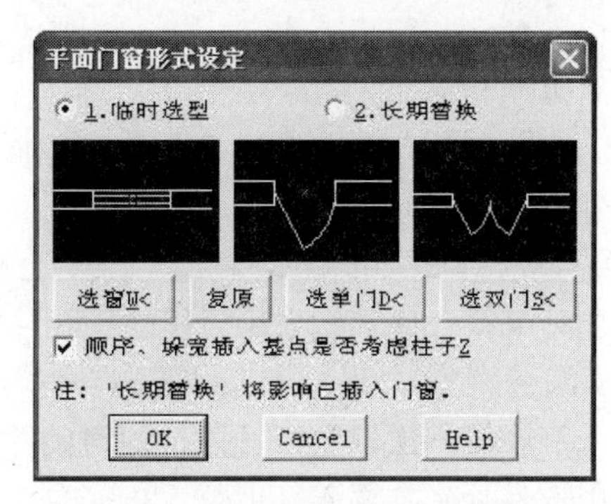

图 3-63　“平面门窗形式设定”对话框

「临时选型」和「长期替换」单选按钮用于设定当前选择是临时的（只在当前图上起作用），还是永久的（以后所有的图中都用选定的门窗类型）。做「长期替换」后，如果以前画的图中门窗与当前选型不符合，可以执行本命令，直接单击「OK」按钮，就可以将当前图门窗刷新为当前选型。

「顺序、垛宽插入基点是否考虑柱子」用于设定插窗取插入基点时是否要考虑墙线与柱边的交点；不选此项，取基点时就只取最近的墙线与轴线的交点或墙端。

在对话框中预选门窗形式后，调用[顺序插入]、[中心插入]、[垛宽插入]等命令所绘制的门窗就是本命令所设定的门窗类型。

3.4.2　顺序插入　shxchmch (WI)

菜单：平面门窗 ▶ 顺序插窗，顺序插门，顺序高窗

图元：门窗（WINDOW）；黄（2）；INSERT

功能：用侧边定位方式在平面墙线上插入门窗或在平面窗上插门。

三种顺序插入门窗的命令操作过程基本相同。执行本命令，按命令行提示点取要插入门窗的墙线，给出相应尺寸并<回车>后，屏幕继续提示输入插下一个门窗的距离数据；此时，用户可以继续输入数据，也可以键入相应的热键进入各选项，按<回车>键则退出。除了沿墙线插门窗外，本命令也可以用于在已有的平面窗上插门，其操作方法与沿墙插的相同。本命令中涉及了各部位的名词，如图 3-64 所示。

在插门窗过程中，本命令可以用以下热键切换绘图状态：

- “{Q}前尺寸”，选择该热键，弹出前尺寸选取菜单（见图 3-65）。其中记录了当前图中插入门窗使用过的尺寸值，最多可以记录 10 个；
- “{A}窗门洞转换”，用于将刚插入的门窗在窗、门和空洞之间循环转换；

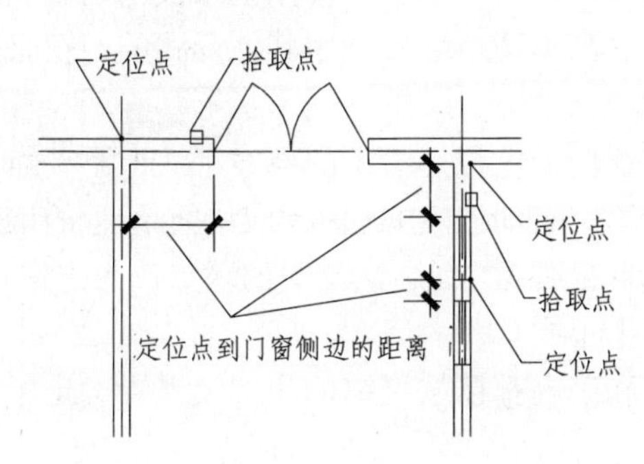

图 3-64　命令提示中各名词解释

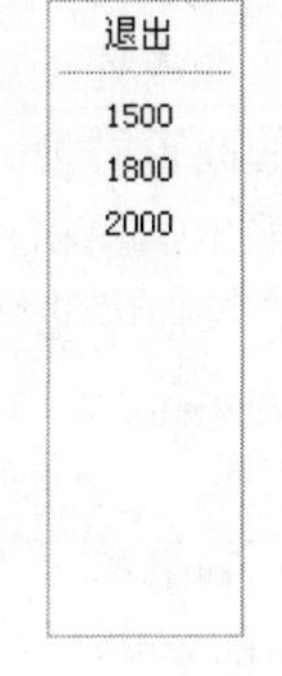

图 3-65　前尺寸选取菜单

- “{S}左右翻”，用于将刚插入的门窗沿插入方向镜像翻转。例如，改变单扇门的开启方向；
- “{D}内外翻”，用于将刚插入的门窗以墙中心线为轴镜像翻转。例如，改变门的内外开方向；
- “{Z}移墙侧”，用于改变已有平面门在门洞的位置，在墙的两侧和中间这 3 个位置循环切换（此热键仅用于[顺序插门]）；
- “{U}退一步”，用于将刚插入的门窗消去，退回到前一步的状态。

在第一次取窗口插入位置时的热键：“F－选基点”，程序自动选定的基点不适合的时候，用户自行确定插入基点位置。

在确定门窗宽度时的热键：“S－选已有门窗”，可以从图中选择一个或多个门窗后，在指定位置插入所选门窗。选多个门窗的插入顺序规定是水平和倾斜方向的从左至右，垂直方向的则从下至上。

在弧线墙上插窗时的热键：“A－角度插入”，可以由墙中弦长插入方式，转换成按门窗中心角度定位的方式。

在圆弧墙上插入门窗时，门窗宽度和窗间墙的宽度都是按墙中心线的弦长计算的（见图 3-66）。

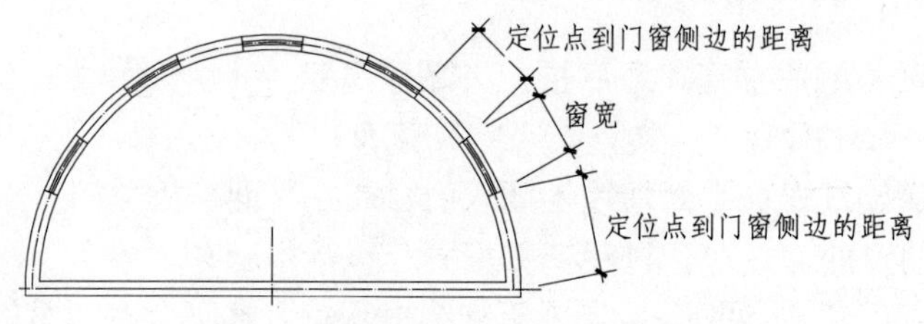

图 3-66　沿弧墙插入时提示名称定义

在插入高窗时的热键：

- “D—预留洞”，用于切换到预留洞插入状态；
- “C—预留槽”，用于切换到预留槽插入状态，预留槽的开口方向自动朝向拾取的墙线；
- “X—消火栓”，用于切换到消火栓插入状态，消火栓自动贴在拾取墙线一侧插入；
- “G—高窗”，用于切换到高窗插入状态。

本命令适用于门、窗和高窗的顺序插入，高窗就是在平面图上未被剖切到的窗。这种窗用虚线表示，插入处墙线不被打断。因此，高窗插入后不能用其他形式的门窗来替换（可以用同样形式的高窗替换）。

在直线墙上插门窗点取墙线时，应点在门窗定位点附近的墙线上（但不要点在轴线与墙线的交点上，否则可能会出现错误）。点取后，自动搜索并选取距点取点最近的墙线与垂直轴线的交点作为定位点（如未发现垂直于该墙的轴线，则选该墙线的端点作为定位点）。所以点取点在墙内皮线上与墙外皮线上，有时结果不同。

插入时门窗名称虽不显示，但其字型和字高都已按当前的比例及设置确定了；如图纸比例改变，需用[内涵比例]处理。

门、窗高度在插入时，是按[初始设置]中的「高度参数」确定的，高度值在定义[门窗名称]和[造门窗表]时可修改。

3.4.3　中心插入　zhxchmch (WC)

菜单：平面门窗 ▶ 中心插窗，中心插门，中心高窗

图元：门窗（WINDOW）；黄（2）；INSERT

功能：用中点定位方式在平面墙线上插入门窗或在平面窗上插门。

三种中心插入门窗的命令操作过程基本相同。执行本命令，按命令行提示点取要插入门窗的墙线并给出门窗尺寸后，一个门窗就插好了。这时可以再次点取要插入门窗的墙线继续插入门窗，也可以按<回车>键退出。

图 3-67 所示为本命令在执行过程中，程序自动取两个端点（以确定中点）的 3 种情况（图中的门窗在取点时还没有插入）。

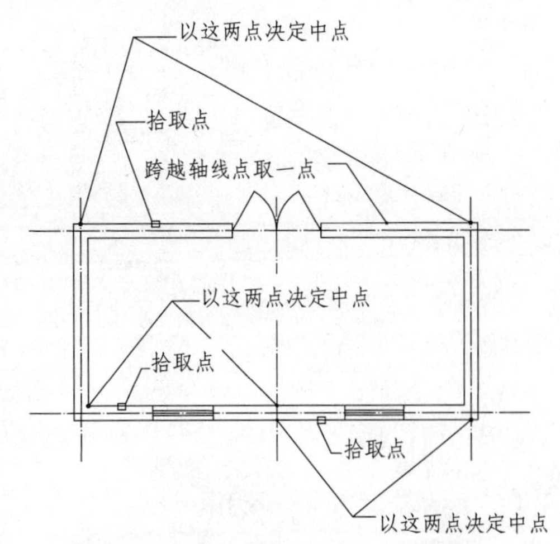

图 3-67　中心插入时取端点情况示意

（1）第一点点取外侧墙线，第二点点取轴线的跨越点，程序将这两点外侧，墙与轴线的交点作为两个端点。

（2）仅点取内侧墙线，左端点为墙端，右端点为墙与轴线的交点。

（3）仅点取外侧墙线，两端点均为墙与轴线的交点。

与[顺序插入]命令一样，本命令也可以用于在已有的平面窗上插门，此时门被插在窗的中央。

图 3-68 所示为在窗上插连续门的示例。

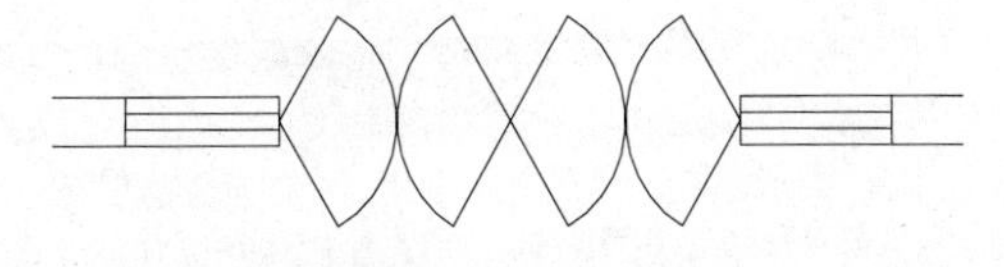

图 3-68　窗上插门示例

本命令在插门窗过程中的大多数热键和改变门窗形式的方法与[顺序插入]命令中的相同，另外增加了几个在确定门窗宽度时的热键。

- “F 两点定中”，通过点取两点确定插窗的中心点。
- “G 满墙宽”，直、弧墙插入门窗取宽度时，自动取满墙宽度。
- “D 等分窗”，选本项后，再输入要插入窗的个数 N 及窗宽，程序将在选定跨均布插入 N 个窗（两侧墙垛宽度为中间墙垛宽度的一半）。
- “A 连续门”，选本项后，再输入要插入门的个数 N 及门宽，程序将在选定跨的中间位置插入 N 个相邻的门。

3.4.4　垛宽插入　qkchmch (WB)

菜单：平面门窗 ▶ 垛宽插窗，垛宽插门，垛宽高窗

图元：门窗（WINDOW）；黄（2）；INSERT

功能：先定垛宽，然后用侧边定位方式在平面墙线上插入门窗或在平面窗上插门。

三种垛宽插入门窗的命令操作过程基本相同。执行命令后，先输入从基点到门窗侧边的距离，再点取要插入门窗的墙线；点取后，程序根据定位点和垛宽自动确定插窗的位置；输入门窗的宽度后，便在指定位置插入一个门窗。插好一个门窗后，可以按提示再次拾取墙线继续插入门窗，也可以按<回车>键退出。除了沿墙线插门窗外，本命令也可以用于在已有的平面窗上插门，其操作方法与沿墙插的相同。图 3-69 所示为本命令根据拾取点用垛宽定位的两种情况。

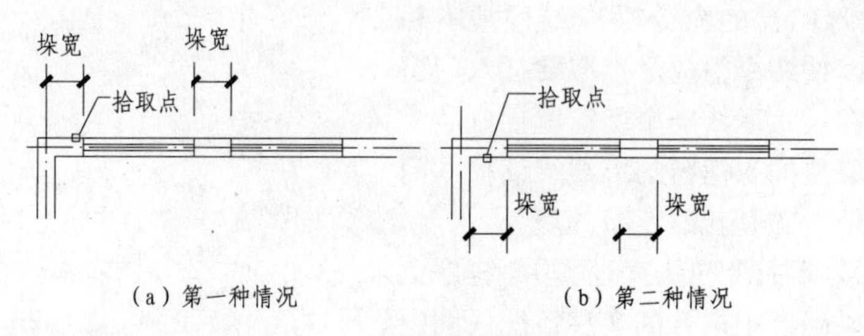

图 3-69　垛宽定位的两种情况

本命令与[顺序插入]命令的不同处在于各插入门窗之间的间隔是一样的，不用逐个输入。本命令在插门窗过程中的热键切换和改变门窗形式的方法，请参见[顺序插入]一节。

3.4.5　插转角窗　chzhjch

菜单：平面门窗 ▶ 插转角窗

图元：门窗（WINDOW）；黄（2）；INSERT

功能：沿转折的墙线插入转角窗（或称异型窗）。

本命令用于在几段连续的直线墙或弧线墙上插转角窗，如图 3-70 所示。

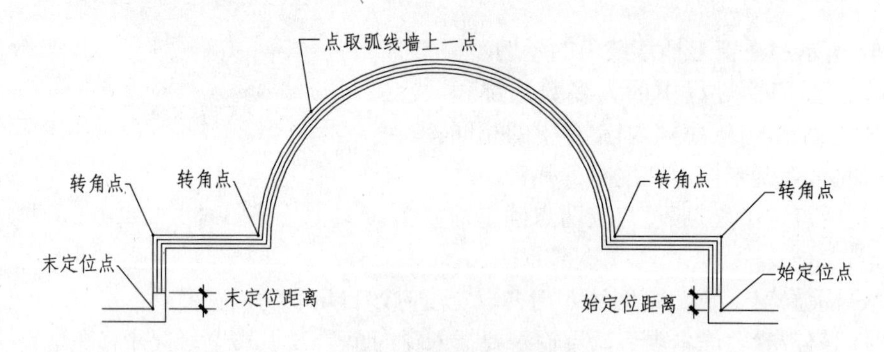

图 3-70　插转角窗示例

执行本命令后，按照命令行提示操作。在插转角窗过程中的操作说明如下。

（1）始定位距离、末定位距离可用光标点取或键盘键入，定位距离如为正值，表示向门窗内侧偏移；如为负值，表示向门窗外侧偏移。

（2）如在插窗过程中遇到弧线墙，则应在点取转角点后，再点取弧墙上的一个中间点。

（3）转角窗所经过的墙线不能与内墙连通，如要在与内墙连通的外墙上做转角窗，则必须先将转角窗所要经过的内墙变为隔墙，从而使变为转角窗的墙线保持连通。

（4）转角窗的各定位点必须位于墙线的同侧。如第一点选在墙线的左侧（以转角窗取点前进方向为准），则以后各点也必须选在墙线的左侧。

（5）热键“A－三四线互换”用于转换绘制转角窗时的线数。

3.4.6　无墙插窗　wqchch

菜单：平面门窗 ▶ 无墙插窗

图元：门窗（WINDOW）；黄（2）；INSERT

功能：在无墙情况下生成直线（或弧线）的带形窗或幕墙，可用于插柱框架结构中的窗。

本命令可以在没有墙线的情况下，绘制厚度与墙厚无关的幕墙，以及框架结构的柱间带形窗，其平面形状包括任意弧段和直段的组合。操作方法与[画双线墙]命令的基本相同。热键“A－三四线互换”的用法与[插转角窗]的相同。

本命令常用于与柱相配合的场合，所插的窗从柱中穿过时，能自动清理与柱的相贯线（见图 3-71）。一次绘制的窗被柱子截断后，会自动生成多个独立的窗。

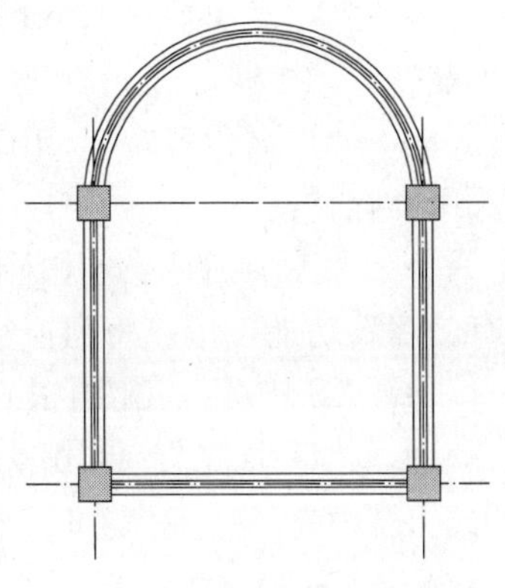

图 3-71　无墙插窗示例

3.4.7　无墙插门　wqchm

菜单：平面门窗 ▶ 无墙插门

图元：门窗（WINDOW）；黄（2）；INSERT

功能：在无墙情况下插门，可用于柱框架结构中插门或幕墙间插门情况。

点取要插入门的侧边一点后，此时从第一点引出一条橡皮线，利用此线可点取插入门的方向。最后再根据显示输入门的宽度或在屏幕点取一点确定其宽度，门便插入到图中（见图 3-72）。在确定门宽的时候有以下热键选项。

- “S－选已有门窗”，可以选图上已有的门窗组合。
- “D－等分门”，用于输入等分门的个数，确认宽度为多个门的总宽度。

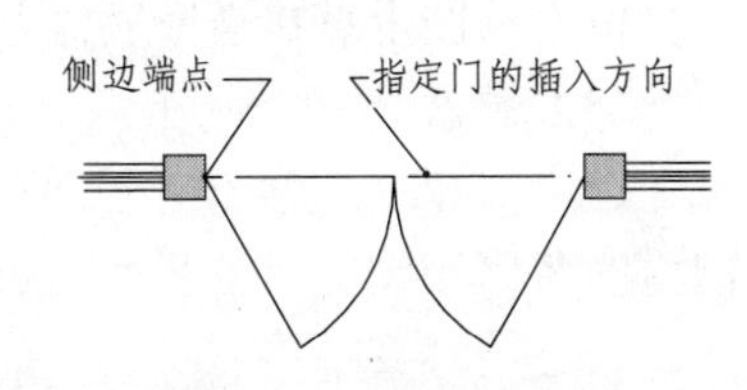

图 3-72　无墙插门示例

3.4.8　门窗复制　mchfuzh (MC)

菜单：平面门窗 ▶ 门窗复制

图元：门窗（WINDOW），平门（DOOR）；黄（2）；INSERT

功能：在双线墙上复制图中已有门窗，一次可复制多个门窗，并可进行镜像复制。

执行本命令，选择要复制的门窗（可一次选择多个门窗），点取要复制的位置，与原型相同的门窗便复制到指定位置（见图 3-73）。

复制可以有以下两种方式：

(1) 在同一道墙上进行平行复制，可在所要复制的位置上点取一点；然后输入复制距离，再输入复制次数，从而完成复制操作。此时，有以下两个热键选项。

- “T—两点测距”，在图上取两点测距，再输入复制次数，即可完成复制操作。
- “M—镜像”，做镜像复制。用此选项，所取点要在镜像线上（见图 3-73 上侧）。

（2）在平行的墙上进行垂直复制，此时要点取平行的墙线，从而完成复制操作（见图 3-73 左侧）。

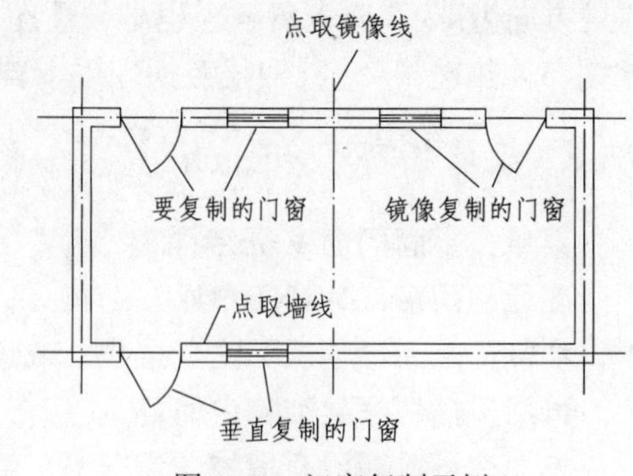

图 3-73　门窗复制示例

点取复制位置时的热键选项有以下几个：

- “F 选基点”，用于重新选择复制基点；
- “W 内外翻转”，用于将刚复制的门窗内外翻转；
- “R 名称翻转”，用于将刚复制的门窗名称内外翻转；
- “A 顺序”，调用[顺序插入]中“S 选已有门窗”功能，可以将门窗复制到另一道墙上；
- “S 中心”，调用[中心插入]中“S 选已有门窗”功能，可以将门窗复制到另一道墙上；
- “D 垛宽”，调用[垛宽插入]中“S 选已有门窗”功能，可以将门窗复制到另一道墙上。

3.4.9　门窗名称　mchmch (WN)

菜单：平面门窗 ▸ 门窗名称

图元：窗字（WINDOW_TEXT），平门（DOOR）；白（7）；ATTRIB

功能：标注、修改门窗名称，或改变门窗名称的可见性。

执行本命令，首先选取平面图上要定义名称的门窗，选取方法有以下两种。

（1）从图上直接选取要添加或修改名称的门窗。

（2）键入<回车>，在“平面门窗选取”对话框中选取门窗。此对话框的用法稍后说明。

选定门窗后，弹出“平面门窗名称编辑”对话框（见图 3-74），用这个对话框可以改变门窗的名称和设定门窗名称的可见性。

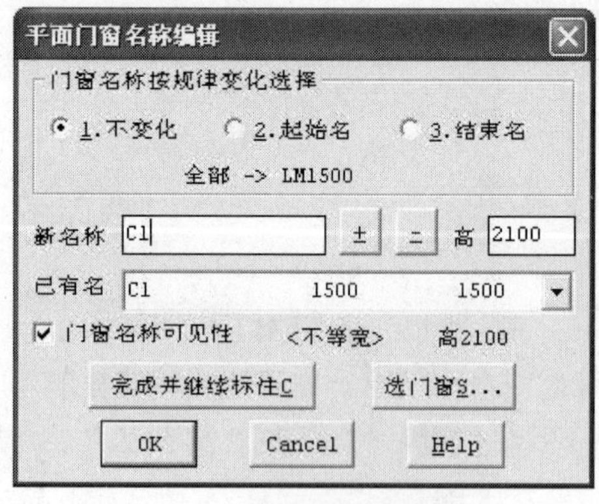

（a）门窗名称不变化

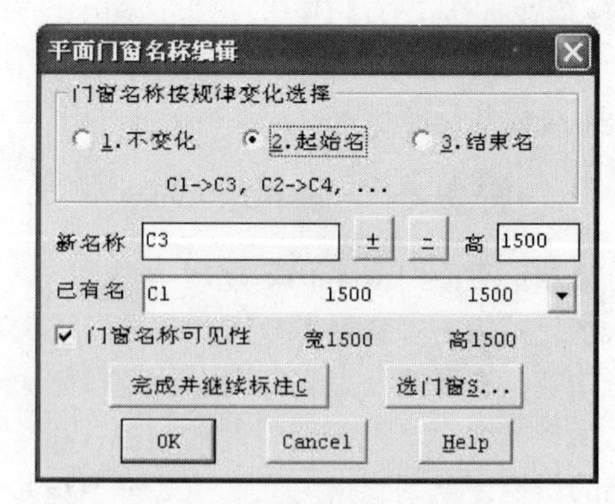

（b）门窗名称按规律变化

图 3-74　“平面门窗名称编辑”对话框

该对话框中各控件功能如下。

- 「新名称」用于输入新定义的门窗名称。
- 「已有名」用于选择已有门窗名称。

- 「门窗名称按规律变化选择」栏用于选择是否按规律改变已选门窗的名称。选「不变化」单选按钮，所有选中的门窗命名为同一名称，如图 3-74（a）所示；选「起始名」和「结束名」单选按钮时，门窗名称可以按一定规律变化，如图 3-74（b）所示。此时「已有名」中代表图中现有门窗的名称，「新名称」中代表重新命名的名称，选「起始名」时，两者代表第一个变化前后的门窗名称，选「结束名」时，代表最后一个门窗名称。其简略的变化规则显示在栏的下部。
- 「+」、「-」按钮用于增减「新名称」中的数字。
- 「高」用于输入新的窗高。窗高数据在[造门窗表]时可以被统计。
- 「门窗名称可见性」用于选择门窗名称是否可见。
- 「完成并继续标注」按钮用于完成本次门窗名称标注，并直接返回本对话框后继续下一组门窗名称的标注。
- 「选门窗」按钮用于弹出如图 3-75 所示的对话框，在其中选门窗名称。

图 3-75 所示即前面提到过的“平面门窗选取”对话框。用这个对话框选取门窗有时比在图中直接选取方便。此对话框的各控件功能如下。

- 「门窗名称」列表框中列出图中门窗的名称，并在表的下方显示门窗的数量。
- 「察看」按钮用于到图中观察选中的门窗。
- 「拾取样板」按钮用于到图中去拾取一个样板门窗后选定所有同图块名的门窗。
- 「选取范围」按钮用于设定选门窗的范围，设定后再选取的门窗就只限于此范围。
- 「自动编号」按钮用于弹出如图 3-76 所示的“门窗名称自动编号”对话框。自动编号规则是门、窗前缀后两位数字为门窗的宽度值，最后两位数字为门窗的高度值，单位为 100mm。

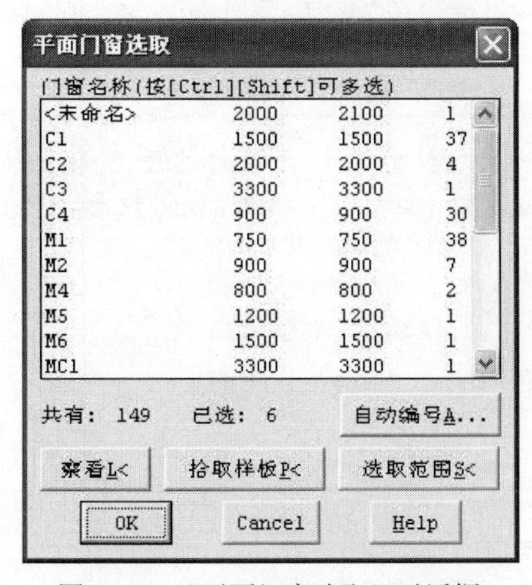

图 3-75　“平面门窗选取”对话框

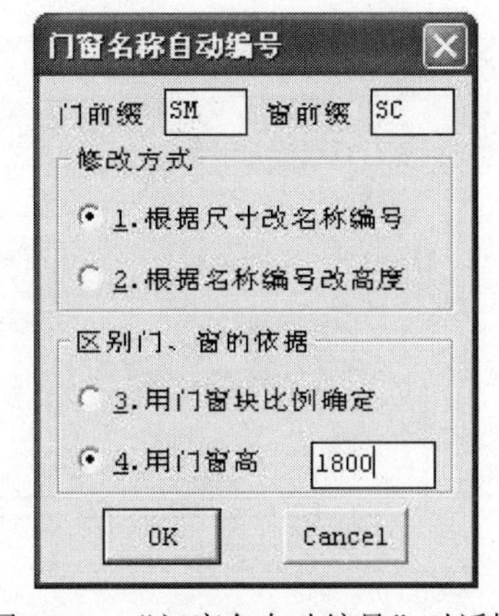

图 3-76　“门窗名自动编号”对话框

这个对话框各控件用法如下。

◆ 「门前缀」、「窗前缀」用于分别设定门和窗命名时的前缀（数字前的文字）。

◆ 「1.根据尺寸改名称编号」被选中，就应用上述自动编号规则来确定各门窗的编号。

◆ 「2.根据门窗编号改高度」被选中，就根据门窗编号来修改门窗的高度，修改后的门窗高度存入门窗块中。门窗宽度不会被修改，如需修改要用[门窗变宽]或[单侧变宽]命令。

◆ 「3.用门窗块比例确定」被选中，就根据门窗的比例来区别门与窗。大多数情况下，门块的 X 比例和 Y 比例的绝对值是相等的，窗块的 Y 比例与墙厚相等。但也有一些情况，如卷帘门、推拉门，其块比例与窗相同。

◆ 「4.用门窗高」被选中，就通过一个高度界线来区别门与窗。大多数情况下，门的高度要大于窗的高度。此时，要在右面的编辑框中输入这个界限值。

门窗名称的大写转换规则是输入的门窗名称中如有小写字母，会被自动转换成大写；当最后一个字符不是数字时，则不进行这种转换。

门窗名称文字的位置和形态的修改方法如下。

（1）通过移动名称属性文字中间的夹点，以改变门窗名称的位置。

（2）执行命令[名称翻转]或[名称复位]。

（3）通过命令[初始设置]定义门窗名称文字的字型、字高和宽高比。

3.4.10 造门窗表 zmchb

菜单：平面门窗 ▶ 造门窗表

图元：门窗（WINDOW），平门（DOOR），窗字（WINDOW_TEXT）；黄（2），绿（3），白（7）；INSERT

功能：统计平面图中的门窗名称、规格、数量等，用于造门窗表。

执行本命令，屏幕上弹出如图 3-77 所示的对话框。

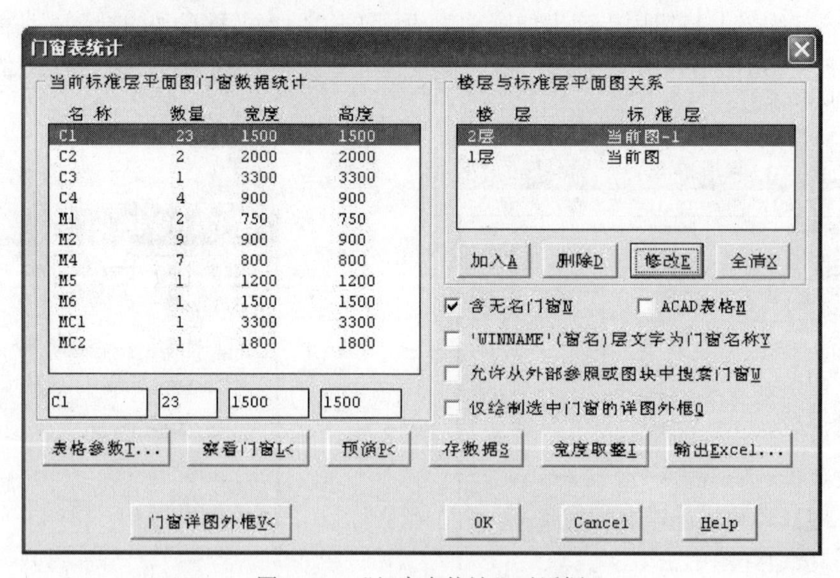

图 3-77 “门窗表统计”对话框

在该对话框中，可以设定要加入门窗表中的内容和门窗表的格式。本命令可以统计一张图中的部分门窗，也可以同时统计多张图中的门窗。该对话框右边列表框中列出标准层列表；左边的列表框中列出每个标准层中门窗的数量。该对话框中各控件功能如下。

● 「当前标准层平面图门窗数据统计」栏用于显示和编辑右面「楼层与标准层平面图关系」栏中选中的当前标准层的各门窗数据。门窗数据统计表中的数据可在列表下面的几个编辑框中修改。点取列表中的某一项，该项的数据便加入到这组编辑框中，在编辑框中修改数据并<回车>，修改后的数据便加入到列表中。

- 「加入」按钮用于加入一个标准层，一个标准层可以代表一个或多个楼层，要加入的标准层可以是当前图或其他图中的部分或全部图形。如果取当前图中的图形作为标准层，可直接在图中选取；如果取其他图中的图形，可在出现提示时<回车>，并在选择文件的对话框中选定要取图形的文件。
- 「修改」按钮用于弹出如图 3-78 所示的对话框，修改标准层的数据。

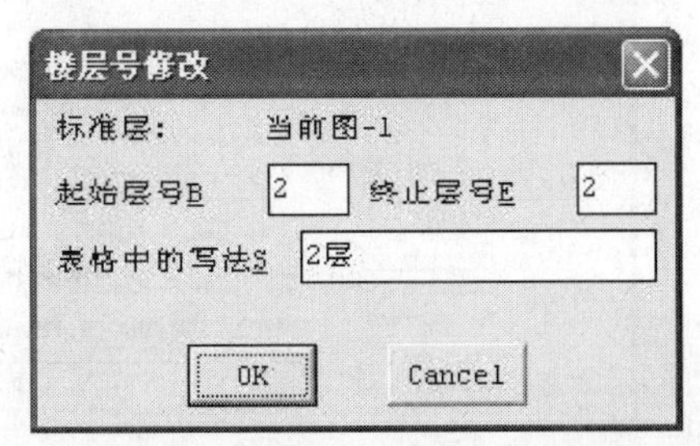

图 3-78　“楼层号修改”对话框

- 「删除」、「全清」按钮用于删除当前标准层或全部数据。
- 「含无名门窗」用于选择是否要在统计表中加入未标注过名称的门窗。
- 「ACAD 表格」用于选择是否要将门窗表生成为 AutoCAD 表格形式，不选就用文字和 Line 线绘制表格。此选项只对 2006 以上版本有效。
- 「‘WINNAME’（窗名）层文字为门窗名称」用于选择是否要将写在“WINNAME”层上的文字作为门窗名称加入统计表。
- 「允许从外部参照或图块中搜索门窗」用于选择是否要在外部参照图或已经做成图块的平面图中搜索门窗数据（只统计当前图中图块内的门窗，更深层嵌套图块中的不统计）。
- 「仅绘制选中门窗的详图外框」用于选择在生成门窗详图外框时是否仅绘制列表中选中的门窗。如果不选此项，就绘制当前门窗表中所有命名门窗的详图外框。
- 「表格参数」按钮用于在如图 3-79 所示的对话框中选择门窗表头的格式；设定表格和文字的高度尺寸；在「门窗名称排列顺序」栏的编辑框中可以输入门窗名称的排列顺序，在门窗表中填写门窗表数据时，就按这个顺序排列。没有在这个编辑框中出现的门窗名称，在这些名称后按字母顺序排列。

如果软件提供的表格形式不能满足需要，可以单击「表头格式编辑」按钮，在弹出的如图 3-80 所示的对话框中对表头格式进行编辑修改。该对话框列表中的每一行代表门窗表的一列。例如，图 3-80 中列表第一行就表示门窗表的第一列，这一行中的数据表明：本列中填入的是门窗名称，在表头中第一列写的文字是“门窗名称”，门窗表第一列的宽度为 2 500。在该对话框中可以对表头的格式进行编辑，其编辑的内容包括：在列表下面的编辑框里修改表头文字、设定表列的宽度；用「上移」、「下移」调整表格各列的位置；用「添加」、「删除」增减表列，增减表列只能对无填表内容的项进行。表列的宽度可以单击「单数量栏宽度」或「图取列宽」按钮到图中去取。“单数量栏”是指“门窗数量”分为多列时，每列的宽度，此时“门窗数量”的表列宽度服从这个宽度。

如果在这个对话框中修改了表头文字或调整了表列的顺序，单击「OK」按钮退出后就会在图 3-79 所示的列表中新增加一种表头格式；如果只改变表列宽度，则不新增表头格式。用户修改后增加的表头格式，可以通过单击「删除表头格式」按钮来删除。

- 「察看门窗」按钮用于进入当前图中逐个观察当前列表中被选中的门窗（此功能仅限本图门窗）。

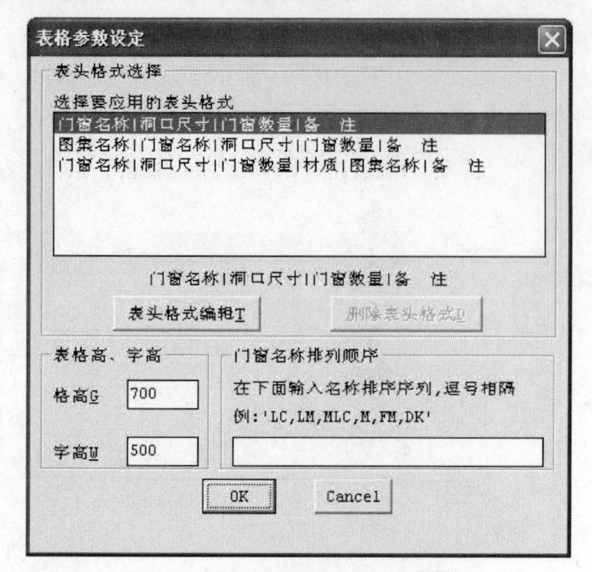

图 3-79 “表格参数设定”对话框

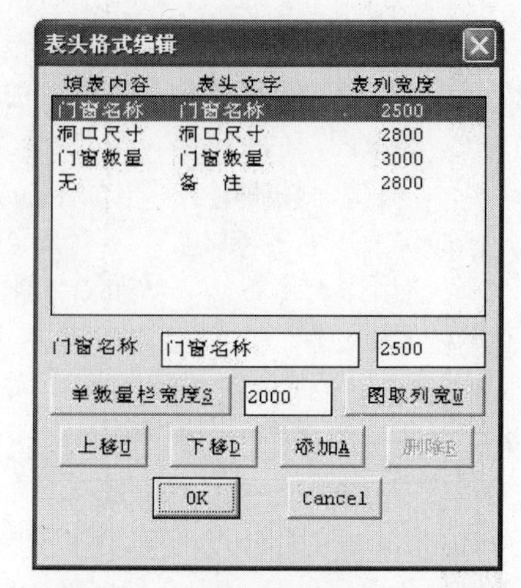

图 3-80 “表头格式编辑”对话框

● 「预演」按钮用于预演统计表生成的情况并弹出如图 3-81 所示的对话框。如不满意演示结果，还可退回对话框重新调整表格内容和尺寸。

图 3-81 “预演结束选择”对话框

● 「存数据」按钮用于将当前门窗表数据存入工作目录下的“wddtbak.dat”文件，下次执行[造门窗表]命令时，会从这个文件中读取数据作为默认数据；改过的门窗名称和高度会被回写到图中（该功能仅限本图刚选的门窗）。

● 「宽度取整」按钮用于将当前门窗表中的宽度数据规整为 50 的倍数。

● 「输出 Excel」按钮用于将当前的门窗表输出到一个 Excel 文件中。

● 「门窗详图外框」按钮用于在当前图中生成门窗详图，图中门窗按表中的宽高绘制外框，并标出门窗尺寸（见图 3-82）。

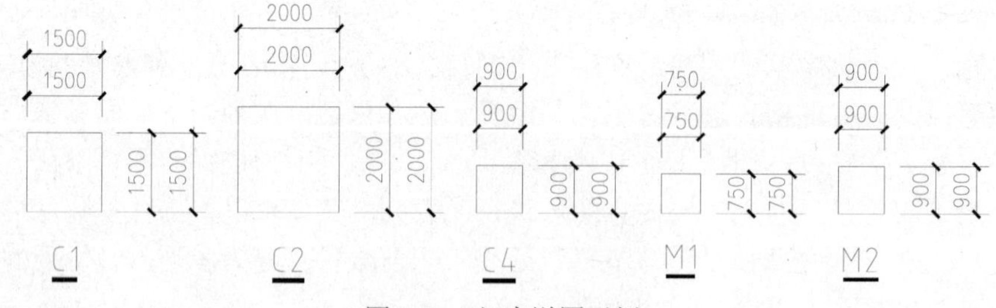

图 3-82 门窗详图示例

统计数据加入对话框后，单击「OK」按钮退出对话框，如图 3-83 所示的门窗统计表便绘制到图中。退出对话框后，所统计到的数据会存入一个文件，供下次执行本命令时作为默认数据加入对话框；改过的门窗名称和高度回写到图中。

此外，还需要以下几点说明。

（1）参与统计的图中门窗最好是事先用[门窗名称]标注过的，这样表中的门窗名称便不用再输入；对于未注的门窗，只按门窗的宽度分类。

（2）表中门与窗的高度是以[初始设置]中设定的高度参数作为默认值的。

（3）表中门窗名称是按字母表顺序排列的；如用户需要按特定名称前缀排列，可以在图 3-79 所示对话框的「门窗名称排列顺序」栏里输入自己的前缀顺序列表。

图集名称	门窗名称	洞口尺寸	门窗数量			备 注
			1层	2到5层	合计	
	C1	1500x1500	10	23x4	102	
	C2	2000x1500		2x4	8	
	C3	3300x1500		1x4	4	
	C4	900x1500		4x4	16	
	M1	750x2100	10	2x4	18	
	M2	900x2100		9x4	36	
	M4	800x2100		7x4	28	
	M5	1200x2100		1x4	4	
	M6	1500x2100		1x4	4	
	MC1	3300x1500		1x4	4	
	MC2	1800x1500		1x4	4	
	ML1	3075x1500	2		2	
	ML1	3300x1500	8		8	
	ML1	3350x1500	2		2	

图 3-83　门窗统计表

3.4.11　换平面窗　hmch (HW)

菜单：平面门窗 ▸ 换平面窗

图元：门窗（WINDOW），平门（DOOR）；黄（2）；INSERT

功能：将图中已有的窗（或门）换成另一种类型的窗（或门）。

执行本命令，先选取要换型的门窗，选取门窗的方法有两种：直接在图中选取；按<回车>键后，在“平面门窗选取”对话框中选取（该对话框的用法与[门窗名称]命令中的相同）。选定门窗后<回车>，屏幕弹出如图 3-84 所示的选门窗图块的对话框。

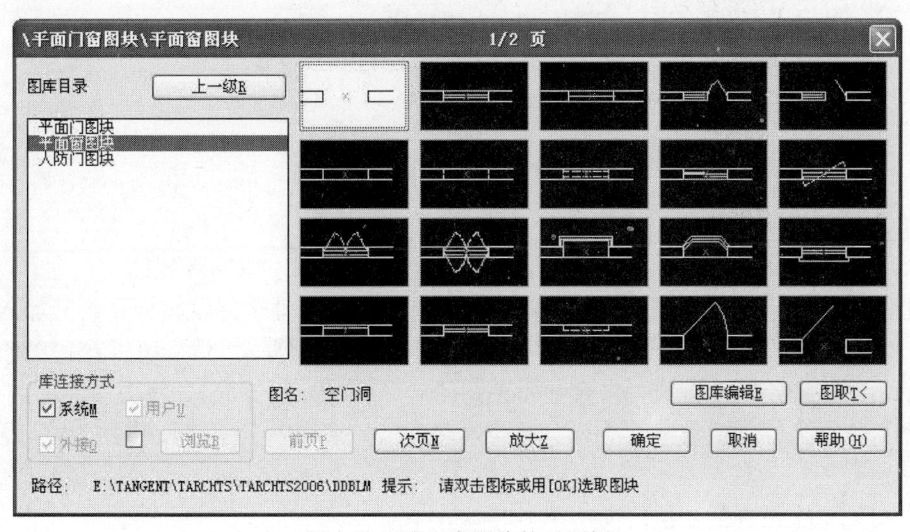

图 3-84　选门窗图块的对话框

在这个对话框中，用户能够在「图库目录」栏中随意选择图块类型，然后在列出的图块中选择合适的作为替换图块(如果对话框中的类型不能满足要求,用户还可以自己制作图块)，单击「OK」按钮退出对话框，选定的图块便取代原来的门窗。

对于 AutoCAD 2006 及其以上版本，上述对话框中有一类“人防门图块”，这种图块是这些高版本 AutoCAD 平台才能支持的动态块（见图 3-85）。这种人防门动态块有几个特点：可在插入时随意改变大小，不需要像一般图块那样在插入时靠改变插入比例来适应大小，因此人防门图块中的粗线线宽不会因插入比例的改变而变化；在一个人防门动态块中包含 6 个不同形式的门，图块插入后，单击此门，再如图 3-85 所示点取夹点，就会出现图中所示的菜单，在这个菜单中可以选择各种门的形式；用门中心的两个箭头形状的夹点，可以对门做内外翻转和左右翻转。

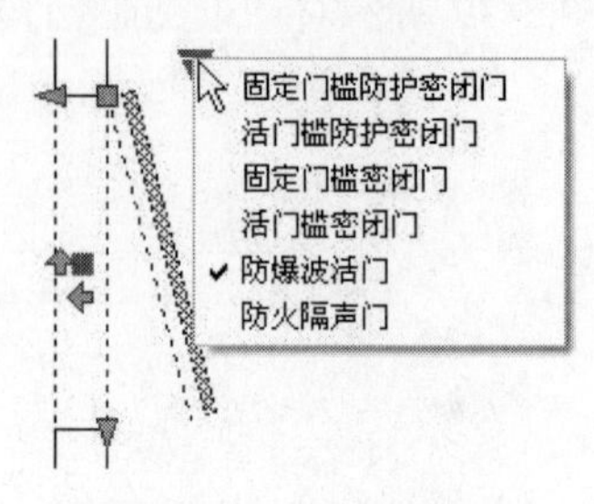

图 3-85　人防门动态块

3.4.12　定义门窗　dymch

菜单：平面门窗 ▶ 定义门窗

图元：门窗（WINDOW）；黄（2）；INSERT

功能：将线、弧等绘制的门窗，定义成本软件的门窗；将多个相邻门窗合并成一个或将已合并的门窗拆分。

本命令有以下两种功能。

（1）将线、弧等图元绘制的门窗，定义成本软件的门窗。操作时，首先确定“门窗”层（这些门窗线图元所在的层）和“墙线”层（与门窗相连的墙所在的层），如果“门窗”层不是“WINDOW”或“墙线”层不是“WALL”，就拾取“门窗”图元或“墙线”图元指定层名。本命令能处理的门窗需要在两侧有墙垛线，并且至少有一侧的墙垛线与墙厚等长；另外，简单的 2～4 线窗可以没有墙垛线。

（2）用下列的热键选项可以合并、拆分多个门窗。

- “A－门窗合并”，用于选取多个相邻门窗，将其合并成一个。
- “S－门窗拆分”，用于拾取合并过的门窗，将其还原成多个。

3.4.13　定异型窗　dymlch

菜单：平面门窗 ▶ 定异型窗

图元：门窗（WINDOW），平门（DOOR）；黄（2）；INSERT

功能：将图中门窗改制成门连窗、飘窗、元宝窗或弧形窗，除飘窗外可将其加入图库。

执行本命令，在图中拾取一个门窗（取其门窗宽度和墙厚），然后可以在弹出的对话框中进行编辑。选择不同的窗类型，会显示不同的对话框（见图 3-86）。修改后，单击「OK」按钮，便可将原来的门或窗修改为新定义的门连窗。如果选中了「存入平面窗库」复选框，还可将新定义的门连窗入库。

这些对话框中控件的功能说明如下。

- 「门翻 Y」、「门翻 X」、「窗翻 Y」、「窗翻 X」用于分别对门或窗进行某方向的翻转。

- 「整翻 X」、「内外翻」等按钮用于对整个门连窗或门、窗进行翻转。
- 「选门」、「选窗」按钮用于到图库中选其他类型的门或窗。
- 「左」、「右」按钮用于设定飘窗左、右侧是否有侧墙。
- 「存入平面窗库」用于选择是否要将定义好的门窗存入门窗库。
- 各编辑框用于输入门、窗及墙的尺寸，这些数据应尽量接近要应用的尺寸。

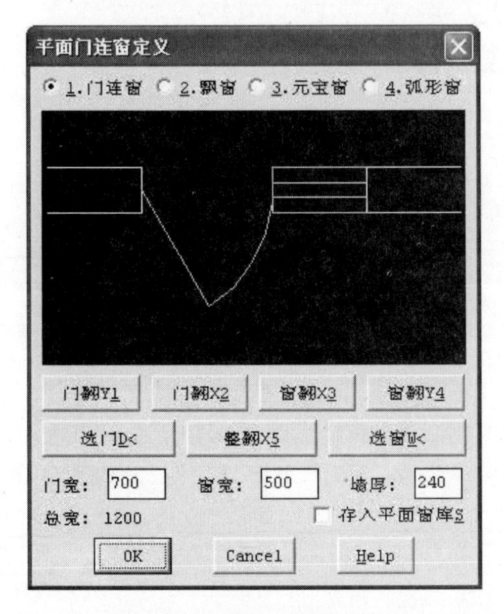

（a）选择定义门连窗

（b）选择定义飘窗

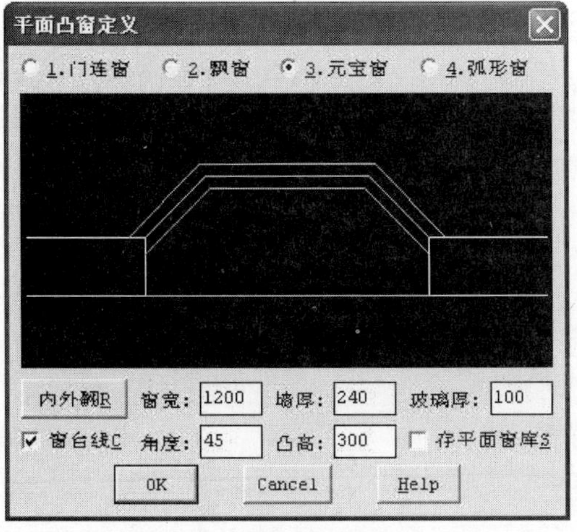

（c）选择定义元宝窗

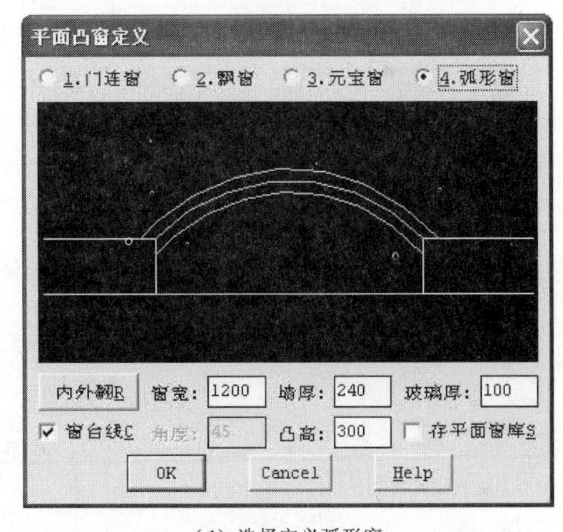

（d）选择定义弧形窗

图 3-86　定义门连窗对话框

存入图库后，图名显示分别如下。

（1）对于门连窗，“(900+1500)360”表示门宽 900、窗宽 1500、墙厚 360。

（2）对于元宝窗，“(2400,600,45)360”表示窗宽 2400、凸高 600、角度 45、墙厚 360。

（3）对于弧形窗，“(2400,600)360”表示窗宽 2400、凸高 600、墙厚 360。

异型窗方向约定：对于单段直门窗，与尺寸标注文字的约定方向相同；对于转角窗，总是按阳角方向处理。

3.4.14 门窗移动 mchyd (YC)

菜单：平面门窗 ▶ 门窗移动

图元：门窗（WINDOW），平门（DOOR）；黄（2）；INSERT

功能：沿墙移动直墙上的门窗及其相关的尺寸标注。

执行本命令，拾取要移动的门窗时，拾取位置应偏向要移动的一侧；输入移动距离后，所选定的门窗向指定的一侧移动（见图 3-87）。程序运行中的热键选项如下。

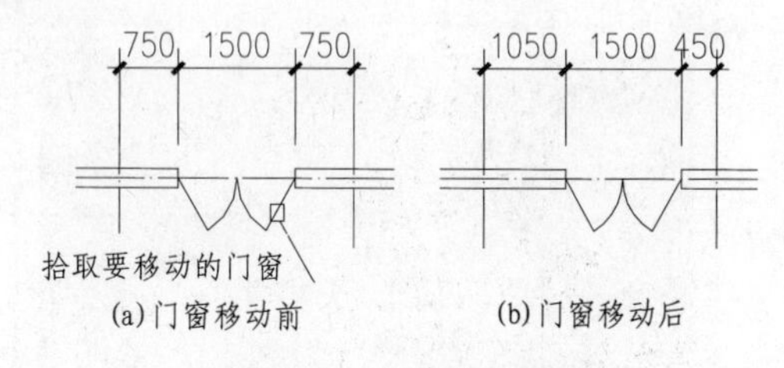

图 3-87 门窗移动示例

- "A－相关尺寸"用于设定门窗标注尺寸线离墙的距离，以便于选中跟随移动的尺寸标注；如果不希望尺寸线跟随变化，可输入 0。
- "C－居中"用于将门窗移到指定两点的中间位置。

如果移动门窗的距离超出墙的范围，会显示门窗可移动的最大距离，并要求用户重新输入。本命令仅用于直线墙上的门窗。

3.4.15 门窗变宽 mchbk (HD)

菜单：平面门窗 ▶ 门窗变宽

图元：门窗（WINDOW），平门（DOOR）；黄（2）；INSERT

功能：改变直、弧墙上门窗的宽度(以门窗中心为基点)及其相关的尺寸标注。

执行本命令，拾取要修改宽度的门窗，给出新的门窗宽度。该门窗宽度被修改，与其相关联的尺寸标注也同时修改（见图 3-88）。可以用"N"、"W"或"S"热键同时选多个门窗一起改变宽度。

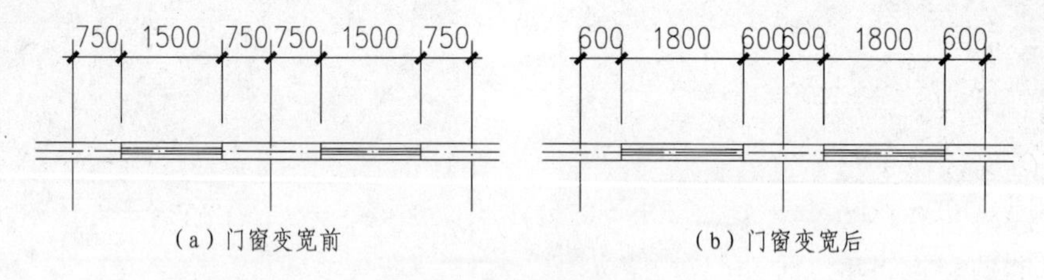

图 3-88 门窗变宽示例

程序运行中的热键选项如下：

- "A－相关尺寸"用于设定门窗标注尺寸线离墙的距离，以便于选中跟随移动的尺寸标注；如果不希望尺寸线跟随变化，可输入 0；
- "N－选同名门窗"用于通过名称过滤选多个门窗；
- "W－选同宽门窗"用于通过宽度过滤选多个门窗；
- "S－任选门窗"用于任意选取多个门窗变宽。

直线墙和弧线墙上的门窗都可以用本命令来修改宽度。修改门窗宽度时，原门窗的中心位置不动。

3.4.16　单侧变宽　dcbk

菜单：平面门窗 ▶ 单侧变宽

图元：门窗（WINDOW），平门（DOOR）；黄（2）；INSERT

功能：从一侧改变直、弧墙上门窗的宽度（以门窗侧边为基点）及其相关的尺寸标注。

本命令与[门窗变宽]命令的功能和操作方法基本相同，只是门窗宽度改变时是以门窗的一个侧边为基准的。在拾取要修改宽度的门窗时，拾取位置应偏向要变宽的一侧。如果多选门窗改变宽度的时候，需要逐个点取确认变化的一侧。

3.4.17　*左右翻转*　wdrevx

菜单：平面门窗 ▶ 左右翻转

图元：门窗（WINDOW），平门（DOOR）；黄（2）；INSERT

功能：沿左右方向翻转图中的门或窗。

执行本命令，拾取要翻转的门窗后，这个门或窗被左右方向翻转（见图 3-89）。以后，可以继续翻转其他门窗，也可以按<回车>键退出本命令。

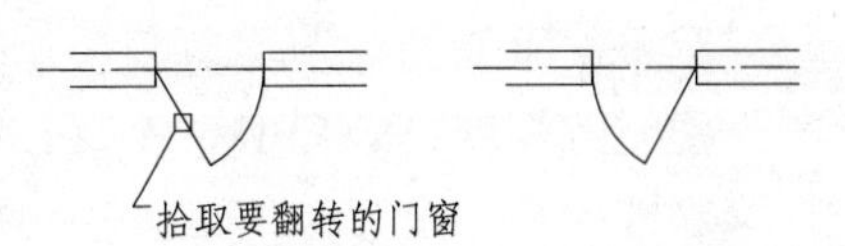

（a）左右翻转前　　（b）左右翻转后

图 3-89　门窗左右翻转示例

3.4.18　内外翻转　wdrevy

菜单：平面门窗 ▶ 内外翻转

图元：门窗（WINDOW），平门（DOOR）；黄（2）；INSERT

功能：沿内外方向翻转图中的门或窗。

本命令的操作过程与[左右翻转]命令的相同，但沿内外方向翻转门窗（见图 3-90）。

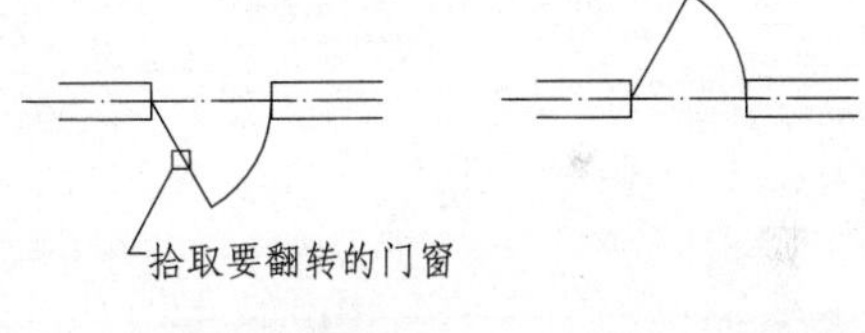

（a）内外翻转前　　（b）内外翻转后

图 3-90　门窗内外翻转示例

3.4.19　任意翻转　wdreva (RV)

菜单：平面门窗 ▶ 任意翻转

图元：门窗（WINDOW），平门（DOOR）；黄（2）；INSERT

功能：动态翻转门窗，改变门窗开启方向。

本命令综合了[左右翻转]与[内外翻转]两个命令的功能，可任意拖动选择门窗的翻转方向。执行本命令，拾取要翻转的门窗后，拖动鼠标，门窗会随鼠标的移动而动态翻转；选择好所需翻转方向后，点取鼠标左键即可完成门窗的翻转。本命令还可以用于翻转阳台和坐标点标注的方向。热键“{Z}门移墙侧”用于改变已有平面门在门洞的位置，连续用此热键，可在墙的两侧和中间这 3 个位置循环变化。

3.4.20　名称翻转　mchfzh

菜单：平面门窗 ▶ 名称翻转

图元：门窗（WINDOW_TEXT）；白（7）；ATTRIB

功能：将图中门窗的名称文字从门窗一侧移至另一侧。

执行本命令，按提示选取门窗名称后，门窗名称文字就从门窗的一侧移至另一侧（见图3-91）。以后，可以继续翻转其他门窗名称，也可以按<回车>键退出。

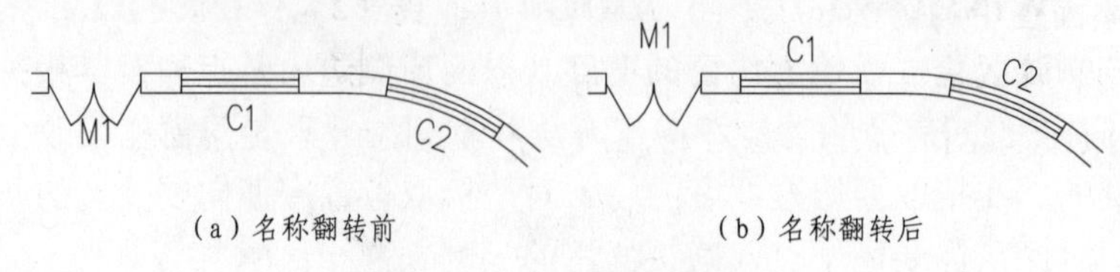

（a）名称翻转前　　（b）名称翻转后

图 3-91　名称翻转示例

3.4.21　名称复位　mchfw

菜单：平面门窗 ▶ 名称复位

图元：门窗（WINDOW_TEXT）；白（7）；ATTRIB

功能：将门窗名称的位置移回初始位置。

本命令用于处理被热夹点移动过的门窗名称。使用方法与[名称翻转]命令的相同。图 3-92 为名称复位的示例。

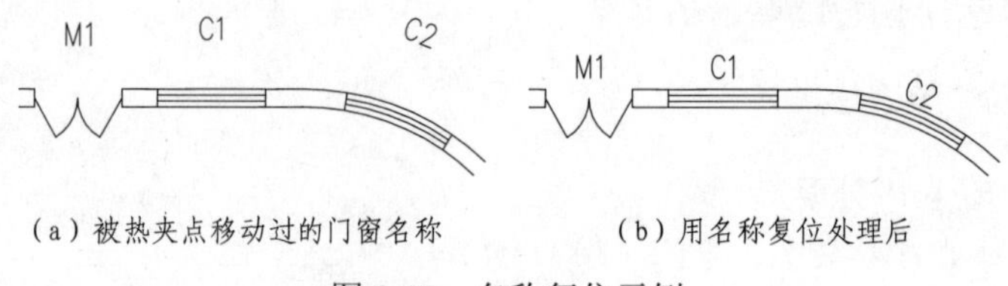

（a）被热夹点移动过的门窗名称　　（b）用名称复位处理后

图 3-92　名称复位示例

3.4.22　加门口线　jmkx

菜单：平面门窗 ▶ 加门口线

图元：地面（GROUND）；黄（2），LINE，ARC

功能：在门口（或洞口）的一侧或中间加分隔线。

执行本命令，选取要加门口线的门，并指定门口线的位置，即可完成门口线的添加。门口线的位置有 4 种情况：中间、内侧、外侧和门槛［见图 3-93（a)］。选取门后，直接按<回车>键，门口线加在中间；如果点取门的一侧，门口线加在点取侧；用热键“S－门槛”，则加在两侧。如果是弧门洞，还需选择门口线的线型。圆弧门洞的门口线有 3 种线型：弧线、直线和折线［见图 3-93（b)]，可以在出现相关提示时输入“0”、“1”、“2”来选择。

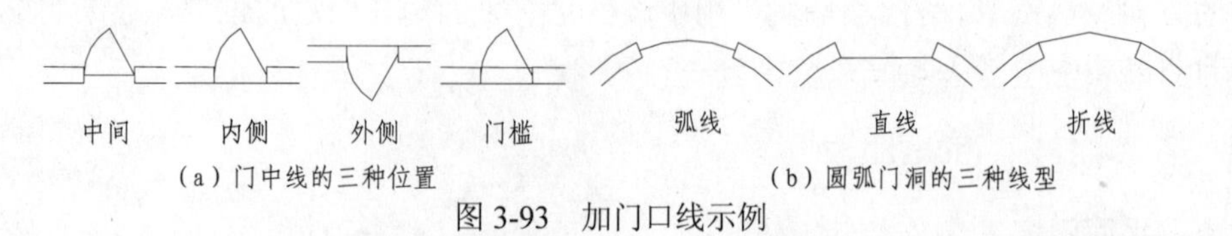

（a）门中线的三种位置　　（b）圆弧门洞的三种线型

图 3-93　加门口线示例

3.4.23　增加窗套　zjcht

菜单：平面门窗 ▶ 增加窗套

图元：当前墙层；颜色随层（BYLAYER）；LINE

功能：为平面图中的窗加窗套。

执行本命令，输入窗套出墙宽度，再点取两个窗角，窗套加入前后对比效果如图 3-94 所示。这时命令行会重复提示点取窗角，可以继续点取窗角增加窗套，也可以按<回车>键退出。

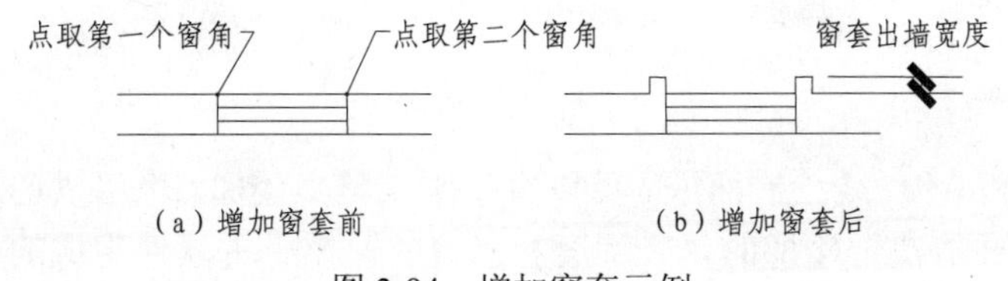

图 3-94　增加窗套示例

3.4.24　消去窗套　xqcht

菜单：平面门窗 ▶ 消去窗套

图元：当前墙层；颜色随层（BYLAYER）；LINE

功能：消去窗套，恢复墙线的原状。

执行本命令，按命令行提示点取窗套后（见图 3-95），原有的窗套被消去。

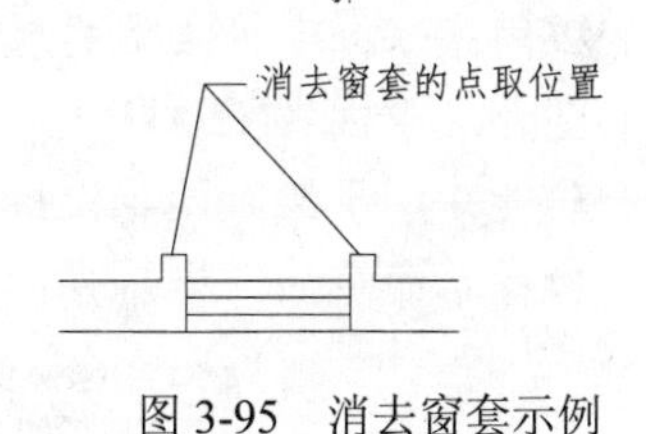

图 3-95　消去窗套示例

3.4.25　窗变高窗　chbgch

菜单：平面门窗 ▶ 窗变高窗

图元：门窗（WINDOW）；黄（2）；INSERT

功能：将普通窗变为高窗，连接经过窗的墙线。

执行本命令，选取要变高窗的门窗，按<回车>键后，普通的门窗就变为高窗。原来因插入门窗而被打断的墙线也自动连接起来，如图 3-96 所示。本命令仅用于直线墙上的普通门窗。

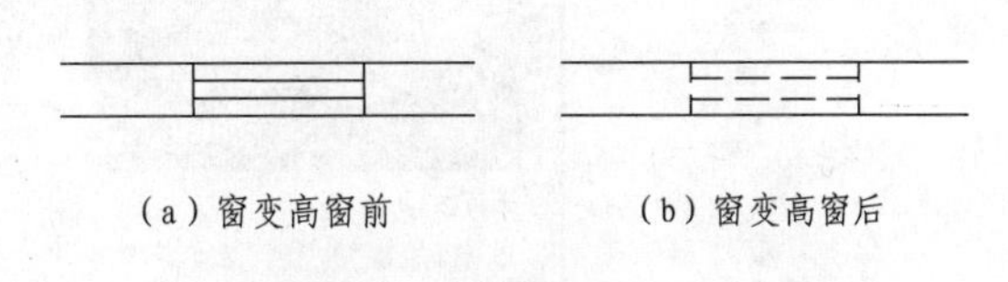

图 3-96　窗变高窗示例

3.4.26　高窗变窗　gchbch

菜单：平面门窗 ▶ 高窗变窗

图元：门窗（WINDOW）；黄（2）；INSERT

功能：将高窗变为普通窗，打断经过窗的墙线。

执行本命令，选取要变普通窗的高窗，按<回车>键后，高窗就变为普通的窗，并打断窗口处的墙线。本命令仅用于直线墙上的高窗。

3.4.27 门窗擦除 mchcch (RW)

菜单：平面门窗 ▶ 门窗擦除

图元：各种门窗（*WINDOW）；黄（2）；INSERT

功能：擦除已画在图中的门窗，并使墙线自动闭合。

本命令可擦除图中平面、立面、剖面及洁具门窗；并将平面、剖面及洁具中与门窗相关的墙线自动恢复连接。

3.5 楼梯

楼梯由 LINE 和 ARC 线绘制而成。可以直接生成整个楼梯，也可以通过绘制踏步和扶手分步设计而成，主要取决于楼梯的复杂程度和用户的习惯。本软件生成的楼梯不是图块，但为了用户整体编辑、调整方便，生成组（Group）。用[组选开关]命令，可以将组打开或关闭。

3.5.1 两跑楼梯 lplt

菜单：平面楼梯 ▶ 两跑楼梯

图元：楼梯（STAIR）；黄（2）；LINE；生成组

功能：用于绘制两跑楼梯平面图。

执行本命令后，屏幕弹出如图 3-97 所示的“两跑楼梯参数”对话框。

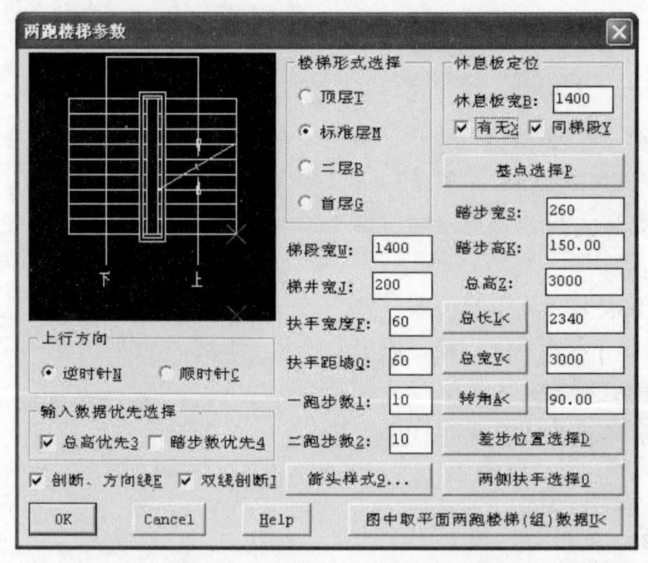

图 3-97 “两跑楼梯参数”对话框

楼梯绘制的参数是在此对话框中设定的。其对话框中各控件功能如下。

- 「上行方向」其设置的逆、顺时针方式与剖断线及箭头绘制有关。
- 「输入数据优先选择」栏中的选项用于选择在各种楼梯的参数发生矛盾时，「总高」和「踏步数」是否优先保持不变。
- 「剖断、方向线」复选框用于选择是否在楼梯上绘出剖断线和方向线。

- 「双线剖断」复选框用于选择是否将剖断线画成双剖断线形式。
- 「楼梯形式选择」用于选取绘制楼梯的形式。各种形式的梯段参数是分别记录的。
- 「休息板定位」用于在有休息平台时调整楼梯的插入点。
- 「基点选择」按钮用于选择楼梯基点的位置，单击循环变化。
- 「梯段宽」、「踏步宽」等编辑框用来输入楼梯的各种尺寸参数。其中，「总长」、「总宽」、「转角」按钮等还可以通过单击相关的按钮到图中去取尺寸参数和角度。
- 「箭头样式」按钮用于弹出如图 3-98 所示的对话框，选择要在图中绘制的箭头样式，并设置箭头与文字的大小。其中「字高」设为 0，就采用[初始设置]中定义的“标注”字高。

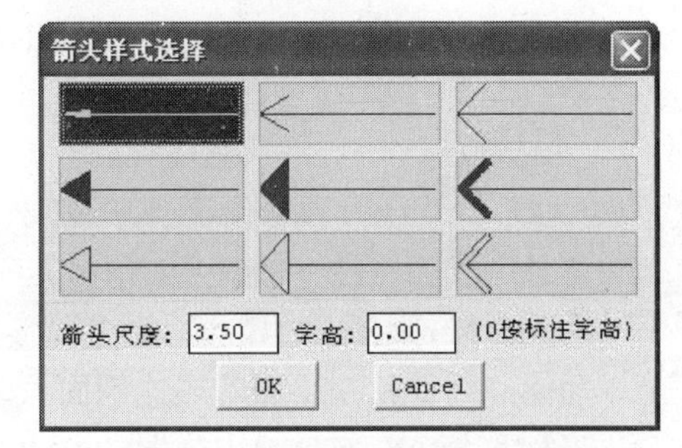

图 3-98　“箭头样式选择”对话框

- 「差步位置选择」按钮用于在「一跑步数」、「二跑步数」的踏步数不等时，设置其对齐基准。
- 「两侧扶手选择」按钮用于确定楼梯靠近墙侧有无扶手。
- 「图中取平面两跑楼梯（组）数据」用于到平面图中选取已画好的楼梯参数来替换对话框中的参数。

在对话框中设置好以上参数，单击「OK」按钮退出对话框，再在图中点取楼梯插入点，两跑楼梯就插入图中。绘制好的两跑楼梯中存储了「首层」、「二层」、「标准层」和「顶层」等各层的参数，可供生成剖面整体楼梯时调用。

3.5.2　自动扶梯　zdft

菜单：平面楼梯 ▶ 自动扶梯

图元：楼梯（STAIR）；黄（2）；LINE；生成组

功能：用于绘制自动扶梯平面图。

执行本命令，屏幕弹出如图 3-99 所示的对话框。如果要绘制的是平面扶梯，就使用如图 3-99（a）所示的对话框；如果是立面扶梯，就使用图 3-99（b）所示的对话框。

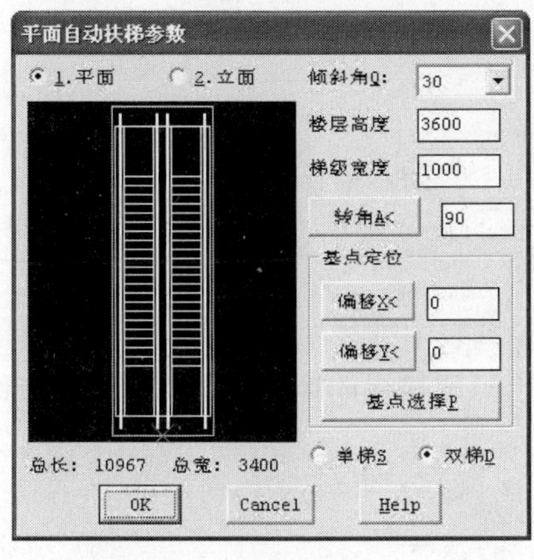

（a）平面自动扶梯

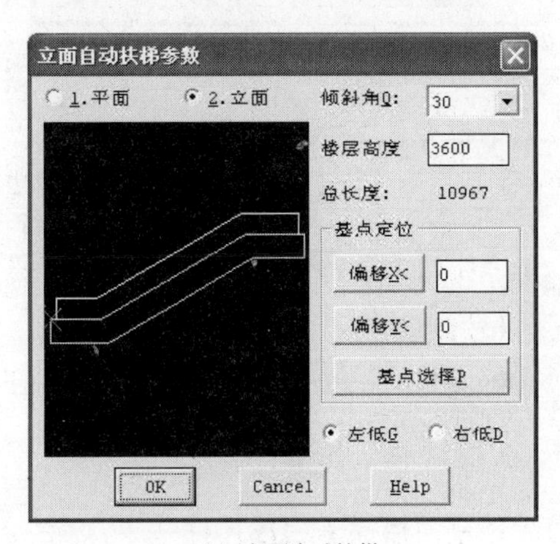

（b）立面自动扶梯

图 3-99　自动扶梯参数设定对话框

这些对话框中的参数设定说明如下。

- 「倾斜角」用于设置扶梯的倾斜角度。
- 「楼层高度」、「梯级宽度」、「转角」等编辑框用于输入扶梯的尺寸和位置方向。
- 「偏移 X」、「偏移 Y」和「基点选择」用于调整扶梯插入偏移量和基点位置。
- 「单梯」、「双梯」和「左低」、「右低」互锁按钮用于决定扶梯的形式和斜方向。
- 「总长」、「总宽」值为自动扶梯及其平台的水平投影面的长宽值，经计算得出。

设置好各参数，单击「OK」按钮退出对话框，再在图中点取楼梯插入点，自动扶梯就插入图中。

3.5.3 直段楼梯 zhdlt

菜单：平面楼梯 ▸ 直段楼梯

图元：楼梯（STAIR）；黄（2）；LINE；生成组

功能：用于绘制平面（或立剖面）的直段楼梯或立面坡屋顶图形。

执行本命令，屏幕弹出如图 3-100 所示的“直楼梯参数”对话框，在对话框中可设置画直楼梯的各参数。各参数的定义见图 3-101。

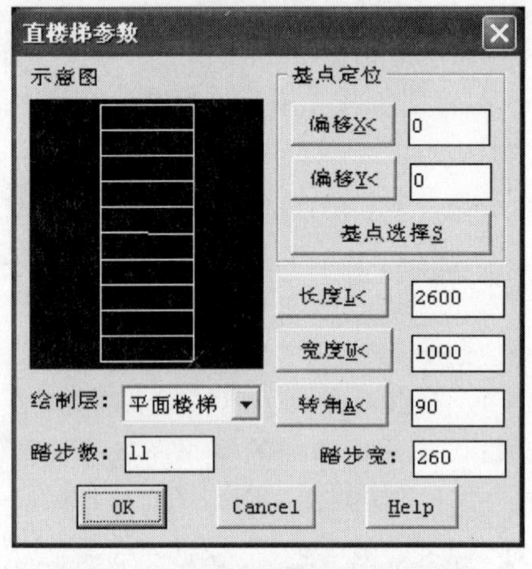

图 3-100 “直楼梯参数”对话框

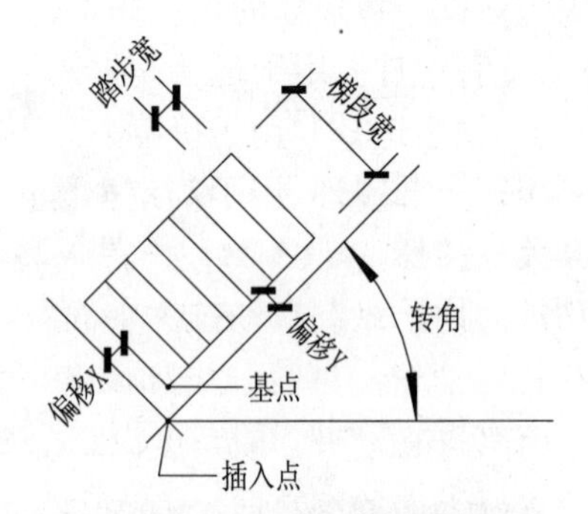

图 3-101 直楼梯参数定义示意

该对话框中各参数的说明如下。

- 「基点定位」栏各项用于确定直段楼梯在图上的插入偏移量与基点位置。
- 「长度」、「宽度」和「转角」用于确定楼梯的长宽尺寸和插入转角。这些尺寸可以直接输入，也可以在屏幕上取点确定其尺寸。
- 「绘制层」用于设定楼梯绘制的层，在下拉列表中选择即可。

设置好参数后，单击「OK」按钮退出，在屏幕上点取楼梯的插入点，楼梯就插入到图中。

3.5.4 弧段楼梯 hdlt

菜单：平面楼梯 ▸ 弧段楼梯

图元：楼梯（STAIR）；黄（2）；LINE；生成组

功能：用于绘制弧段楼梯平面图。

执行本命令，屏幕弹出如图 3-102 所示的“圆弧楼梯参数”对话框，在对话框中可设置画弧段楼梯的各参数。各参数的定义见图 3-103。

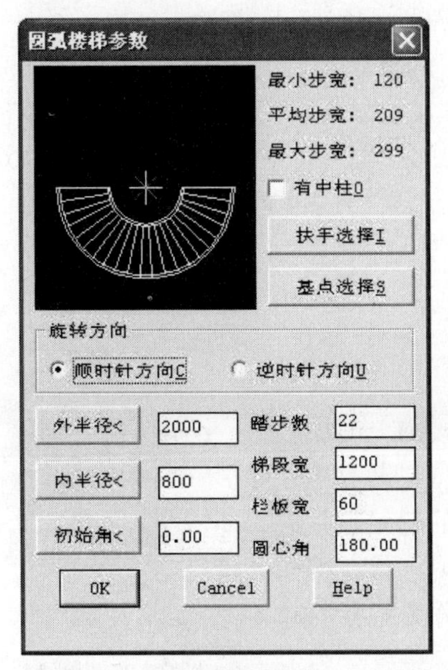

图 3-102　“圆弧楼梯参数”对话框

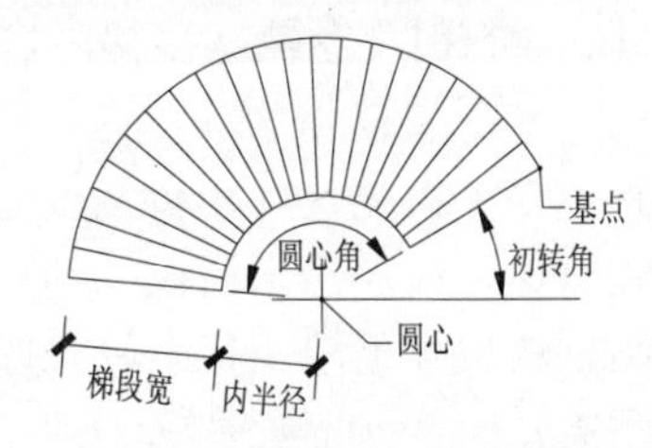

图 3-103　圆弧楼梯参数定义示意

该对话框中各参数的说明如下。

- 「有中柱」用于选择是否画以内半径为半径，以基点为圆心的圆作为弧段楼梯中柱。
- 「扶手选择」用于确定在楼梯两侧是否要画代表扶手的线，单击变换一次。
- 「基点选择」用于确定梯段的基点。弧段楼梯的基点有 3 种选择：圆心、第一个踏步的内角点和外角点。
- 「旋转方向」用于确定弧段楼梯的伸展方向是顺时针还是逆时针。
- 「外半径」、「内半径」和「初始角」值可在编辑栏中直接输入，也可单击按钮后在屏幕中用两点确定尺寸或角度。

设置好以上各参数后，单击「OK」按钮退出对话框，再在图中点取楼梯插入点，圆弧楼梯就插入图中。

3.5.5　电梯插入　dtchr

菜单：平面楼梯 ▶ 电梯插入

图元：楼梯（STAIR）；黄（2）；INSERT

功能：在平面图中绘制电梯及电梯门。

执行本命令，拾取平衡块附近墙线确定其方位，点取电梯间两个角点，再拾取要开电梯门的墙线并输入电梯门宽度（可开两个门），即可将电梯和电梯门图块插入图中（见图 3-104）。

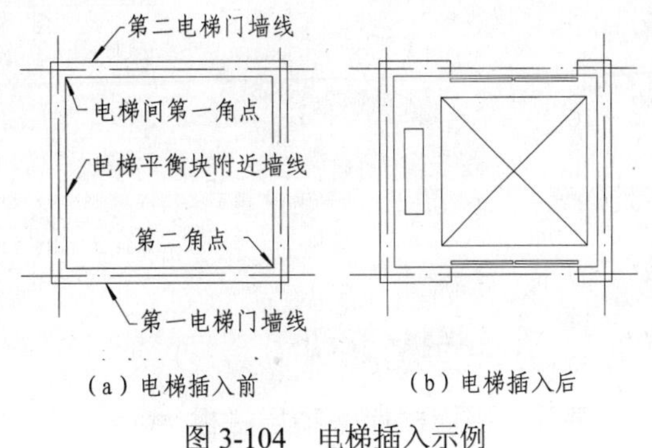

图 3-104　电梯插入示例

3.5.6 楼梯擦除 ltcch

菜单：平面楼梯 ▶ 楼梯擦除

图元：楼梯（STAIR）；黄（2）；LINE，INSERT

功能：擦除平面楼梯和电梯。

执行本命令，选取要擦除的楼梯后，楼梯被擦除。

3.5.7 单侧栏板 danclb

菜单：平面楼梯 ▶ 单侧栏板

图元：楼梯（STAIR）；黄（2）；LINE

功能：为直楼梯单侧加上栏板。

用[直段楼梯]命令画好楼梯后，可用本命令在楼梯单侧加上栏板。

执行本命令，先设好栏板宽度值，再点取栏板的起始点并给出伸出长度值，最后给出栏板的结束点和伸出长度值，就在楼梯的一侧画好栏板（见图 3-105）。一般以楼梯的角点作为栏板的起始点和结束点。

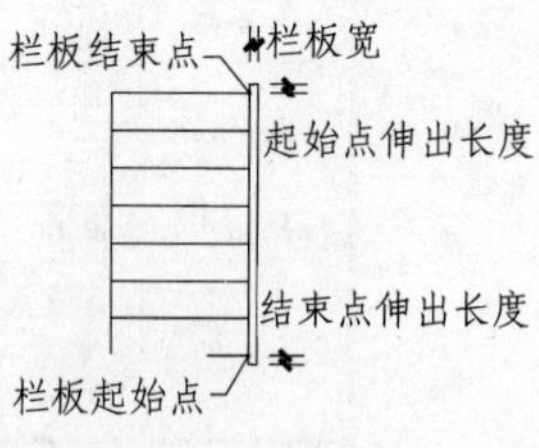

图 3-105 单侧栏板示例

3.5.8 中层栏板 zhclb

菜单：平面楼梯 ▶ 中层栏板

图元：楼梯（STAIR）；黄（2）；LINE

功能：为已绘好的中间楼层楼梯加上栏板。

执行本命令，先设好栏板宽度，再拾取楼梯起始端踏步线，输入一侧楼梯宽度，或键入“C”在楼梯段正中绘栏板。输入两梯段间距，给出栏板起始点伸出长度，再拾取楼梯另一端踏步线并给出伸出长度，即可将中层栏板绘制完毕（见图 3-106）。

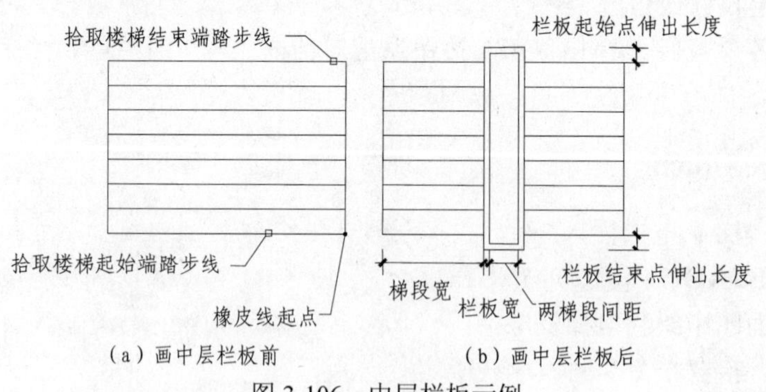

图 3-106 中层栏板示例

3.5.9 顶层栏板 dclb

菜单：平面楼梯 ▶ 顶层栏板

图元：楼梯（STAIR）；黄（2）；LINE

功能：为已绘好的顶层楼梯加上栏板。

执行本命令，先设好栏板宽度值，然后拾取无水平栏板一端的楼梯起始踏步线，应点在水平栏板伸出一侧的梯段上。以后的操作与[中层栏板]命令的相同。图 3-107 为绘顶层栏板示例。

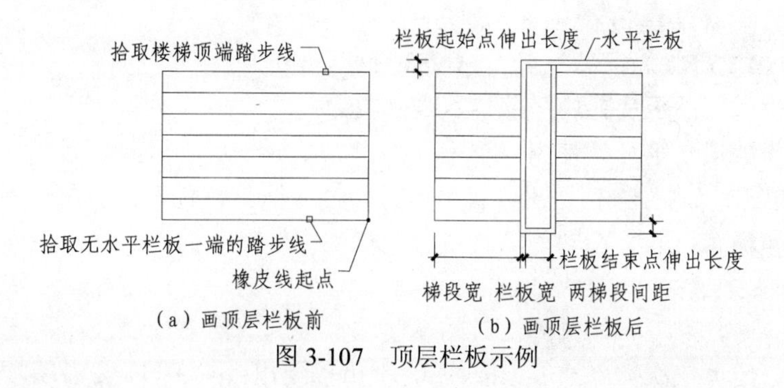

（a）画顶层栏板前　（b）画顶层栏板后

图 3-107　顶层栏板示例

3.5.10　单侧剖断　dcpd

菜单：平面楼梯 ▶ 单侧剖断

图元：楼梯（STAIR）；黄（2）；LINE

功能：剖断平面首层楼梯，并绘制剖切线。

执行本命令，点取剖断线的起始点和结束点，再点取四边形的另两个角点，与起始点和结束点构成一个窗口；将要擦除的部分围在此四边形内，程序会在画出剖断线的同时擦除窗口内的部分（见图 3-108）。

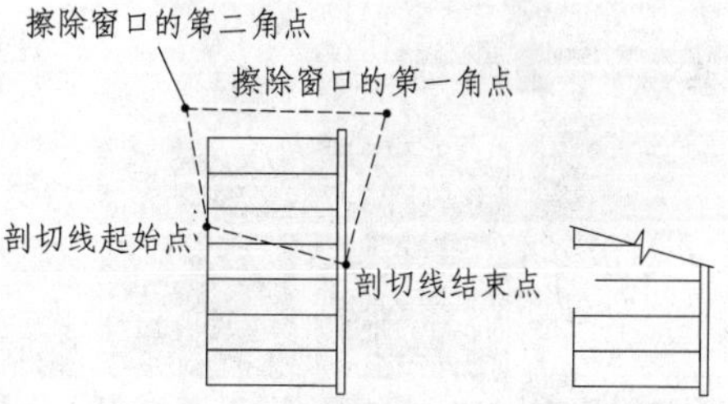

擦除窗口的第二角点　擦除窗口的第一角点　剖切线起始点　剖切线结束点

（a）单侧剖断前　（b）单侧剖断后

图 3-108　单侧剖断示例

3.5.11　双侧剖断　shcpd

菜单：平面楼梯 ▶ 双侧剖断

图元：楼梯（STAIR）；黄（2）；LINE

功能：剖断平面中间层楼梯，并绘制剖切线。

执行本命令，点取剖切线的起始点和结束点，即可将剖断线绘制完毕（见图 3-109）。

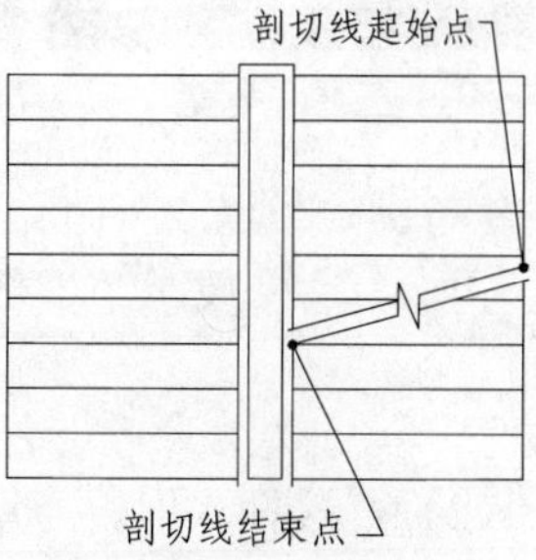

剖切线起始点　剖切线结束点

图 3-109　双侧剖断示例

3.5.12　单线剖断　dxpd

菜单：平面楼梯 ▶ 单线剖断

图元：楼梯（STAIR）；黄（2）；LINE

功能：绘制以单线表示的楼梯剖断线。

此命令与[双侧剖断]命令相似，只是以单线来表示剖断线，不切断楼梯线。

3.6　洁具

本节介绍的命令是用于在卫生间或厨房中插入洁具或厨具的，并可对其进行编辑。一般情况下，洁（厨）具的绘制是以墙线为定位基准的。

3.6.1 洁具布置 jjbzh

菜单：平面洁具 ▸ 洁具布置

图元：洁具（LVTRY）；紫（6）；INSERT

功能：在卫生间（或厨房）中插入洁具或厨具。

执行本命令，如果是第一次使用，屏幕上弹出如图 3-110 所示的对话框。在对话框中选择所需洁具后，单击「OK」按钮退出，就可以开始插入洁具。有 3 种插入洁具的方法：沿墙插入、直接插入和均布插入。不同的洁具可以设置不同的默认插入方法，也可以在插入过程中用热键改变插入方法。

（1）沿墙插入时，靠近开始排列洁具的墙线端点处选取沿靠的墙线，再逐个输入距离或<回车>取默认值，便可依次插入洁具，按<Esc>键可以退出。图 3-111 为沿墙顺序插入洁具的示例。在沿墙插入状态时，用热键“{S}直接插入”和“{T}均布插入”可以改变插入的方式，用“{R}改参数”可以改变当前洁具的默认插入参数。

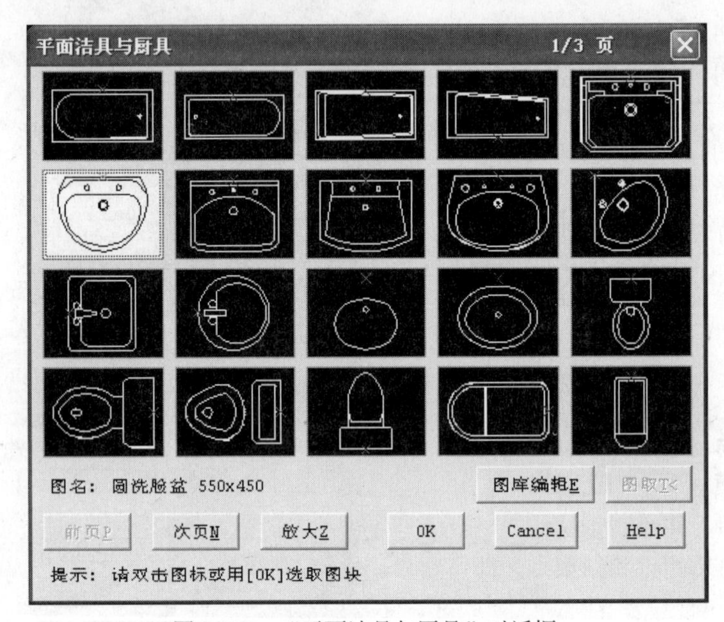

图 3-110 “平面洁具与厨具”对话框

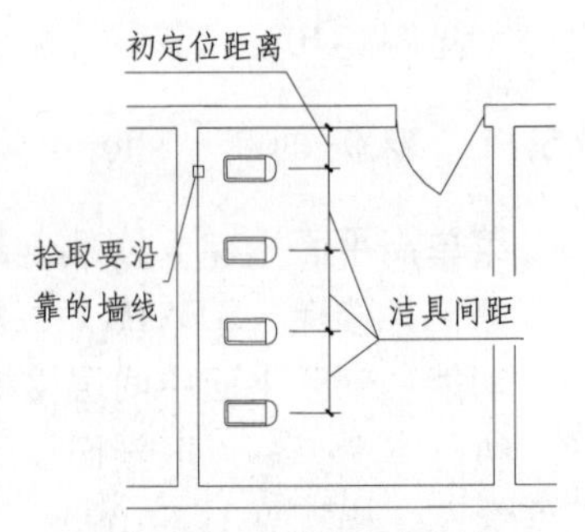

图 3-111 洁具顺序插入

（2）直接插入时，点取插入点，洁具就插入图中。如果点取点在墙线上，洁具会自动调整靠墙的方向和离墙的距离。此时也可以用前述的热键改变插入方式和参数。此外，还有 3 个热键“{B}基点”、“{M}翻转”和“{A}旋转”用于调整要插入洁具的基准点和将其翻转或旋转。因为在墙线上插入时基点所在的边总是靠墙的，所以改变基点就可以改变沿墙插入的方向（见图 3-112）。

（3）均布插入时，点取要均布洁具直线的两个端点，输入要插入洁具的数量和间距，洁具沿此直线插入，如图 3-113 所示。

插入时，用热键“{A}洁具旋转” 可调整洁具的插入角度，用“{Q}间距 XXX” 可以将间距设为默认的间距“XXX”。

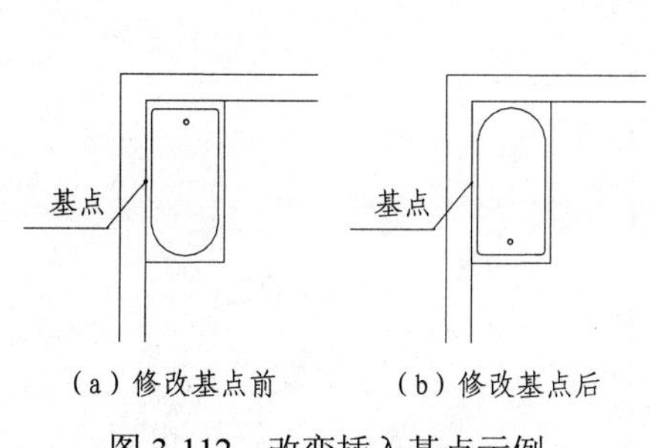

图 3-112　改变插入基点示例

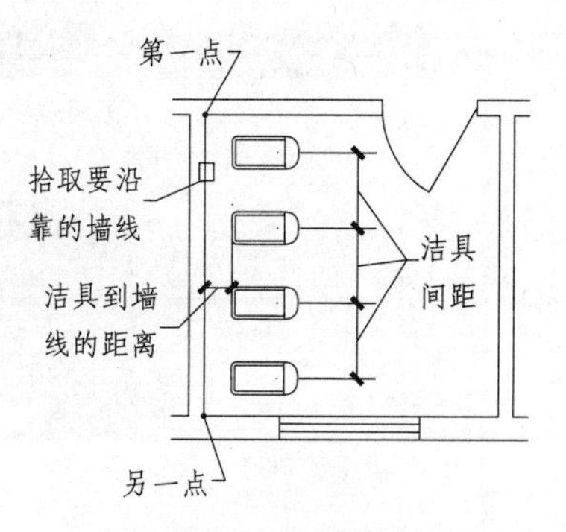

图 3-113　洁具两点均布

热键“{R}改参数”用于改变默认参数，操作是在如图 3-114 所示的对话框中进行的。其中，各参数功能说明如下。

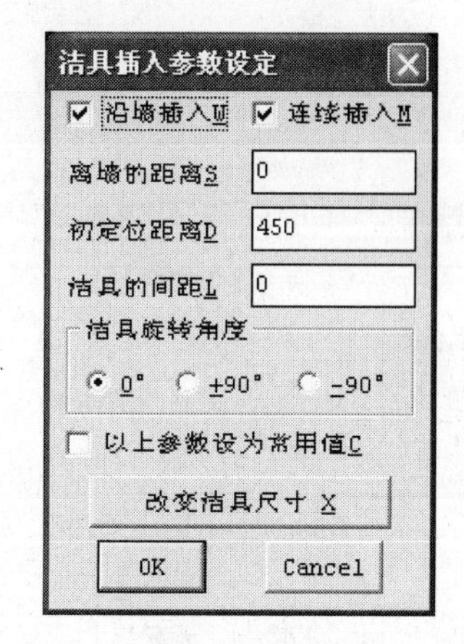

图 3-114　“洁具插入参数设定”对话框

- 「沿墙插入」、「连续插入」用于设定插入的方式。选中「沿墙插入」复选框，则这个洁具的默认插入方式就是“沿墙插入”；否则为“直接插入”方式。如果再选中「连续插入」复选框，在沿墙插时就可以连续插入多个；否则只插一个就结束。
- 「以上参数设为常用值」选项用于确定所设定的所有洁具的参数是否要保持不变，如果选定，在插洁具时输入的数据不会影响下一次插入时的默认值；否则插入时输入的数据会被记录下来，作为以后插这个洁具时的默认值。
- 「洁具旋转角度」中的角度是洁具插入时旋转的角度。一般情况下，洁具插入点所在的边是靠墙的，但如果将此角度设为“+90°”或“-90°”，洁具插入时就做相应旋转。
- 「改变洁具尺寸」用于改变要插入洁具图块的大小，操作方法见[洁具尺寸]命令。

如果在执行本命令前图中已有插好的洁具，则可以在图中选择洁具作为插入的原型。如果选择一组洁具作为插入原型，那么也可以将洁具成组地插入，此时还要选取作为这组洁具插入基准的墙线和基准点。用这种方法可以一次复制整套的厨卫设备。

3.6.2　池槽布置　cchbzh

菜单：平面洁具▶池槽布置

图元：洁具（LVTRY）；紫（6）；LINE

功能：在厨房或厕所平面中绘制小便池、盥洗槽或台板。

执行本命令后，屏幕上弹出如图 3-115 所示的对话框。在这个对话框中可以选择池槽的形式和尺寸，尺寸可以直接输入数据，也可以单击对应的按钮到图中点取长度。设置好尺寸后，单击「OK」按钮退出，然后按命令行提示点取池槽的两个端点，即可完成池槽绘制（见图 3-116）。点取的两点如果位于双线墙上，池（槽）的绘制方向会自动确定；否则其方向与所取两点的顺序有关。

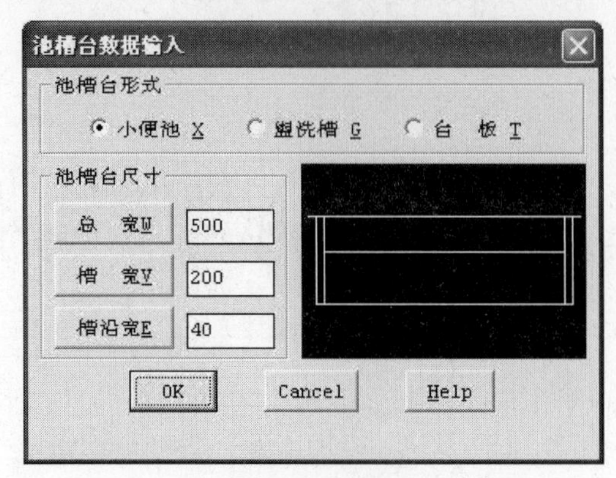

图 3-115 “池槽台数据输入”对话框

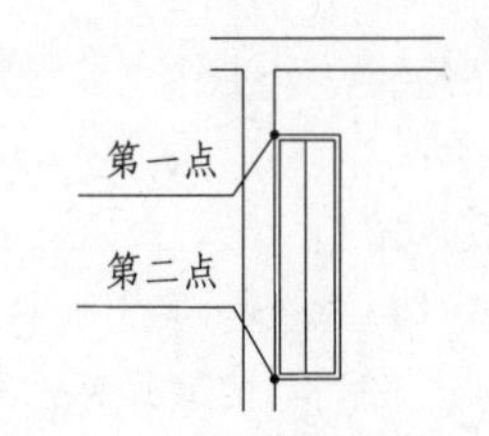

图 3-116 绘制池槽示例

3.6.3 隔断隔板 gdgb

菜单：平面洁具▶隔断隔板

图元：洁具（LVTRY），洁具_门窗（LVTRY_WINDOW）；紫（6），黄（2）；LINE，INSERT

功能：利用洁具绘制隔断、隔板。

执行本命令，点取两点截取要加隔间或隔板的洁具，屏幕上弹出如图 3-117 所示的对话框。在对话框中可以选择分隔的形式和分隔的尺寸，分隔尺寸的定义如图 3-117 右边示意图中所示。其中，「分隔宽」只用于一个洁具的情况。「图中取分隔长」用于确定是否要在图中取分隔长度。「靠墙时不加隔板」用于选择两端洁具靠墙时是否要加隔板。设置好参数后，单击「OK」按钮退出对话框，如果选择了「图中取分隔长」，可拖动光标确定分隔的长度或输入尺寸值。用热键“{Z}一变门的方向”可改变开门的方向。图 3-118 为绘制隔间的示例。

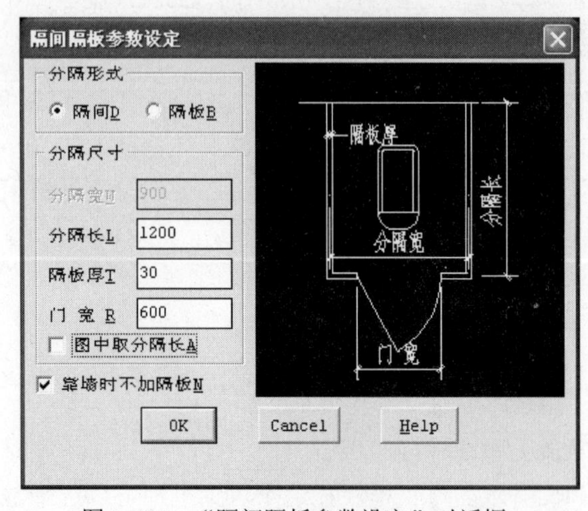

图 3-117 “隔间隔板参数设定”对话框

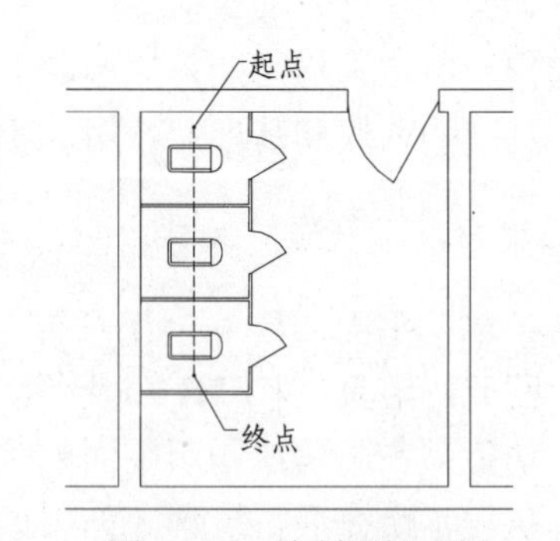

图 3-118 绘制隔间示例

3.6.4 洁具移动 jjyd

菜单：平面洁具▶洁具移动

图元：洁具（LVTRY）；紫（6）；INSERT

功能：将一组洁具移动到指定位置。

本命令可以一次移动一个或一组洁具。

（1）移动一个洁具，执行本命令，拾取一个要移动的洁具后，点取要移到的位置，还可输入洁具离墙线的距离，然后给出洁具沿墙线移动的距离，洁具就移动到指定位置。如果在点取要移到的位置时，希望能自动识别在双线墙上的沿靠方向，则可在此时按<回车>键，选择屏幕拖动的方式；否则移动时洁具不旋转方向。

（2）移动一组洁具，执行本命令，选取一组洁具后，再选取作为沿靠基准的墙线和洁具的基点。然后点取要移到的位置，或<回车>选择屏幕拖动的方式将这组洁具移到所需的位置。

3.6.5　洁具替换　jjth

菜单：平面洁具 ▶ 洁具替换

图元：洁具（LVTRY）；紫（6）；INSERT

功能：将图中洁具替换为另一种形式的洁具。

执行本命令后，可以在图中，也可以在图库中选取要替换的洁具原型。然后再选取要被替换的洁具，选中的洁具就被用原型洁具替换。

3.6.6　洁具旋转　jjxzh

菜单：平面洁具 ▶ 洁具旋转

图元：洁具（LVTRY）；紫（6）；INSERT

功能：将一组洁具以自身基点为中心旋转指定角度。

执行本命令，先选取要旋转的图块，然后输入要旋转的角度，洁具图块便旋转指定的角度。用热键“C－以图块中心为旋转基点”可以图块中心为旋转中心，否则以图块的插入点为旋转中心；如果按<回车>键并选择“拖动旋转”，就可以在点取一个基点和一个基准角度后，拖动鼠标使各个洁具绕自己的旋转基点旋转；拖动到适当位置后，单击左键，洁具便旋转到这个位置。

3.6.7　内外翻转(洁具) jjnwfzh

菜单：平面洁具 ▶ 内外翻转

图元：洁具（LVTRY）；紫（6）；INSERT

功能：将选到的洁具图块以墙线为轴翻转到另一个方向。

执行本命令，选取要翻转的洁具，按<回车>键后所选洁具以墙线为轴完成翻转。

3.6.8　左右翻转(洁具) jjzyfzh

菜单：平面洁具 ▶ 左右翻转

图元：洁具（LVTRY）；紫（6）；INSERT

功能：将选到的洁具图块在墙线一侧左右翻转。

执行本命令，选取要翻转的洁具，按<回车>键后所选洁具在墙线一侧完成翻转。

3.6.9 洁具尺寸 jjchc

菜单：平面洁具▶洁具尺寸

图元：洁具（LVTRY）；紫（6）；INSERT

功能：调整已插入图中洁具的尺寸。

执行本命令后，选取要改变尺寸的洁具图块后，屏幕上显示如图 3-119 所示的对话框。图块尺寸在此对话框中确定，可以直接输入尺寸数据，也可以单击尺寸编辑框左边的按钮到图中点取距离；单击「恢复原始尺寸」按钮，尺寸数字将恢复到原始的尺寸。设定尺寸后，单击「OK」按钮退出对话框，选中的洁具变为指定的尺寸。

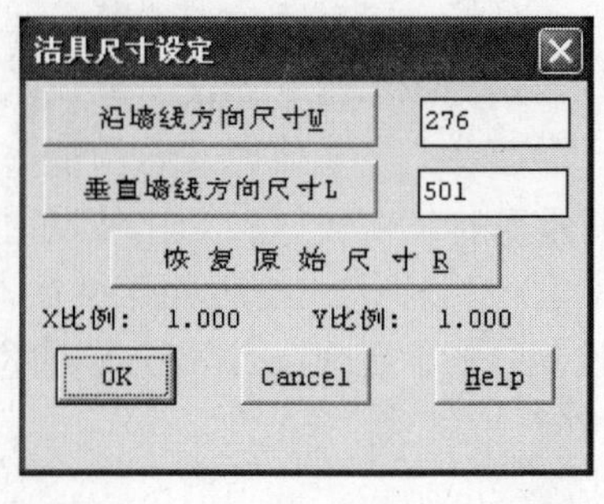

图 3-119 “洁具尺寸设定”对话框

3.6.10 洁具擦除 jjcch

菜单：平面洁具▶洁具擦除

图元：洁具（LVTRY），洁具_门窗（LVTRY_WINDOW）；紫（6），黄（2）；INSERT，LINE

功能：擦除洁具层上的图元。

执行本命令，选取要擦除的洁具后，洁具即被擦除。

3.6.11 矩形边框 jxbk

菜单：平面洁具▶矩形边框

图元：洁具（LVTRY）；紫（6）；LINE

功能：绘制台面、大便器台阶和地沟等附件的矩形边框。

执行本命令，点取要绘制的矩形边框的两个对角点和矩形的倾斜方向后，屏幕上弹出如图 3-120 所示的对话框。在对话框中可选取边框形式和尺寸，单击「OK」按钮退出，便可绘出矩形边框。矩形框的形式可以有 3 种。

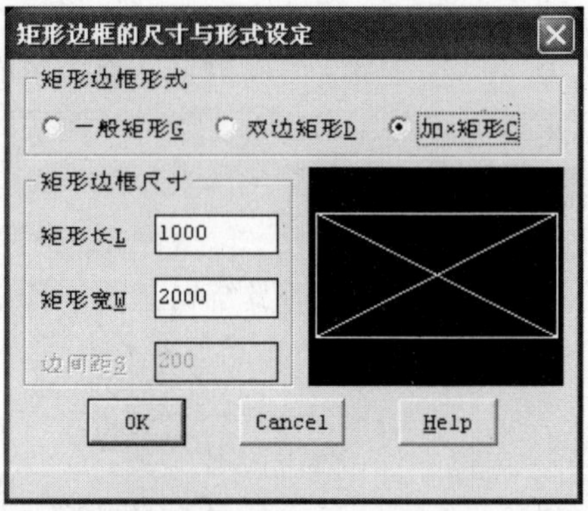

图 3-120 “矩形边框的尺寸与形式设定”对话框

3.6.12 双虚直线 shxzhx

菜单：平面洁具▶双虚直线

图元：洁具（LVTRY）；紫（6）；LINE

功能：用于绘制盥洗槽支撑垛的双虚线。

执行本命令，点取要画的双虚线的起点和终点，并输入间距，就绘出双虚直线。

3.7 阳台

阳台绘制时是以墙线为定位基准。阳台不是以块的形式插入图中，而是直接以 PLINE 线在图中绘制。

3.7.1　直线阳台　zhxyt (YT)

菜单：阳台室外 ▶ 直线阳台

图元：阳台（BALCONY）；紫（6）；LWPOLYLINE

功能：在双线直墙或无墙窗结构处插入阳台。

执行本命令，在如图 3-121 所示的对话框中输入直线阳台的类型和参数。其中「外弧选择」栏用于选择阳台外部是否有弧线，以及弧线的位置。除了「直阳台」外，其他选项都是带弧线的阳台，各项的区别是弧所在的位置不同。

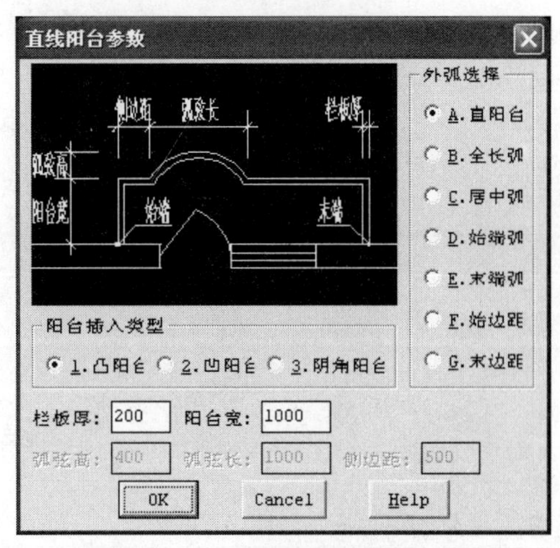

图 3-121　“直线阳台参数”对话框

单击「OK」按钮退出对话框，在图上选取“定位点”和“定位距离”后，即完成了直线阳台的绘制（见图 3-122）。定位距离为正表示阳台向内侧偏移，为负表示阳台向外侧偏移。没有墙只有柱和窗的情况下，也可以插入阳台。此时在命令行显示要求点取阳台处墙线时，可点取柱或窗外侧线上的一点［见图 3-122（b）］。

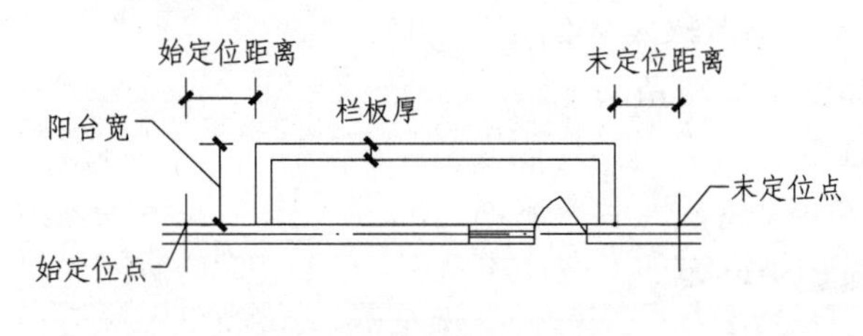

（a）沿墙画直线阳台

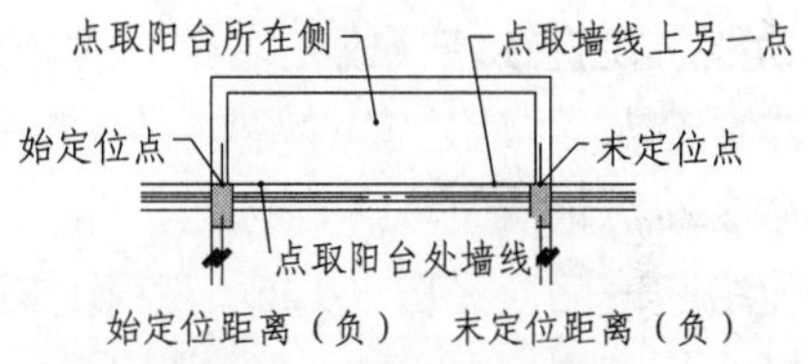

（b）在无墙窗上画直线阳台

图 3-122　绘制直线凸阳台示例

如果「阳台插入类型」选择了「凹阳台」，定位方法就如图 3-123 所示；如选择了「阴角阳台」，定位方法就如图 3-124 所示。

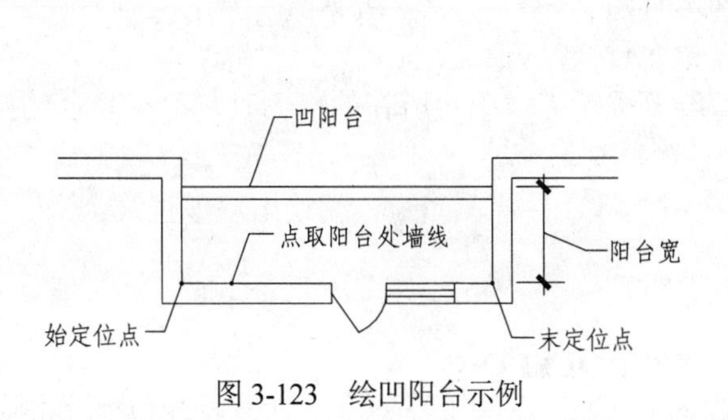

图 3-123　绘凹阳台示例

阴角阳台
点取阳台处墙线
阳台宽
阴角点
末定位点
末定位距离

图 3-124　阴角阳台示例

3.7.2 弧线阳台 hxyt

菜单：阳台室外 ▶ 弧线阳台

图元：阳台（BALCONY）；紫（6）；LWPOLYLINE

功能：在双线弧墙或无墙窗处插入弧线阳台。

本命令绘制时的定位方式与[直线阳台]命令的基本相同，所输入的距离是指两点间的直线距离。图 3-125 为绘制弧线阳台示例。

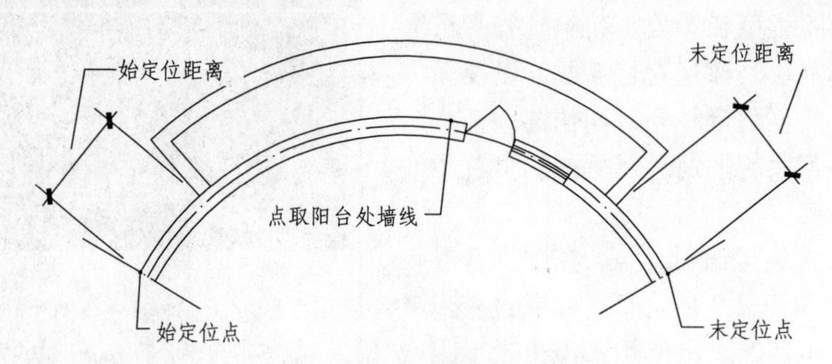

图 3-125 弧线阳台示例

3.7.3 转角阳台 zhjyt

菜单：阳台室外 ▶ 转角阳台

图元：阳台（BALCONY）；紫（6）；LWPOLYLINE

功能：在直线墙（或无墙窗）的转角处生成转角阳台。

本命令与[插转角窗]命令的操作方法相似。执行本命令后，依次点取各定位点，输入定位距离，阳台便绘制成功（见图 3-126）。在操作过程中，要注意以下几方面。

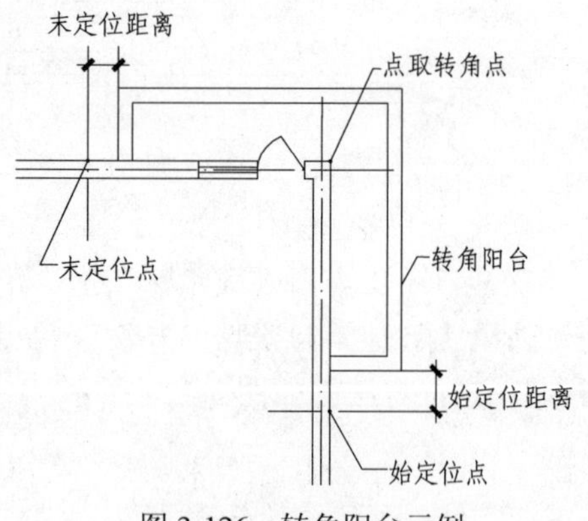

图 3-126 转角阳台示例

（1）始定位距离、末定位距离可用光标点取或键盘键入，定位距离如为正值，表示阳台向内侧偏移；如为负值，表示阳台向外侧偏移。

（2）如果在画转角阳台过程中有一段弧线墙，则还需点取弧线墙上的一点。

此外，也可以在只有柱和窗的情况下插入转角阳台。其操作与有墙时的基本相同，只是按命令行提示输入始定位点和第一个墙线转角点后，屏幕提示点取阳台所在的一侧时，要在阳台侧点一下。

3.7.4 阳台擦除 ytcch (RB)

菜单：阳台室外 ▶ 阳台擦除

图元：阳台（BALCONY）；紫（6）；LWPOLYLINE

功能：用于擦除图中指定的阳台。

执行本命令后，选取要擦除的阳台，所选阳台便被擦除。

3.8　室外

本节介绍如何绘制散水、坡道、屋顶线等各种室外设施的工具。

3.8.1　自动散水　zdssh

菜单：阳台室外 ▸ 自动散水
图元：地面（GROUND）；黄（2）；LINE，ARC
功能：自动搜索外墙线，绘制散水。

执行本命令，拾取要画散水的外墙线，程序会自动搜索外墙线，再输入散水宽度，就生成自动散水（见图3-127）。

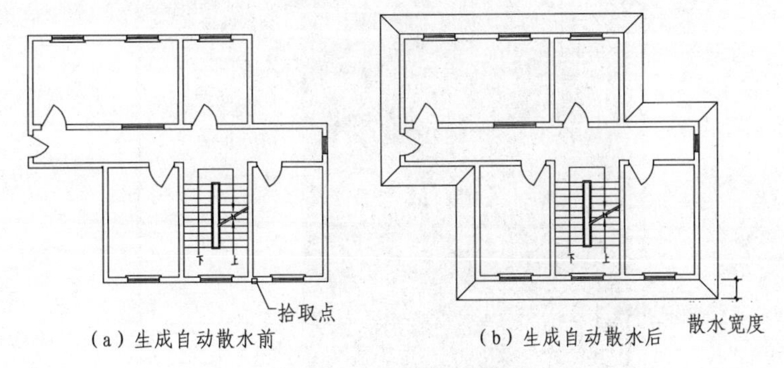

图3-127　自动散水示例

3.8.2　手工散水　shgssh

菜单：阳台室外 ▸ 手工散水
图元：地面（GROUND）；黄（2）；LINE，ARC
功能：手工点取画散水的位置，绘制散水。

本命令通过沿建筑物的外轮廓线点取各个转折点，绘制出散水线（见图3-128）。

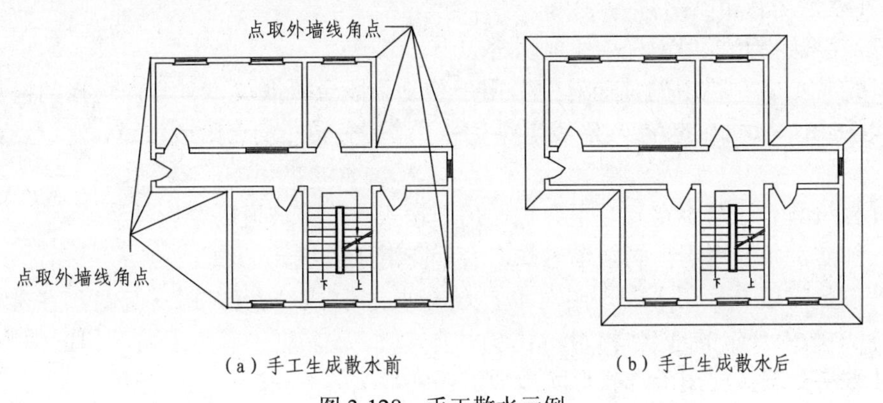

图3-128　手工散水示例

点取转折点的过程中，可用以下热键切换状态。

- “A－弧线“，点取弧线两个端点后，再点取弧的中间点。键入“C”可切换到圆心定弧的方式，键入<回车>可切换圆弧的顺、逆时针方向。
- “U－回退”，用于将刚画的一段线消去，退回到前一步的状态。
- “C－闭合”，用于将最后一个点与起始点闭合，并结束散水的绘制。

3.8.3 台阶坡道 tjpd

菜单：阳台室外 ▶ 台阶坡道

图元：楼梯（STAIR）；黄（2）；LINE；生成组

功能：用于绘制室外平面台阶或坡道。

执行本命令，屏幕弹出如图 3-129 所示的“台阶坡道绘制”对话框。

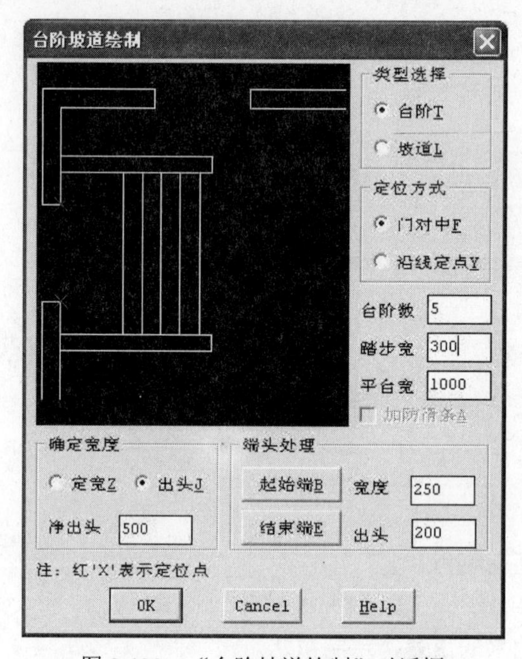

图 3-129 “台阶坡道绘制”对话框

其中各控件功能如下。

- 「类型选择」栏用于选定绘制内容。
- 「定位方式」栏中的「门对中」用于绘制单段台阶或坡道，可以选择门窗作为定位点，也可以在图中取两点定位；「沿线定点」用于绘制有转角的台阶或坡道，定位点在图中逐一选取。
- 「台阶数」、「踏步宽」、「平台宽」用于输入台阶、坡道的绘制参数。
- 「加防滑条」用于在画坡道时加入表示防滑条的线。
- 「确定宽度」栏用于在「门对中」方式时设定台阶宽度。用「定宽」方式时，需在下面编辑框中输入台阶的总宽度；用「出头」方式时，编辑框中输入台阶伸出门侧边的宽度。
- 「端头处理」栏用于选择台阶或坡道两侧端头的形式。单击「起始端」或「结束端」按钮可以改变端头的形式。「宽度」和「出头」编辑框中可以输入端头结构尺寸数据。

单击「OK」按钮退出后，如果选「门对中」方式，可以点取门窗作为台阶的中心，也可以点取两点，以其中点作为台阶中心插入台阶［见图 3-130（a)］；如果选「沿线定点」方式，要按逆针方向点取台阶的起始点、转角点和结束点，便可画出台阶［见图 3-130（b）、图 3-130（c)］。

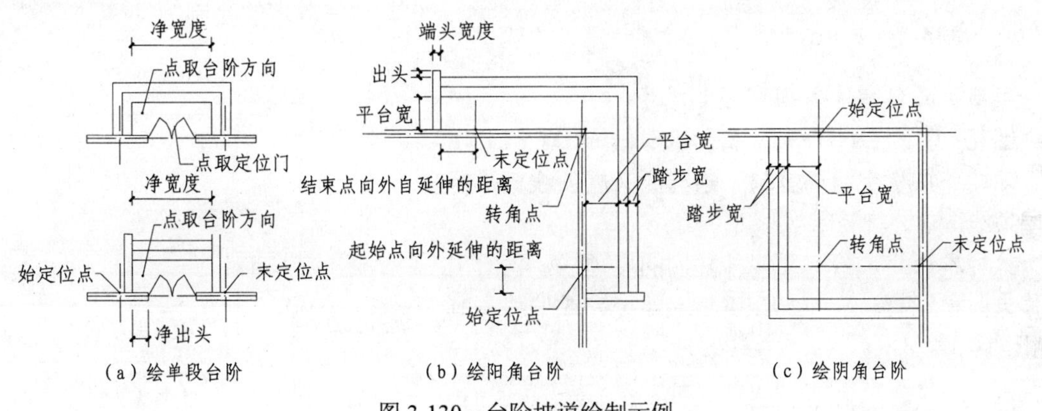

（a）绘单段台阶　　（b）绘阳角台阶　　（c）绘阴角台阶

图 3-130　台阶坡道绘制示例

3.8.4　搜屋顶线　swdx

菜单：阳台室外 ▸ 搜屋顶线

图元：屋顶（ROOF）；青（4）；POLYLINE

功能：自动沿墙线搜索，生成屋顶平面轮廓线。

执行本命令后，点取外墙的外侧线（或搜到的边线），程序会自动搜索并在图中绘制出屋顶线（见图 3-131）。

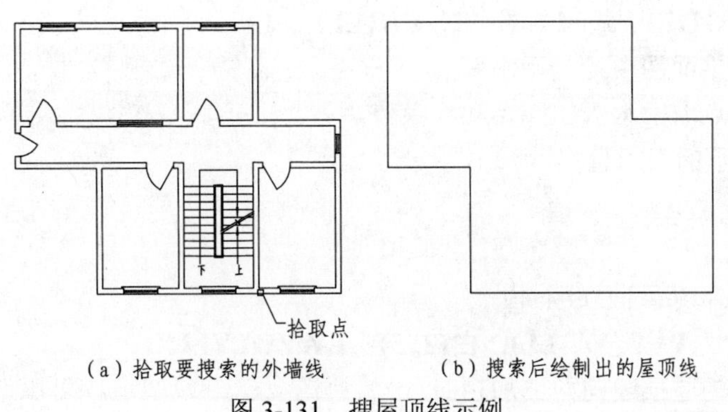

（a）拾取要搜索的外墙线　　（b）搜索后绘制出的屋顶线

图 3-131　搜屋顶线示例

3.8.5　绘屋顶线　hwdx

菜单：阳台室外 ▸ 绘屋顶线

图元：屋顶（ROOF）；青（4）；POLYLINE

功能：逐个找出屋顶平面的各角点，然后连成一条封闭的屋顶线。

当自动搜索屋顶线不成功时，可用本命令绘制屋顶线。绘制时，按命令行提示点取屋顶的各角点，并可用以下热键切换状态。

- “A－弧线”，取弧线的两个端点后，再点取弧的中间点。键入<C>可切换到圆心定弧的方式，按<回车>键可切换圆弧的顺、逆时针方向。
- “U－回退”，用于将刚画的一段线消去，退回到前一步的状态。
- “C－闭合”，用于将最后一个点与起始点闭合，并结束绘制。

3.8.6 偏移复制 pyfzh

菜单：阳台室外 ▶ 偏移复制

图元：屋顶（ROOF）；青（4）；LWPOLYLINE

功能：按指定距离复制一条与原有屋顶线相平行的屋顶线。

执行本命令，拾取要偏移复制的屋顶线，再给出偏移方向和距离；按<回车>键后，即可完成偏移复制（见图 3-132）。

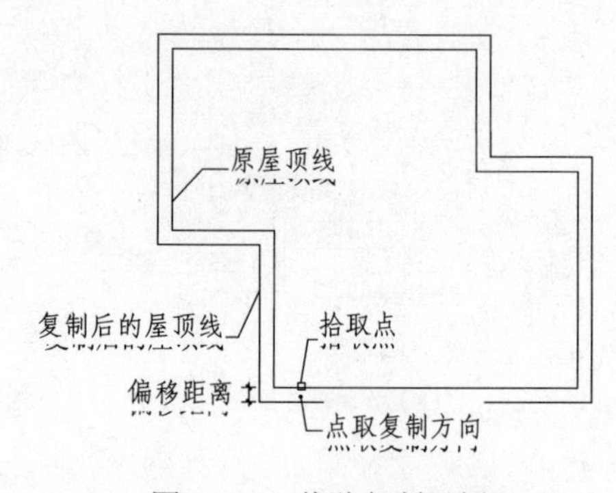

图 3-132 偏移复制示例

3.8.7 删平面图 shpmt

菜单：阳台室外 ▶ 删平面图

功能：搜索完外墙线后删除平面图。

执行本命令，按命令行提示选取要擦除的图元，再点取要保留的轴线号，就根据用户要求删除平面图。

3.8.8 加雨水管 jyshg

菜单：阳台室外 ▶ 加雨水管

图元：屋顶（ROOF）；青（4）；LINE，CIRCLE

功能：在屋顶平面图中绘制雨水管。

执行本命令，点取雨水管的起始和结束点，就绘出如图 3-133 所示的雨水管。

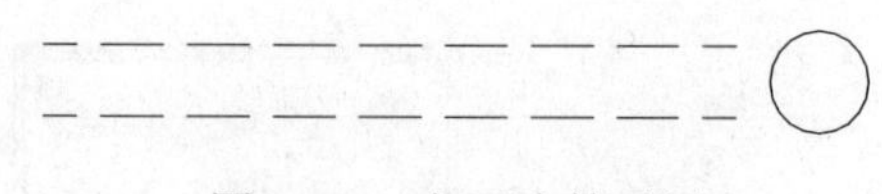

图 3-133 加雨水管示例

3.8.9 屋顶加粗 ztqxjc

菜单：阳台室外 ▶ 屋顶加粗

图元：公共墙线(PUB_WALL)；白(255)；LWPOLYLINE

功能：将选中的屋顶线向两侧加粗。

用[搜屋顶线]命令绘制建筑物外墙轮廓线后，利用本命令可以将其加粗。执行本命令，选取要加粗的屋顶线后，即可完成加粗设置。如果已加粗的墙线还需编辑，要用[取消加粗]命令恢复后再进行编辑。

3.8.10 取消加粗(屋顶) ztquxjc

菜单：阳台室外 ▶ 屋顶加粗

图元：公共墙线(PUB_WALL)；白(255)；LWPOLYLINE

功能：将已经由[屋顶加粗]命令生成的加粗线擦除。

执行本命令，选取要恢复为细线的粗屋顶线，粗线就被擦除。

由[屋顶加粗]命令处理过的剖面线，如需要进行修改，应先执行本命令（擦除画在 PUB_WALL 层上的粗线），经修改后再进行加粗。

3.8.11　楼板方洞　lbfd

菜单：阳台室外 ▶ 楼板方洞

图元：屋顶（ROOF）；青（4）；LINE；生成组

功能：在平面图中绘出楼板方洞。

执行本命令，首先确定方洞的形状尺寸，再输入方洞的定位尺寸后，方洞插入到图中指定位置（见图 3-134）。热键“D－取已有矩形”用于在要作为方洞的方框中加图例线；热键“A－长短边互换”用于在点取第一条方洞定位线后，让方洞在原地转 90°。

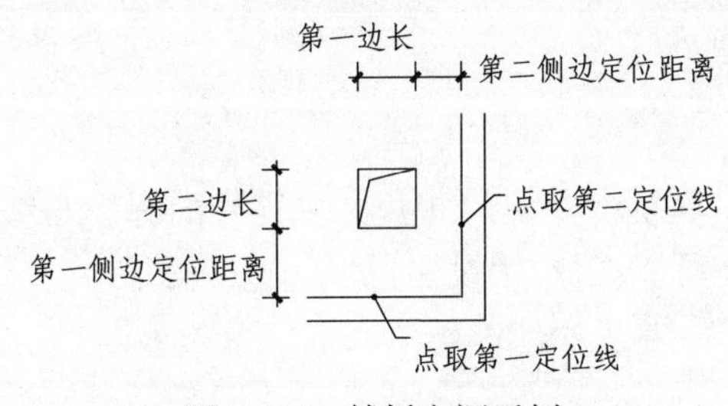

图 3-134　楼板方洞示例

3.8.12　楼板圆洞　lbyd

菜单：阳台室外 ▶ 楼板圆洞

图元：屋顶（ROOF）；青（4）；ARC，CIRCLE；生成组

功能：在平面图中绘出楼板圆洞。

执行本命令，首先确定圆洞的形状尺寸，再输入圆洞的定位尺寸后，圆洞插入到图中指定位置（见图 3-135）。热键“D－取已有圆”用于在要作为圆洞的圆中加图例线。

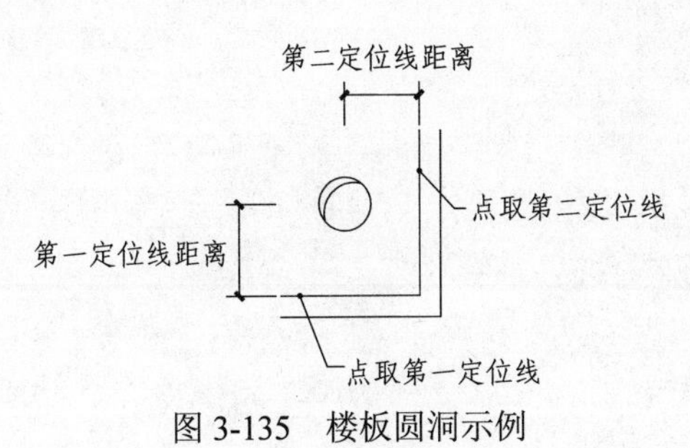

图 3-135　楼板圆洞示例

第 4 章
尺寸及符号标注

本章中介绍尺寸和文字符号的标注与编辑。大部分标注中文字的大小可以在[初始设置]命令中设置。

4.1　尺寸标注

对于一般平面图标注而言，最常用是[沿直线注]、[门窗尺寸]和[两点尺寸]，前两个命令常用于轴线标注内第三道尺寸线的标注。而[两点尺寸]的用法更灵活，既可用于第三道尺寸线，也可用于详图、剖面等。其他标注命令则针对性较强，一般专用于某类情况。尺寸标注是否标在当前层上，可在[初始设置]中设定。文字颜色在层文件的“标字”层设定。

尺寸标注绘制在图中后，还可以用各种编辑命令进行编辑，例如将尺寸标注断开、合并、拉伸、平移等。有时对于比较复杂的尺寸标注，也可以先大体标注好后，再用编辑命令进行细部修改。

4.1.1　沿直线注　yzhqzh (LW)

菜单：尺寸标注 ▸ 沿直线注

图元：公共标注（PUB_DIM）；标注：绿（3），文字：白（7）；DIMENSION

功能：以两点确定方向注尺寸，可增减标注点。沿直墙线标注时，相关的门窗及轴线被自动选中标注。

执行本命令后，用取直线上两点的方法，取到要标注的墙线、门窗和轴线。这时图中出现可拖动的尺寸界线和一个随十字光标移动的拖动标记，拖动鼠标，会显示如图 4-1（a）或图 4-1（b）中的情况。图 4-1（a）是在十字光标离标注点较远时出现的状态，此时拖动标记为平行于尺寸线的状态，点取一点，便确定了尺寸线的位置，从而完成标注；图 4-1（b）是在光标离标注点较近时出现的情况，此时拖动标记垂直于尺寸线，点取已经标注的点可将其减去（即不标注），点取新的要标注的点就会增加一个标注点。

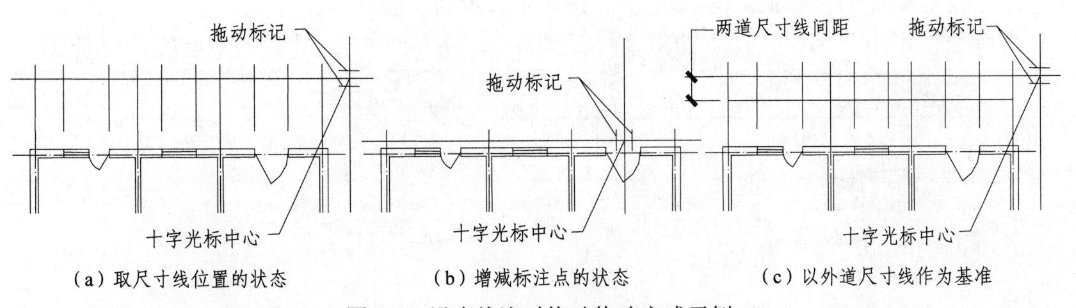

图 4-1　沿直线注时拖动修改方式示例

动态拖动时，有以下 3 个热键可以切换状态。

- “{A}增减标注点”，当要增减的标注点不在标注沿线上时，可以通过按该热键使其一直处于“增减标注点”方式，按<回车>键可结束该方式。
- “{D}等距切换”，变换尺寸线的定位方式，选择尺寸线是否以外面的一道尺寸线作为定位基准，两道尺寸线的间距与当前的[内涵比例]有关（见图 4-1（c））。另外，当采用外一道尺寸线作为定位基准时，标注点距被标注物体的距离，也比直接定位方式要大。
- “{C}全清”，清除除两端以外的标注点。

图 4-2 所示是一个沿直线墙标注的示例。

本命令不限用于标注直线墙的有关尺寸。它可以用于所有沿一条直线取点标注尺寸的情况（见图 4-3），标注的方向由起始点和结束点的连线方向确定，其他点可任意点取。

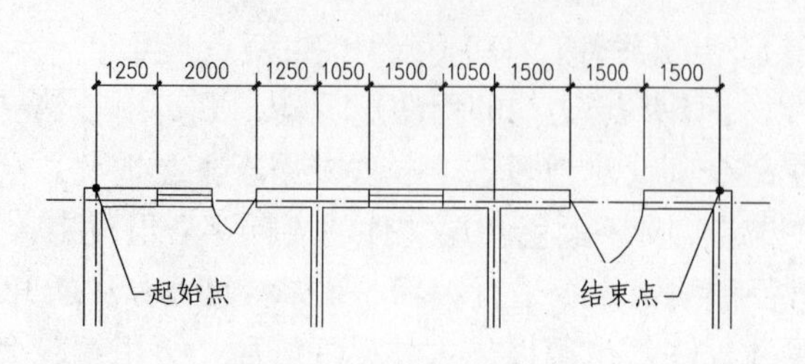

图 4-2　沿直线注示例 1

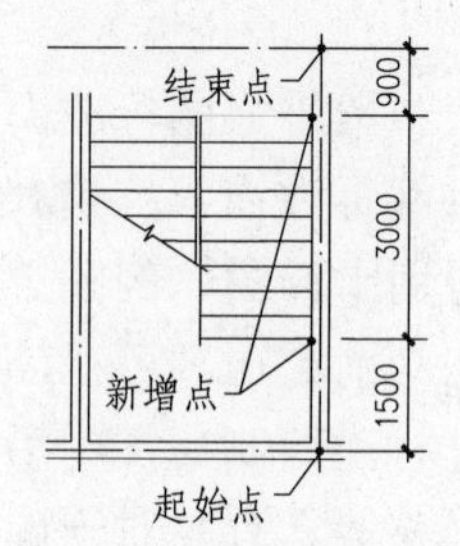

图 4-3　沿直线注示例 2

有两种设置文字颜色的方法：用[改层文件]命令修改“标字”层的颜色；用[文字颜色]命令改变尺寸文字的颜色。

4.1.2　门窗尺寸　mchbzh (DH)

菜单：尺寸标注 ▶ 门窗尺寸

图元：公共标注（PUB_DIM）；标注：绿（3），文字：白（7）；DIMENSION

功能：为平面门窗标注尺寸，相关轴线也参与标注，可增减标注点。

本命令中用选取门窗的方法确定标注点和标注方向，选门窗时可以选取同一方向（不一定在同一平面上）的门窗。选取门窗后，与门窗相邻的轴线也会被作为标注对象。确定了标注点后，其他操作方法与[沿直线注]命令的基本相同。它可以用光标拖动确定尺寸线的位置，也可以取点确定要增减的标注点，在已有的标注点点取，可去掉此标注点；在新位置点取一点，可以增加一个标注点。用热键“{D}等距切换”可以确定是否以上一道尺寸线为基准。点取尺寸线要放置的位置后，标注完毕。图 4-4 所示为门窗尺寸的示例。

本命令也可用于标注弧墙上的门窗（见图 4-5），所标注的尺寸为墙中心线的弦长。

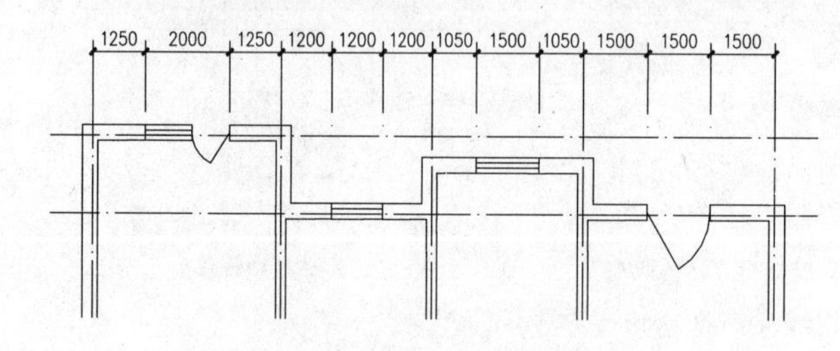

图 4-4　门窗尺寸示例

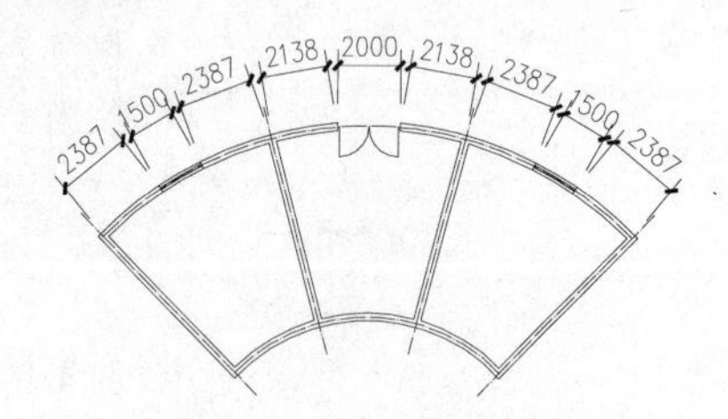

图 4-5　注弧墙门窗尺寸示例

4.1.3　两点尺寸　ldbzh (TP)

菜单：尺寸标注 ▶ 两点尺寸

图元：公共标注（PUB_DIM）；标注：绿（3），文字：白（7）；DIMENSION

功能：以两点截取标注线并确定尺寸线位置，再选取要标注的图元标注尺寸，可增减标注点。

执行本命令，可以用两种方法确定基准尺寸线的位置和选取要标注的目标。

（1）用点取起始点和结束点的方法确定尺寸线的位置。取到的起始点与结束点的连线如果截到柱子、门窗、墙线、轴线及楼梯等图元，标注时就以这些图元的方向为标注的方向。如果没有截到任何图元，就认为标注方向应是水平或垂直的。选取了起、终点后，还可以补充选取一些上述类型的图元作为标注对象。

（2）命令开始后按<回车>键，拾取一条已有的尺寸线，在其基础上继续标注尺寸。

在点取起始点或按<回车>键前，可以用以下两个热键调整状态。

- “S－图层过滤”用于选定需要截取到的图元的图层，这样可以避免截到不需要的目标。
- “A－重新标注”用于选取要重新标注的尺寸图元，删除后在原地重新标注。

在选取到的对象处标上尺寸或选取了已有尺寸后，还可以点取要增减的标注点或用热键对尺寸标注的位置、方向进行一些调整。如果要增加标注点，就在要增加点处点取；如果点取已有的标注点，点到的标注点就减去。图 4-6 所示是一个两点尺寸的示例。

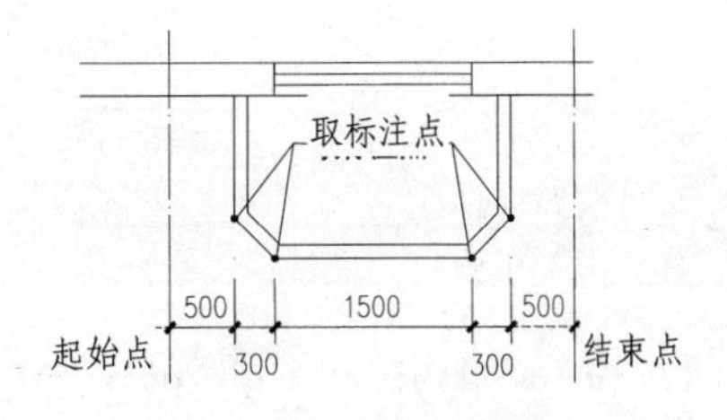

图 4-6　两点尺寸示例

4 种热键的功能如下：

- “A－标注方向”，用取方向线的办法重新改变尺寸标注的方向；
- “S－清理”，输入两点，删除两点间截到尺寸；
- “D－尺寸线”，拖动改变尺寸线的位置；
- “E－延伸线”，拖动改变尺寸延伸线的端点（即标注点处）的位置。

4.1.4　墙中尺寸　qzhbzh

菜单：尺寸标注 ▸ 墙中尺寸

图元：公共标注（PUB_DIM）；标注：绿（3），文字：白（7）；DIMENSION

功能：以两点连线确定尺寸线位置，为截取到的轴线、墙线等标注尺寸。对双线墙取中线标注。

本命令与[两点尺寸]命令的基本相同，区别在于对取到的双墙线，标注方式不同。[两点尺寸]命令中取墙线位置为标注点，而本命令以双线墙的中点为标注点。图 4-7 表示两个命令标注结果的区别。

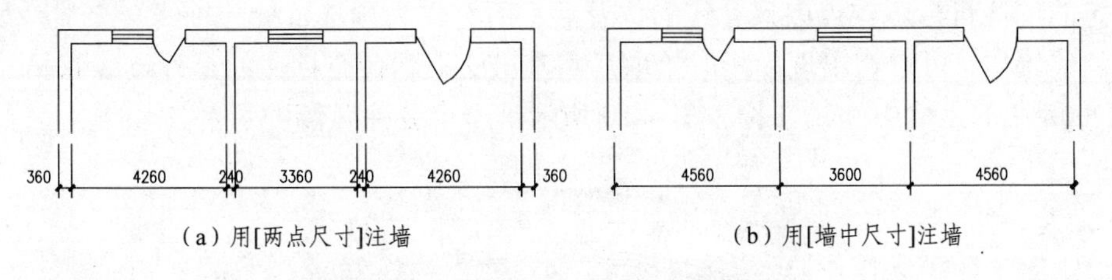

图 4-7　两种标注命令标注墙体的对比

4.1.5　墙厚尺寸　qhbzh (MW)

菜单：尺寸标注 ▸ 墙厚尺寸

图元：公共标注（PUB_DIM）；标注：绿（3），文字：白（7）；DIMENSION

功能：以两点连线确定尺寸线位置，为截取到的双线墙标注墙厚。

本命令用点取尺寸线的起始点和结束点的方法，截取要标注的双线墙线，以标注墙厚。一次可以截取一对，也可以截取多对墙线。热键“Q—偏移系数”可以调整标注文字偏离标注位置中心的程度。Q=0 时，标注文字写在中心，数字越大，文字偏离中心越远。默认值 Q=1。图 4-8 所示是墙厚尺寸的示例。

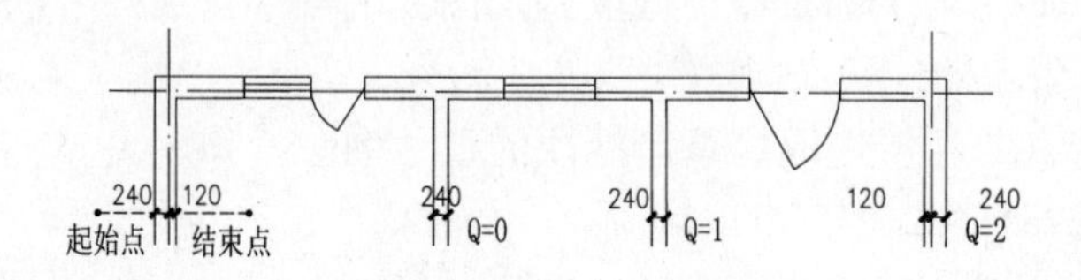

图 4-8　墙厚尺寸示例

4.1.6　竖向尺寸　shxbzh (DL)

菜单：尺寸标注 ▶ 竖向尺寸

图元：公共标注（PUB_DIM）；标注：绿（3），文字：白（7）；DIMENSION

功能：连续标注竖直方向尺寸。

本命令用于标注图中竖直方向的尺寸，不限用于立、剖面图。本命令用选取要标注图元的方法来确定标注点（选图元时不限定图层上或图元类型），选取后点取尺寸线位置和尺寸界线的起始点，即可完成标注。图 4-9 所示是竖向尺寸的一个示例。

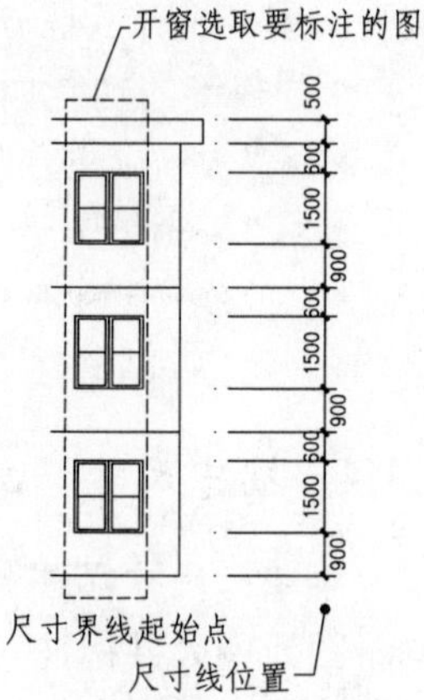

开窗选取要标注的图元

尺寸界线起始点

尺寸线位置

图 4-9　竖向尺寸示例

4.1.7　弦注弧墙　xzhhq (AS)

菜单：尺寸标注 ▶ 弦注弧墙

图元：公共标注（PUB_DIM）；标注：绿（3），文字：白（7）；DIMENSION

功能：沿圆弧标注各墙段弦长尺寸。

执行本命令沿弧墙取两点时，程序会沿着取到的两点之间的弧墙搜索轴线和门窗，将其作为预定的标注目标。在点取尺寸线的位置后，所有作为预选目标的轴线会亮显，如果有不需要标注的轴线，可以在出现提示时拾取后将其减去。本命令标注的是外墙线弦长，而[门窗尺寸]命令所注的是墙中心线弦长。图 4-10 所示是一个弦注弧墙的示例。

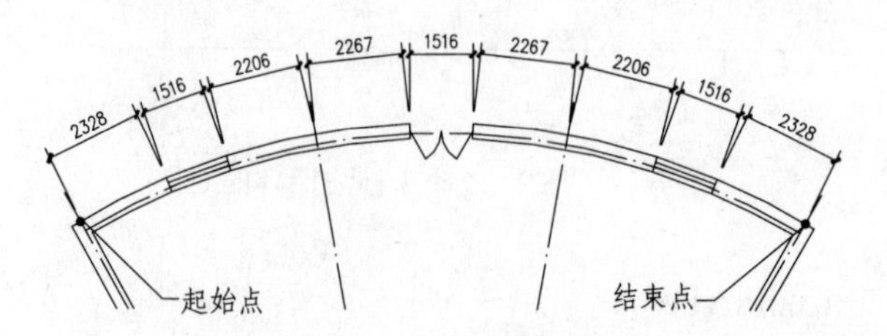

图 4-10　弦注弧墙示例

如果点取的起始点和结束点不在同一条弧线上，或未点取到弧线，命令行还会出现提示，要求点取圆心的位置。相关的轴线必须指向圆心。标注点的位置，是由起始点确定的半径定圆弧。如标注位置有墙线，则考虑墙线的断点，否则只考虑轴线。

4.1.8　角注弧线　jzhhq (AF)

菜单：尺寸标注 ▶ 角注弧线

图元：公共标注（PUB_DIM）；标注：绿（3），文字：白（7）；DIMENSION

功能：沿弧线用角度标注弧墙、轴线及其他图元。

本命令有以下两种使用方法：

（1）与[弦注弧墙]命令的用法基本相同，只是标出的是角度，图 4-11 所示是一个角注弧墙的示例。如果点取的起始点和结束点不在弧线上，则还需点取圆心的位置（见图 4-12）。

（2）用热键“2－标注两直线夹角”，分别拾取两条直线并点取尺寸线的位置，两线中间所夹轴线会自动被选上，由用户决定取舍。在图 4-12 所示中的起始点和结束点取直线，就可达到同样标注效果。

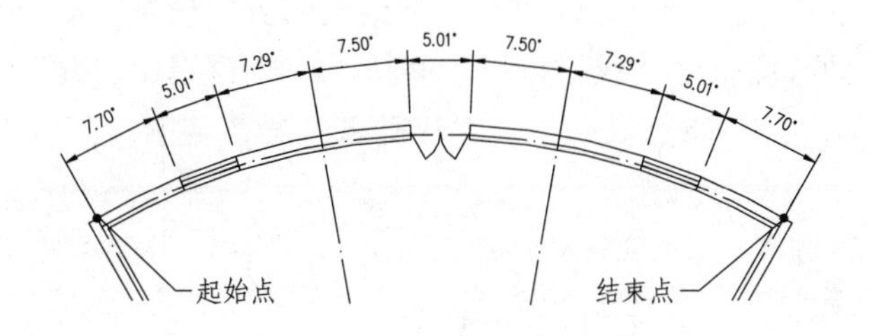

图 4-11　用角注弧线标注弧墙

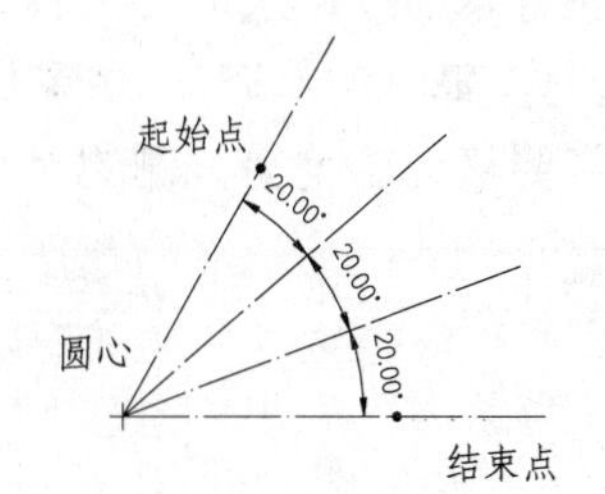

图 4-12　用角注弧线标注轴线

4.1.9　角变弧长　jbhch

菜单：尺寸标注 ▶ 角变弧长

图元：公共标注（PUB_DIM）；标注线：绿（3），文字：白（7）；MTEXT，LINE，ARC，SOLID；生成组

功能：将角度标注转换成弧长标注，转换后的标注是一个组。

执行本命令，选取要变为弧长标注的角度标注，再拾取一个被标注的圆弧线或门窗，即完成角变弧长。图 4-13 所示是一个角变弧长的示例。

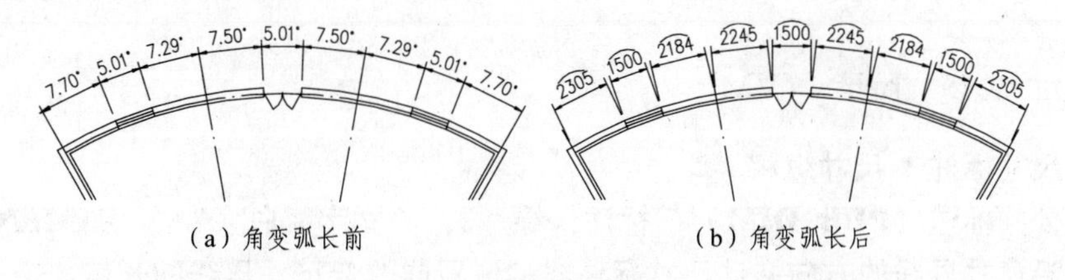

（a）角变弧长前　　（b）角变弧长后

图 4-13　角变弧长示例

注意：变成弧长标注后，标注图元已不再是 DIMENSION，而变成了一些线和文字。

4.1.10 半径标注 bjbzh

菜单：尺寸标注 ▶ 半径标注

图元：文字：公共文字（PUB_TEXT），白（7）；标注线：公共标注（PUB_DIM），绿（3）；TEXT，LINE，INSERT；生成组

功能：标注圆或圆弧的半径。

执行本命令，拾取一根圆弧线或一个圆后，便在拾取点标出半径（见图 4-14）。参与标注的图元被做成一个组。

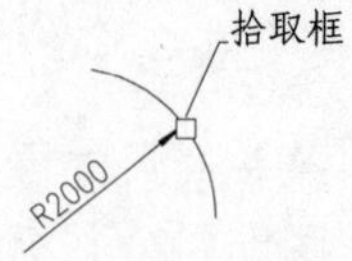

图 4-14 半径标注示例

4.1.11 尺寸平移 bzhpy (HM)

菜单：尺寸标注 ▶ 尺寸平移

图元：公共标注（PUB_DIM）；标注：绿（3），文字：白（7）；DIMENSION

功能：将尺寸线的一端沿标注方向移动，同时相应地改变尺寸值。

执行本命令，选取要平移的尺寸标注，分别点取两侧尺寸边线要移到的位置，即可完成移动操作（见图 4-15）。如果只需移动一侧尺寸边线，可以中间按<回车>键退出。此时如果发现需要移动的是另一侧的尺寸边线，可用“S－反向平移”热键来改变移动侧。

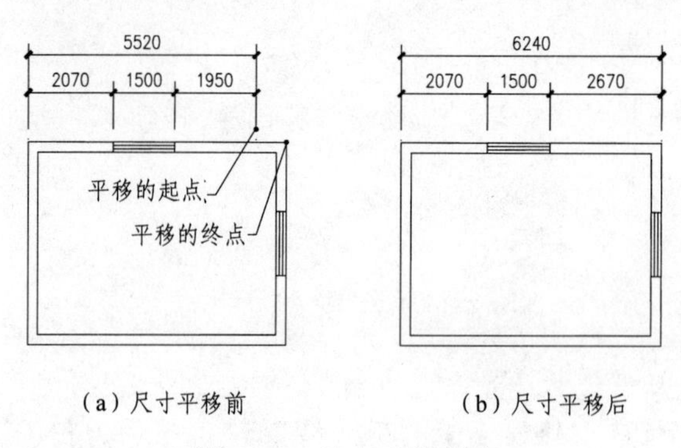

（a）尺寸平移前　（b）尺寸平移后

图 4-15 尺寸平移示例

在只需移动一侧边线时，也可使用起点、终点平移方式，在尺寸边线上取第一点，将其作为平移起点，再点取终点完成平移。

需要输入平移距离时，可将光标放在要移动的方向上，输入距离值。本命令仅用于修改直尺寸线。

4.1.12 尺寸纵移 bzhzy (VM)

菜单：尺寸标注 ▶ 尺寸纵移

图元：公共标注（PUB_DIM）；标注：绿（3），文字：白（7）；DIMENSION

功能：沿尺寸界线的方向拖动尺寸标注线的位置或改变尺寸界线的长度。

执行本命令时，先选取要纵移的尺寸标注，然后点取纵移的起点拖动尺寸线或尺寸界线沿着尺寸界线方向移动，点取终点，从而完成纵移操作。点取起点时，如果希望拖动尺寸线（标注点一侧不动），就要将起点选在尺寸线附近［如图 4-16（a）和图 4-16（b）所示］；如果希望移动标注点一侧，就要将起点选在标注点附近［如图 4-16（c）和图 4-16（d）所示］。

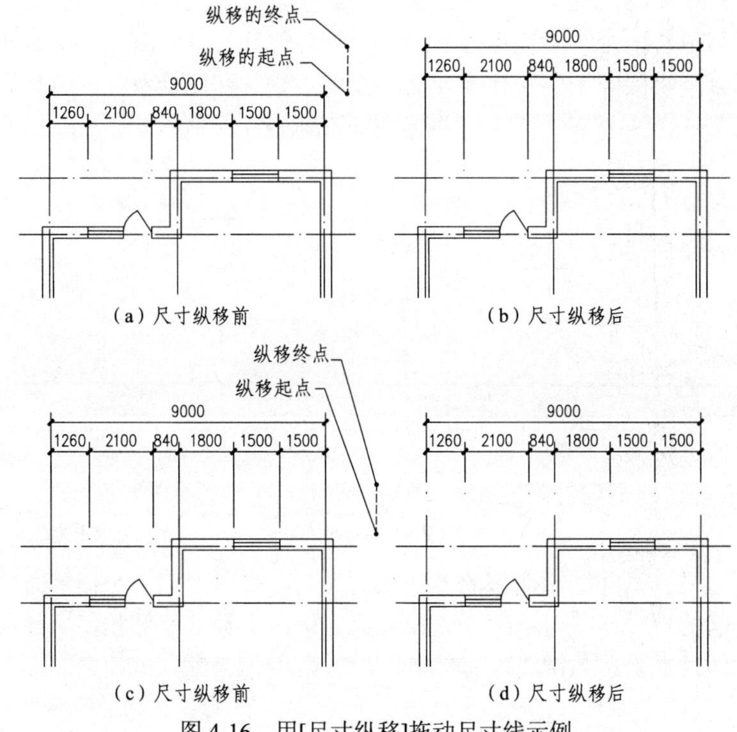

图 4-16　用[尺寸纵移]拖动尺寸线示例

本命令中热键的用法如下：

- “Z－整体移动”，用于尺寸标注整体沿尺寸线纵向移动；
- “S－尺寸对齐”，用于将选到的尺寸线，与对齐点对齐；
- “D－8mm 边线”，用于将选到尺寸延伸线全部改成 8mm 长度（实际出图长度），尺寸线位置保持不变；
- “A－8mm 对齐”，用于将选到尺寸线按其位置相近程度分组对齐排列，各组间距取 8mm；图 4-17（a）所示为选取所有尺寸标注做“8mm 对齐”前，对齐后如图 4-17（b）所示；

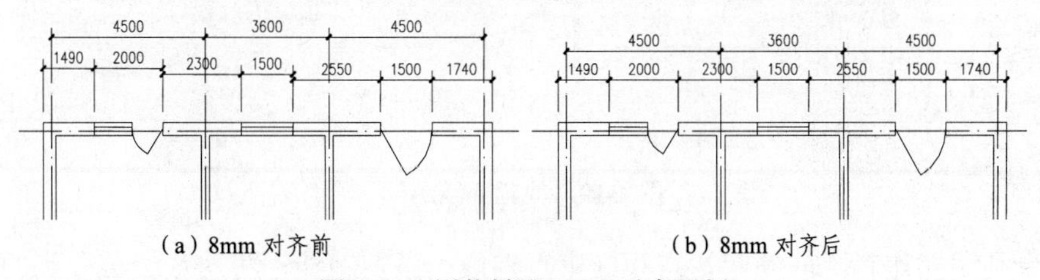

图 4-17　用热键取 8mm 对齐示例

- “C－8mm 复制”，用于将选到的尺寸标注复制到下一道尺寸线位置。

本命令不仅可以修改直尺寸线，而且可以编辑角度标注和弧墙上的弦长标注。

4.1.13　尺寸伸缩　chcshs (TD)

菜单：尺寸标注▶尺寸伸缩

图元：公共标注（PUB_DIM）；标注：绿（3），文字：白（7）；DIMENSION

功能：确定一个基准位置，将尺寸边线逐一调整到该位置。

本命令一次可以将多个尺寸线伸缩至同一个指定的基准点。首先点取基准点，然后逐个拾取要伸缩的尺寸线，拾取到的尺寸线伸缩到基准点处。注意拾取时应使拾取点靠近尺寸标注上要伸缩的一侧。图 4-18 所示是一个尺寸伸缩的示例。

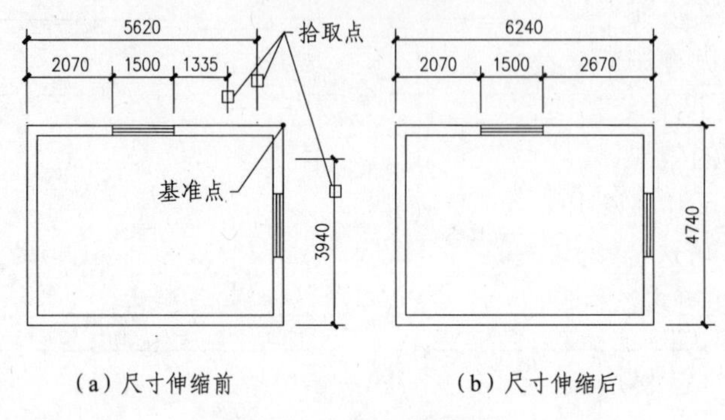

图 4-18　尺寸伸缩示例

另外，还可以用键入伸缩距离值的方法修改尺寸。在出现第一个提示时输入要伸缩的距离，再选取要伸缩的尺寸，就可以逐个完成伸缩。输入正数尺寸伸长，负数尺寸缩短，离拾取点较近的一侧边线改变；热键“F－伸缩反向”，可变伸为缩，或反之。

4.1.14　裁延伸线　cyshx (CL)

菜单：尺寸标注 ▶ 裁延伸线

图元：公共标注（PUB_DIM）；标注：绿（3），文字：白（7）；DIMENSION

功能：取两点截取过长的尺寸延伸线，以此两点连线为界剪裁尺寸延伸线。

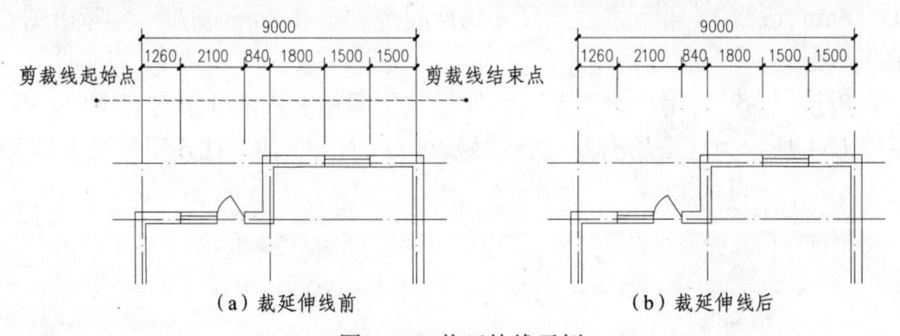

图 4-19　裁延伸线示例

本命令利用操作者点取的起始点和结束点构成一条剪裁线，将剪裁线截取到的尺寸界线切断剪短。热键“E—以点对齐”可将选定尺寸标注的延长线对齐到指定的对齐点。[尺寸纵移]命令虽然也能完成此功能，但不如本命令方便快捷。图 4-19 所示为裁延伸线示例。

4.1.15　尺寸断开　bzhdk (DB)

菜单：尺寸标注 ▶ 尺寸断开

图元：公共标注（PUB_DIM）；标注：绿（3），文字：白（7）；DIMENSION

功能：将尺寸线在指定处断开。

执行本命令，拾取要断开的尺寸标注，点取断开点，拾取的尺寸从取点处被断开（见图 4-20）。如果在提示取断开点时输入一个尺寸值，就以这个尺寸值断开原尺寸，输入的尺寸值位于拾取点偏向一侧。例如，在图 4-20 中如果不拾取尺寸，而输入“4200”，可得到同样的效果。

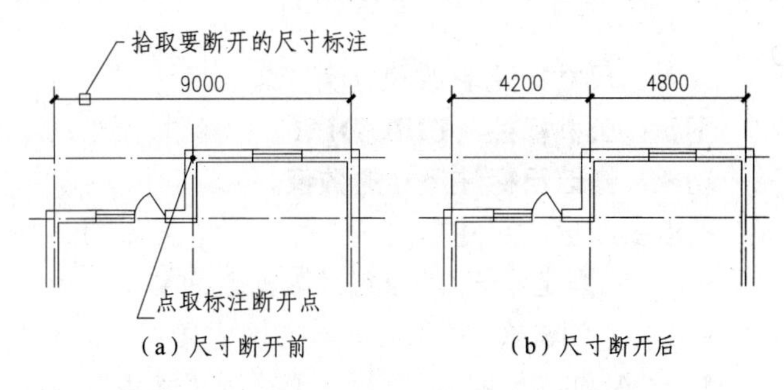

图 4-20　尺寸断开示例

用热键“D－单尺寸多断开”和“D－多尺寸单断开”可选择操作方式：“单尺寸多断开”方式是在一个尺寸线中选多点断开；“多尺寸单断开”方式可多次选尺寸线，每个尺寸线只断开一次。

4.1.16　一分为二　yfwe (12)

菜单：尺寸标注 ▶ 一分为二

图元：公共标注（PUB_DIM）；标注：绿（3），文字：白（7）；DIMENSION

功能：将一个尺寸线等分成两个或多个尺寸线。

本命令的功能同[尺寸断开]命令的一样，也是将一个标注尺寸断开，只是断开点取在标注的中间，所以不必再输入距离或取点了。热键“D－多等分”可以改变等分的份数。

4.1.17　尺寸合并　bzhhb (DM)

菜单：尺寸标注 ▶ 尺寸合并

图元：公共标注（PUB_DIM）；标注：绿（3），文字：白（7）；DIMENSION

功能：将多个尺寸标注合并成为一个。

拾取两个要合并的尺寸标注，这两个标注便合二为一。要合并的两个尺寸必须是在同一方向上的（见图 4-21）。

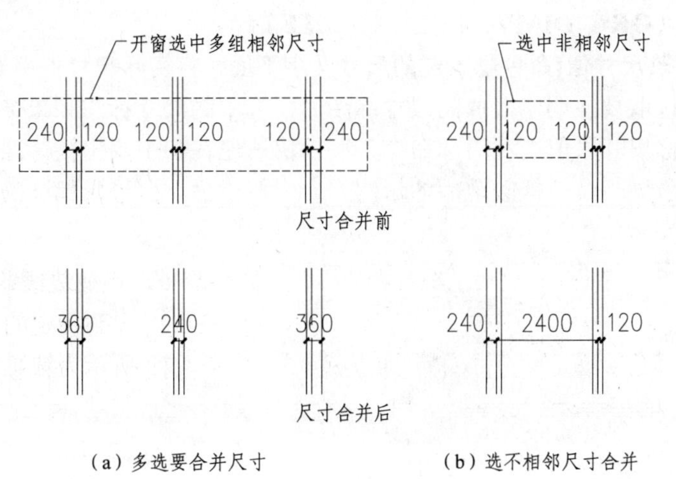

图 4-21　尺寸合并示例

4.1.18 改尺寸值 gchczh (CI)

菜单：尺寸标注▶改尺寸值

图元：公共标注（PUB_DIM）；标注：绿（3），文字：白（7）；DIMENSION

功能：修改已标注尺寸的数值。

拾取要改值的尺寸标注，输入新尺寸值后，尺寸标注值被修改。本命令中热键用法如下：

- “S 固定原值”，原尺寸数据改为文字，尺寸拉伸变化时文字不变；
- “D 消去文字”，用于消去尺寸文字（将尺寸文字变成一个空格）；
- “A 注楼梯踏步”，尺寸值写成“踏步宽×踏步数＝总尺寸”的形式，通过用户输入楼梯踏步数或踏步宽（高）实现，输入值小于 50 为踏步数，大于等于 50 为踏步宽（高），输入的踏步宽（高）值可以是近似值；
- “Z 任意输入”，需要输入“S”、“D”、“A”、“X”和空格时可用此热键；
- “X 多选”，同时改多个尺寸值。选已改值尺寸做样板，可批量改原来同值的尺寸。

需要注意的是，这个尺寸值被修改后，相关的尺寸线、尺寸界线等并没有发生变化，因此建议不要随意用本命令来修改尺寸值，以免图纸中发生混乱。如果希望在改尺寸值的同时也修改尺寸线和相关的被标注物体，建议使用[改单尺寸]和[改尺寸组]命令。用本命令修改过的尺寸值，可以用[恢复原值]命令恢复其原来的标注值。

4.1.19 恢复原值 hfyzh

菜单：尺寸标注▶恢复原值

图元：公共标注（PUB_DIM）；标注：绿（3），文字：白（7）；DIMENSION

功能：把已用[改尺寸值]命令修改过的尺寸数值恢复为原标注值。

执行本命令，选取改过尺寸值的尺寸标注，这些尺寸标注的数值就恢复到修改前的标注值。

4.1.20 注明改值 zhmgzh

菜单：尺寸标注▶注明改值

图元：专用层（ORG_DIMV）；红（1）；TEXT

功能：在已用[改尺寸值]命令修改过的尺寸文字下面，将实际尺寸值用红字写在括号内。

执行本命令，选取要注明修改值的尺寸标注后，选中的尺寸标注如果被修改过，便在下面用带括号的红字标出其原值。利用本命令，可以快速地在图中找出被修改过的尺寸标注。图 4-22 所示为[注明改值]命令修改前后的示例。命令执行后，括号内标注的是实际尺寸。

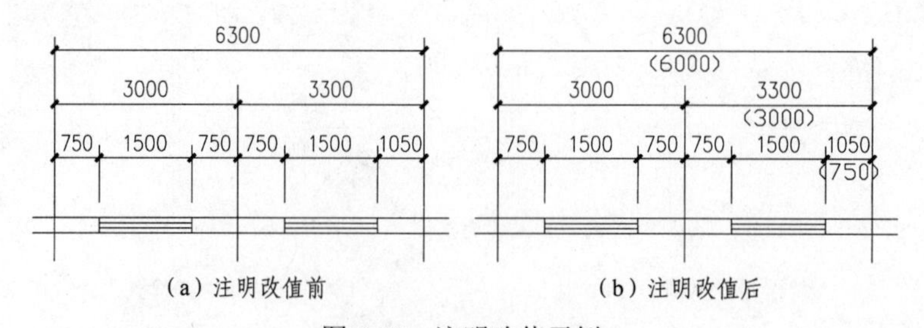

（a）注明改值前　（b）注明改值后

图 4-22 注明改值示例

4.1.21　文字避让　wzbr

菜单：尺寸标注 ▶ 文字避让

图元：公共标注（PUB_DIM）；标注：绿（3），文字：白（7）；DIMENSION

功能：设置尺寸文字自动避让方式，将已标注尺寸的文字避让或回位。

执行本命令，选择要处理避让的尺寸文字，选中的文字实施避让或回位（见图 4-23）。在实施避让时，首先考虑左右避让，如果左右避让不开，则向上下避让。

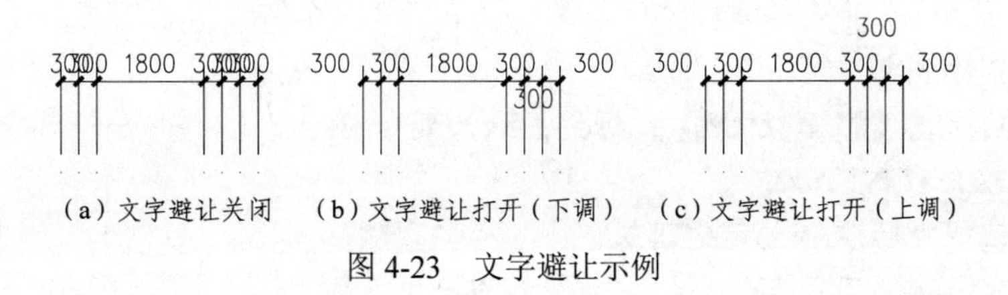

（a）文字避让关闭　（b）文字避让打开（下调）　（c）文字避让打开（上调）

图 4-23　文字避让示例

本命令中热键功能如下：

- “{A}改变上次避让效果”用于对刚做过避让的尺寸，变换上、下调后，重线处理；
- “{D}归位”用于将已移位避让的尺寸文字归位；
- “{Q}改参数”用于在如图 4-24 所示的对话框中设置避让效果。该对话框中控件功能如下。

◆　「避让距离系数」用于调整两个方向的避让距离。

◆　「文字避让」和「文字归位」的设置会影响除[墙厚标注]命令以外的所有尺寸标注命令。选「文字避让」，标注时遇文字重叠自动避让；选「文字归位」，标注时重叠的尺寸文字不做避让。

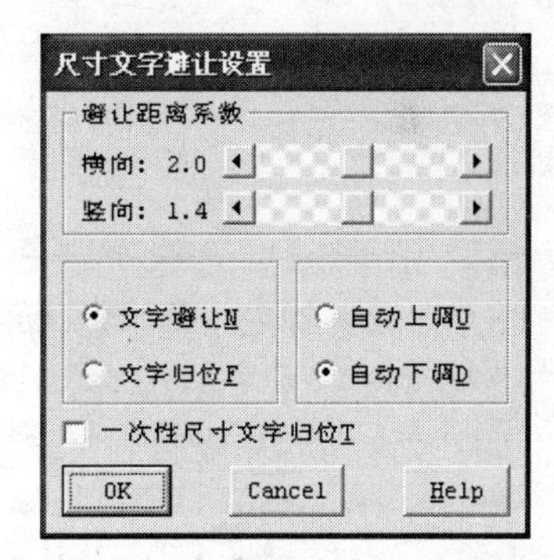

图 4-24　“尺寸文字避让设置”对话框

◆　「自动上调」和「自动下调」用于设定文字避让时的优先避让方向。

◆　「一次性尺寸文字归位」用于在本次命令结束时一次性将选中的尺寸文字归位，不影响以后的避让或归位的设置。

4.1.22　尺寸精度　bzhjd

菜单：尺寸标注 ▶ 尺寸精度

图元：公共标注（PUB_DIM）；标注：绿（3），文字：白（7）；DIMENSION

功能：改变尺寸标注数字小数点后的保留位数。

执行本命令，选取要改变尺寸精度的尺寸标注图元之后，输入保留小数位数，所选取尺寸标注数字的尺寸精度被修改为指定的精度（见图 4-25）。

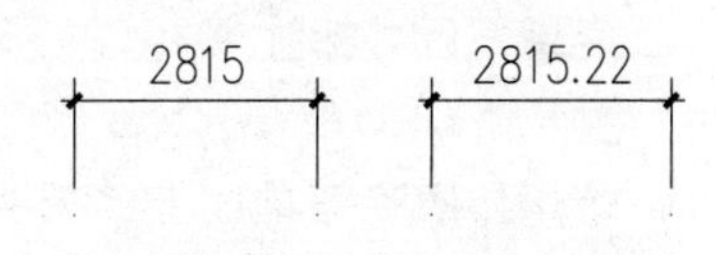

（a）改尺寸精度前　（b）改尺寸精度后

图 4-25　修改尺寸精度示例

4.1.23　修复尺寸　xfchc

菜单：尺寸标注 ▶ 修复尺寸

图元：公共标注（PUB_DIM）；标注：绿（3），文字：白（7）；DIMENSION

功能：修复被破坏的尺寸标注。

本命令用于修复出现文字变化、箭头丢失等问题的尺寸标注。选取要修复的尺寸标注，即完成修复工作。

本命令还可以修复 AutoCAD R12 的图形在 R14 或更高版本上编辑后，尺寸标注文字紧靠到尺寸线上的问题。

4.1.24 文字翻转 wzfzh

菜单：尺寸标注▶文字翻转

图元：公共标注（PUB_DIM）；标注：绿（3），文字：白（7）；DIMENSION

功能：翻转尺寸标注中文字的朝向。

选取要翻转文字的尺寸标注后，文字便翻转到尺寸线的另一侧。本命令可用于处理文字标注方向不合适的尺寸标注。图 4-26 为文字翻转的示例。

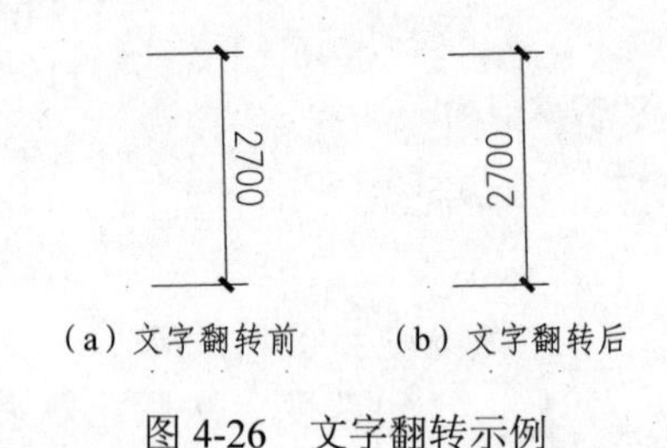

图 4-26 文字翻转示例

4.1.25 文字颜色 wzys

菜单：尺寸标注▶文字颜色

图元：公共标注（PUB_DIM）；标注：绿（3），文字：白（7）；DIMENSION

功能：改变图中全部尺寸、标高及断面符号等标注中的文字颜色。

执行本命令，输入标注文字要改为的颜色号，图中各种标注文字颜色即被修改。

4.1.26 增减边线 zjbx (GL)

菜单：尺寸标注▶增减边线

图元：公共标注（PUB_DIM）；标注：绿（3），文字：白（7）；DIMENSION

功能：增加或减去已有尺寸标注的尺寸延伸线。

选取要增减边线的尺寸标注，逐个点取要增减边线位置，即可完成增减工作（见图 4-27）。用热键“A－全增加”或“D－全去掉”可将选中尺寸标注全部加上或去除尺寸界线。

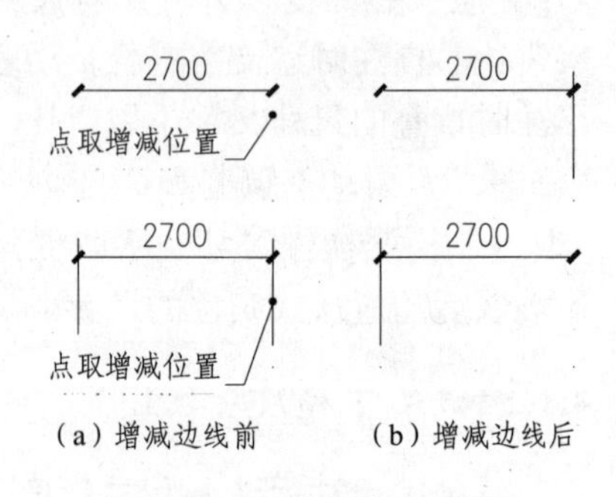

图 4-27 增减边线示例

4.1.27 标注擦除 bzhcch (DR)

菜单：尺寸标注▶标注擦除

图元：DIMENSION

功能：擦除各种层上的尺寸标注。

选取要擦除的尺寸标注后，选中的尺寸便被擦除，除尺寸标注外其他图元不会被选中。

4.1.28 改单尺寸 gdchc (GD)

菜单：尺寸标注▶改单尺寸

功能：通过修改标注值改变尺寸标注，并修改关联的被标注物。

使用本命令，不仅能通过改标注值修改尺寸标注，而且同时修改相关联的尺寸标注和被标注的图形。

拾取要修改的尺寸标注，输入修改尺寸值；选择移动方式后，与这个尺寸标注变化关联的尺寸标注和图形被亮显，如果需要，可以在这些亮显的图元中选择不需移动的图元，这样尺寸修改即完成。此时修改了标注值的尺寸标注及与其关联的尺寸和图形都随着修改。图 4-28 所示为改单尺寸的一个示例。墙厚的尺寸从 240 改为 360 后，这个墙厚标注及相关的墙线、门窗和相连的标注都随着变化。

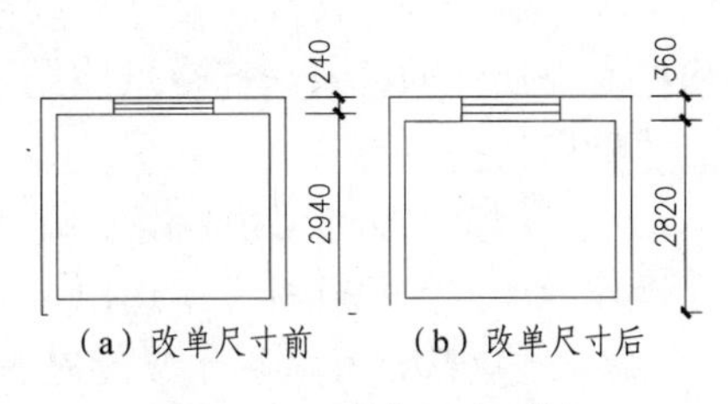

（a）改单尺寸前　（b）改单尺寸后

图 4-28　改单尺寸示例

拾取要修改的尺寸时，拾取位置与默认移动方式有关，拾取尺寸两侧表明希望移动拾取侧的尺寸线，拾取尺寸中间表明希望两侧都变化。

4.1.29　改尺寸组　gchcz (GZ)

菜单：尺寸标注 ▸ 改尺寸组

功能：通过输入新、旧两组尺寸值，逐个修改符合条件的各组尺寸及相关图形。

本命令成组地修改尺寸标注，及其相关的图形。执行本命令后，弹出如图 4-29 所示的对话框。在对话框中输入数据后，单击「OK」按钮，退出对话框；选取图中要修改的尺寸组，这些尺寸组便按照「新尺寸」中给定的数据进行修改，相关联的图形也随之一起修改。在对每一组尺寸进行修改前，相关图形会被亮显，并询问是否要随着修改，如果有不需随着修改的图元，可按提示选取，使其不参与修改。尺寸修改后如图 4-30 所示。

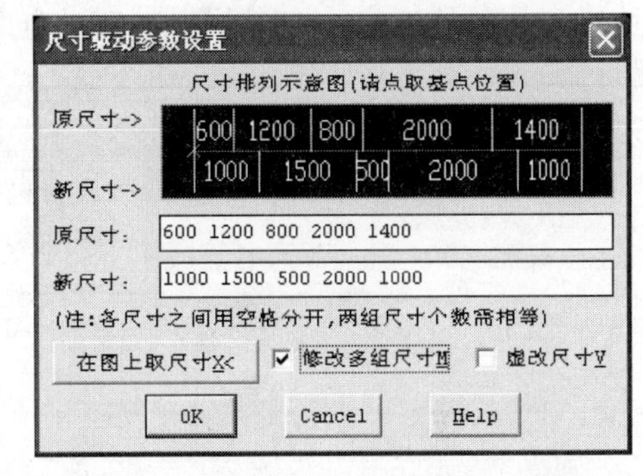

图 4-29　“尺寸驱动参数设置”对话框

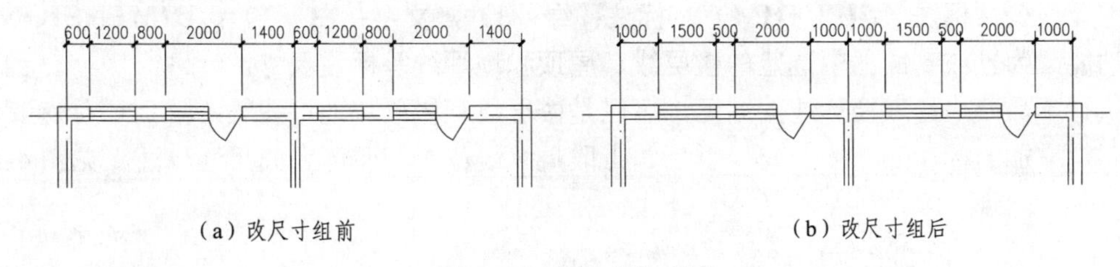

（a）改尺寸组前　（b）改尺寸组后

图 4-30　改尺寸组示例

该对话框中各控件用法如下。

- 「原尺寸」编辑框用于输入要修改的数据。
- 「新尺寸」编辑框用于输入修改后的数据。

上述两组尺寸值的数据之间用空格分开，两组值的数据个数应相同。

- 「在图上取尺寸」按钮用于到图中选取要修改的尺寸，成组的尺寸之间必须是相连的。选取后返回对话框，要修改尺寸的数据便输入「原尺寸」编辑框。

- 「尺寸排列示意图」中用于显示原尺寸和新输入尺寸的对比示意图。图中的“×”标记表示尺寸修改的基点，也就是修改时不移动的点。用鼠标箭头在图中点取，可改变基点的位置，对于单个尺寸，基点可以在尺寸的两端点，也可以在中心点；对于多个尺寸，基点应在某个尺寸的端点（标注点）上。基点的选择是以新尺寸为基准的，因此只有输入新尺寸后才能变换基点。
- 「修改多组尺寸」用于确定是否在图中修改多处相同的标注。选中此项，修改时会在操作者选取的尺寸标注中选出与给定条件相符的尺寸组，逐个修改。否则，只改一组尺寸。
- 「虚改尺寸」用于设定是否只修改尺寸文字值而不改变尺寸线，如果选中，就相当于用[改尺寸值]命令修改尺寸。

4.1.30　全注尺寸　qzhchc

菜单：尺寸标注 ▶ 全注尺寸

图元：公共标注（PUB_DIM）；标注：绿（3），文字：白（7）；DIMENSION

功能：为立、剖面图中选定的图元标注竖向尺寸。

执行本命令，选取要标注的图元，可以是门窗、梁板或楼梯等，然后还可点取其他要在图中增加的标注点，按<回车>键后，点取尺寸线的位置，即可完成尺寸标注（见图 4-31）。

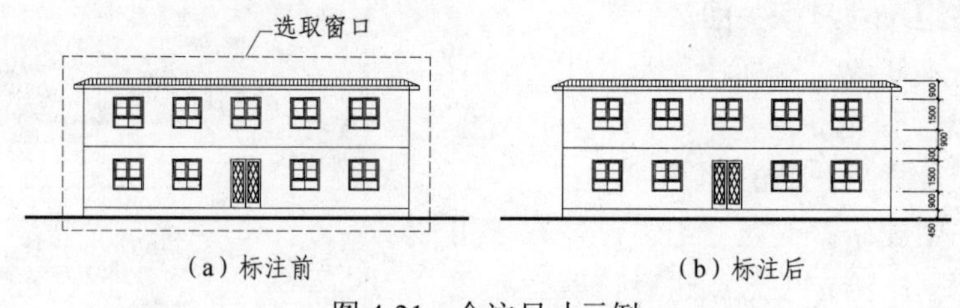

图 4-31　全注尺寸示例

4.1.31　层高尺寸　cgchc

菜单：尺寸标注 ▶ 层高尺寸

图元：公共标注（PUB_DIM）；标注：绿（3），文字：白（7）；DIMENSION

功能：为立或剖面图中选定的楼层线、屋顶和地坪线等标注尺寸。

执行本命令，选取要标注的图元，可以是楼层线、屋顶和地坪线等，然后还可点取其他要在图中增加的标注点，按<回车>键后，点取尺寸线位置，即可完成尺寸标注（见图 4-32）。

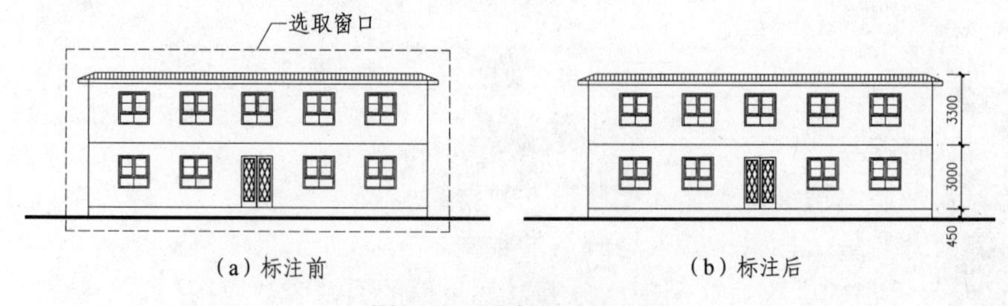

图 4-32　层高尺寸示例

4.2　符号标注

本节中主要介绍在图中标注各种符号和用引线引出标注文字的一些命令。一些由文字和直线构成的注标命令，如[注标高]、[引出标注]等，被做成组（Group）方式。这种组的特点：虽然组中成员是一些独立的图元，但却可在选取时被作为整体选中。利用本软件的[组选开关]命令，可以设置按组选取的状态。标高文字的颜色可用[文字颜色]命令设置。

4.2.1　注标高　zhbg (MG)

菜单：符号标注 ▶ 注标高

图元：公共标注（PUB_DIM）；符号：绿（3），文字：白（7）；LINE，TEXT；生成组

功能：标注标高。

执行本命令，点取要注标高的点后，标高标注绘制在图中。拖动鼠标，可以调整标高标注的位置。如果尖括号内的标注数据不合适，可以键入所希望标注的数字，按<回车>键后，即可完成标高标注。图 4-33 是各种标注形式的示例。

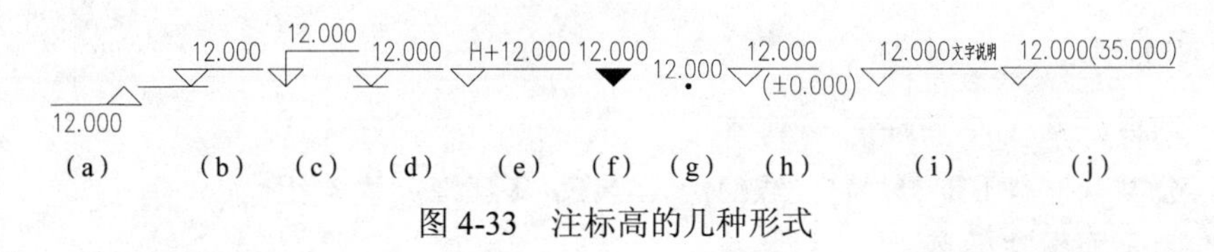

图 4-33　注标高的几种形式

用热键“F－选项”，弹出如图 4-34 所示的对话框，这个对话框中可以设定是否「使用黄海高程」和是否用「连续标注模式」。

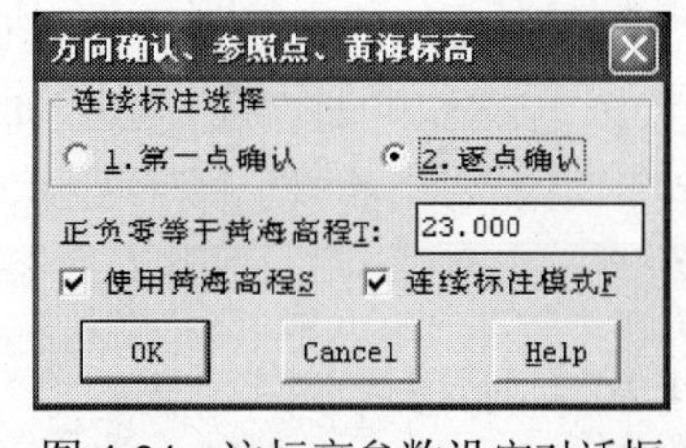

图 4-34　注标高参数设定对话框

如果选择了「使用黄海高程」，并设定了「正负零等于黄海高程」中的正负零位置相当于黄海高程的高度值，就在注出的标高值右面括号里标出黄海高程[图 4-33(j)]。

如果选择用「连续标注模式」，就可以选择是「第一点确认」还是「逐点确认」，如果选「第一点确认」，那么第二点以后的各个标高，就不再需要回车确认，但同时也不能再改变标高值、标注方向、引出方式等；如果选了「逐点确认」，那么每一点都有机会改变这些选项。用「连续标注模式」可以在标注完第一个标高后，拖出一条正交的橡皮线并进入连续标注的状态（按<F8>键可以切换对齐方式）。

另外，一些热键可以改变标注的形式。

- “{Q}引出”，配合鼠标拖动方向，可以绘制如图 4-33（b）、图 4-33（c）的标注形式。
- “{S}加基线”，用于绘制如图 4-33（d）的标注形式。
- “{H}加 H”，用于绘制如图 4-33（e）的标注形式。
- “{G}黑三角”，用于绘制如图 4-33（f）的标注形式。
- “{D}黑点”，用于绘制如图 4-33（g）的总图专用道路标高注法。
- “{Z}总图”，用于绘制如图 4-33（h）的总图专用正负零标高注法。

- “{空格}加文字”，用于绘制如图 4-33（I）的标注形式，文字在弹出的对话框中输入。

确定标高默认值的以下 4 种方法。

（1）在原始状态下，标高的默认值是按照当前用户坐标的 Y 值确定的，用户可以通过修改 UCS 的原点，改变标注点的标高默认值。

（2）当用户在注第一个标高时不用默认值，手工输入标高值，以后标注中的默认值就是上一点标高的相对值，这种情况一直保持到当前图结束。

（3）当用户使用了[插正负零标志]命令，在正负零标志的影响范围内，一直按照该标志的相对值出现标高默认值。

（4）当采用「连续标注模式」，点取第一标高点时，如果点到已有的标高标注上，程序会将该标高的位置和标高值作为下一步注标高的参照。

标高标注的文字颜色与尺寸标注文字的颜色一致，使用尺寸编辑命令[文字颜色]，可以改变标高文字的颜色。所有尺寸和标注的颜色相同。

本命令也可对图中已有的标高标注进行编辑，取消选择「连续标注模式」，取标高点时点取要编辑的标高，就可以重新取该标高的值，并可拖动鼠标调整标注位置。

如需标注立、剖面图中各楼层的标高，可使用[全注标高]或[层高标高]命令；如要标注平面图中多个楼层的标高，可使用[地坪标高]命令。

4.2.2 平面标高 zhpmbg

菜单：符号标注 ▶ 平面标高

图元：公共标注(PUB_DIM)；绿(3)；LINE，TEXT；生成组

功能：为平面图注标高。

执行本命令，点取标注点位置，输入标高值（在后面可加说明文字），标高标注即完成（见图 4-35）。本命令除用于平面图标注外，也可以用于简单的立、剖面标高标注。标高默认值的确定方法与[注标高]命令中的前三种方法相同。

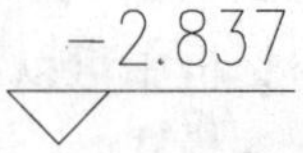

−2.837

图 4-35 注标高示例

4.2.3 地坪标高 dpbg

菜单：符号标注 ▶ 地坪标高

图元：公共标注（PUB_DIM）；符号：绿（3），文字：白（7）；LINE，TEXT；生成组

功能：标注平面或大样图各楼层地坪的标高。

执行本命令，在如图 4-36 所示的对话框中输入标高数据，再在图中点取注标高的点后，如图 4-37 的标高符号便标注图中。

该对话框中输入「层高」，再输入第一个「标高」数据后，按<回车>键可将数据加入列表。单击「添加」按钮，列表中加入新的标高数据，其数值会根据「层高」自动增长。其他控件的用法如下。

- 「删除」按钮用于删除列表中的选中项（可多选）。
- 「加括号」复选框用于选择是否在除最底层数据外的所有数据上加括号。
- 「加基线」复选框用于选择是否在插入标高时画基线。

- 「图取」按钮用于在图中拾取地坪标高，取其中的数据。

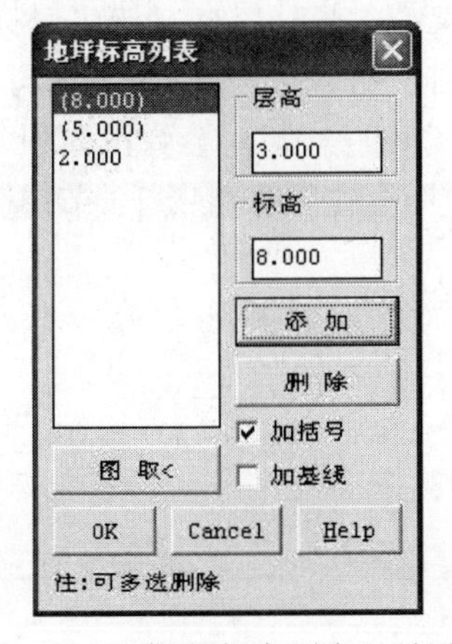

图 4-36　“地坪标高列表”对话框

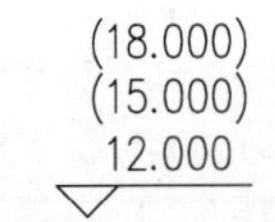

图 4-37　地坪标高示例

4.2.4　标高编辑　bgbj

菜单：符号标注 ▶ 标高编辑

图元：公共标注（PUB_DIM）；符号：绿（3），文字：白（7）；LINE，TEXT；生成组

功能：翻转标高标注的方向或修改标高数值。

执行本命令，拾取一个要修改标高标注的文字后，这个标高标注便可以用鼠标拖动来改变标注的方向，或者键入新的标高值来修改原来的标注值。图 4-38 是标注符号改变位置的示例。

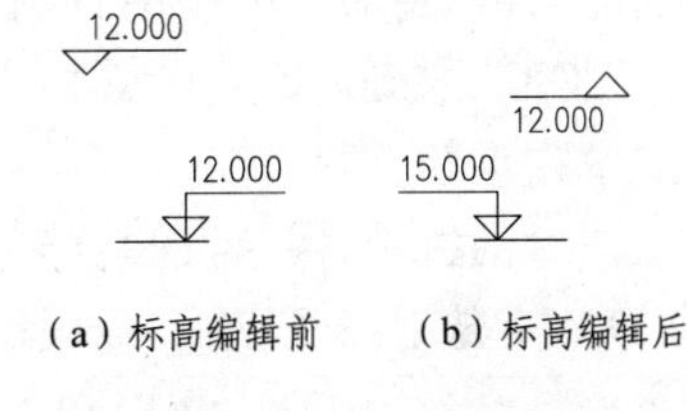

图 4-38　标高编辑示例

用以下热键可修改其他相关的标高标注。

- “S－同按高度改”，以一个标高标注文字和其标注点的数据为基准，修改其他标高的标注值。例如：执行命令后，先拾取作为基准的标高文字，将其数据修改正确，然后键入“S”，取所有要以此标高为基准来修改的标高，这些标高就被修改。
- “D－同按注值改”，先将一个标高修改数据，再用此热键，选取其他要修改的标高，选中的标高文字根据第一个标高修改的增减量做相应的修改。

用此命令还可以修复组被破坏的标高。执行本命令，如果选到组被破坏的标高文字，可以选取这个标高组的其他成员，将标高的组修复。一次只能修复一个标高。

4.2.5　注坐标点　zhzbd (DP)

菜单：符号标注 ▶ 注坐标点

图元：文字：公共文字（PUB_TEXT）；白（7）；引线：公共标注（PUB_DIM）；绿（3）；LINE，INSERT；生成组

功能：标注平面图上某点的坐标。

本命令一般用于规划图的绘制。因为本命令是直接从图中取坐标数据，所以在绘图之初要将坐标原点调整好。

执行本命令，点取要标注的坐标点，标注就完成了。拖动鼠标（选“鼠标变方向”）或用热键“{S}X 翻转”、“{D}Y 翻转”（选“热键变方向”），标注的引出方向可以做相应的翻转，如图 4-39 所示，共有 4 种引出方向。用热键“{Q}改参数”，会弹出如图 4-40 所示的对话框，在该对话框中可以设置标注的参数，其具体使用会在[坐标参数]一节中介绍。

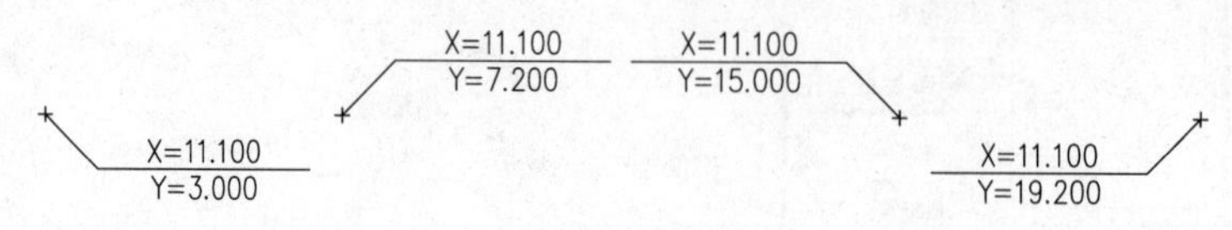

图 4-39　注坐标点的 4 种引出方式

4.2.6　坐标参数　zbcsh

菜单：符号标注 ▶ 坐标参数

图元：文字：公共文字（PUB_TEXT）；白（7）；引线：公共标注（PUB_DIM）；绿（3）；LINE，INSERT；生成组

功能：修改坐标标注的参数，修正被移动过的标注值。

本命令用于重新设置已经用[注坐标点]命令标注的图中坐标点标注。执行本命令，按提示选取图中的坐标点标注后，屏幕上弹出如图 4-40 所示的对话框。将对话框中的各项设置调整适当后，单击「OK」按钮，选定的坐标点标注便按对话框中的设置重新调整。

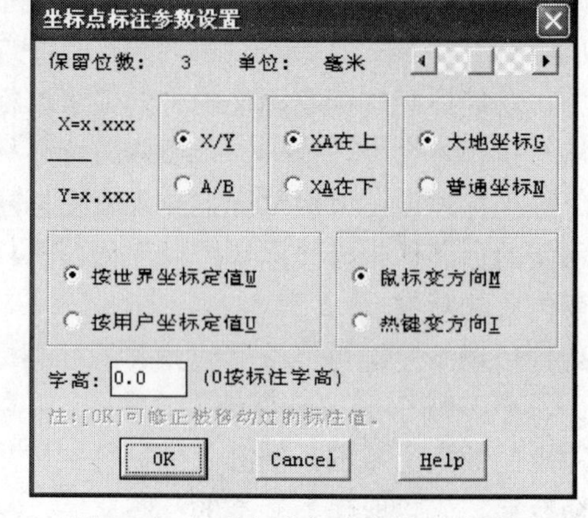

图 4-40　“坐标点标注参数”对话框

该对话框中各控件的功能如下。

- 「X/Y」、「A/B」选项用于选择坐标名称是“X”、“Y”，还是“A”和“B”。
- 「XA 在上」、「XA 在下」选项用于选择坐标“X”（或“A”）是在横线上还是下。
- 「大地坐标」、「普通坐标」选项用于选择使用什么坐标系。通常总图的标注使用“大地坐标”（即：北为 X，东为 Y，相当于笛卡儿坐标 X 和 Y 对换）；选用“普通坐标”即笛卡儿坐标。
- 「保留位数」用右面的拉条调整，如选择以“毫米”为单位，表示图上单位为 mm；选择以“米”为单位，表示图上单位为 m；标注的单位则总是米。可选择保留小数的位数在 0～3 之间调整。
- 「按世界坐标定值」、「按用户坐标定值」选项用于决定标注的坐标值，是按“世界坐标”还是按“用户坐标”取值。
- 「鼠标变方向」、「热键变方向」选项用于选择是用鼠标还是用热键来调整标注的位置。
- 「字高」取 0 值时，用[字型参数]里面定义的“标注”字高；当输入值小于 15 时，字高为按“内涵比例”变化的字高，即出图时图上的字高。

对话框修改后，单击「OK」按钮退出，当前和以后绘制的坐标点标注按修改后的方式绘制，在此以前绘制的标注不变化。

4.2.7　插正负零　chzhfl

菜单：符号标注 ▶ 插正负零

图元：标记（_SIGN_）；红（1）；INSERT

功能：在立、剖面图中插入正负零标志，确定图中 0 高度的位置。

执行本命令，点取正负零标志的插入点，再用开窗的方法选取与本标志有关的所有立、剖面图形，并确认要修改相关的标高，正负零标志就插入到图中指定位置，同时已插入的标高值随着改变（见图 4-41）。利用正负零标志，可以实现一张图中多个 0 基准共存。

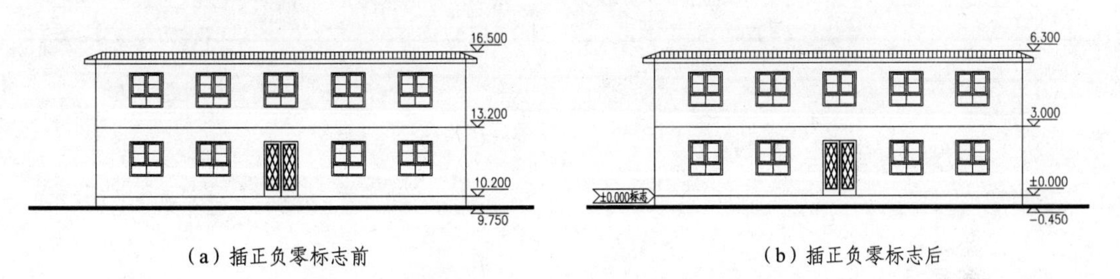

（a）插正负零标志前　（b）插正负零标志后

图 4-41　插正负零标志示例

4.2.8　移正负零　yzhfl

菜单：符号标注 ▶ 移正负零

图元：标记（_SIGN_）；红（1）；INSERT

功能：移动正负零标志，从而调整立、剖面图的正负零标高位置。

执行本命令，拾取正负零标志，再给出新的插入点，正负零标志移到指定位置，同时图中相关的标高值随着改变（见图 4-42）。

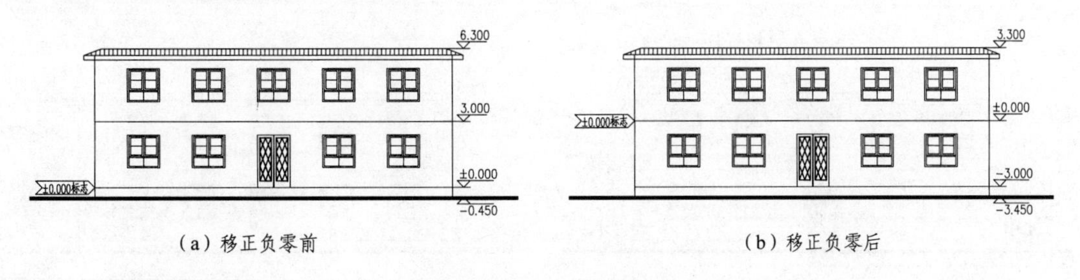

（a）移正负零前　（b）移正负零后

图 4-42　移正负零示例

4.2.9　全注标高　qzhbg

菜单：符号标注 ▶ 全注标高

图元：公共标注（PUB_DIM）；符号：绿（3），文字：白（7）；LINE，TEXT；生成组

功能：为立、剖面图中选定的各图元注标高。

执行本命令，选取要标注的图元，可以是门窗、梁板或楼梯等，然后还可点取其他要在图中增加的标注点，<回车>结束点取增加点后，点取标高标注的水平位置，从而标高标注完毕。标高默认值的确定方法见[注标高]命令。

图 4-43 是一个用[全注标高]命令为图 4-43（a）所示立面图注标高的示例。选取要标注的门窗、楼层线（需事先打开）、屋顶和地坪线等后，即可完成标高标注［见图 4-43（b）]。

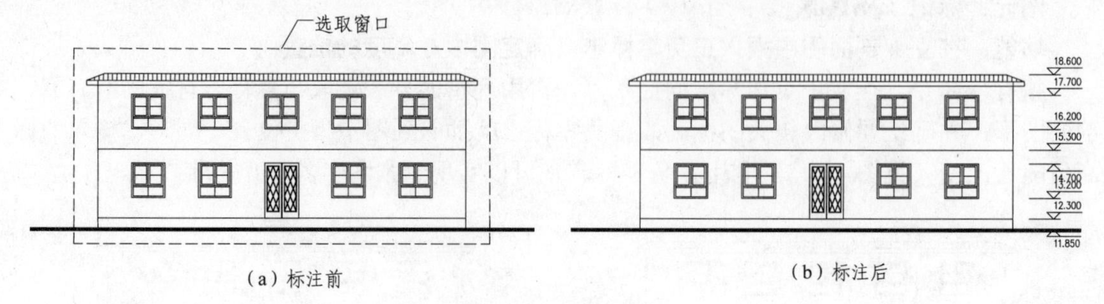

图 4-43　全注标高示例

4.2.10　层高标高　cgbg

菜单：符号标注 ▶ 层高标高

图元：公共标注（PUB_DIM）；符号：绿（3），文字：白（7）；LINE，TEXT；生成组

功能：为立或剖面图中选定的楼层线、屋顶和地坪线等注标高。

执行本命令，选取要标注的图元，可以是楼层线、屋顶和地坪线等，然后还可点取其他要在图中增加的标注点，<回车>结束点取增加点后，给出标高标注的水平位置，从而标高标注完毕。标高默认值的确定方法见[注标高]命令。

图 4-44 是一个用[层高标高]为图 4-44（a）所示立面图注标高的示例。选取要标注的楼层线（需事先打开）、屋顶和地坪线等后，从而标高标注完成［见图 4-44（b）]。

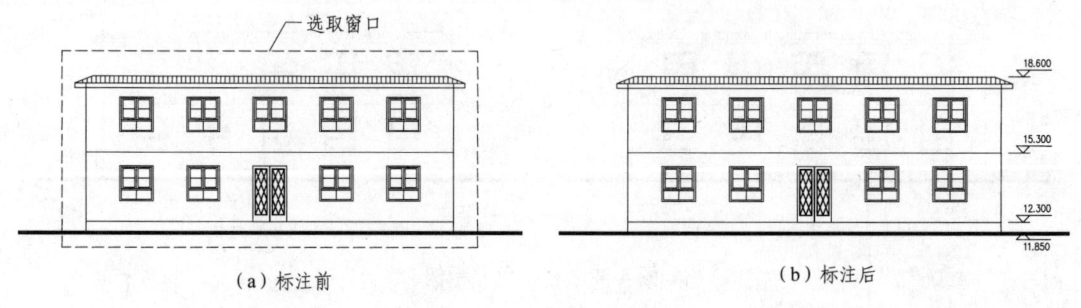

图 4-44　层高标高示例

4.2.11　指向索引　zhxsy (O2)

菜单：符号标注 ▶ 指向索引

图元：文字：公共文字（PUB_TEXT）；白（7）；引线：公共标注（PUB_DIM）；绿（3）；TEXT，LINE，INSERT；生成组

功能：为图中另有详图的部分注详图索引号。

执行本命令，按提示依次给出索引节点的位置、转折点和索引号的位置（也可不要转折点），输入标注内容，指向索引标注在图中（见图 4-45）。

标注内容在如图 4-46 所示的对话框中输入。这个对话框右面列表框中的词汇取自[文字标注]中词库的内容。如需添加内容，可以到词库管理对话框中进行。本对话框默认的词库目录是“索引图集”，如果需要，也可以在下拉列表中选其他目录。

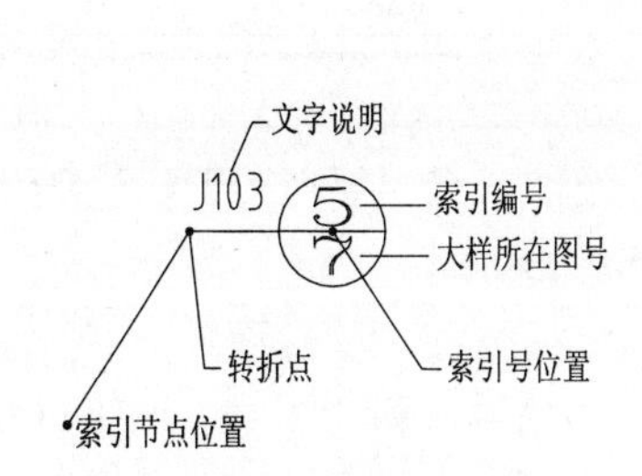

图 4-45　指向索引示例

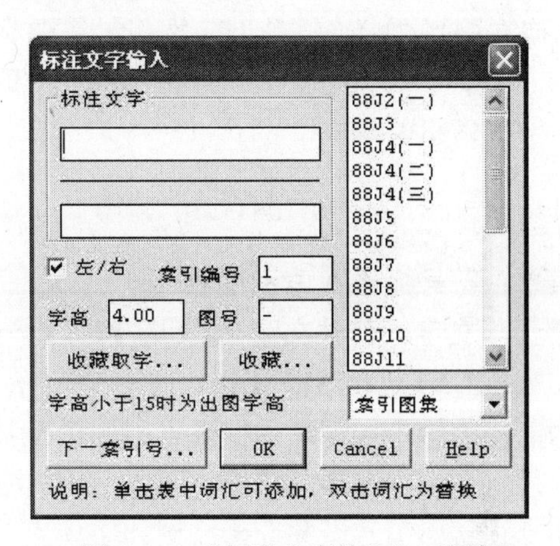

图 4-46　“标注文字输入”对话框

- 「标注文字」栏中的编辑框用于输入标注横向上、下的说明文字。
- 「收藏」和「收藏取字」按钮用于将当前设定的标注内容存到收藏夹中，或从收藏夹中取出已被收藏的标注内容。图 4-47 为“词汇收藏夹”对话框，如果需要收藏，必须为当前的标注内容起一个名字。
- 「左/右」复选框用于选择没有转折点时标注文字写在索引号的左或右。
- 「下一索引号」用于同一标注中有多个索引号的情况，单击可输入下一个编号。

索引号属性文字在“公共说字”（PUB_SYMB_TEXT）层，修改层文件或直接修改图中该层的颜色，就可以改变索引号的颜色。

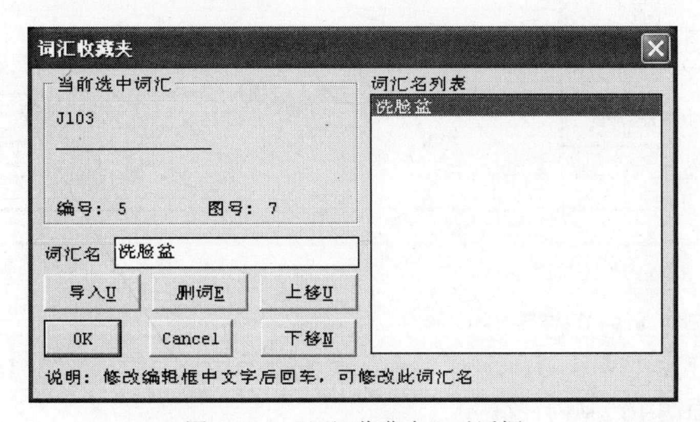

图 4-47　“词汇收藏夹”对话框

4.2.12　剖切索引　pqsy (O3)

菜单：符号标注 ▶ 剖切索引

图元：文字：公共文字（PUB_TEXT）；白（7）；引线：公共标注（PUB_DIM）；绿（3）；TEXT，LINE，INSERT；生成组

功能：为图中另有剖面详图的部分注剖切索引号。

注剖切索引号的方法与注一般索引号的方法基本相同（见[指向索引]命令），只是剖切索引号需要标出剖视方向。剖视的方向总是从剖切索引起点指向橡皮线的终点。图 4-48 是一个剖切索引的示例。

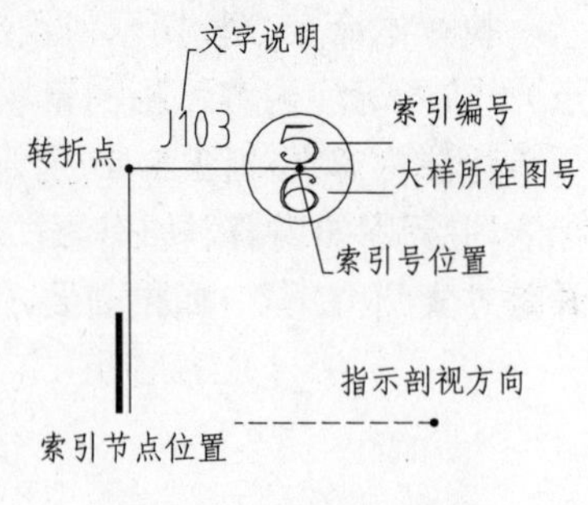

图 4-48　剖切索引示例

4.2.13　索引图名　sytm (O1)

菜单：符号标注 ▶ 索引图名

图元：文字：公共文字（PUB_TEXT）；白（7）；图块：公共标注（PUB_DIM）；绿（3）；TEXT，INSERT

功能：为图中局部详图标注索引图名及其比例。

执行本命令，屏幕上弹出如图 4-49 所示的对话框。在「编号」和「图号」编辑框中键入详图编号和索引图号，并选择比例和字体后单击「OK」按钮退出，如图 4-50 所示的索引图名标注在图中。如果详图与被索引的图样同在一张图纸内，将「图号」编辑框清空，标注如图 4-50（b）所示；如不要比例，清空比例编辑框，标注如图 4-50（c）所示。比例也可以通过选取比例列表的项写入。「比例字体」下拉列表可以选择英文字体，也可以选 Windows 字体，或选[字型参数]定义字体。

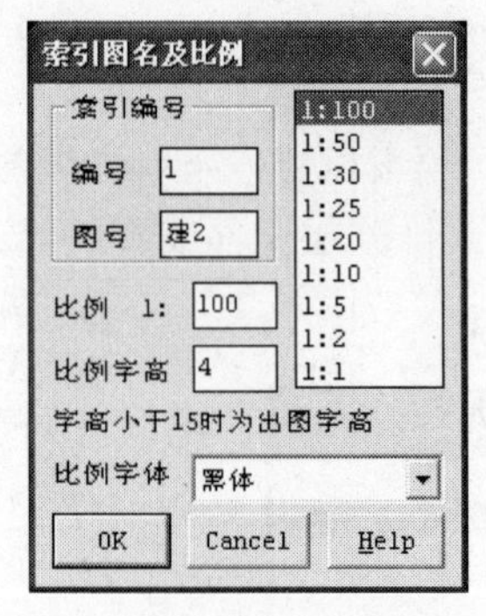

图 4-49　“索引图名及比例”对话框

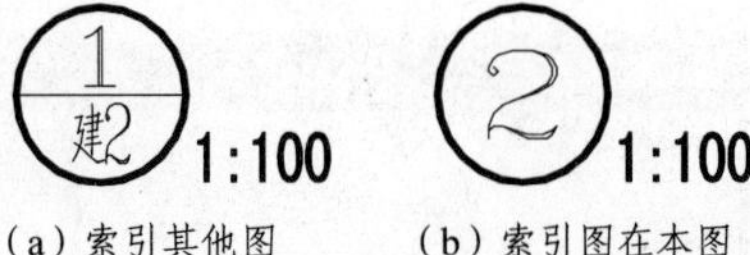

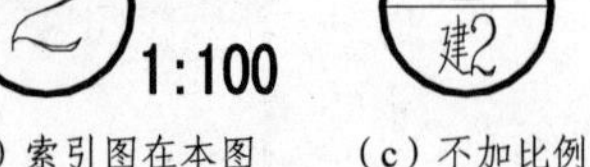

（a）索引其他图　（b）索引图在本图　（c）不加比例

图 4-50　索引图名示例

4.2.14　内视符号　nshfh

菜单：符号标注 ▶ 内视符号

图元：公共标注（PUB_DIM）；符号：绿（3），文字：白（7）；INSERT

功能：在平面图中绘制内视符号。

执行本命令，输入内视符号的面数（各种面数的符号形式如图 4-51），再点取内视符号的中心位置，移动鼠标选取插入方向，输入内视符号中各立面的编号，符号即插入图中；内视符号的大小与当前的[内涵比例]有关。

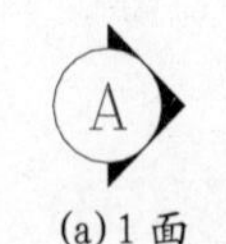

(a) 1 面　(b) 2 面　(c) 4 面

图 4-51　内视符号的几种形式

4.2.15　剖视符号　dpqh (BP)

菜单：符号标注 ▶ 剖视符号

图元：公共标注（PUB_DIM）；绿（3）；INSERT

功能：在图中标注剖面剖切符号。

剖面剖切号是有剖视方向线的剖切符号。执行本命令，按屏幕提示点取剖切线的起始点、各中间转折点和结束点，即可完成如图 4-52（a）所示的剖切号。如果不是初次标注剖切符号，屏幕上会显示上次的剖切路线，用热键“P－采用已有的剖切线”可选择用此路线。

热键“A—改变方向”用于转角剖切，可在取转折点时输入角度［见图 4-52（b)]。

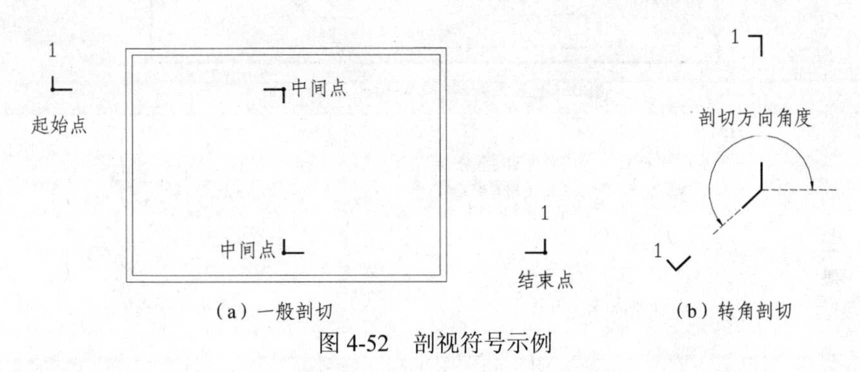

图 4-52　剖视符号示例

4.2.16　断面符号　xpqh (LP)

菜单：符号标注 ▶ 断面符号

图元：公共标注（PUB_DIM）；绿（3）；LWPOLYLINE，TEXT

功能：在图中标注断面剖切符号。

断面剖切号是指不画剖视方向线的断面剖切符号。

执行本命令，按提示给出剖切线的起始点、结束点、剖视方向和剖面图号，即在图中指定位置注上断面剖切符号（见图 4-53）。

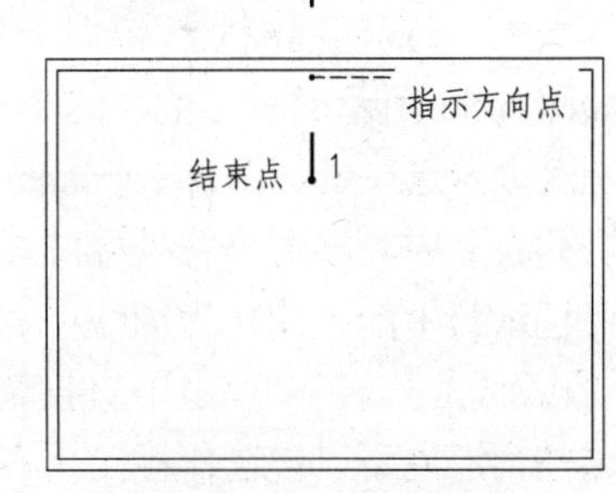

图 4-53　断面符号示例

4.2.17　引出标注　ychbzh (D2)

菜单：符号标注 ▶ 引出标注

图元：文字：公共文字（PUB_TEXT），白（7）；引线：公共标注（PUB_DIM），绿（3）；TEXT，LINE，INSERT；生成组

功能：绘制用引线引出的文字标注，可用于对多个标注点做同一内容的标注。

执行本命令，在屏幕上弹出如图 4-54 所示的对话框。在这个对话框中可以设定引出标注的式样，输入要标注的文字。

标注的文字最多可写四行，最少要写一行。文字可以写在引出横线的上、下，也可以写在横线的后面（见图 4-55）。要标注的文字在对话框「标注文字」栏的 4 个编辑框中输入。需要输入多行时，只有先输入了第一行并按<回车>键后，才能够继续输入横线的第二行和横线下的文字。文字是写在横线上、下两侧还是写在横线后面由「文字位置」栏中的互锁按钮来设定。

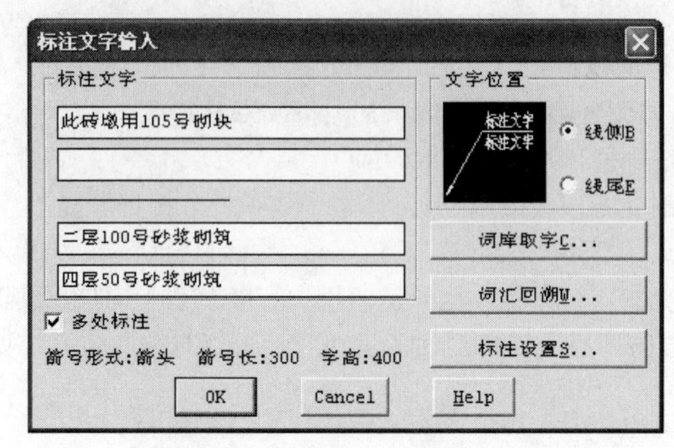

图 4-54 “标注文字输入”对话框

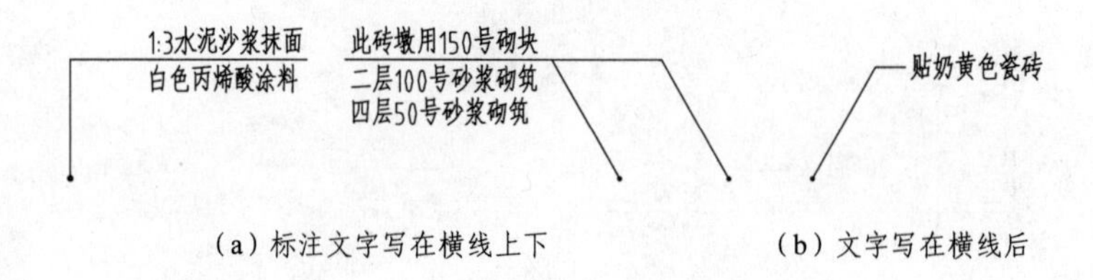

图 4-55 引出标注示例

该对话框中各项功能说明如下。

- 「词库取字」按钮用于弹出一个取词汇的对话框，可以在这个对话框里选取词汇，这个对话框应用于多个命令，其具体的使用方法将在[文字标注]一节中介绍。
- 「词汇回溯」按钮用于弹出一个如图 4-56 所示的对话框，这个对话框左上角显示选中的词汇；左下部的「回溯词汇列表」中列出用户曾经标注过的文字，可任选其中的一项作为标注内容；右边的「收藏词汇列表」中列出用户收藏的词汇，这些词汇也可以被选作标注内容；「收藏」按钮用于将「回溯词汇列表」中的条目加入到「收藏词汇列表」中；「删除」按钮用于删除「回溯词汇列表」中的条目。

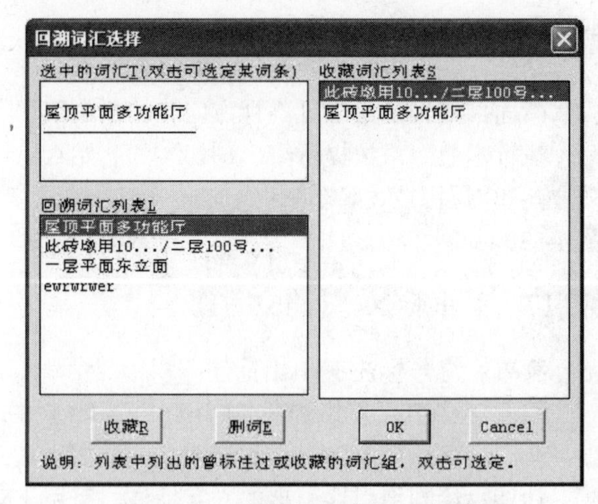

图 4-56 “回溯词汇选择”对话框

- 「标注设置」按钮用于弹出如图 4-57 所示的对话框，在这个对话框中可以设定引出点箭号的形式和文字及箭号的大小。
- 「多处标注」复选框用于选择是否要多次标注同样的内容。

在“标注文字输入”对话框中输入了标注文字并设定好标注的形式后，单击「OK」按钮退出对话框，此时可点取一个或多个要引出标注线的点。取点结束后，会从每个标注点引出一根引出线，引出线的排列有平行和集中两种方式（见图 4-58），移动鼠标可以改变引出线的倾斜位置，还可以<回车>，改变引出线的排列方式。倾斜位置和排列方式调整好后，单击鼠标左键，便确定了引出线的位置。最后还可以拖动鼠标确定标注文字的摆放位置（上下、左右均可移动），再点取确认后，引出标注绘制完毕。

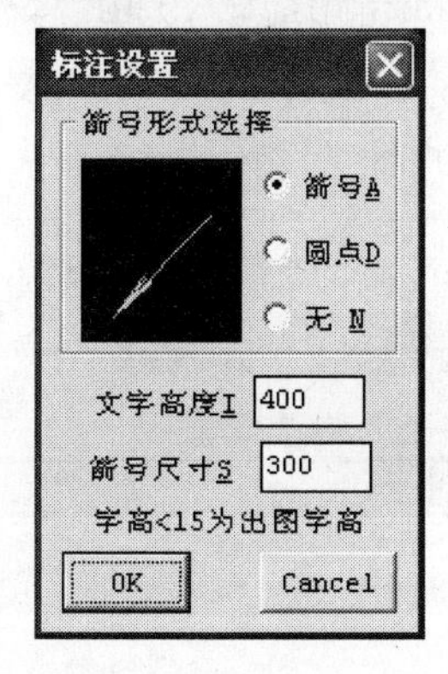

图 4-57　“标注设置”对话框

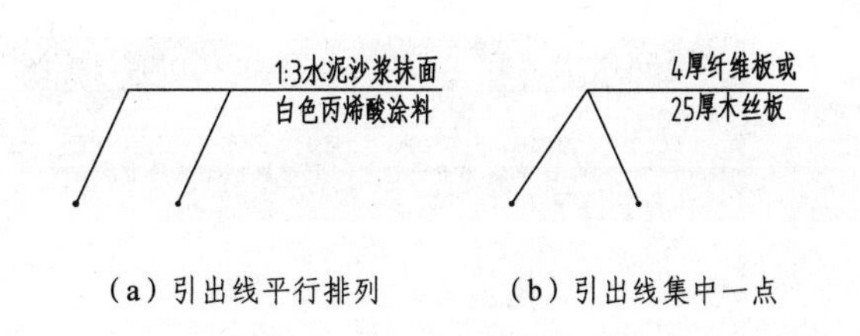

图 4-58　不同引出线排列的引出标注

4.2.18　做法标注　zfbzh(D3)

菜单：符号标注 ▶ 做法标注

图元：文字：公共文字（PUB_TEXT），白（7）；引线：公共标注（PUB_DIM），绿（3）；TEXT，LINE，INSERT；生成组

功能：标注工程做法。

执行本命令，屏幕上弹出如图 4-59 所示的对话框。在这个对话框中可以输入要标注的文字，还可以设置标注文字位置、字高和是否要加指示点。

输入标注文字的方法是在「标注内容」编辑框中输入标注文字，每次输入一条做法内容，然后<回车>或单击「加入」按钮，将词条加入到上面的「标注文字列表」中。

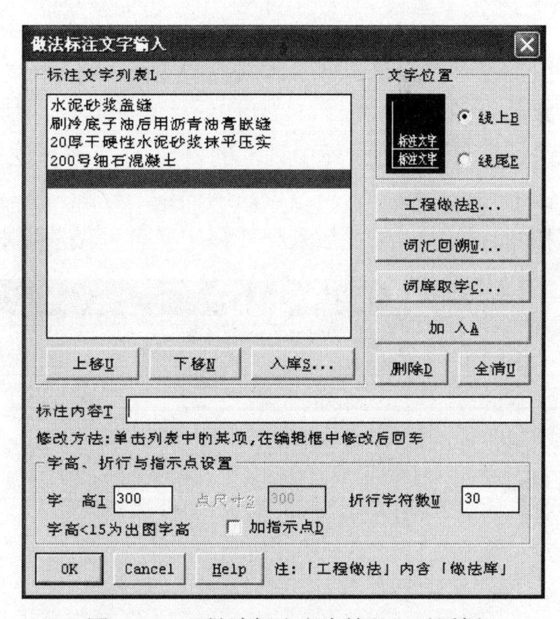

图 4-59　“做法标注文字输入”对话框

- 「删除」、「全清」按钮用于删去列表中某条做法词条或将词条全部删除。
- 「上移」和「下移」按钮用于移动列表中词条的位置。
- 「入库」按钮用于将当前的做法词汇加入到自定义工程做法库中。
- 「文字位置」栏中的互锁按钮用于设定文字是写在横线上还是写在横线后。
- 「加指示点」用于选择是否要在引出位置加些示意做法应用位置的指示点，如果需要，可选取此框。指示点的大小和标注文字的高度在上面的编辑框中输入。

- 「折行字符数」用于设定在图中标注时，每条词汇的字符数多于多少时就应折行。

标注文字还可以用「工程做法」、「词汇回溯」和「词库取字」的方式输入。

- 「工程做法」按钮用于在如图 4-60 所示的对话框中取用户自定义的做法词汇，这些词汇可以用「做法库导入」或「工程做法标准库」按钮从其他库中导入。「导出为 CSV 文件」按钮用于将当前的用户库中的词汇存入一个 CSV 文件（用 Excel 可用编辑）。用「做法库导入」可将其他计算机上\lisp\zfword.dat 文件的词汇合并到本系统中。用「工程做法标准库」可在如图 4-61 所示的对话框中取做法标准库中的词汇加入到用户的做法库中。工程做法标准库中的做法来自《建筑构造通用图集 88J1-1 工程做法》。

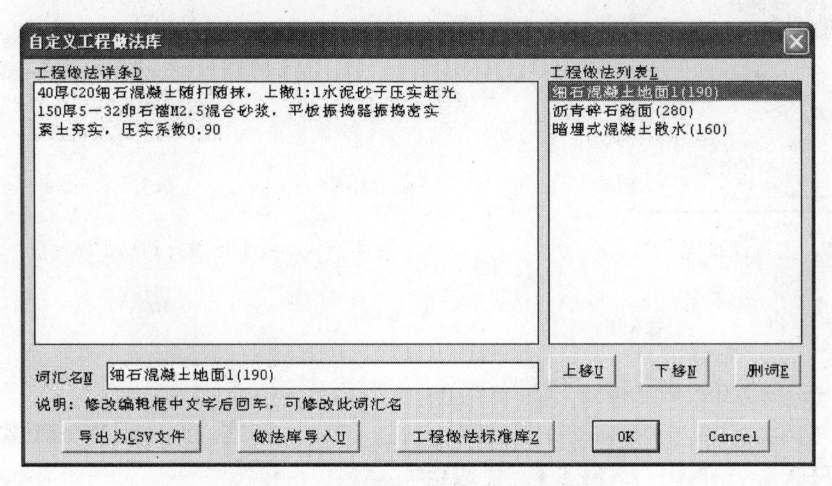

图 4-60 “自定义工程做法库”对话框

在图 4-61 所示的对话框中，「库文件名」用于选择做法词汇库，除了系统做法标准库外，用户也可以自己建库（本软件中 lisp 目录下文件“自定义做法示例.csv”是一个自定义做法库的例子，这个文件可以用 Excel 文件编辑，仿照这个例子用户可自定义自己的做法库）；「做法词汇目录」列出库中词汇的目录；「工程做法列表」列出各种做法的名称，选中某一项，左面的列表中就显示出改做法的详条。选中「工程做法列表」中的一条或多条，双击或单击「OK」按钮，这些词条就加入到「自定义工程做法库」中了。

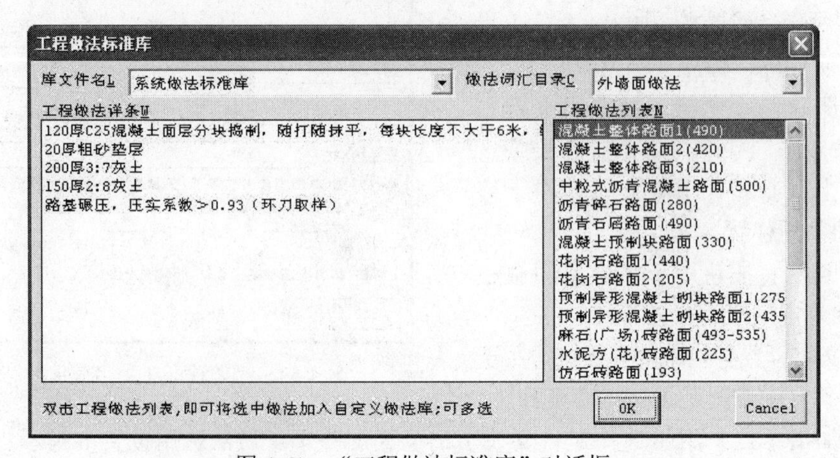

图 4-61 “工程做法标准库”对话框

用「词汇回溯」按钮可在如图 4-62 所示的「回溯词汇选择」对话框中取词。这个对话框右边的「词汇组列表」中列出了以往曾经标注过的词汇组。每一条词汇组中可能有多条词汇，选中某一项，左边的「选中词汇组详条」列表中便显示这个词汇组中包含的所有词条。在右边「词汇组列表」中选中一项，单击「OK」按钮退出，这个词汇组中的所有词条便全部加入到「标注文字列表」中；如果只需要这个词汇组中的部分词条，可以在左边的「选中词汇组详条」列表中选取需要的词条后，单击「OK」按钮退出，这时只有选中的词条加入「标注文字列表」。

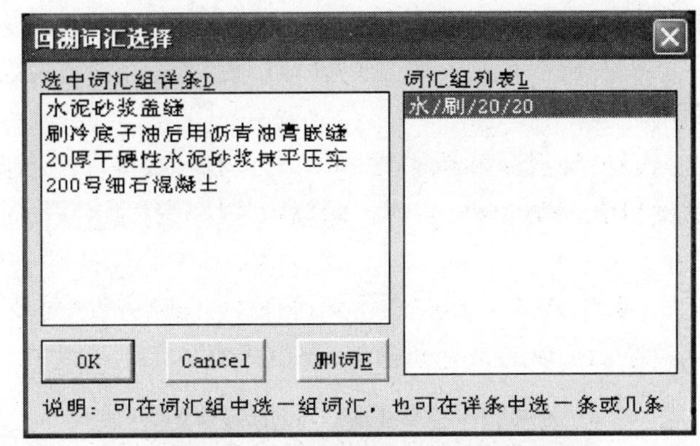

图 4-62 “回溯词汇选择”对话框

用「词库取字」按钮可调出在词库中取词的对话框，这个对话框的用法将在[文字标注]中介绍。单击对话框中标注内容输入好后，单击「OK」按钮，退出对话框，根据提示点取标注引线起始点后，图中绘出标注文字，此时可以用鼠标拖动改变文字的位置，文字可以写在引出线的左边或右边。拖动到合适的位置后，单击鼠标左键，表示确定了文字的方向。这时可以再移动鼠标，将标注文字拖动到您认为合适的位置，点取插入位置，标注就完成了。最后如果在对话框中选择了要加指示点，还可以再点取要加点的位置。图 4-63 所示为做法标注的几个示例。

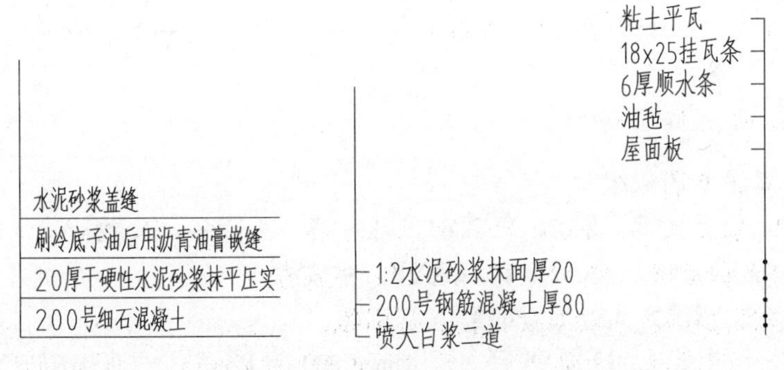

图 4-63 做法标注示例

4.2.19 文字图名 wztm

菜单：符号标注 ▶ 文字图名

图元：文字：公共文字（PUB_TEXT），白（7）；下画线：公共标注（PUB_DIM），绿（3）；TEXT，MTEXT，LWPOLYLINE；生成组

功能：绘制图纸名称和比例。

执行本命令，弹出如图 4-64 所示的“文字图名及比例”对话框。该对话框有以下功能：

（1）输入图名。可以选取右面列表中的词汇输入，单击词汇添加，双击词汇替换；也可以单击「文字回溯」按钮，在弹出的“回溯词汇选择”对话框中选词汇；还可以单击「图上取字」按钮到图中去词汇。

（2）输入比例。可直接输入，也可单击比例列表中的某项选取。如不要比例，就清空比例编辑框。

（3）设置字体和字高。「中文」和「英文」下拉列表可以选择图名专用的中、英文组合，也可以选 Windows 字体，或选[字型参数]定义字体；这里的字体选择与[索引图名]是相关联的。

（4）「双线/单线」用于选择图名下面的横线是否用双线。

最后完成的文字图名如图 4-65 所示。

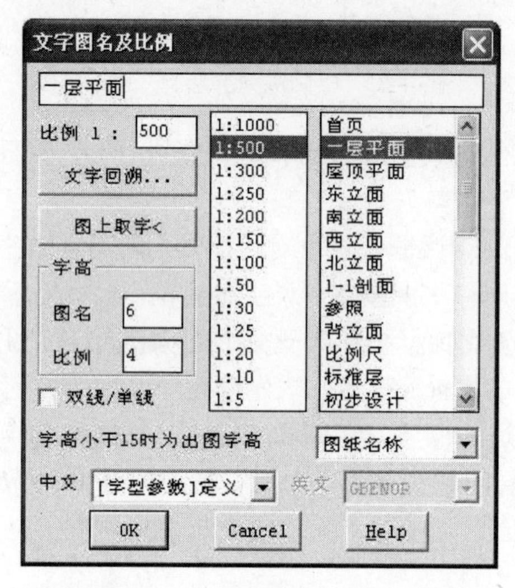

图 4-64 “文字图名及比例”对话框

首层平面图 1:100

图 4-65 文字图名示例

4.2.20 箭头绘制 jthzh (AW)

菜单：符号标注 ▶ 箭头绘制

图元：文字：公共文字（PUB_TEXT），白（7）；箭头：公共标注（PUB_DIM），绿（3）；LWPOLYLINE，INSERT，TEXT；生成组

功能：用于绘制指示方向或坡度的箭头及引线。

执行本命令，给出箭头的起始点后，用 AutoCAD 的 Pline 方式画出用户所需的引线（直线、弧线及其组合的线）；按<回车>键后，箭头就绘制完毕（见图 4-66）。

本命令中热键的功能如下。

- “Z 坡度”，在弹出的对话框中输入箭头附加的文字，再确定“箭头”的插入点、插入方向和箭头长度，绘制出箭头如图 4-66（b）所示。
- “A 计算坡度”，同样用于标注坡度，只是坡度是根据用户输入的坡段长度和高度差计算出来的。插入文字时的插入点选在箭头线附近，文字会自动保持与箭头线方向一致。
- “B 坡度坡长”，用法与“A 计算坡度”基本相同，只是同时在线上标注百分比坡度，线下标注坡道长度如图 4-66（c）所示。
- “S－上”、“X－下”，画完箭头后在引线端部写“上”、“下”等文字，文字默认位置在箭头引线尾部如图 4-66（d）所示。

● “D 疏散距离”，绘制箭头后，弹出“文字编辑”对话框，默认的文字是按箭头线长度测出的疏散距离。插入文字时的插入点选在箭头线附近，文字会自动保持与箭头线方向一致［见图 4-66（e)］。

● “Q 选样式”，在弹出的对话框中可选择箭头式样和尺寸，此对话框已在[两跑楼梯]一节中介绍过。

以上箭头附近绘制的文字字型、宽高比等是用[字型参数]命令设定的。

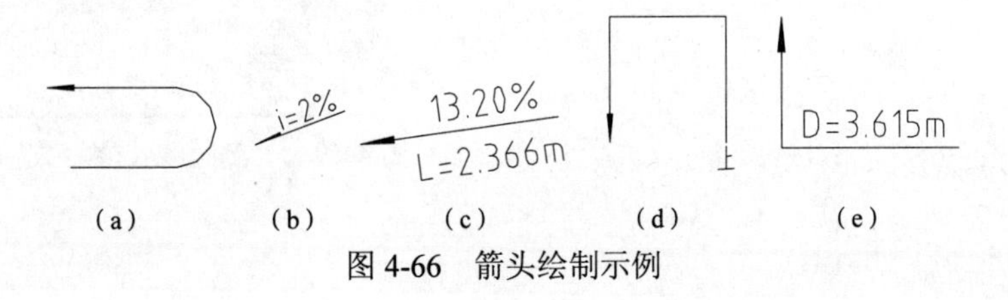

图 4-66　箭头绘制示例

4.2.21　画对称轴　dchzh

菜单：符号标注 ▶ 画对称轴

图元：公共标注（PUB_DIM），轴线（DOTE）；绿（3），红（1）；INSERT，LINE

功能：绘制对称轴及符号

执行本命令，点取对称轴起始点和结束点，即对称轴绘制完毕（见图 4-67）。

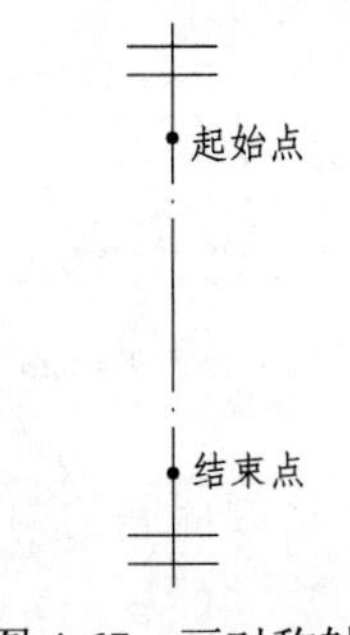

图 4-67　画对称轴示例

4.2.22　加剖断线　jpdx

菜单：符号标注 ▶ 加剖断线

图元：其他（OTHER），剖面其他（S_OTHER）；白（7）；LINE；生成组（或块）

功能：在平面图或剖面图中加剖断线。

执行本命令，拾取要变为剖断线的 LINE 线或按<回车>键后点取剖断线的起始点和结束点，即可实现所选直线变为剖断线（见图 4-68）。其热键的功能如下。

● “D－双线遮挡剖断”用于取两点绘制一道双侧剖断线。这种剖断线是插入块，中间附有一个遮挡面，被剖断图元不需要打断，特别适合剖断“填充图案”等不容易被打断的图元；如果想移动位置，只需移动剖断线即可。

● “Q－选项”用于弹出如图 4-69 所示的对话框，调整剖断线各部分的长度参数。其中：「折断长度」是指折断部分起止点间距离；「按当前比例自动调整」用于选择绘制剖断线时的长度是否随内涵比例变化；不选此项，比例变化时，各长度不改变；选此项，各长度按当前的内涵比例改变，编辑框内的长度值始终是要画剖断线的实际值。

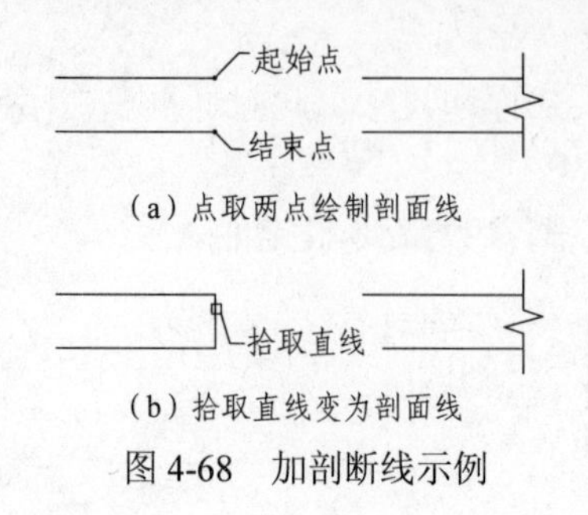

图 4-68 加剖断线示例

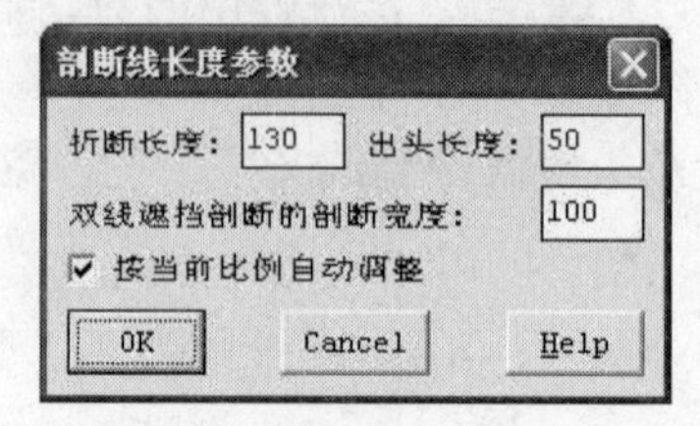

图 4-69 “剖断线长度参数”对话框

4.2.23 画指北针 hzhbzh

菜单：符号标注 ▶ 画指北针

图元：公共标注(PUB_DIM)；绿(3)；INSERT

功能：在当前图插入指北针图块。

执行本命令，点取指北针的中心位置，移动鼠标选取插入方向，指北针即插入图中（见图 4-70）；指北针大小与当前的[内涵比例]有关。

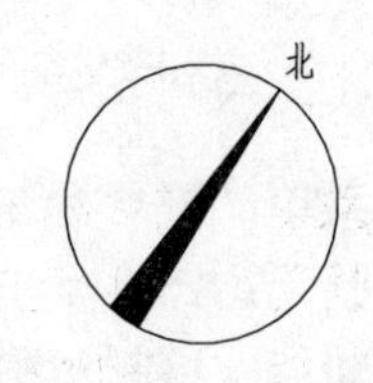

图 4-70 画指北针示例

4.2.24 面积测量 fjmj (FM)

菜单：符号标注 ▶ 面积测量

图元：公共文字（PUB_TEXT）；白（7）；TEXT，HATCH

功能：自动搜索房间内墙线或选取已有的边线，标出房间面积或给房间涂色。可对已有房间面积累加求和。

执行本命令，拾取已有的边界线，或拾取房间的内墙线，程序自动搜索闭合的房间边界（也可按<回车>键人工点取边界），计算出房间面积后，可以点取标注点，将面积值标注图中（见图 4-71）；也可以输入颜色号，给房间涂色（以后可用于求累加面积）。

其热键选项的功能如下。

- “S 选 Pline”，用于点取任意层上的 Pline、圆或面域来测定其面积。此时还有以下热键选项。
  - ◆ “A 面积和”，多选 Pline、圆或面域，求其面积和。
  - ◆ “S 面积差”，先多选 Pline、圆或面域（正面积），再多选挖洞 Pline、圆或面域（负面积），求面积差。
  - ◆ “D 各形心注”，多选 Pline、圆或面域，分别在每个面积图元的形心位置标注其面积。
  - ◆ “F 拾取加减”，逐个拾取 Pline、圆或面域，中间可以通过热键“{A}加减切换”切换加减状态，最后标注面积合计结果。
- “B 点选边界”，调用 AutoCAD 的“boundary”命令，点取区域中一点，获取区域边界。
- “A 加”、“E 减”、“X 乘”、“D 除”，选取已经标注面积的文字，将这些文字中的数字进行加、减、乘、除运算，标出计算结果；其中数字是否包含整数（不带小数点），在“<Q>

改参数”对话框里面选择。

- “Q 改参数”，在如图 4-72 所示的“面积测量参数”对话框中设置测量和标注时用到的参数。其中，「专用字体」用 romans.shx 字体，这种字体显示平方，可保持标注文字是整体；「通用字体」是[初始设置]中设置的标注字体，平方文字可能与其他文字分离；「字高」设为 0 时取[初始设置]中设置的标注字高。
- 在提示取标注点时，也可用热键“A－标注周长”改标注面积为标注周长。

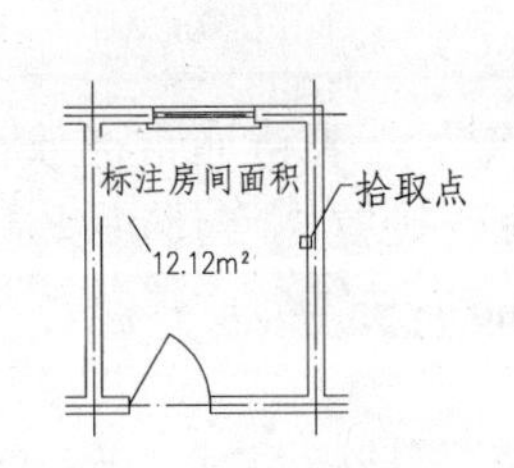

图 4-71　面积测量示例

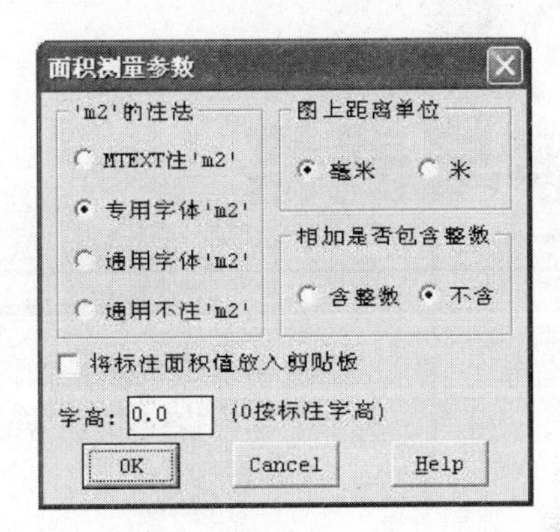

图 4-72　面积测量参数对话框

4.2.25　图案面积　tamj

菜单：符号标注 ▶ 图案面积

图元：公共文字（PUB_TEXT）；白（7）；TEXT

功能：计算用[搜索边界]等命令填充了颜色部分的面积，并标注图中。

本命令可以求出所选取填充图案的面积总和；如果图案重叠绘制，求出的面积值，将不会重复计算重叠部分的面积。执行本命令，选取要统计面积的色块或图案，按<回车>键后，程序自动计算出色块或图案所占面积；在图中指定标注位置后，其值就被标注在该位置上。用热键“Q 改参数”的方法与[面积测量]命令中的相同。

4.2.26　边线擦除　bxcch

菜单：符号标注 ▶ 边线擦除

图元：临时基线（TMP_BASE）；蓝（5）；POLYLINE，HATCH

功能：擦除搜索边界时留下的线或颜色填充。

执行本命令，选取要擦除的边界线后，边界线或填充色被擦除。

第5章
文字与表格

用各种文字和表格工具绘制的文字、表格通常被放在专用的层上。文字所用的字型由[字型参数]命令设置，字体可以是 AutoCAD 所带字体，也可以是 Windows 的 True Type 字体。

5.1　文字标注

文字输入可以用专用文字标注命令输入，也可以从一个已经编好的文本文件中导入。各种文字都可用[文字编辑]命令来编辑。文字写入和编辑中使用的默认字型参数都由[字型参数]命令定义。要修改图中文字的字体和其他字型参数，可先用[字型参数]命令设置好字型，再用横、竖排命令变字型。命令名中有“单词”字样的命令可应用于属性文字。

5.1.1　文字标注　wzbzh（WT）

菜单：文字标注 ▶ 文字标注 A

图元：公共文字（PUB_TEXT）；白（7）；TEXT，MTEXT

功能：用[字型参数]设定的字型及宽高比标注文字，并可在词库中选词。

执行本命令后，屏幕上弹出如图 5-1 所示的“文字输入”对话框。在这个对话框中可以输入文字，还可以选择文字的字高、转角和图层等。在对话框中输入文字的，单击「确定」按钮，退出对话框；点取文字的插入点，即可将文字插入到图中。文字的插入点是其左下角，所用的字型及宽高比是由[字型参数]命令定义的。

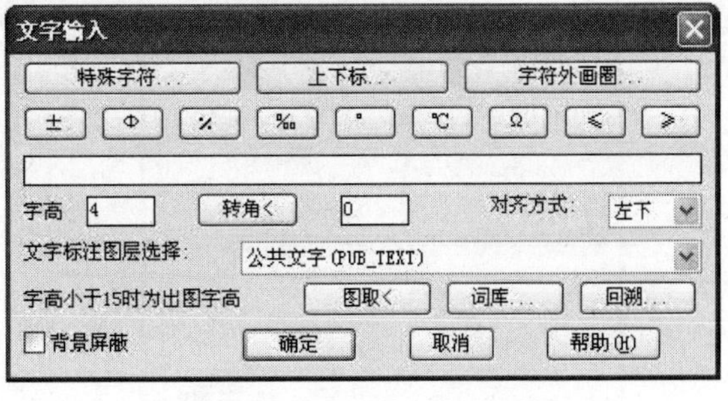

图 5-1　“文字输入”对话框

下面介绍上述对话框中各控件的功能。

- 「特殊字符」按钮用于在弹出的对话框中选择要输入的特殊文字。
- 「上下标」按钮用于在如图 5-2 所示的对话框中输入上下标，上下标文字不能是汉字。
- 「字符外画圈」按钮用于在如图 5-3 所示的对话框中输入要画圈的字符，输入字符不要超过 2 个，要保证字符外的圈是圆的，需将[字型参数]中的宽高比设为 1。
- 单击第二排的 9 个特殊字符按钮，可以输入这些字符。

注意：要正确显示上述方法输入的特殊字符，一定要在[字型参数]中选用‘romans’或‘romanc’字型。

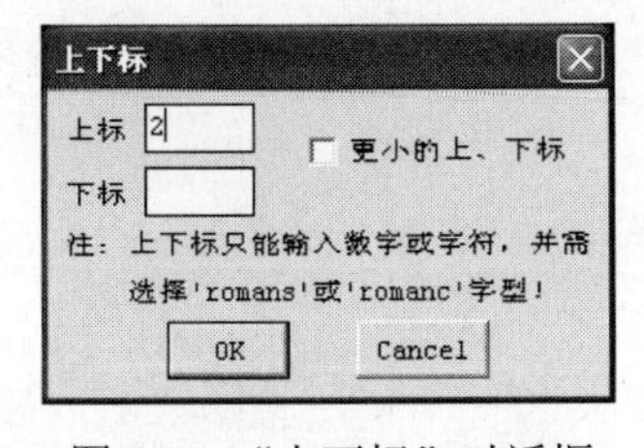

图 5-2　“上下标”对话框

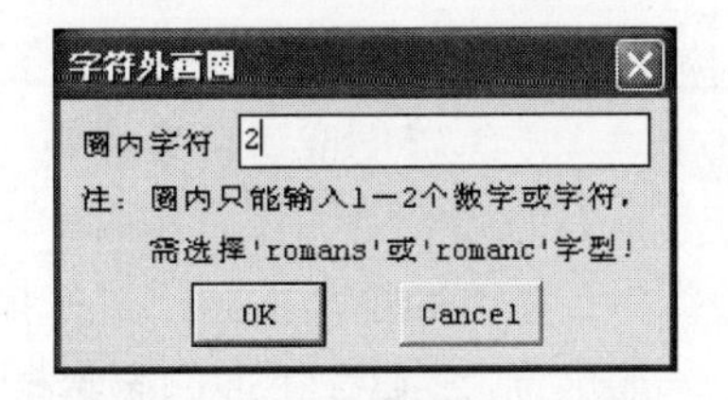

图 5-3　“字符外画圈”对话框

- 「字高」、「转角」、「对齐方式」用于设定文字写入时的相关参数。其中「转角」还可以到图中取点来获得。

- 「文字标注图层选择」用于选择写入文字所在的层。
- 「图取」按钮用于到图中选取一个或多个文字图元作为标注内容。
- 「回溯」按钮用于在如图 5-4 所示的对话框中选取从前曾经输入过的词汇。
- 「背景屏蔽」用于选择是否要使写入的文字具有背景屏蔽的功能。选择此项后，所标注的文字为 MTEXT。只有 AutoCAD 2006 以上的版本才具有此功能。如果需要将 MTEXT 变回 TEXT，可使用炸开（Explode）命令。
- 「词库」按钮用于弹出如图 5-5 所示的对话框来输入文字。下面介绍这个对话框的用法。

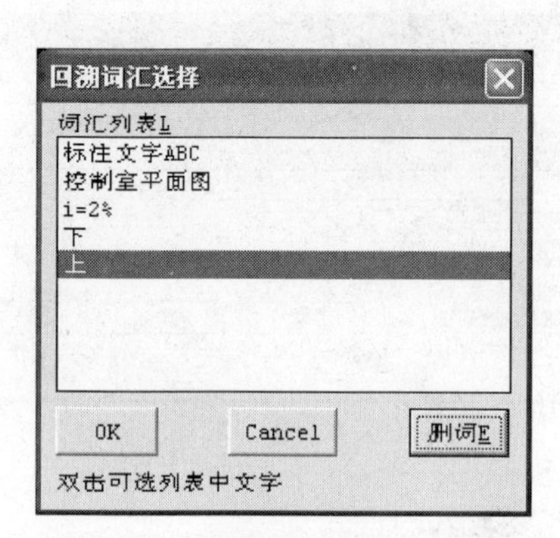

图 5-4 “回溯词汇选择”对话框

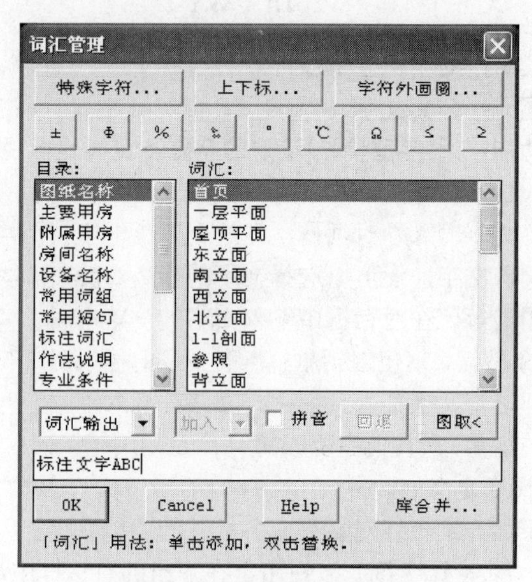

图 5-5 “词汇管理”对话框

◆ 对话框中「特殊字符」、「图取」等一些按钮的用法与前面介绍的相同。

◆ 「目录」列表框中列出词汇目录，「词汇」列表框中列出当前目录中包含的词汇。单击某词汇，这个词汇加在编辑框中已有文字的后面；双击该词汇，选中的词汇替换编辑框中原有的词汇。

◆ 「拼音」用于选择「词汇」表中的词汇是否按拼音字母顺序排列。

这个对话框中不仅可用于词汇输出，而且可以对词库进行编辑，添加（或删除）词汇和目录。

进行词汇或目录编辑的步骤如下：

（1）选定“词汇编辑”或“目录编辑”。

（2）在其下面的列表中选择操作内容，如“词汇输出”或“加入”。

（3）根据对话框下面出现的提示进行操作，例如需要加入词汇，就先在「词汇」列表框中点取要加入的位置，然后在下面的编辑框中键入要加入的文字后<回车>，词汇便加入表中。进行删除目录项操作时，还会弹出要求确认删除的对话框，以免误删除。

系统词库文件 GETWORD.DAT 与用户词库文件 GETWORDU.DAT，均在“LISP”子目录下。用户对词库进行编辑、修改或扩充时，修改内容存于 GETWORDU.DAT 中；以后升级覆盖安装时，不会覆盖此数据文件。

◆ 「库合并」按钮用于将其他词库的词汇合并到当前的用户词库文件 GETWORDU.DAT 中。「库合并」按钮有以下两种用法：

（1）合并其他用户的词库，选择词库文件 GETWORDU.DAT，将其与自己的词库文件 GETWORDU.DAT 合并。

（2）成批添加词汇，把要加入词库的单词写在后缀为 DAT 的文本文件中，每行写一个单词，一个文件只写一个目录下的内容，合并前先选择要合并的词库目录；选择要合并文件后，会弹出一个对话框，其中列出要合并的词汇，单击「OK」按钮就将文件中的单词加入到当前词库目录下。

使用词库标注，可以在书写词汇的同时将常用词汇入库，以备下一次使用。另一个优点是可以帮助用户回忆某项工程中的一些专用名词。

5.1.2　文字编辑　wzbj（DE）

菜单：文字标注 ▶ 文字编辑

图元：TEXT

功能：编辑图中已有的文字和输出带数字文字的累加结果。

执行本命令，选取需要编辑的文字后，屏幕上弹出“编辑文字”对话框（见图 5-6）。在此对话框中可以进行编辑文字、数字累加、用计算器计算和调整文字的字体、字高、宽高比等操作。如果选取的文字多于一组，会从上至下逐组文字编辑，在对话框中显示还没编辑完成文字的组数。如果选取的文字中有些文字左右距离很靠近，就会弹出“文字合并提示”对话框，询问是否要将相邻的文字合为一体，单击「OK」按钮，就会将靠近的多个文字作为一组来编辑。对文字编辑后，从编辑框<回车>或单击「确定」按钮，即可完成操作。

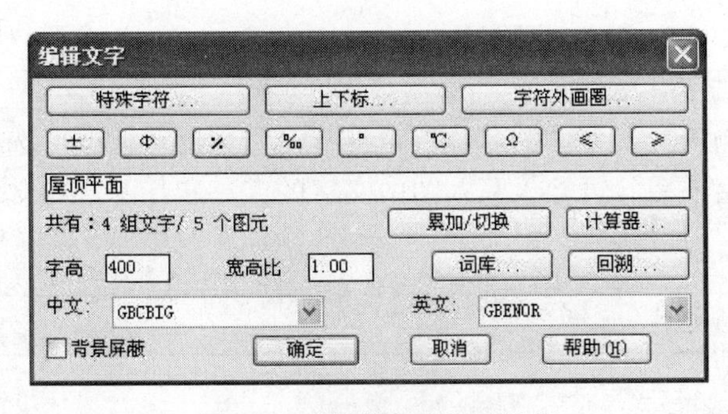

图 5-6　“编辑文字”对话框

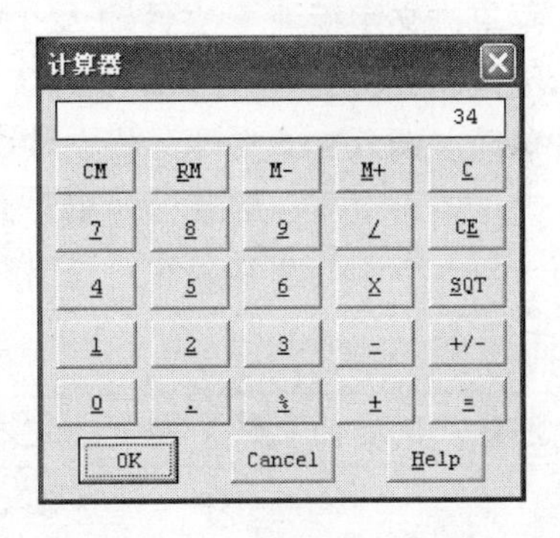

图 5-7　“计算器”对话框

下面介绍对话框中各控件的功能。

- 「特殊字符」、「词库」等与“文字输入”对话框中相同的控件，其用法也相同。
- 「累加/切换」按钮用于选到的文字里包含数字的情况。单击这个按钮，可以将这些数字分类和合计累加。第一次单击按钮，程序切换到数字累加状态；再次单击，循环显示累加结果。例如选 4 个文字：DD250W、123、12.34、DD450W，就能得到两组分类累加结果：DD700W，135.34 和合计累加 835.34。单击「累加/切换」按钮，可以在这三组文字之间切换，在某一组结果上单击「确定」按钮退出，就将该结果写到当前图上。注意，一组文字中有多个数字时，只有左起第一个数字参与计算。

- 「计算器」按钮也用于文字里包含数字的情况，不过计算仅针对当前编辑的文字进行。单击此按钮，可在如图 5-7 所示的“计算器”对话框中进行计算。文字中包含的数字作为计算的数据，计算结果返回取代原来文字。计算结果保留的小数位取决于原数据的小数位数。如果编辑的文字里包含多个数字，重复使用「计算器」按钮，就会从左至右逐一取这些数字进行计算。
- 「字高」、「宽高比」和「中文」、「英文」用于修改要编辑文字的字高、宽高比和字形参数。

5.1.3 多用改字 dygz（DG）

菜单：文字标注 ▶ 多用改字

图元：TEXT，MTEXT，INSERT，DIMENSION

功能：将多个与文字有关的编辑命令组合在一起的命令。

本命令根据所选择的编辑对象不同，自动执行[单轴变号]、[多轴变号]、[门窗名称]、[改尺寸值]、[文字编辑]、[DDEDIT]、[DDATTE]、[写表文字]、[标高编辑]、[文字图名]等命令完成文字修改。这些命令的操作，请参见本说明书中的相关章节。当用户选择的编辑对象不只一种时，会弹出如图 5-8 所示的对话框，以选择编辑类别。

图 5-8 “改字类别选择”对话框

5.1.4 文件输入 wjshr

菜单：文字标注 ▶ 文件输入

图元：公共文字（PUB_TEXT）；白（7）；TEXT

功能：调入文本文件，将文件中文字书写到图中。

执行本命令后，屏幕上弹出“请输入文本文件的名称”对话框，利用此对话框可选定要将文字写入本图的文本文件。退出对话框后，再输入写入图中文字的字高和行距，此文件中的文字就写到当前的图中。

> 注意：所选的文件必须是纯文本的文件。

5.1.5 字型参数 zxcsh（ZX）

菜单：文字标注 ▶ 字型参数

功能：设定当前文字的字体和宽高比。

执行本命令，屏幕弹出“字型参数设置”对话框，字体和宽高比的设置工作是在此对话框中完成的。这个对话框共有 3 页，分别用于三种类型的字体设置。

如图 5-9 所示的第一页，用于设置中西文分开的 AutoCAD 字体。这种方式的字体，以中文字体为基准，西文字体相对中文字体的字高是可变的，因此中西文的搭配自如；缺点是写入图中的文字中西文是分开的，有时编辑不方便。

如图 5-10 所示的第二页，用于设置中西文合一的 AutoCAD 字体。中西文字体仍然可分别设置，但相对高度和宽高比不可变。中西文字体搭配不好时，会显得比较难看。此时建议用“GBCBIG”（中文）和“GBENOR”（西文）两种字体搭配使用。

图 5-9　“字型参数设置”对话框之一

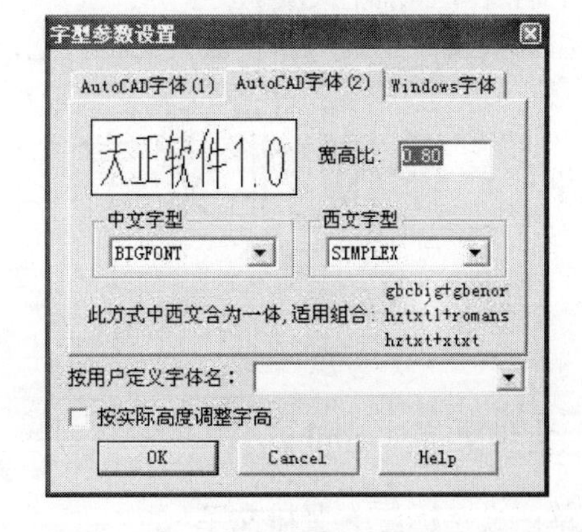

图 5-10　“字型参数设置”对话框之二

如图 5-11 所示的第三页，用于设置 Windows 字体。用这种方式可选择 Windows 提供的“True Type”字体，中西文不能分别设定。

图 5-11　“字型参数设置”对话框之三

选 Windows 字体写文字，有时会出现写出的文字不是选定字体的情况。这种现象多半是由于这个选定的字体没有在 Windows 下正常注册的原因，此时可用以下方法将此字体再安装一遍。

（1）在 Windows 的“Fonts”目录下找到不能正常显示的字体，将其复制到另一个临时目录下。

（2）进入“控制面板”下的“字体”对话框，执行「文件」菜单下的「安装新字体」命令，用于安装这个临时目录下的字体。

- 「按用户定义字体名」下拉列表中列出当前图中所有字体的名称，选取其中某项，就将这种字体作为当前使用的字体。
- 「按实际高度调整字高」用于选择是否按文字在图中的实际高度书写文字。用一些 AutoCAD 字型写出的文字，其实际高度与其标称高度相差较多，选择此项可以较好地控制文字写入图中的高度。

用本命令设定字体和宽高比后，用[文字标注]、[文件输入]、[横排汉字]和[竖排汉字]等命令书写或编辑文字时将按照其设定的参数来完成。

5.1.6　横排文字　hphz

菜单：文字标注▶横排文字

图元：TEXT

功能：将选中的文字按当前字型参数进行横排变换。

执行本命令，选取要横排的文字，选定的文字被横排，同时文字的字体和宽高比变为[字型参数]命令中所设定的当前值。本命令主要用于修改图中文字的字型。图 5-12 所示为横排文字的示例，横排汉字前重新设定了字型参数。

热键“{F}大小不变”用于将一批文字或块属性的字体变成当前[字型参数]定义的字体，并且文字的实际大小不改变。

本命令的另一个用途是将原来在一行上，但为多个图元的文字通过横排变为一个图元。

横排文字　　横排文字

（a）横排文字前　　（b）横排文字后

图 5-12　横排文字示例

5.1.7　竖排文字　shphz

菜单：文字标注 ▶ 竖排文字

图元：TEXT

功能：将选中的文字按当前字型变换成竖排形式。

执行本命令，选取要竖排的文字，选定的文字被竖排，同时文字的字体和宽高比变为[字型参数]命令中所设定的当前值。图 5-13 所示为竖排文字的示例。

竖排文字shpwz

竖
排
文
字
s
h
p
w
z

（a）竖排文字前　　（b）竖排文字后

图 5-13　竖排文字示例

5.1.8　竖变横排　shpbb

菜单：文字标注 ▶ 竖变横排

图元：TEXT

功能：将图中竖排的文字变换为横排文字。

执行本命令，选取要变为横排的竖排文字后，选中的文字被变为横排的文字，其字型也变为当前字型。

5.1.9　曲排文字　qpwz

菜单：文字标注 ▶ 曲排文字

图元：公共文字（PUB_TEXT）；白（7）；TEXT，MTEXT

功能：沿已有的一条 PLINE 线排列文字。

执行本命令后，先拾取或直接输入要曲排的文字，然后再拾取一条作为基线的 PLINE 线（可以是经过拟合或者样条化处理的）、圆（CIRCLE）或弧（ARC）线，也可以按<回车>键，直接在图中指定圆弧的圆心和中点，选中或输入的文字沿曲线排列。图 5-14 所示为曲排文字的示例，沿圆弧曲排的文字是在图中直接确定圆弧位置的。

图 5-14　曲排文字示例

5.1.10　自动排版　zdpb

菜单：文字标注 ▶ 自动排版

图元：TEXT，MTEXT

功能：将一段（或多段）文字排版，或合并成一行。

执行本命令，选取要排版的文字，再确定文字的插入位置和边界，并输入字高；此时选定的文字按指定边界重新排版，文字的原有字型及大小保持不变。图 5-15 所示为自动排版的示例。

文字输入和编辑是用
AutoCAD 绘图时的一项重要工作，自动排版
命令可以帮您将文字排列整齐。

（a）自动排版前

文字输入和编辑是
用AutoCAD绘图时
的一项重要工作，
自动排版命令可以
帮您将文字排列整
齐。

（b）自动排版后

图 5-15　自动排版示例

选文字前的热键“{D}选多行文字合并”用于将几个 MTEXT 文字合并成一个。

选定文字后，用以下热键可设置排版的方式。

- “G 普通”，一般的排版方式。
- “D 多行文字”，用于将 TEXT 文字变成 MTEXT 文字，其排版规则与“按行分段”的规则相同，字型按[字型参数]的设置。
- “S 多行单段”，与“D 多行文字”的用法类似，也用于将 TEXT 文字变成 MTEXT 文字，只是多段单行文字全部合并为一个自然段。

- “E 两端对齐”，将排好的文字严格按左右边界对齐，采用这种形式时汉字以单字、西文按单词为单位拆成独立图元，这样做会使图形文件扩大，且不易恢复，所以一般不要使用这种形式。
- “L 按行分段”，用于一次排多个自然段，每一行文字分一个自然段。
- “N 合成一行”，用于将多段文字合并成一行。

确定文字插入位置时，如果需要与前一段文字连接，可点取这段文字，这样可保证多段文字组合时，行间距一致。

5.1.11 文字对齐 wzdq

菜单：文字标注 ▶ 文字对齐

图元：TEXT，MTEXT

功能：将多组文字按指定的方式对齐。

执行本命令，选取要对齐的文字，选择对齐的方式并点取要对齐的位置点后，选定的文字按指定的方式对齐。对齐方式用以下热键设定：

“Z 格左”用于表格内的文字，将选中文字分别向所在表格的左侧对齐。

“X 格中”用于表格内的文字，将选中文字分别移到所在表格的中间。

“U 上水平”用于将所选文字的上端对齐到同一水平位置。

“D 下水平”用于将所选文字的下端对齐到同一水平位置。

“L 左垂直”用于将所选文字水平移动，使其左侧对齐。

“R 右垂直”用于将所选文字水平移动，使其右侧对齐。

“M 中垂直”用于将所选文字水平移动，使其中间对齐。

“C 字符”用于输入一个各文字中都包含的字符作为垂直对齐的基准来对齐。

图 5-16 所示为右对齐和字符“X”对齐的示例。

文字右对齐	文字用符号 × 对齐
文字输入与编辑	10 000 × 250
文字字型和大小修改	200 × 450
其他文字修改	1 200 × 2 000

（a）文字对齐前

文字右对齐	文字用符号 × 对齐
文字输入与编辑	10 000 × 250
文字字型和大小修改	200 × 450
其他文字修改	1 200 × 2 000

（b）文字对齐后

图 5-16 文字对齐示例

5.1.12 统一字高 tyzg

菜单：文字标注 ▶ 统一字高

图元：TEXT，MTEXT

功能：将选定的图中文字改为统一的高度。

执行本命令，选取要统一字高的文字并输入字高后，所有选中文字的字高即变为给定高度。本命令主要用于改变文字的高度。图 5-17 所示为统一字高的示例。

统一字高　统一字高

统一字高

(a) 统一字高前

统一字高　统一字高

统一字高

(b) 统一字高后

图 5-17　统一字高示例

5.1.13　角点缩放　jdsf（SF）

菜单：文字标注 ▶ 角点缩放

图元：公共表格（PUB_TABLE），文字任意层；白（7）；LINE，TEXT，MTEXT

功能：将指定的整个表格包括其内部文字以任意不同的纵横比例放大或缩小。

执行本命令，点取表格的两个对角点，再点取表格的第二角点的新位置后，表格即被放大或缩小，缩放的比例就由第二角点的新、老位置来决定。本命令也可用于对纯文字进行比例缩放。图 5-18 所示为一个将表格放大的示例。

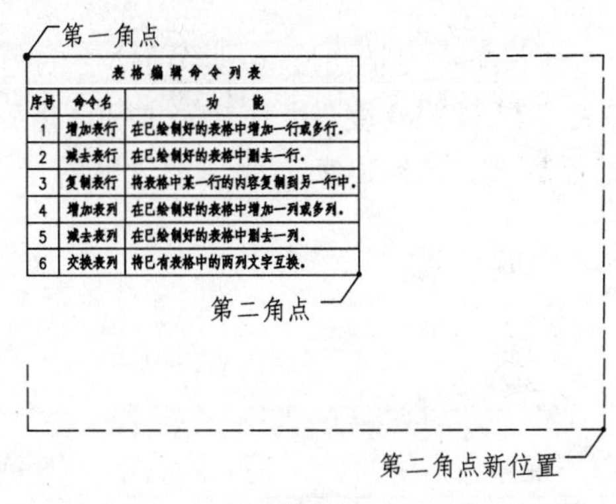

表格编辑命令列表

序号	命令名	功　　能
1	增加表行	在已绘制好的表格中增加一行或多行。
2	减去表行	在已绘制好的表格中删去一行。
3	复制表行	将表格中某一行的内容复制到另一行中。
4	增加表列	在已绘制好的表格中增加一列或多列。
5	减去表列	在已绘制好的表格中删去一列。
6	交换表列	将已有表格中的两列文字互换。

(a) 角点缩放前

表格编辑命令列表

序号	命令名	功　　能
1	增加表行	在已绘制好的表格中增加一行或多行。
2	减去表行	在已绘制好的表格中删去一行。
3	复制表行	将表格中某一行的内容复制到另一行中。
4	增加表列	在已绘制好的表格中增加一列或多列。
5	减去表列	在已绘制好的表格中删去一列。
6	交换表列	将已有表格中的两列文字互换。

(b) 角点缩放后

图 5-18　角点缩放示例

5.1.14　单词缩放　dcsf

菜单：文字标注 ▶ 单词缩放

图元：TEXT，ATTRIB，MTEXT

功能：改变文字或属性文字的大小。

本命令中的单词包括文字或门窗名称等图块的属性文字。执行本命令，选取要改变大小的文字或属性文字，输入文字尺寸及宽高比的增加系数（大于 1 为放大，小于 1 为缩小，宽高比的数字越大，文字越宽），文字根据系数改变大小。本命令可一次选取多个文字或属性文字，提供了一个改变已有属性文字大小的功能。图 5-19 所示为单词缩放的示例。

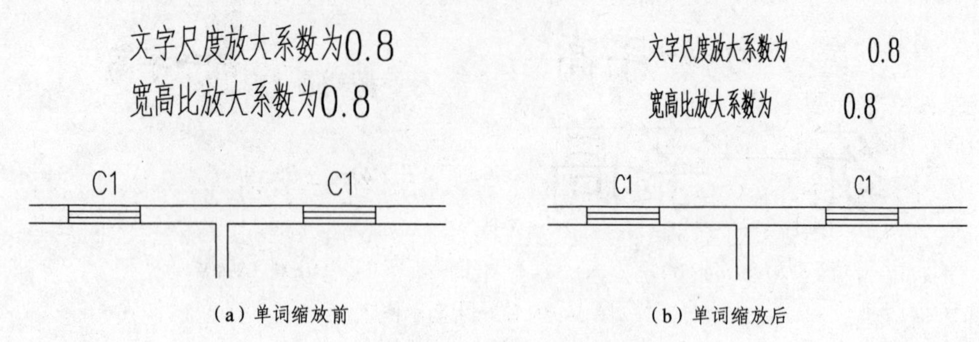

图 5-19 单词缩放示例

热键“S—输字高”和“D—输宽高比”用于直接设定字高和宽高比来改变文字大小。

与[统一字高]命令不同的是：本命令在改变文字大小时是以每个文字图元的插入点为基点的，不适合用于中西文混合横排的文字。

5.1.15 单词旋转 dcxzh

菜单：文字标注 ▶ 单词旋转

图元：TEXT，ATTRIB，MTEXT

功能：改变文字或属性文字的插入角度。

执行本命令，选取要旋转角度的文字或属性，再输入文字旋转角度（以当前文字的角度为基准而改变的度数）后，选取的文字被旋转。用热键“{A}转 90 度”可使文字做 90° 旋转。一次可选取多个文字和属性文字，同时绕其各自的基点旋转。图 5-20 所示为单词旋转的示例。

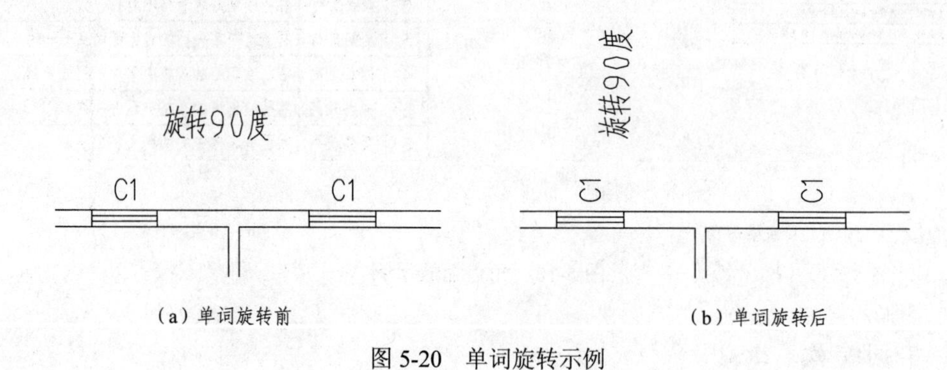

图 5-20 单词旋转示例

5.1.16 单词颜色 dcys

菜单：文字标注 ▶ 单词颜色

图元：TEXT，ATTRIB，MTEXT

功能：改变文字或属性文字的颜色。

执行本命令，选取要改变颜色的文字或属性，再输入要变为的颜色号（输入“0”为随块颜色，输入“256”为随层颜色），选中的文字或属性变为指定的颜色。本命令为改变门窗名称的颜色提供了一个手段。

5.1.17　单词替换　dcth

菜单：文字标注 ▶ 单词替换

图元：TEXT，ATTRIB，MTEXT

功能：根据文字内容搜索或成批替换图中文字或属性。

本命令有 3 种功能：查找替换图中单词、搜索查看图中单词和修改图中单词的前后缀（这里单词包括文字和属性文字）。执行本命令，屏幕上弹出如图 5-21 所示的对话框，对话框上部的 3 个按钮用于选择要实现的功能。在对话框中设定要在图中寻找的单词文字和替换原单词的文字，单击「OK」按钮退出，并在图中选择要搜索的范围后，就可以对图中单词进行替换。

图 5-21　“单词替换”对话框

下面分别说明各种功能的用法。

（1）替换单词的对话框如图 5-21 所示。

- 「原词」、「替换」编辑框用于输入要在图中寻找的单词文字和替换原单词的文字。输入这两种单词都可以用「图取」（到图中选文字，取其词汇）或「库取」（到词库中取词汇）的方法。「图取」和「库取」的方法与[文字标注]中的相同。
- 「替换确认」复选框，选定就在每找到一个符合条件的单词时都要求用户确认是否替换；不选就直接将图中所有符合条件的单词一起替换。
- 「全词替换」复选框，选定时图中的文字或属性必须与原词完全符合才替换；不选时，只要文字或属性中包括原词就替换。
- 「全部替换」复选框，选定时就用替换词替换选中范围内所有单词，不管原词是什么。
- 「正则表达式」复选框，选定就用正则表达式替换（或搜索）文字或属性（AutoCAD 2000 及以上版本）。关于正则表达式将在下文中介绍。
- 「按数字变」复选框用于选择是否要对选中文字中的数字做增减处理。选定此项，一般要在「原词」和「替换」编辑框中输入带数字的文字，替换时就根据这两个数字的差对选中文字做增减。例如：原词为“AL1”，替换词为“AL3”；那么遇到“AL5”就替换成“AL7”，遇到“AL6”就替换成“AL8”，依此类推。
- 「左起」、「右起」用于选择当文字中有多个数字时，取左还是右边的第一个数。
- 「标高文字」复选框，如果不选，按数字变时将“.”和“-”两个符号作为一般文字处理；选择本项，这两个字符就被认为是数学符号，由于这种情况多用在标高数值的修改上，所以遇到 0 值会自动变成正负零的形式；替换后数字保留的小数位数，取决于替换词的小数位数，例如：希望替换后数字是两位小数，就在「替换」中输入“3.00”。
- 「收藏」、「收藏取字」用于将当前的替换组合（包括文字和各种选项）加入收藏夹或从收藏夹中取出。单击这两个按钮都会弹出如图 5-22 所示的对话框，如果需要收藏，就在「名称」编辑框中输入名字后<回车>，当前替换组合就加入收藏夹；「删除」、「上移」、「下移」

按钮用于编辑「名称列表」中的项目。收藏功能常被用于正则表达式的收藏，因为正则表达式常具有通用性。

（2）搜索单词的对话框与替换时的基本相同。在「原词」编辑框中输入要找的单词后，就可单击「OK」按钮退出，切换到图中查看找到的单词。

（3）「改前、后缀」的对话框如图 5-23 所示。用这项功能可以在图中单词的前后增减文字。

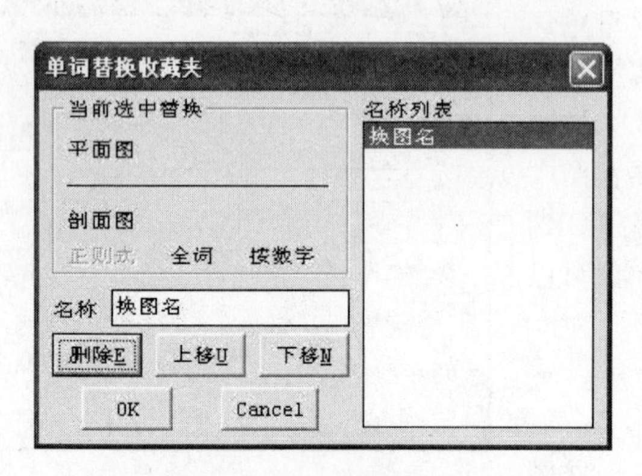

图 5-22 “单词替换收藏夹”对话框

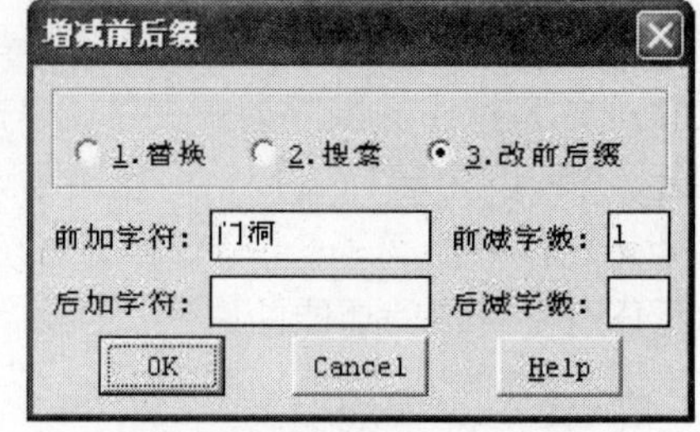

图 5-23 增减前后缀对话框

- 「前加文字」、「后加文字」用于输入要在单词前、后添加的文字。
- 「前减字数」、「后减字数」用于输入要在单词前、后减去的文字个数。

在命令执行结束时，命令行显示被处理单词的个数。

上文中提到的正则表达式其实是一些在大量文字中搜索某些需要词汇的规则，这些规则全面介绍需要很大篇幅，这里仅举几个例子来说明，有兴趣的用户可查阅专著。

例 1：在 M 和数字组合的文字中加“-”。查找“M（\d）”，替换成“M-$1”。

原文字：“M1”，“M12”，“M304”。

替换后文字：“M-1”，“M-12”，“M-304”。

例 2：互换门窗名称中的宽度和高度值。查找“（M|C）（\d\d）（\d\d）”，替换成“$1$3$2”。

原文字：“M1221”，“M1824”，“C1518”。

替换后文字：“M2112”，“M2418”，“C1815”。

例 3：用 M、C、FM、GC 开头编号的门窗后面统一为四位数，原来有的宽度不足两位，用的是三位数，现在补上 0。查找“（[^0-9]|^）（M|C|FM|GC）（\d{3}）（[^0-9]|$）”，替换成“$1$20$3$4”。

原文字：“M 测试 M1221 测试”，“M721 测试，CC 测试 M3421”，“M 开的是门 M2528 测试”，“M921 测试”，“型号 MFMxx 测试 M820 测试”，“测试 FM820”，“M721 测试，”，“C623”，“GC928”，“C1515”，“C2121”。

替换后文字：“M 测试 M1221 测试”，“M0721 测试，CC 测试 M3421”，“M 开的是门 M2528 测试”，“M0921 测试”，“型号 MFMxx 测试 M0820 测试”，“测试 FM0820”，“M0721 测试，”，“C0623”，“GC0928”，“C1515”，“C2121”。

5.1.18　汉字拆分　hzchf

菜单：文字标注 ▶ 汉字拆分

图元：TEXT，MTEXT

功能：将图中的一行汉字拆分成单个的汉字。

执行本命令，选取要拆成单字的汉字，所选汉字即拆分成一个一个的汉字。拆分前作为一个图元的多个汉字只能一起移动或旋转，拆分后这些汉字可单独编辑。[横排文字]命令可作为此命令的逆操作。

5.1.19　文字打断　wzdd

菜单：文字标注 ▶ 文字打断

图元：TEXT，MTEXT

功能：将图中原为一个图元的文字打断成为两个图元。

执行本命令，拾取要打断的文字，再点取打断位置后，所选文字即被打断成为两个图元。

5.1.20　文字炸开　wzzhk

菜单：文字标注 ▶ 文字炸开

图元：TEXT，MTEXT

功能：将图中的文字炸开成 Pline 线。

执行本命令，选取要炸开的文字后，所选图元即被炸成 Pline 线。有时需要对文字进行编辑修改（例如将空心文字填实）时，会有此需求。

5.1.21　字变属性　wzbshx

菜单：文字标注 ▶ 字变属性

图元：改变前：TEXT，MTEXT；改变后：ATTDEF，ATTDEF（多行型）

功能：将图中的文字变为属性文字，或将属性变为普通文字。

本命令主要在造块时使用。需要在图块中加入属性文字时，可先在图中写入文字，然后再用本命令将文字变为属性文字。这里“文字”包括 TEXT 和 MTEXT。

执行本命令，拾取要变成属性定义的文字后，再依次输入该属性在块中显示的文字、插入时的提示文字和插入时的默认文字后，这个文字变为可用于图块中的属性文字。

用热键“S－属性变文字”，还可以实现逆操作，将属性字变为普通文字。

5.1.22　改对齐点　zgdqd

菜单：文字标注 ▶ 改对齐点

图元：TEXT，MTEXT，ATTRIB，ATTDEF

功能：改变文字（TEXT，MTEXT）、属性（ATTRIB）或属性定义（ATTDEF）的对齐方式。

执行本命令，拾取要改变对齐点的文字或属性，再选定对齐的方式后，文字或属性的对齐点改变。图 5-24 为用[字改对齐点]命令将对齐点从左下点改到右中点的示例，小方框表示对齐点的位置。

（a）改对齐点前　　（b）改对齐点后

图 5-24　字改对齐点示例

5.1.23　字改上标　zgshb

菜单：文字标注 ▶ 字改上标

图元：TEXT

功能：将图中已有文字中的一个或几个字符改为上标形式。

执行本命令，拾取要改为上标的第一个文字（注意拾取点不要选在两个字符之间的位置上），再输入改为上标的字符数后，指定的字符被改为上标形式。图 5-25 所示为字改上标的示例。

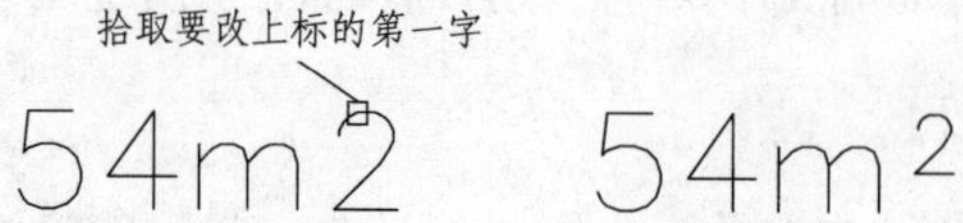

（a）字改上标前　　（b）字改上标后

图 5-25　字改上标示例

5.1.24　字改下标　zgxb

菜单：文字标注 ▶ 字改下标

图元：TEXT

功能：将图中已有文字中的一个或几个字符改为下标形式。

本命令的操作方法与[字改上标]命令的相同，只是将指定的字符改为下标。图 5-26 为字改下标的示例。

（a）字改下标前　　（b）字改下标后

图 5-26　字改下标示例

5.1.25　背景剪裁　bjjc

菜单：文字标注 ▶ 背景剪裁

图元：TEXT

功能：将文字所在位置的背景图形剪裁掉，从而使文字清晰。

执行本命令，选取要剪裁背景的文字后，文本所在矩形范围内的背景图形即被剪裁（背景图形可以是除文字和尺寸标注以外的各种图元）。图 5-27 所示为背景剪裁的示例。

AutoCAD 2006 及以上版本采用 AutoCAD 的文字背景屏蔽功能，并可用热键“{D}取消屏蔽”取消已带屏蔽的文字。处理后，原 TEXT 文字会变为 MTEXT；如需变回 TEXT 文字，可使用 Explode 命令炸开 MTEXT。

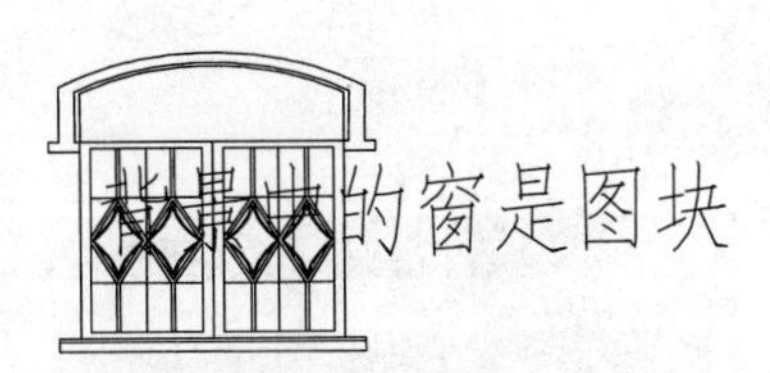

（a）背景剪裁前

背景中的窗是图块

（b）背景剪裁后

图 5-27　背景剪裁示例

5.1.26　镜像修复　jxxf

菜单：文字标注 ▶ 镜像修复

图元：TEXT，MTEXT

功能：修复因为镜像命令造成的文字、属性、轴线号等图元的反向。

执行本命令，选取要做镜像修复的文字或属性，所选的文字或属性即恢复正常显示。图 5-28 所示为镜像修复的示例。

（a）镜像修复前

镜像拷贝造成翻转的文字

（b）镜像修复后

图 5-28　镜像修复示例

一般情况下，本命令用于将已经被镜像的文字恢复，但用热键也可以将正常的文字做镜像。在选取要修复文字前键入<回车>，可以用热键调整镜像方式，键入“1”可以改变沿 *X* 方向是做镜像还是恢复；键入“2”可以改变 *Y* 轴方向镜像方式；键入“3”可以同时调整 *X* 轴、*Y* 轴两方向镜像方式。

5.1.27　字表擦除　zbcch

菜单：文字标注 ▶ 字表擦除

图元：公共文字（PUB_TEXT），公共表格（PUB_TABLE）；白（7）；LINE，TEXT，MTEXT

功能：擦除公共文字及公共表格层上的直线和各层上的文字。

本命令是专用于擦除 PUB_TEXT 层上的各种图元和各图层上的文字。选取要擦除的图元和文字后，选中的符合条件的图元被擦除。

5.2　制作表格

本节介绍绘制和编辑表格、写入和编辑表中文字、表头库管理等方面的命令。表中的文字从图元特性上与一般文字并无区别，但用本节介绍的命令在表中写或编辑文字时能够自动调整字在表格中的位置，因此使用起来更方便。

5.2.1 表格绘制 bghzh（TW）

菜单：制作表格 ▶ 表格绘制

图元：公共表格（PUB_TABLE）；白（7）；LINE

功能：参数化绘制表格。

执行本命令，屏幕上弹出如图 5-29 所示的对话框。在这个对话框中，可设定绘制表格所需的参数。

该对话框中各控件的功能如下：

- 「表格示意图」用于显示当前参数形成的表格，在图中可直接点取要编辑的列。
- 「列宽表」用于显示各表列的宽度，在下面的「修改」编辑框中修改数据后按<回车>键，可修改列表中的数据。
- 「图中选列宽」按钮用于到图中以取两点的方法获得宽度。
- 「列宽相同」复选框，选中后只需设定一个总宽，各列的宽度随着确定；不选时，则可逐列输入宽度。
- 「基点选择」按钮用于选择表格的插入基点，单击一次变换一个位置。
- 「行数」、「列数」、「行高」、「总宽」用于输入相关的数据。

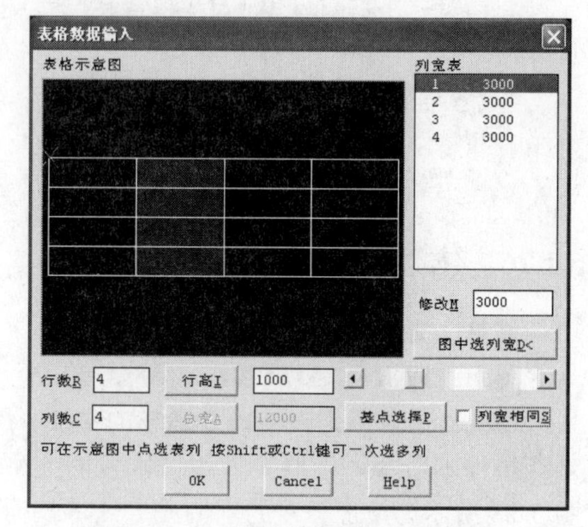

图 5-29 “表格数据输入”对话框

在对话框中设好参数后，单击「OK」按钮退出，在图中点取表格的插入点，表格便插入图中。

5.2.2 插入表头 chrbt

菜单：制作表格 ▶ 插入表头

图元：公共表格（PUB_TABLE），公共文字（PUB_TEXT）；白（7）；LINE，TEXT

功能：在表头库中选择表头插入图中。

执行本命令，屏幕上弹出如图 5-30 所示的“表头选定”对话框。

该对话框的列表框中列出了系统和用户自制表头的名称，下面的图像框中显示这个表头的图像。点取一个表头名，单击「OK」按钮，或直接双击所需的表头名，退出对话框；再点取表头的插入点后，选定的表头即插入到图中。此命令虽是为插入表头而设的，但也同样适用于整张的表格。

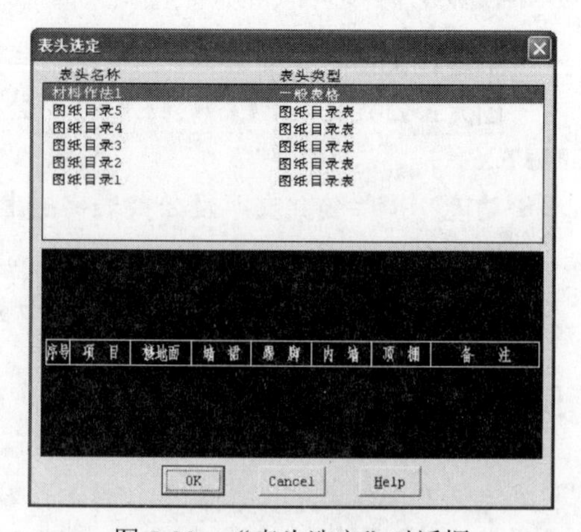

图 5-30 “表头选定”对话框

5.2.3　表库管理　btrk

菜单：制作表格 ▶ 表库管理

图元：公共表格（PUB_TABLE），公共文字（PUB_TEXT）；白（7）；LINE，TEXT

功能：在表头库中添加或删除用户自制的表头。

如果需要添加自制表头，在执行本命令前需将所要入库的表头（或表格）在图中画好。执行本命令，弹出如图 5-31 所示的对话框，该对话框中列出用户自制的表头。

- 「加入表头」按钮用于将图中画好的表头加入表头库，单击此按钮，在图中选取画好的表线与文字，再指定表头的插入基点，这个表头便加入库中；再在「表头名称」编辑框中输入表头的名称，选中的表头就被加入表头库。
- 「删去表头」按钮用于删除当前选中的表头。
- 「专用表头设置」按钮用于定义用户自制的统计表表头，即用于[造图目录]命令的图纸目录表。单击此按钮，可以在如图 5-32 所示的对话框中定义这些专用统计表头。首先在「表头类别」中选定要定义的表头，然后可在下面的列表中定义每个表列要填入什么内容和应如何对齐。列表中的各行对应于表头中的各列。注意："表格列数"一定要和你所定义的表头的列数相同。如果有一些表列中要填写的内容没有包含在「填表内容」下拉列表中，那么可以选"<无内容>"，把这一列的内容留在统计完成后自己填写。

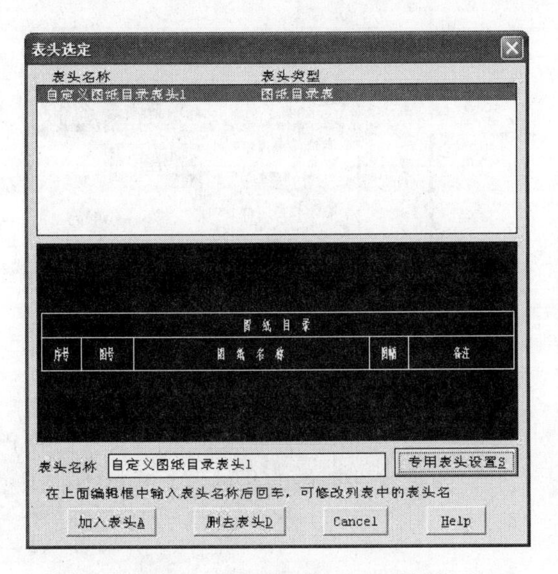

图 5-31　"表头选定"对话框

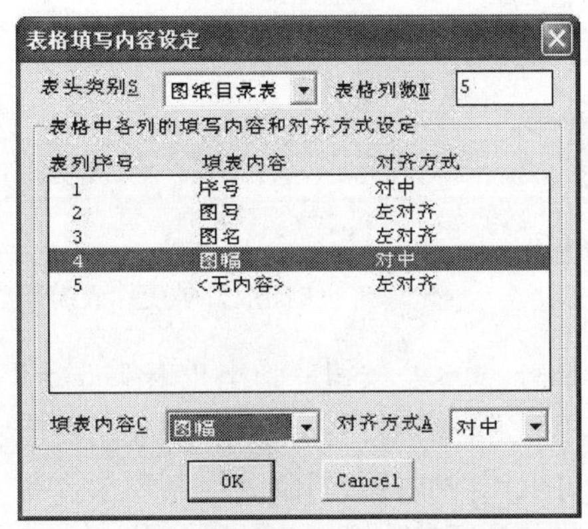

图 5-32　"表格填写内容设定"对话框

5.2.4　造图目录　ztml

菜单：制作表格 ▶ 造图目录

图元：公共表格（PUB_TABLE），公共文字（PUB_TEXT）；白（7）；LINE，TEXT

功能：搜索本图或其他图中的图框信息，造图纸目录表。

执行命令后，首先要选择用于造图纸目录的图框是否是标准图框，所谓"标准图框"是指用本软件中的[图框插入]命令插入图中的图框，如果是标准图框，就可以直接选择图框；

否则必须先选择一个图框作为图框的样板，这个图框必须是图块，或者是利用 PLINE 线画的方框，图框的大小要符合制图标准。选中图框后还要选择这个图框中的图名和图号，图名和图号必须是 Text 或 Mtext 图元，最后还要输入样板图框的绘图比例。样板图框定义好后的操作就与标准图框的相同了。样板图框中标题栏的格式要与其他要选的图框的格式相同。如果以后一直使用同样格式的图框，就可以“用上次样板”，而不必每次定义样板图框。

选取要加入到图纸目录中的图框（图框中的标题栏也必须被选中），用热键“{Q}在其他图选”，可以打开其他的图，选取其中的图框。选定图框后，弹出如图 5-33 所示的对话框。在这个对话框中可以修改搜索到的信息，调整各行的顺序。调整顺序时，选取要移动的行（可以同时选多行），按住鼠标左键就可以上下拖动。

单击「确定」按钮，弹出如图 5-34 所示的对话框，这个对话框用于设定填表的格式。其中，各项的功能说明如下。

- 「表格绘制方式」用于选择是完整地新画一个表格还是将数据填入到已有的表格中。
- 「新画表格延伸方向」用于选择表格相对于表头是向上还是向下延伸，对于系统提供的几种表格，都应选向下延伸。
- 「表格高度」、「文字高度」用于设定在图中画表格时的表格和文字的高度。

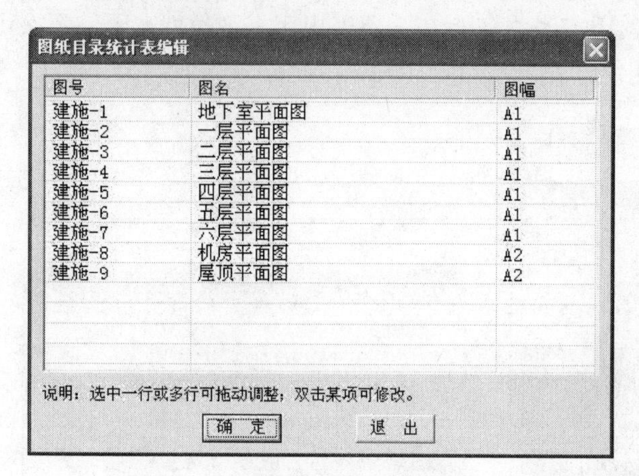

图 5-33 “图纸目录统计表编辑”对话框

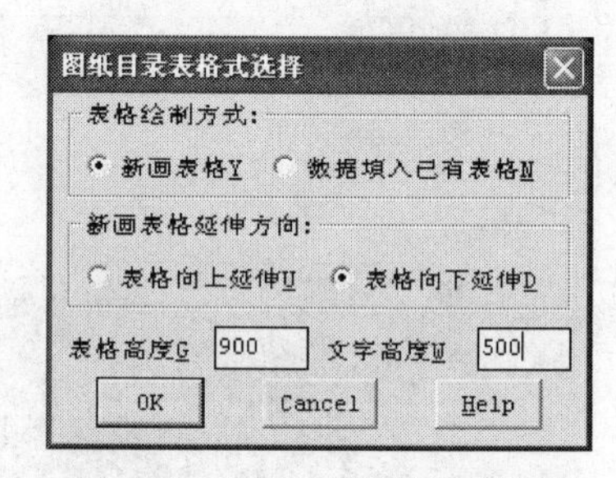

图 5-34 图纸目录表格式选择

单击「OK」按钮，弹出“表头选定”对话框，这个对话框与[插入表头]命令中出现的对话框相同，在此对话框中选择要使用的表头式样。如果软件提供的几种表头式样不能满足要求，可以用[表库管理]命令自制表头，并利用其“专用表头设置”的功能将其设置为专用的图纸目录表头。如果在前一个对话框中选择了「数据填入已有表格」，则不出现这个对话框。

单击「OK」按钮，图中便绘制出如图 5-35 所示的图纸目录表。如果选择了「数据填入已有表格」，则需根据提示逐列选定各种数据所在的列，然后程序将数据填入表中。

图 纸 目 录				
序号	图号	图 纸 名 称	图幅	备注
1	建施-1	地下室平面图	A1	
2	建施-2	一层平面图	A1	
3	建施-3	二层平面图	A1	
4	建施-4	三层平面图	A1	
5	建施-5	四层平面图	A1	
6	建施-6	五层平面图	A1	
7	建施-7	六层平面图	A1	
8	建施-8	机房平面图	A2	
9	建施-9	屋顶平面图	A2	

图 5-35 生成的图纸目录表

5.2.5 表线拖动 bxtd

菜单：制作表格 ▶ 表线拖动

图元：公共表格（PUB_TABLE），公共文字（PUB_TEXT）；白（7）；LINE

功能：将部分表格线向一个方向拉长或缩短。

本命令实际就是 AutoCAD 中的 Stretch 命令，只是在选表格图元时增加了图层和图元过滤，因此不会选到不相关的图元。执行本命令后，可以用开窗口的方法选取表格中要拉长（或缩短）的部分；点取移动的基点和拉到的点，或直接输入坐标移动量后，一组表格线即被拉长（或缩短）。图 5-36 为表格线拉长的示例。

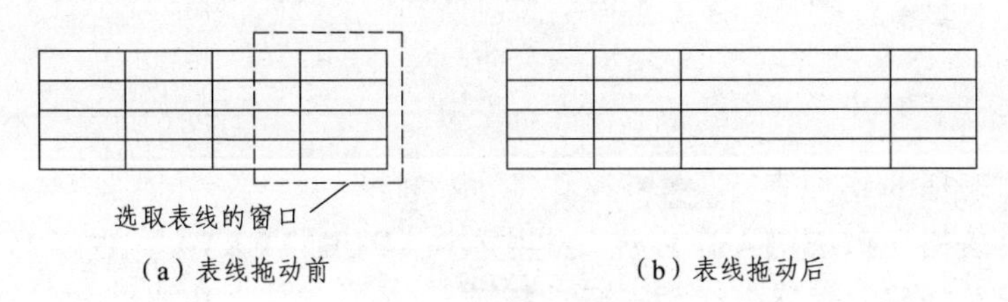

图 5-36 表线拖动示例

> 注意：拖动表线时，一般情况下最好使用正交方式以免拖动时造成表线歪斜。

5.2.6 单线拖动 dxtd

菜单：制作表格 ▶ 单线拖动

图元：公共表格（PUB_TABLE），公共文字（PUB_TEXT）；白（7）；LINE

功能：平行拖动单根表格线。

执行本命令，拾取要拖动的表格线后，再点取要拖到的位置，这条表格线便从原位置被平行拖移到指定位置，其他相关的表格线也会随着被拖动。图 5-37 为单线拖动的一个示例。

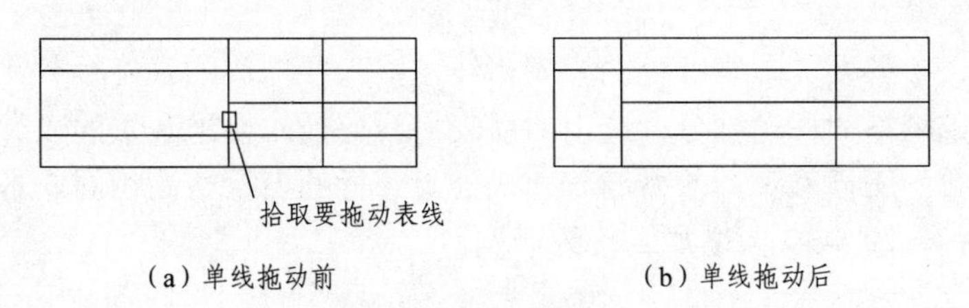

图 5-37 单线拖动示例

5.2.7 擦表格线 cbgx（RT）

菜单：制作表格 ▶ 擦表格线

图元：公共表格（PUB_TABLE），公共文字（PUB_TEXT）；白（7）；LINE

功能：擦除指定的表格线段。

执行本命令，点取要擦除的表格线或选擦除线窗口的两个角点。如果只擦一段表格线可直接点取那一段表线；如果要擦除多段表线可点取擦除选取窗口的两个角点，一段表格线只要有一部分位于窗内，该表格线就算被选中。选取要擦除的表格线段后，这些线段被擦除。本命令不同于[字表擦除]命令，擦除表线时，仅擦除被选中表格线位于两侧相交垂线之间的那部分。图 5-38 为擦表格线的一个示例。

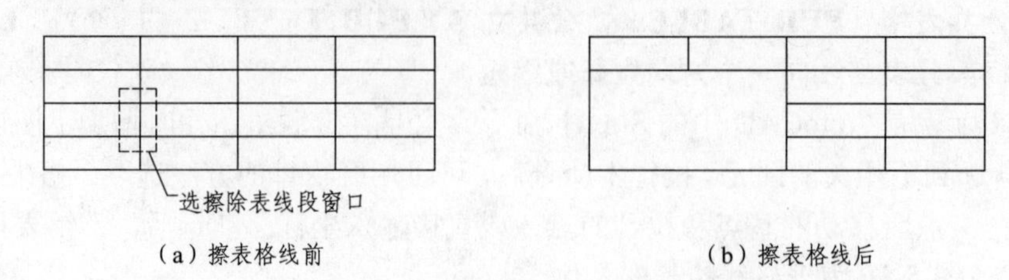

（a）擦表格线前　　　　（b）擦表格线后

图 5-38　擦表格线示例

5.2.8　增加表行　zjbh

菜单：制作表格 ▶ 增加表行

图元：公共表格（PUB_TABLE），公共文字（PUB_TEXT）；白（7）；LINE

功能：在已绘制好的表格中增加一行或多行。

表格编辑命令列表		
序号	命令名	功　能
1	增加表行	在已绘制好的表格中增加一行或多行.
2	减去表行	在已绘制好的表格中删去一行.
3	复制表行	将表格中某一行的内容复制到另一行中.
4	增加表列	在已绘制好的表格中增加一列或多列.
5	减去表列	在已绘制好的表格中删去一列.
6	交换表列	将已有表格中的两列文字互换.

拾取要加入表行处的横表格线

（a）增加表行前

表格编辑命令列表		
序号	命令名	功　能
1	增加表行	在已绘制好的表格中增加一行或多行.
2	减去表行	在已绘制好的表格中删去一行.
3	复制表行	将表格中某一行的内容复制到另一行中.
4	增加表列	在已绘制好的表格中增加一列或多列.
5	减去表列	在已绘制好的表格中删去一列.
6	交换表列	将已有表格中的两列文字互换.

（b）增加表行后

图 5-39　增加表行示例

执行本命令，拾取要加入表行处的横表格线，输入要增加的表格行数，再用横表格线处拉出的橡皮线指定表格的移动部分，选中的横表格线处插入要求数量的表行。新插入的表行为未写文字的空行。所插入表行的格高与插入处上一行的表行格高相同。本命令亦可用于在表的末尾插入表行。图 5-39 为增加表行的示例。

5.2.9　减去表行　jqbh

菜单：制作表格 ▶ 减去表行

图元：公共表格（PUB_TABLE），公共文字（PUB_TEXT）；白（7）；LINE，TEXT，MTEXT

功能：在已绘制好的表格中删去一行。

执行本命令，点取要删去的表行内一点，再用引出橡皮线点取表格的移动部分。点取后，指定的表行被删除。图 5-40 为减去表行的示例。

表格编辑命令列表		
序号	命令名	功　能
1	增加表行	在已绘制好的表格中增加一行或多行.
2	减去表行	在已绘制好的表格中删去一行.
3	复制表行	将表格中某一行的内容复制到另一行中.
4	增加表列	在已绘制好的表格中增加一列或多列.
5	减去表列	在已绘制好的表格中删去一列.
6	交换表列	将已有表格中的两列文字互换.

在要删去的表行内点一下

（a）减去表行前

表格编辑命令列表		
序号	命令名	功　能
1	增加表行	在已绘制好的表格中增加一行或多行.
2	减去表行	在已绘制好的表格中删去一行.
3	复制表行	将表格中某一行的内容复制到另一行中.
4	增加表列	在已绘制好的表格中增加一列或多列.
5	减去表列	在已绘制好的表格中删去一列.
6	交换表列	将已有表格中的两列文字互换.

（b）减去表行后

图 5-40　减去表行示例

5.2.10　复制表行　fzhbh

菜单：制作表格 ▶ 复制表行

图元：TEXT，MTEXT

功能：将表格中某一行的内容复制到另一行中。

执行本命令，点取要取复制文字的表行内一点，再点取要写入文字的表行内一点，第一个表行内的文字被复制到第二个表行内。如果第二个表行内原来有文字，则被删除。选取要复制文字的表行和写入文字的表行的表项数应相等，但每个表格的宽度不必相同。图 5-41 为复制表行的示例。

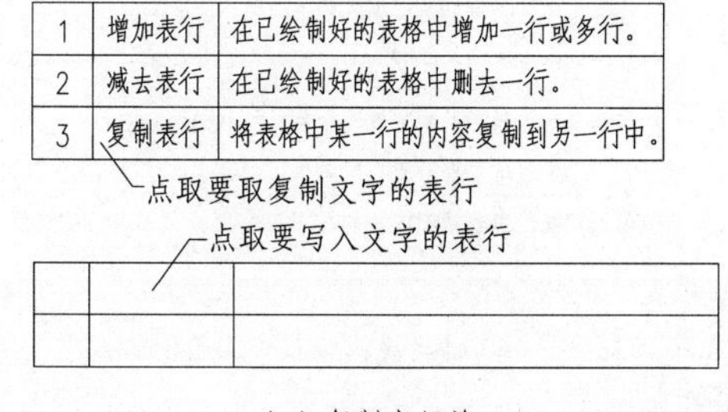

1	增加表行	在已绘制好的表格中增加一行或多行.
2	减去表行	在已绘制好的表格中删去一行.
3	复制表行	将表格中某一行的内容复制到另一行中.

（a）复制表行前

1	增加表行	在已绘制好的表格中增加一行或多行.
2	减去表行	在已绘制好的表格中删去一行.
3	复制表行	将表格中某一行的内容复制到另一行中.

3	复制表行	将表格中某一行的内容复制到另一行中.

（b）复制表行后

图 5-41　复制表行示例

5.2.11　增加表列　zjbl

菜单：制作表格 ▶ 增加表列

图元：公共表格（PUB_TABLE），公共文字（PUB_TEXT）；白（7）；LINE

功能：在已绘制好的表格中增加一列或多列。

执行本命令，拾取要加入表列处的竖表格线，用从拾取表线处拖出的橡皮线终点点取一点，点到的点有两个意义：指定要增加表列的宽度，橡皮线始、终两点间的 X 坐标之差即表列宽度；指定表列生成的方向，新增表列沿橡皮线始点到终点的方向插入。点取此点后，再输入要增加表列的数量，就在指定位置按指定方向插入指定数量的表列。其所插入的为空白表列。图 5-42 为增加表列的示例。

序号	命令名	功　能
1	增加表行	在已绘制好的表格中增加一行或多行.
2	减去表行	在已绘制好的表格中删去一行.
3	复制表行	将表格中某一行的内容复制到另一行中.
4	增加表列	在已绘制好的表格中增加一列或多列.
5	减去表列	在已绘制好的表格中删去一列.
6	交换表列	将已有表格中的两列文字互换.

拾取要加入表列处的竖表格线

（a）增加表列前

序号	命令名	功　能
1	增加表行	在已绘制好的表格中增加一行或多行.
2	减去表行	在已绘制好的表格中删去一行.
3	复制表行	将表格中某一行的内容复制到另一行中.
4	增加表列	在已绘制好的表格中增加一列或多列.
5	减去表列	在已绘制好的表格中删去一列.
6	交换表列	将已有表格中的两列文字互换.

（b）增加表列后

图 5-42　增加表列示例

5.2.12　减去表列　jqbl

菜单：制作表格 ▶ 减去表列

图元：公共表格（PUB_TABLE），公共文字（PUB_TEXT）；白（7）；LINE，TEXT，MTEXT

功能：在已绘制好的表格中删去一列。

执行本命令，点取要删去的表列内一点，再用引出橡皮线点取表格的移动部分。点取后，指定的表列被删除。图 5-43 为减去表列的示例。

序号	命令名	功　能
1	增加表行	在已绘制好的表格中增加一行或多行.
2	减去表行	在已绘制好的表格中删去一行.
3	复制表行	将表格中某一行的内容复制到另一行中.
4	增加表列	在已绘制好的表格中增加一列或多列.
5	减去表列	在已绘制好的表格中删去一列.
6	交换表列	将已有表格中的两列文字互换.

点取要删除的表列

（a）减去表列前

命令名	功　能
增加表行	在已绘制好的表格中增加一行或多行.
减去表行	在已绘制好的表格中删去一行.
复制表行	将表格中某一行的内容复制到另一行中.
增加表列	在已绘制好的表格中增加一列或多列.
减去表列	在已绘制好的表格中删去一列.
交换表列	将已有表格中的两列文字互换.

（b）减去表列后

图 5-43　减去表列示例

5.2.13　交换表列　jhbl

菜单：制作表格 ▶ 交换表列

图元：TEXT，MTEXT

功能：将已有表格中的两列文字互换。

执行本命令，分别点取两个要交换文字的表列，即可实现所选中的两个表列内的文字互换。图 5-44 为交换表列的示例。

表行编辑	表列编辑
增加表行	增加表列
减去表行	减去表列
复制表行	交换表列

（a）交换表列前

表列编辑	表行编辑
增加表列	增加表行
减去表列	减去表行
交换表列	复制表行

（b）交换表列后

图 5-44　交换表列示例

> 注意：交换时仅交换表列内的文字，并不能交换表列的宽度。因此，在使用本命令时，应注意互换后表列的宽度要能容纳下对方表格中的文字。

5.2.14　拆分表格　chfbg

菜单：制作表格 ▶ 拆分表格

图元：公共表格（PUB_TABLE），公共文字（PUB_TEXT）；白（7）；LINE，TEXT，MTEXT

功能：将一个表格拆分成两部分。

执行本命令，拾取要拆分处的横表格线，再点取要移动部分中的一点，即可实现表格被拆分。此时还可将拆分下来的可移动部分移到适当的位置，也可以只拆分不移动。图 5-45 为拆分表格的示例。

表格编辑命令列表

序号	命令名	功能
1	增加表行	在已绘制好的表格中增加一行或多行。
2	减去表行	在已绘制好的表格中删去一行。
3	复制表行	将表格中某一行的内容复制到另一行中。
4	增加表列	在已绘制好的表格中增加一列或多列。
5	减去表列	在已绘制好的表格中删去一列。
6	交换表列	将已有表格中的两列文字互换。

拾取要拆分处的横表格线

（a）拆分表格前

表格编辑命令列表

序号	命令名	功能
1	增加表行	在已绘制好的表格中增加一行或多行。
2	减去表行	在已绘制好的表格中删去一行。
3	复制表行	将表格中某一行的内容复制到另一行中。

4	增加表列	在已绘制好的表格中增加一列或多列。
5	减去表列	在已绘制好的表格中删去一列。
6	交换表列	将已有表格中的两列文字互换。

（b）拆分表格后

图 5-45　拆分表格示例

5.2.15　写表文字　xbwz（XZ）

菜单：制作表格 ▶ 写表文字

图元：公共文字（PUB_TEXT）；白（7）；TEXT，MTEXT

功能：在已画好的表格内填写文字。

执行本命令，点取要填写文字的表格框内一点后，屏幕上弹出如图 5-46 所示的对话框。该对话框上部的编辑框中可以输入要填写的文字。如果执行本命令前原表格内有文字，则这些文字随对话框的出现调入到编辑框内。其他控件说明如下。

- 「字高」用于调整文字高。输出的实际字高与[初始设置]中的“字高小于 15”，以及[字型参数]中的“按实际高度调整字高”选项有关（输出的字型和宽高比也取自[字型参数]）。
- 「复制表项」按钮用于将图中其他表格中的文字取到本对话框中。
- 「词库」按钮用于从词库中调用文字（参见[文字标注]）。
- 「回溯」按钮用于调出显示回溯词汇的对话框，从而在其中选择以前曾经输入过的词汇（参见[文字标注]）。
- 「多行文字」用于选择是否在表格中写多行文字。选取本选项写 MTEXT，否则写 TEXT。编辑表格中已有文字时，如果一格有多行 TEXT 文字，选取本选项就编辑全部内容

（其中“\P”表示回车换行），取消本项选择就只编辑点取的那一行。

- 「左对齐」、「对中」用于设置文字插入表格时的对齐方式。
- 「自动调整文字宽高比以适应表格宽度」选中后，文字就不会写出格外。
- 「相同文字」用于在表格的同一行或列中连续写入相同的文字（仅用于[行列输入]）。
- 「剪贴板粘贴」用于将剪贴板中的文字写入表格，可以用于从 Excel 中取多行多列的数据加入图中的表格。

输入表中要填写的文字，单击「OK」按钮，即可将文字填入表格内。图 5-47 为写表文字时不同对齐方式的示例。

在出现第一个提示时，键入“L”，还可以按行或按列写表格文字（参见[行列输入]）。

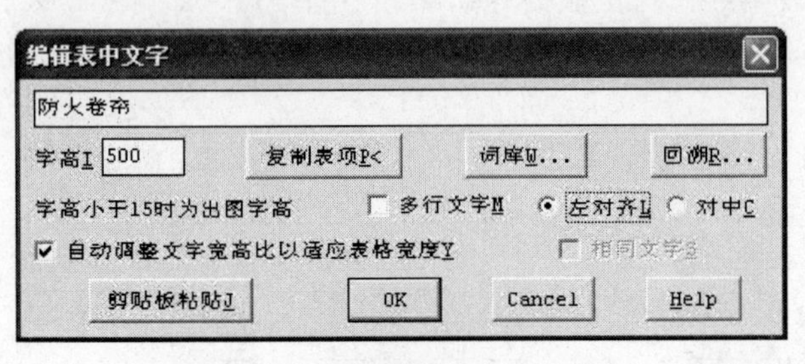

图 5-46 “编辑表中文字”对话框

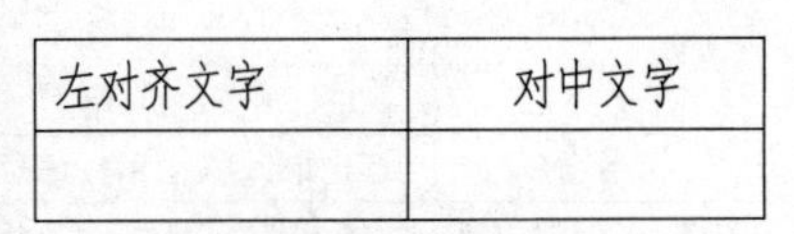

左对齐文字	对中文字

图 5-47 不同方式写表文字示例

5.2.16 行列输入 hlshr（OI）

菜单：制作表格 ▶ 行列输入

图元：公共文字（PUB_TEXT）；白（7）；TEXT，MTEXT

功能：按行或列在表格内填入文字。

执行本命令，根据提示依次点取起始表格和结束表格，如果要按行写入文字，起始和结束表格应在同一行上（见图 5-48）；要按列写入文字，则应在同一列上（见图 5-49）。点取后在第一个要写入文字的格中出现一条横线光标，同时在屏幕上弹出“编辑表中文字”对话框（使用方法参见[写表文字]），在对话框中输入文字后<回车>，从而将文字写入表中。一个表格写好后会再弹出对话框，可继续写下一个表格，直至所有选中表格填写完毕。

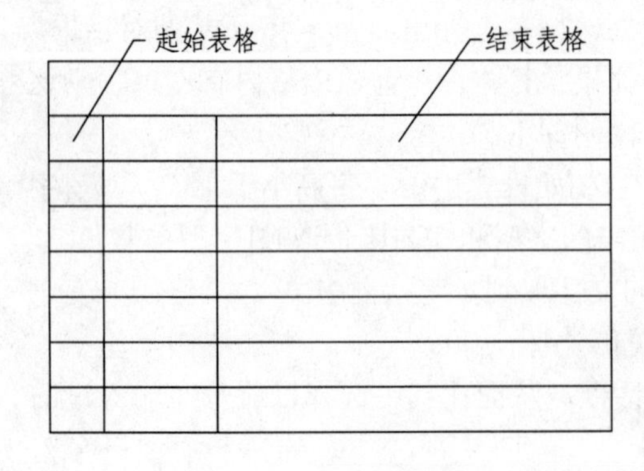

图 5-48 按行写入文字

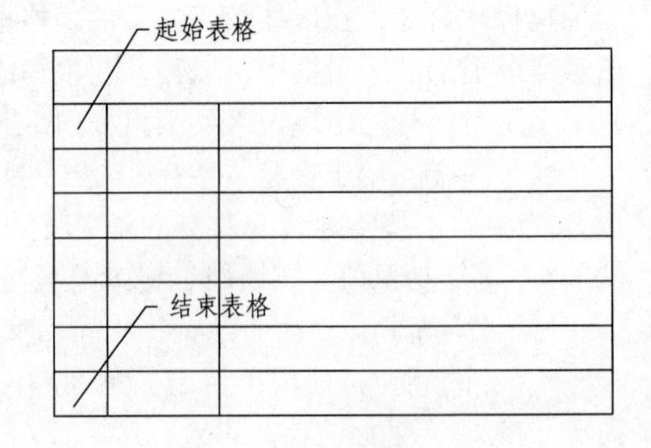

图 5-49 按列写入文字

5.2.17　编排序号　bpxh

菜单：制作表格▶编排序号

图元：公共文字（PUB_TEXT）；白（7）；TEXT

功能：在表格中按行或按列编排序号，或者在图中插入顺序排列的序号。

本命令可以在表格中，也可以在图中任意位置按顺序编排序号。

（1）在表格中排序号。依次点取要写起始序号和终止序号的表格，序号的排列方向可以是自上而下的，也可以是自下而上的，取决于起始序号和终止序号所在的位置。再输入起始序号和字高后，在指定的表格内按顺序编排插入序号。图 5-50 为表格中排序号的一个示例。

序号		
—— 起始序号表格		
—— 终止序号表格		

（a）编排序号前

序号	
NO.1	
NO.2	
NO.3	
NO.4	
NO.5	
NO.6	

（b）编排序号后

图 5-50　编排序号示例

（2）在图中任意位置排序号。先在命令行输入起始序号，或在图中拾取作为起始序号的文字（必须含有数字），然后依次逐个点取以后各序号的插入位置，如果在点取插入位置时点到已有文字，就会将已有文字改成要排的序号，字高取已有文字的字高。逐个插入序号的过程中，可利用以下两个热键修改状态。

- “C－改基点”用于改变插入基点。
- “Z－改增量值”用于设定序号每次递增的数量，例如增量定为 5，就可以生成 0，5，10，15，…的序号序列，增量设为负数，就产生递减的序列。

（3）出现第一个提示时，按<Esc>键，并选取要编号的图块，可以为已有图块添加编号。此时，如果按<回车>键，可以用选样板图元的方法选取要编号图元；如果用热键“{F}画线选图块”，可以画线穿过要选择的图元，所画线截到的图元就被选中。此时编号的顺序将依画线选到图元的先后而定。

起始序号可以是加前缀的，即在数字前加非数字字符，例如示例中的起始序号为“No.1”，以后各编号便都带此前缀。

5.2.18　文字输出　wzshch

菜单：制作表格▶文字输出

图元：TEXT，MTEXT

功能：把表中文字输出到指定文件中。

执行本命令，在弹出的“请输入文本文件的名称”对话框中选定或输入要输出文字的文件名，再在图中选取要输出到文件中的文字，图形文件中的文字便写到文本文件中。写入文件中的文字间会根据其在图中的位置加入一些空格，以使其在文本文件中仍保持它们的相对位置。图 5-51 是文字输出的一个示例。

序号	命令名	功　　能
1	增加表行	在已绘制好的表格中增加一行或多行。
2	减去表行	在已绘制好的表格中删去一行。
3	复制表行	将表格中某一行的内容复制到另一行中。
4	增加表列	在已绘制好的表格中增加一列或多列。
5	减去表列	在已绘制好的表格中删去一列。
6	交换表列	将已有表格中的两列文字互换。

（a）用于文字输出的表格

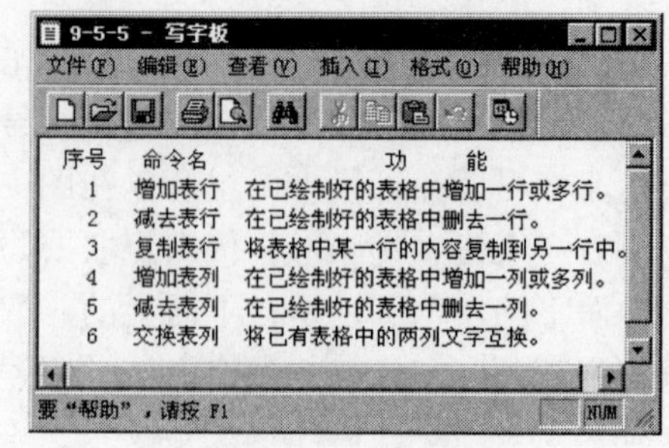

（b）输出到文本文件的情况

图 5-51　文字输出示例

5.2.19　Gb->Big5　gb_big5

菜单：制作表格 ▶ Gb->Big5

图元：TEXT，MTEXT

功能：将国标码转为台湾地区的 Big5 码。

在不同的汉字系统下，要使用与其相对应的编码，否则文字将出现乱码，无法辨认。使用本命令可将原为国标码的文字转换为 Big5 码，从而使其可以在台湾地区通用的汉字系统下可读。

执行本命令，选取要转为 Big5 码的文字，所选定的文字即由国标码转为 Big5 码。

5.2.20　Big5->Gb　big5_gb

菜单：制作表格 ▶ Big5->Gb

图元：TEXT，MTEXT

功能：将台湾地区的 Big5 码转为国标码。

本命令是[Big5->Gb]的逆命令。执行本命令，选取要转为国标码的文字，所选定的文字即由 Big5 码转为国标码。

第6章 立面、剖面、三维图

本软件中立、剖面图的一般做法是先利用平面图来生成其大致的形状（立面图也可以参数化生成图形），然后利用各种门窗、阳台、屋顶和楼梯等的生成与修改工具对其进行编辑。每组立、剖面图形都设有一个“正负零标志”，作为其高度基准。本软件中的三维模型工具仅用于搭建简单的三维模型。

6.1 立面图

用户可以利用平面图生成立面图，也可以通过参数化生成一般的立面图和立面幕墙。生成立面图后，可用各种工具插入和修改其中的门窗、阳台、屋顶和其他附件。

6.1.1 平面生立 pmshlm

菜单：立面绘制 ▶ 平面生立

图元：立面*（E_*）；颜色随层（BYLAYER）；LINE，INSERT

功能：利用图中已有的平面图，生成一个立面图标准层。

执行本命令，屏幕弹出如图 6-1 所示的对话框。在这个对话框中可以设置建筑物高度方向的参数，然后选取要生成立面的平面图，再选择生成立面的方向，立面图标准层生成后，点取其插入点，这样立面图标准层就插入图中。新生成的立面图中包括一个作为这部分立面图高度定位基准的正负零标志，这个标志箭头的尖点处为这幅立面图的零高度处。图 6-2 是一个平面图生成立面图的示例，其中下面部分是平面图，上面是生成的立面图。

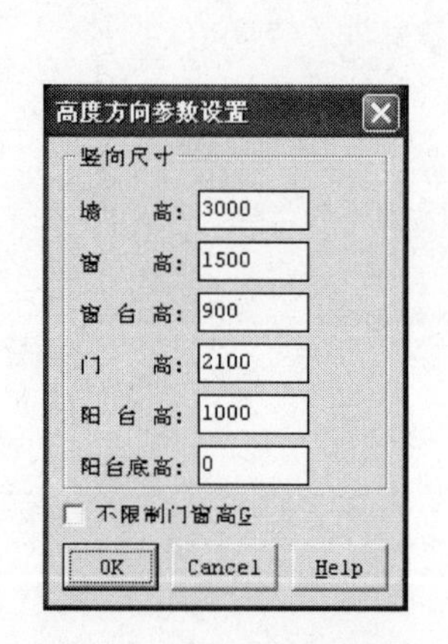

图 6-1 竖向参数对话框

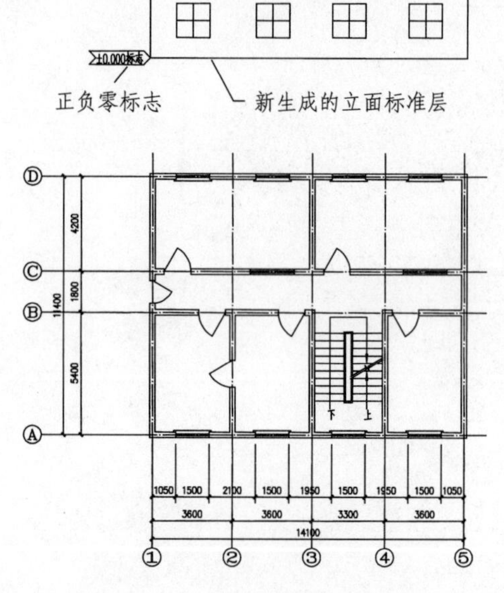

图 6-2 平面图生成立面图示例

生成的立面图标准层可以插在当前图中（与其他图应有一定的间隔）；也可以与已有的立面图合并。

6.1.2 立面绘制 lmhzh

菜单：立面绘制 ▶ 立面绘制

图元：立面*（E_*）；颜色随层（BYLAYER）；LINE，INSERT，LWPOLYLINE

功能：参数化直接生成立面图的门窗、墙线、地坪和楼层线。

执行本命令，屏幕弹出如图 6-3 所示的对话框。

在这个对话框中可以设定要绘制的立面图的各项参数，其中各控件的功能如下。

- 「是否绘制」栏用于选择需要绘制的内容。当立面比较复杂时，立面图的生成可能会分几次完成；通过选取是否绘制「门窗」、「墙线」和「地坪」复选框，可以避免重复生成。
- 「层数」、「窗数」用于输入立面图的楼层数和每层的窗数。
- 「室外」用于输入室外地坪的标高。
- 「基点选择」用于选择插入立面图时基点的位置，单击变换一次。
- 「X」用于输入插入点与基点间水平方向的偏移量。
- 「层高」、「窗台高」、「窗高」、「窗宽」和「窗间墙」分别用于输入立面图中各层的相关尺寸。选中右面的「统一X X」项时，可以输入统一的尺寸；不选时，先在左面的下拉列表中选择要输入数据的层，然后在其右面的编辑框中输入这一层的数据。建议先选取「统一X X」，在相应的编辑框中输入重复次数较多的尺寸；然后再去掉「统一X X」，修改特殊层的数据。

参数设置好后，单击「OK」按钮退出，然后点取插入点，立面图就插入图中（见图 6-4）。

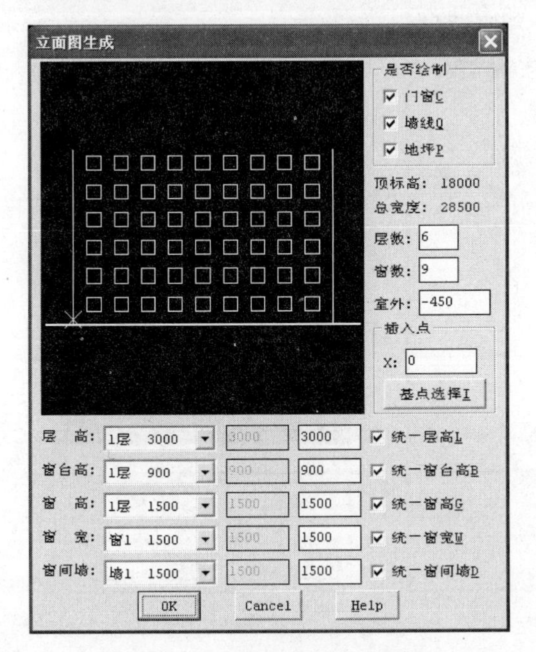

图 6-3　“立面图生成”对话框

图 6-4　绘制立面图示例

生成的立面图可以插在当前图中（与其他图应有一定的间隔）；也可以并入已有的立面图。合并后，新插入的正负零标志被删除。

6.1.3　立面幕墙　lmmq

菜单：立面绘制 ▶ 立面幕墙

图元：立面门窗（E_WINDOW）；黄（2）；LWPOLYLINE；生成组

功能：在立面图中生成幕墙或带形窗。

执行本命令，屏幕弹出如图 6-5 所示的对话框。

在这个对话框中可以设定要绘制立面幕墙的参数，其中各控件的功能如下。

- 「总宽」和「总高」数据既可以从编辑框中输入，也可以单击相应按钮在图中点取。
- 「单元格宽」等编辑框用于输入画单元格的尺寸参数。
- 「水平平均分格」和「垂直平均分格」用于选择是否平均分格。如果平均分格，则「水平分格数」或「垂直分格数」可设；否则，就是「单元格宽」或「单元格高」可设。
- 「X」和「Y」用于表示幕墙的基点相对图中插入点的位移。
- 「弧线幕墙」复选框用于选择当前绘制的是否是弧线幕墙。
- 「基点选择」用于选择插入幕墙时基点的位置，单击一下变换一次。
- 「单元格细部分格」按钮，单击该按钮后可以进入图中编辑单元格线条，即进一步划分单元格的状态。进入此状态后，首先要输入水平和垂直方向的分格数，生成分格后，还可以对生成的分格线进行一些编辑，包括重新生成分格、擦除部分分格线和拖动分格线。
- 单击「弧线参数设定」按钮，弹出如图 6-6 所示的对话框（此按钮只有在选中「弧线幕墙」复选框时才是有效的），在这个对话框中可以设定弧线幕墙的参数。弧线幕墙的参数还可以用在图中取弧线的方法来确定：在选中「弧线幕墙」复选框的情况下，单击「总宽」按钮就可以在图中取与幕墙对应的平面弧线、端点和中间点。

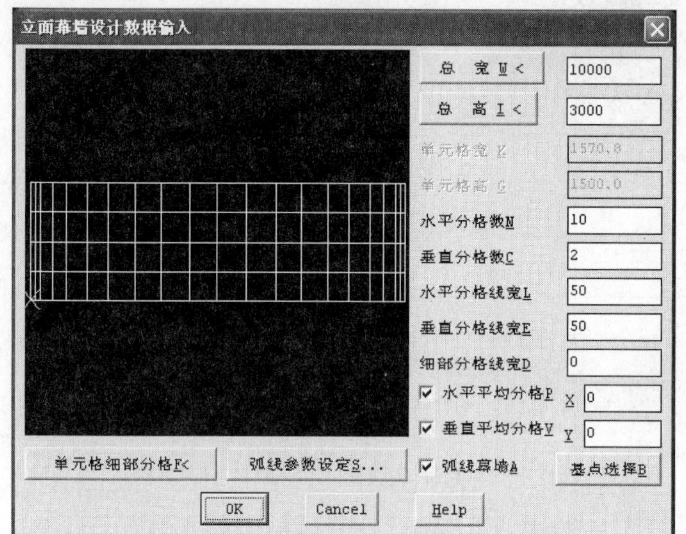

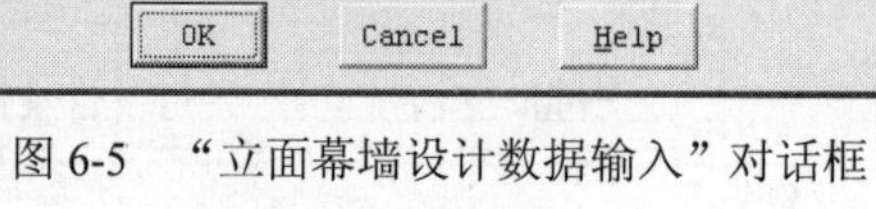
图 6-5 “立面幕墙设计数据输入”对话框

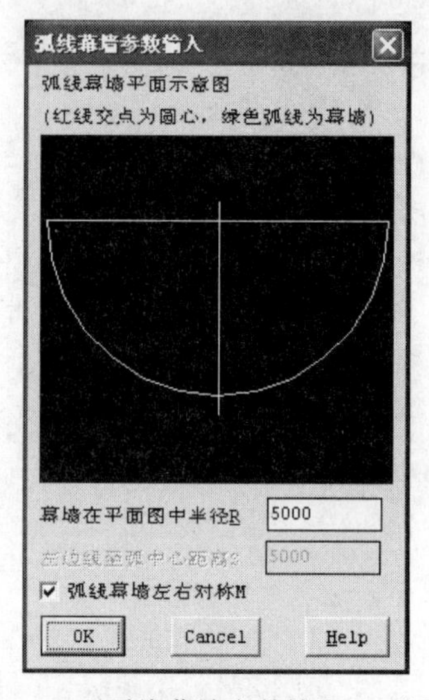

图 6-6 “弧线幕墙参数输入”对话框

在对话框中设定好立面幕墙的参数后，单击「OK」按钮退出对话框，再点取幕墙插入点，幕墙便绘入图中（见图 6-7）。

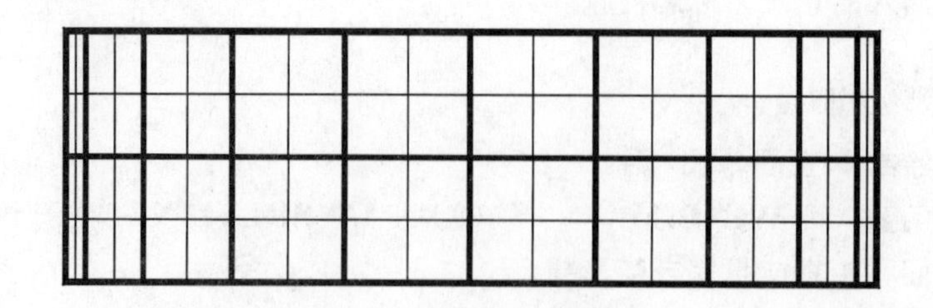

图 6-7 生成立面幕墙示例

6.1.4　楼层开关　lckg

菜单：立面绘制 ▶ 楼层开关

图元：立面楼层（E_FLOOR）；黄（2）；LINE

功能：打开或关闭立面楼层线。

楼层线是立面图编辑时的基准，如不需要也不应将其擦除，可使用本命令将其关闭。当执行立面编辑命令时，如用到楼层线，程序在执行中会自动打开或关闭。

6.1.5　楼层复制　lplcfzh

菜单：立面绘制 ▶ 楼层复制

图元：立面*，剖面*（E_*，S_*）；LINE，INSERT

功能：将已有立、剖面图某一层作为标准层，复制一层或几层到任意楼层。

执行本命令，选取整个立面图，再输入要复制的层号、复制到第几层、复制的层数，程序即完成楼层复制。

图 6-8 是一个楼层复制示例，目标是将图 6-8（a）所示立面图的二层向上复制两层。具体方法：选取整个立面图，复制的层号为“2”，复制到“3”层，复制“2”层，完成后如图 6-8（b）所示。

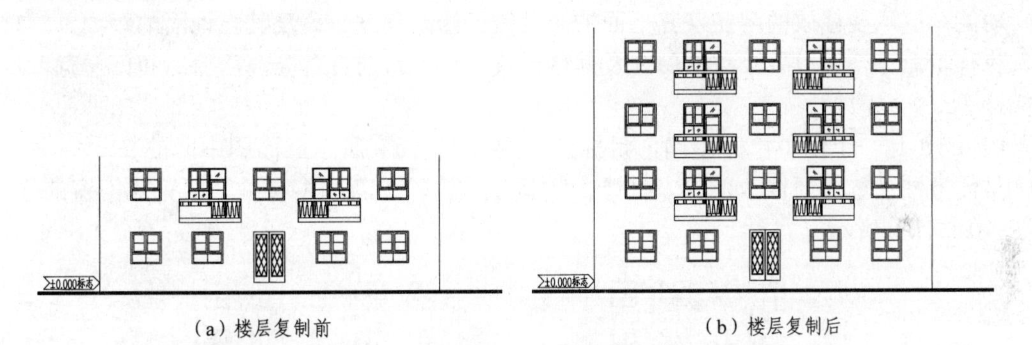

（a）楼层复制前　　（b）楼层复制后

图 6-8　楼层复制示例

如果复制楼层的阳台与其后面门窗的遮挡关系不正确，可用[显示次序]命令调整。

> 注意：在第一个提示下选取立面图时，一定要选取本立面图中所有的图元，少选将可能使楼层混乱。

6.1.6　改变层高　lpgcg

菜单：立面绘制 ▶ 改变层高

图元：立面*，剖面*（E_*，S_*）；LINE，INSERT

功能：将已有立、剖面图中连续的若干层改变层高。

执行本命令，首先选取立面图，然后输入要改变层高的起始层号、结束层号和新的层高尺寸，程序就将以所选的层改变其层高。

图 6-9 是一个改变层高的示例，目标是将图 6-9（a）所示立面图的 2～4 层的层高由 3000

改为 2700。具体方法：先选取整个立面图，输入起始层号“2”，结束层号“4”，新的层高“2700”，此时改变层高完成效果，如图 6-9（b）所示。

如果由于改变层高造成阳台与其后面门窗的遮挡关系产生错误，可以用[显示次序]命令进行调整。

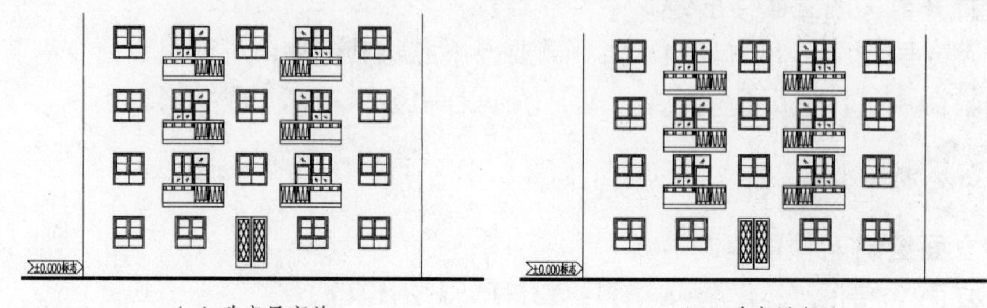

（a）改变层高前　　（b）改变层高后

图 6-9　改变层高示例

6.1.7　门窗修改（立剖）lpmchxg

菜单：立面绘制 ▶ 门窗修改

图元：立面门窗，剖面门窗（E_WINDOW，S_WINDOW）；黄（2）；INSERT

功能：选取要修改的门窗及其下面的楼层线，修改其宽、高及其与地面的距离。

执行本命令，选取要修改的门窗及其楼板线，输入新的窗台高、门窗高和门窗宽，从而完成所选门窗修改。

图 6-10 是一个门窗修改示例，目标是将图 6-10（a）所示立面图中间的 3 个窗改变宽度。具体方法：选取要修改的窗及其下面的楼层线，输入新的窗参数，即完成门窗的修改，如图 6-10（b）所示。

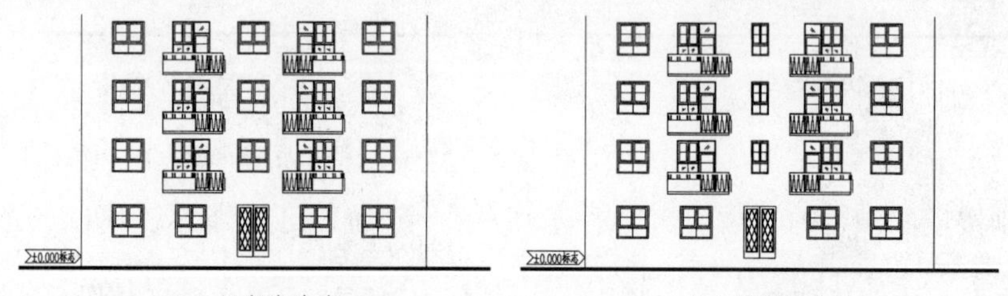

（a）门窗修改前　　（b）门窗修改后

图 6-10　门窗修改示例

6.1.8　移立剖面　ylpm

菜单：立面绘制 ▶ 移立剖面

图元：立面*，剖面*（E_*，S_*）；LINE，INSERT

功能：拾取正负零标志，移动整个立、剖面图。

执行本命令，拾取正负零标志，再点取新的插入点，可以将立、剖面图移到新的位置（与其他图应有一定的间隔），也可以与已有的立、剖面图合并；合并后，被移动立、剖面图的正负零标志将被删除，移动的标高标注可以根据原有的正负零标志进行调整。

6.1.9　立剖删除　lpmshch

菜单：立面绘制 ▶ 立剖删除

图元：立面*，剖面*（E_*，S_*）；LINE，INSERT

功能：拾取正负零标志，删除整个相关的立、剖面图。

执行本命令，拾取正负零标志，与此标志相关的立、剖面图被删除。

6.1.10　立剖导出　lpmdch

菜单：立面绘制 ▶ 立剖导出

图元：立面*，剖面*（E_*，S_*）；LINE，INSERT

功能：拾取正负零标志，将立、剖面图存成图形文件。

执行本命令，拾取正负零标志，在弹出的对话框中输入导出图形的名称；单击「保存」按钮后，与所选中正负零标志相关的立、剖面图就被保存为一个独立的图形文件。

6.1.11　立剖导入　lpmdr

菜单：立面绘制 ▶ 立剖导入

图元：立面*，剖面*（E_*，S_*）；LINE，INSERT

功能：选取图形文件，将立、剖面图插入到当前图中。

执行本命令，在弹出的对话框中选择要导入的立、剖面图文件，单击「打开」按钮，再点取图形的插入点，即可将所选图插入本图中。

可以将立、剖面图插到当前图中（与其他图应有一定的间隔）；也可以与已有的立、剖面图合并；合并后，插入图的正负零标志被删除，插入部分中的标高标注也能够根据原有的正负零标志进行调整。

6.1.12　立面地坪　lmdp

菜单：立面绘制 ▶ 立面地坪

图元：立面地面（E_GROUND）；黄（2）；LWPOLYLINE，LINE

功能：按给定的室内外高差为立面图绘制室外地坪线。

执行本命令，拾取建筑物的左、右下角点，输入室外标高，从而完成立面地坪绘制（见图 6-11）。

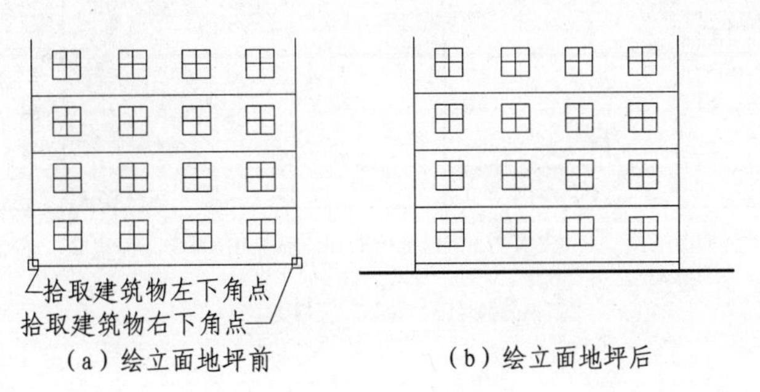

图 6-11　绘立面地坪

6.1.13　立面屋顶　lmwd

菜单：立面绘制 ▶ 立面屋顶

图元：立面屋顶（E_ROOF）；青（4）；LINE

功能：可绘制多种形式的立面屋顶。

执行本命令，屏幕弹出如图 6-12 所示的“立面屋顶参数”对话框。该对话框中一些控件功能如下。

- 「屋顶类型」列表框中列出了多种形式的屋顶。
- 「隐显方式」中有「左半」、「完整」、「右半」三个互锁按钮，可选择屋顶是以全幅还是以半幅显示。
- 「屋顶参数」和「出檐参数」栏用于根据图中示意，直接输入数据。
- 选中「瓦楞线」复选框，则在屋顶上绘出瓦楞线，线间距可设。

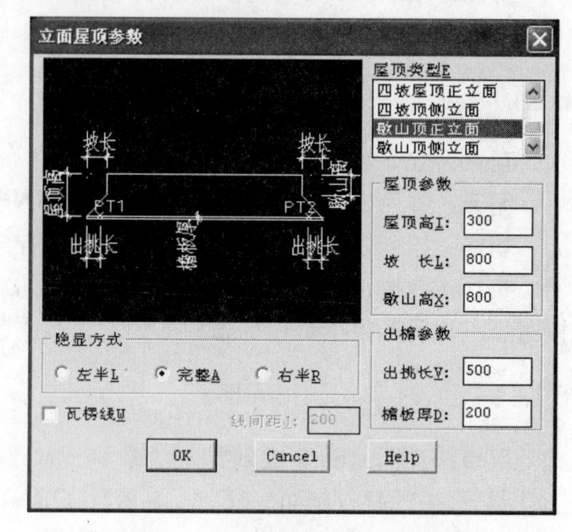

图 6-12　“立面屋顶参数”对话框

6.1.14　外包线　wbx

菜单：立面绘制 ▶ 外包线

图元：立面其他（E_OTHER）；白（7）；LWPOLYLINE

功能：为立面图绘制外包轮廓线。

执行本命令，选取要画外包线的立面图，程序就为所选的立面图加外包线。

图 6-13 是一个分步画外包线的示例。执行命令后，先选取建筑物中间凸出部分（需包含地坪线），凸出部分的外包线绘制完成［见图 6-13（b）］；再执行本命令，选取整个建筑，整个建筑的外包线绘制完成［见图 6-13（c）］。

热键“{M}手工绘制”用于手工点取绘制外包线。

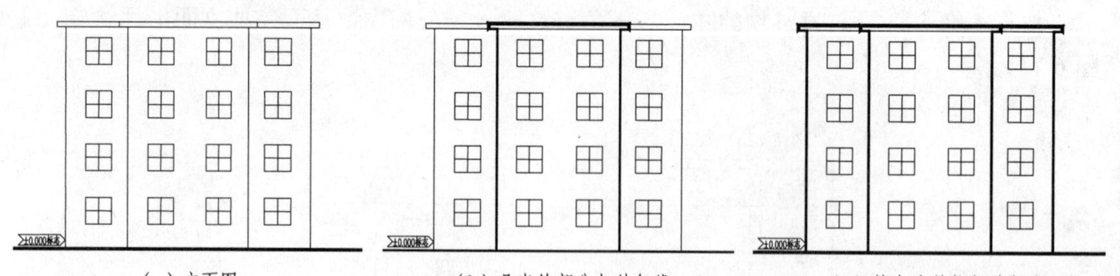

（a）立面图　　（b）凸出的部分加外包线　　（c）整个建筑物加外包线

图 6-13　加外包线示例

6.1.15　雨水管　yshg

菜单：立面绘制 ▶ 雨水管

图元：立面其他（E_OTHER）；白（7）；LINE

功能：按给定的位置生成竖直向下的雨水管。

执行本命令，点取雨水管的起点和终点，并给出雨水管管径，就在指定位置生成雨水管（见图 6-14）。

如果直接在图中取点有困难，可用热键“P－取参考点”先在图中取一个参考点，再输入相对参考点的坐标，即可准确定位起点或终点。

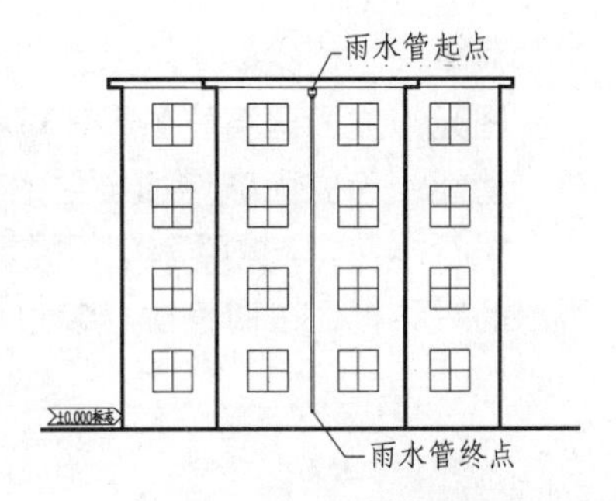

图 6-14　加雨水管示例

6.1.16　换立面窗　hlmmch（EW）

菜单：立面绘制 ▶ 换立面窗

图元：立面门窗（E_WINDOW）；黄（2）；INSERT

功能：把选中的立面门窗换成另一种类型。

执行本命令，在图中选取要替换的立面门窗，屏幕弹出如图 6-15 所示的对话框。在图库中选取新的门窗后，单击「OK」按钮退出对话框，选中的立面门窗被替换。如果用热键“{S}图上选型”或在“门窗图库”对话框中单击「图取」按钮，其替换原型可以到图中选取。

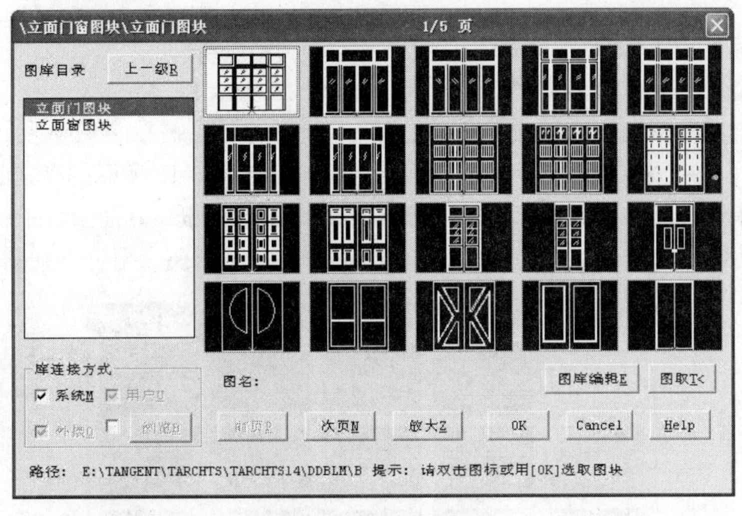

图 6-15　立面门窗图库

6.1.17　门窗插入（立面）lmmchchr

菜单：立面绘制 ▶ 门窗插入

图元：立面门窗（E_WINDOW）；黄（2）；INSERT

功能：把在图库中选中的一个立面门或窗插入指定位置。

执行本命令，弹出如图 6-15 所示的对话框。在其中选取门或窗后，单击「OK」按钮退出对话框，点取一个参照点，再输入距参照点的距离和门窗的尺寸，这个门窗便插入图中。

6.1.18 加窗套 jcht

菜单：立面绘制 ▶ 加窗套

图元：立面门窗（E_WINDOW）；黄（2）；LWPOLYLINE

功能：为立面窗增加全包的窗套或窗上、下沿线。

执行本命令，按照命令行提示，在选取了立面窗套的左下角和右上角后，会弹出如图 6-16 所示的对话框；在调整窗套参数后，即可画出如图 6-17（b）所示的上下窗沿（或立面窗套）。

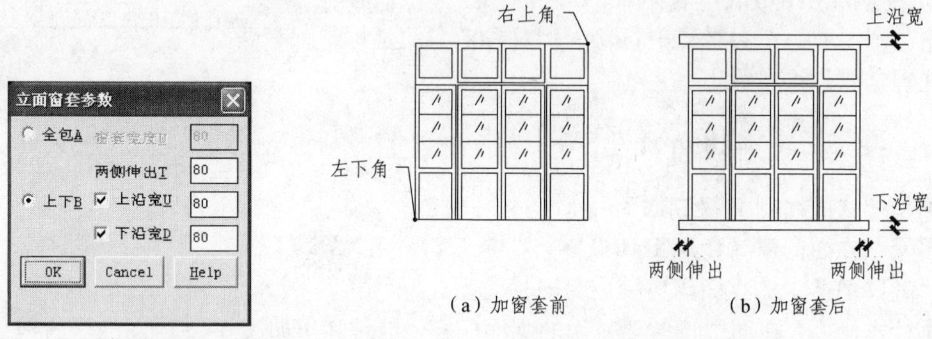

图 6-16 “立面窗套参数”对话框　　图 6-17 加窗套示例

6.1.19 换阳台 hlmyt

菜单：立面绘制 ▶ 换阳台

图元：立面阳台（E_BALCONY）；紫（6）；INSERT

功能：把选中的立面阳台换成另一种类型。

执行本命令，在图中选取要替换的立面阳台，弹出如图 6-18 所示的“立面阳台图块”对话框。在图库中选择新的阳台后，单击「OK」按钮退出对话框，立面阳台更换即完成。用热键“{S}图上选型”或在阳台图库中单击「图取」按钮，其替换原型可以到图中选取。

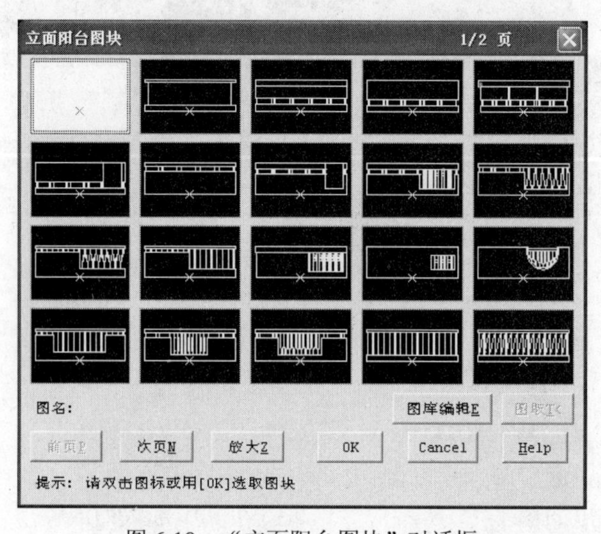

图 6-18 “立面阳台图块”对话框

6.1.20 阳台插入 lmytchr

菜单：立面绘制▶阳台插入

图元：立面阳台（E_BALCONY）；紫（6）；INSERT

功能：把在图库中选中的立面门或窗，插入一个或多个到指定位置。

执行本命令，屏幕弹出如图6-18所示的“立面阳台图块”对话框。选取立面阳台，并输入宽、高后，拖动选取插入点，即可将阳台插入到点取的位置。在拖动过程中，还可以用以下热键调整插入位置。

- “{A}选基点”用于改变插入基点，可以切换到立面阳台的中下、左下和右下。
- “{S}镜像”用于将立面阳台左、右翻转。
- “{X}X偏移（0）”用于调整水平方向偏离插入点的距离。
- “{Y}Y偏移（-150）”用于调整垂直方向偏离插入点的距离。

一个阳台插入后，还可以输入向上复制的层数和层高，在第一个阳台的上面再复制插入多个阳台；不需要复制，就直接按<回车>键结束。

6.1.21 显示次序 draworder

菜单：立面绘制▶显示次序

功能：调整各图元之间的遮挡关系。

当立面门窗被替换后，可能造成本应被阳台遮挡的门窗不能被遮挡。这时，可以用本命令将遮挡次序调整过来。

6.1.22 画遮挡面 wipeout

菜单：立面绘制▶画遮挡面

图元：0层；黄（2）；WIPEOUT

功能：在造立面阳台的环境中，为阳台加遮挡面，用于遮挡后面的立面门窗。

执行本命令，选取由PLine线所构成的封闭区域边界线，就生成一个以该曲线为边界的遮挡面。这样的遮挡面可以挡住与其重叠的线条，可用于为阳台加遮挡面。

6.2 剖面图

剖面图可以利用平面图来生成。生成后，可利用各种工具来加入地坪、屋顶、墙、轴线，以及编辑修改门窗。对于剖面楼板、梁和楼梯的编辑修改，会在下面一节中介绍。

6.2.1 平面生剖 pmshpm

菜单：剖面绘制▶平面生剖

图元：剖面*，剖面立面*（S_*，S_E_*）；LINE，INSERT

功能：利用图中已有的平面图，生成一个剖面图标准层。

执行本命令，屏幕上弹出如图6-1所示的“高度方向参数设置”对话框，在这个对话框中可以设置建筑高度方向的参数。参数设置好后，单击「OK」按钮退出。然后在已有的平面图上点取剖切线并确定剖视方向（剖视方向为橡皮线起始点指向终点），即可完成剖面图标准层的生成（见图 6-19）。

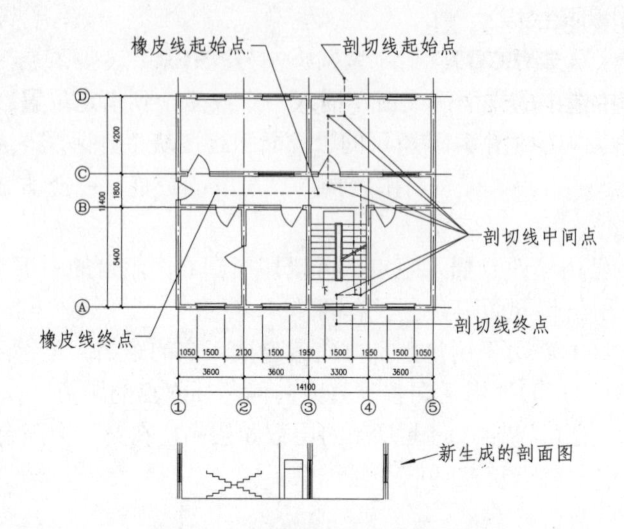

图 6-19　平面图生成剖面图示例

新生成的标准层可以插在当前图中（与其他图应有一定的间隔）；也可以与已有的剖面图合并。生成的剖面标准层，可能有一些多余的线条需要擦除，或楼板线可能需要修剪，通常楼梯线需用剖面楼梯编辑命令进行处理。

6.2.2　轴线生成　pmzhxshch

菜单：剖面绘制 ▶ 轴线生成

图元：剖面轴线（S_DOTE）；红（1）；LINE

功能：用于绘制剖面轴线。

执行本命令，屏幕上弹出如图 6-20 所示的对话框，其中输入剖面轴线数据的操作可参照平面中 [直线轴网]命令的。单击「OK」按钮退出后，点取剖面轴线的起始点和结束点，即可将轴网绘制完毕。

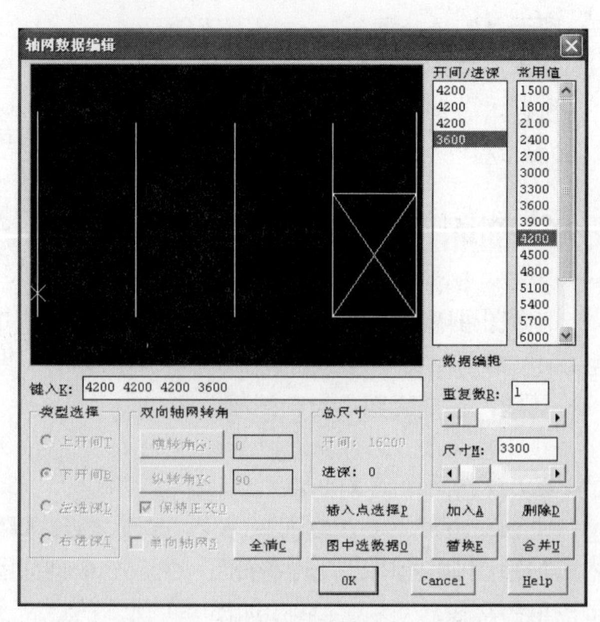

图 6-20　“轴网数据编辑”对话框

6.2.3　轴线标注　pmzhxbzh

菜单：剖面绘制 ▶ 轴线标注

图元：剖面轴标（AXIS）；绿（3）；DIMENTION，INSERT，LINE

功能：为剖面图的轴线标注尺寸和轴线号。

执行本命令，拾取起始轴线和结束轴线，再输入起始轴的编号，从而完成剖面轴线标注（见图 6-21）。

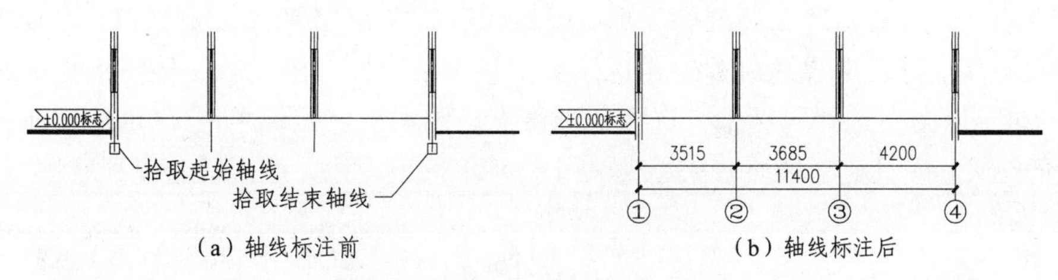

图 6-21　剖面轴线标注示例

6.2.4　剖面地坪　pmdp

菜单：剖面绘制 ▶ 剖面地坪

图元：剖面地面（S_GROUND）；黄（2）；LWPOLYLINE，LINE

功能：按给定的室内外高差为剖面图绘制室外地坪线。

执行本命令，拾取建筑外侧的墙线或门窗，再输入室外地坪标高，即可完成剖面地坪绘制（见图 6-22）。

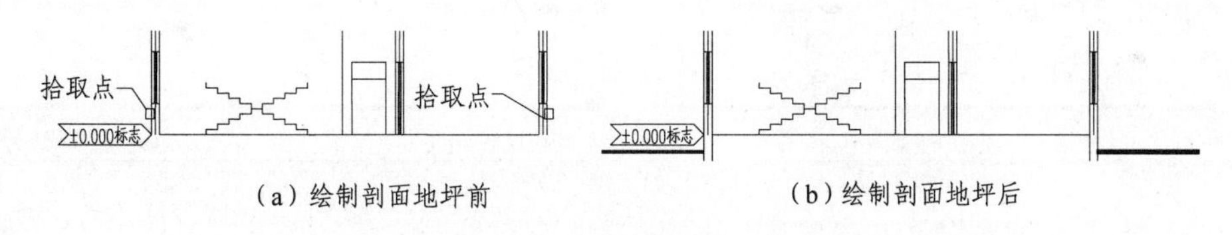

图 6-22　绘制剖面地坪示例

6.2.5　剖面檐口　pmyk

菜单：剖面绘制 ▶ 剖面檐口

图元：剖面屋顶（S_ROOF）；青（4）；LINE；生成组

功能：在剖面图中绘制剖面檐口。

执行本命令，屏幕弹出如图 6-23 所示的"剖面檐口参数"对话框。在对话框中可选择檐口类型，输入檐口尺寸参数；单击「左右翻转」按钮可使檐口进行整体翻转；「基点定位」栏中的数据可以直接输入，也可以单击按钮后从屏幕中获得；单击「基点选择」按钮，可以改变檐口的插入基点。

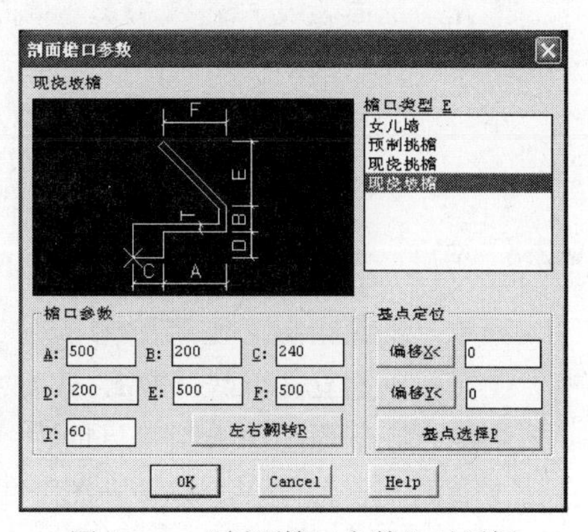

图 6-23　"剖面檐口参数"对话框

设置好参数后，单击「OK」按钮确定，在图中点取檐口的插入点，这样剖面檐口就被插入图中。

6.2.6 屋顶填充 pmwdtch

菜单：剖面绘制 ▶ 屋顶填充

图元：公共填充（PUB_HATCH）；白（7）；HATCH

功能：为剖面图中的檐口填充剖面图案。

执行本命令，选取要填充的剖面屋顶，屏幕弹出如图 6-24 所示的对话框。在其中可以点取一种图案的图像框，选择这种建筑常用图案；也可以单击「图案库」按钮，弹出如图 6-25 所示的 AutoCAD 图案选择对话框，选择其他图案。图案选好后，单击「OK」按钮确定，再单击「填充预演」按钮观察填充效果，或单击「OK」按钮退出，这样所选屋顶就填充完毕了。

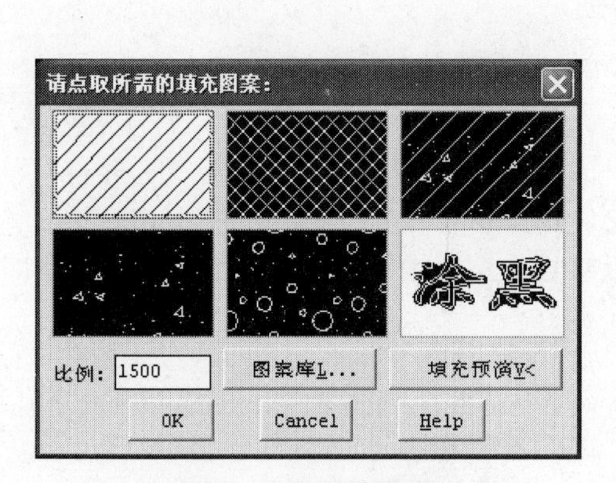

图 6-24 建筑常用图案

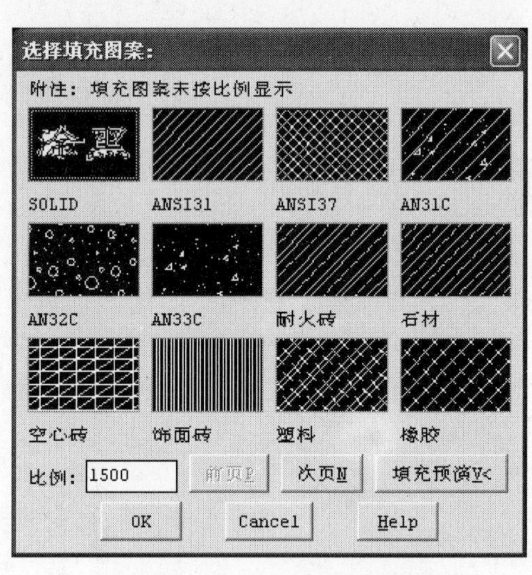

图 6-25 AutoCAD 图案选择

6.2.7 画双线墙（剖面）pmshxq

菜单：剖面绘制 ▶ 画双线墙

图元：剖面墙线（S_WALL）；白（255）；LINE

功能：在剖面图中绘制双线墙。

本命令的使用方法，与平面图[画双线墙]命令中的单段绘制类似，但绘出的墙线两端不封口。

6.2.8 画可见墙 hpmkjq

菜单：剖面绘制 ▶ 画可见墙

图元：剖面立面墙线（S_E_WALL）；白（255）；LINE

功能：在剖面图中绘制可见墙线。

本命令的使用方法，与平面图[画单线墙]命令类似。

6.2.9　墙线移动（剖面）pmqxyd

菜单：剖面绘制 ▶ 墙线移动

图元：剖面墙线，剖面门窗（S_WALL，S_WINDOW）；LINE，INSERT

功能：移动剖面墙线和可见墙线，剖面墙上的门窗随着改变，可用于改变墙厚。

本命令的使用方法，请参照平面图[墙线移动]命令。

6.2.10　墙线复制（剖面）pmqxfzh

菜单：剖面绘制 ▶ 墙线复制

图元：剖面墙线，剖面门窗（S_WALL，S_WINDOW）；LINE，INSERT

功能：复制已有的剖面双线墙（可带门窗）。

执行本命令，首先拾取要复制的墙线，再依次点取要复制到的位置，此时剖面墙线连同墙上的门窗就复制完毕了（见图 6-26）。

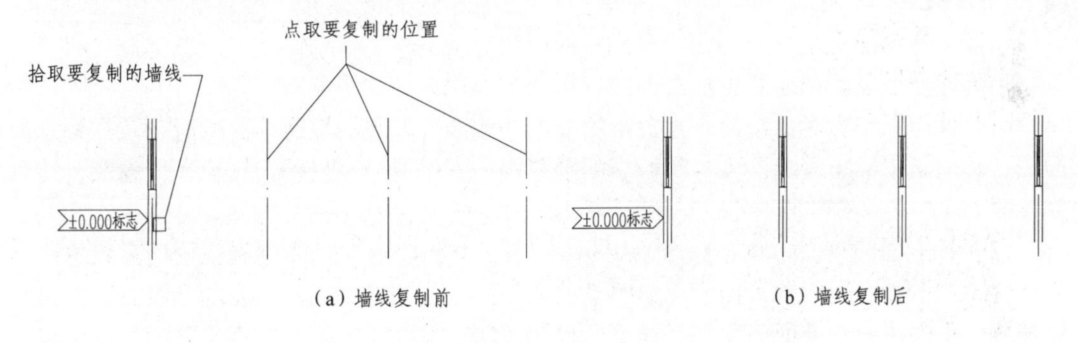

图 6-26　剖面墙线复制示例

6.2.11　墙线加粗（剖面）pqqxjc

菜单：剖面绘制 ▶ 墙线加粗

图元：公共墙线（PUB_WALL）；白（255）；LWPOLYLINE

功能：将剖面图中的墙线向两边加粗。

执行本命令，选取要加粗的剖面墙线，按<回车>键后，所选墙线就完成加粗设置（见图 6-27）。如果已加粗后的剖面线还需编辑，可以先用[取消加粗]命令恢复后再进行编辑。

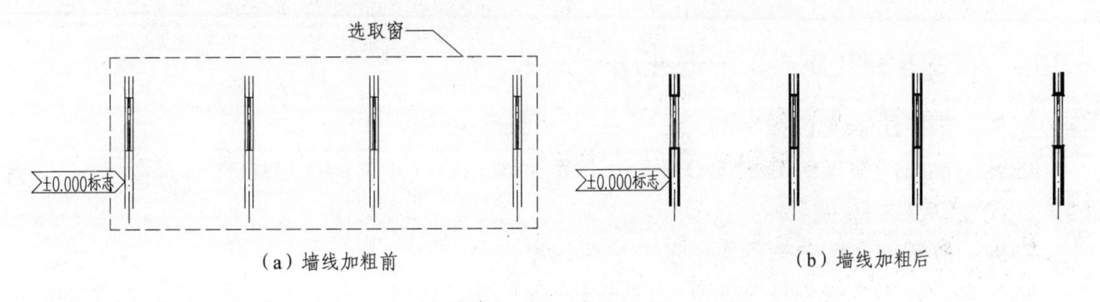

图 6-27　剖墙墙线加粗示例

6.2.12 向内加粗（剖面）pqxnjc

菜单：剖面绘制 ▶ 向内加粗

图元：公共墙线（PUB_WALL）；白（255）；LWPOLYLINE

功能：将剖面图中的墙线向内加粗。

本命令的操作过程与[剖墙墙线加粗]命令的基本相同，不同之处在于本命令加粗时是以选中的墙线为边界向内加粗，这样可使加粗后的线条与不加粗的门窗线对齐（参见平面墙线的[向内加粗]一节）。如果已加粗后的剖面线还需编辑，可以用[取消加粗]命令恢复后再进行编辑。

6.2.13 门窗插入（剖面）pmmchchr

菜单：剖面绘制 ▶ 门窗插入

图元：剖面门窗（S_WINDOW），剖面立面门窗（S_E_WINDOW）；黄（2），青（4）；INSERT

功能：在剖面图中插入剖面门窗或立面门窗。

用本命令可以在剖面图中插入剖面门窗或立面门窗，如图 6-28 所示。

（1）插剖面门窗时，按命令行提示拾取剖面墙线，输入门窗底标高（有正负零标志的剖面图，其值从零标志算起；没有零标志的剖面图，其值为 *Y* 坐标），再输入门窗高，即可完成该插入。

（2）插立面门窗时，执行命令后用热键“E－立面门窗”切换到画立面门窗状态，点取立面门窗的参照点，再输入门窗距参照点的水平距离、垂直距离和门窗的宽及高，即可完成该插入。剖面图中的立面门窗如要换型，可使用[换立面窗]命令。

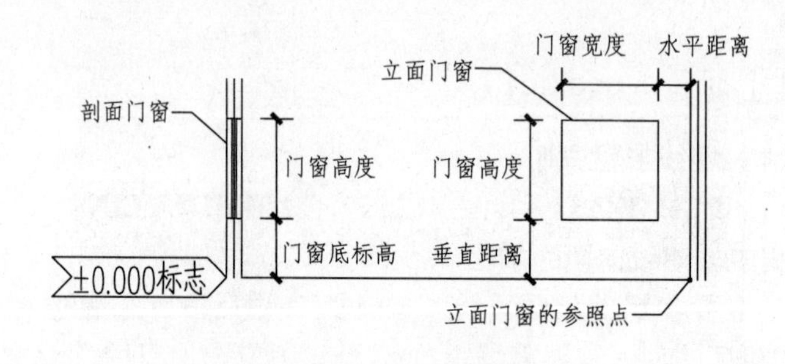

图 6-28 剖面门窗插入

6.2.14 门窗复制（剖面）pmmchfzh

菜单：剖面绘制 ▶ 门窗复制

图元：剖面门窗（S_WINDOW），剖面立面门窗（S_E_WINDOW）；黄（2），青（4）；INSERT

功能：复制剖面图中的剖面门窗或立面门窗。

执行本命令，拾取要复制的剖面门窗或立面门窗，点取复制方向，并给出新门窗到原型门窗的距离，最后输入复制次数，即可完成门窗复制（见图 6-29）。

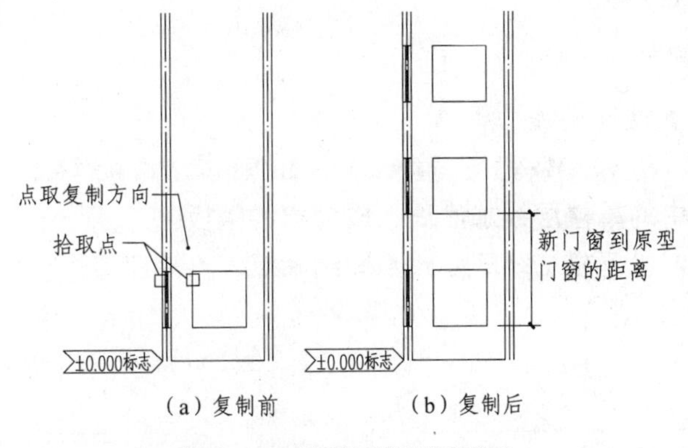

图 6-29　剖面门窗复制示例

6.2.15　换剖面窗　hpmmch

菜单：剖面绘制 ▶ 换剖面窗

图元：剖面门窗（S_WINDOW）；黄（2）；INSERT

功能：将图中已有的剖面门窗换成另一种类型的门窗。

选完门窗，弹出如图 6-30 所示的“剖面门窗图块”对话框。在图库中选取新的门窗后，门窗更换即完成。如果用热键“{S}图上选型”或在“剖面门窗图块”对话框中单击「图取」按钮，其替换原型可以到图中选取。

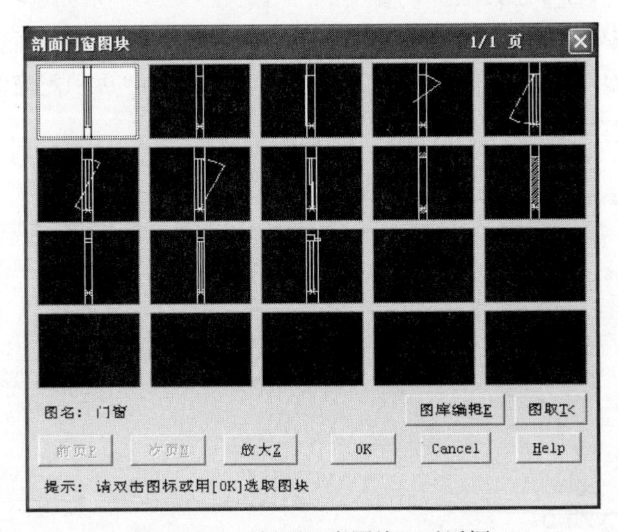

图 6-30　“剖面门窗图块”对话框

6.3　楼板剖梯

剖面楼板通常可以在生成剖面时同时生成，然后可以用本节介绍的命令编辑修改。剖面楼梯可以利用平面图生成，生成后的再用各种工具修改踏步高、移动、画底板、画平台及生成栏板（或栏杆）；也可以用参数化的方法直接绘制，绘制时的楼梯参数能够到平面图中取。

6.3.1　楼板底线　lbdx

菜单：楼板剖梯 ▶ 楼板底线

图元：剖面梁板（S_FLOOR）；黄（2）；LINE

功能：为剖面图中的单楼层线加底线，成为双线楼板。

执行本命令，点取已有楼层线的起始点和结束点，再给出楼板厚度值，楼板底线绘制完毕（见图 6-31）。

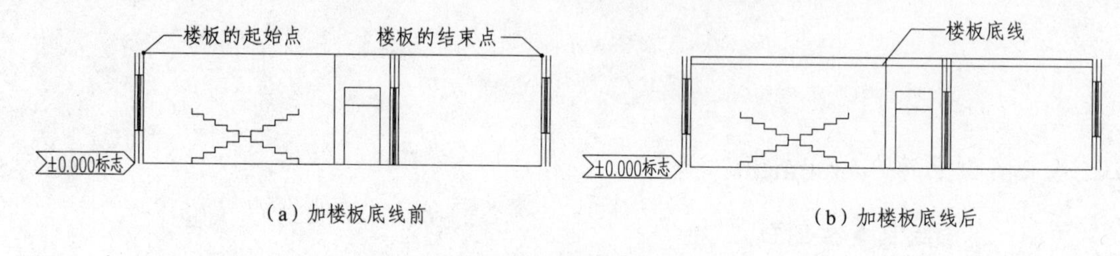

（a）加楼板底线前　　（b）加楼板底线后

图 6-31　加楼板底线示例

6.3.2　双线楼板　sxlb

菜单：楼板剖梯 ▶ 双线楼板

图元：剖面梁板（S_FLOOR）；黄（2）；LINE

功能：在剖面图中绘制向下加厚的双线楼板。

执行本命令，点取楼板的起始点和结束点，再给出楼板厚度值，双线楼板绘制完毕（见图 6-32）。

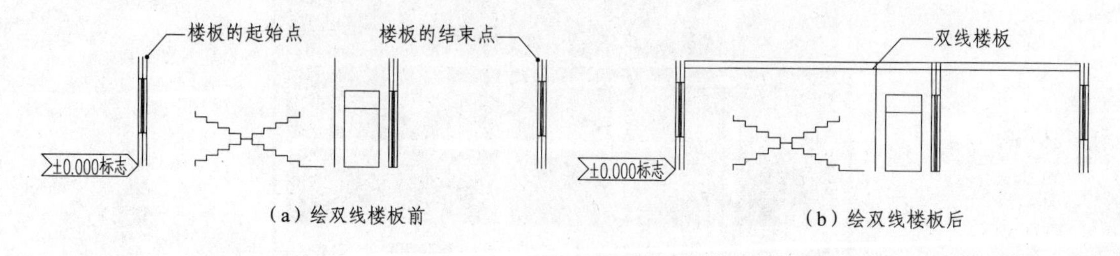

（a）绘双线楼板前　　（b）绘双线楼板后

图 6-32　绘双线楼板示例

6.3.3　预制楼板　yzhlb

菜单：楼板剖梯 ▶ 预制楼板

图元：剖面梁板（S_FLOOR）；黄（2）；INSERT

功能：在剖面图中插入预制楼板图块。

执行本命令，屏幕弹出如图 6-33 所示“剖面楼板参数”对话框，其中各控件功能如下。

- 「楼板类型」用于选定预制楼板的形式。
- 「楼板参数」栏用于确定楼板的尺寸和布置情况，其数据直接输入即可，单击「总宽」按钮可到图中取两点获取总宽尺寸。

- 「基点定位」栏用于确定楼板的基点与楼板角点的相对位置。「偏移 X」、「偏移 Y」的数据可直接输入，也可单击按钮到图中取两点距离来获取；单击「基点选择」按钮，可以改变楼板插入基点的位置。

在对话框中设置好各参数后，单击「OK」按钮退出；点取楼板的插入点，再取插入方向，预制楼板就插入图中。

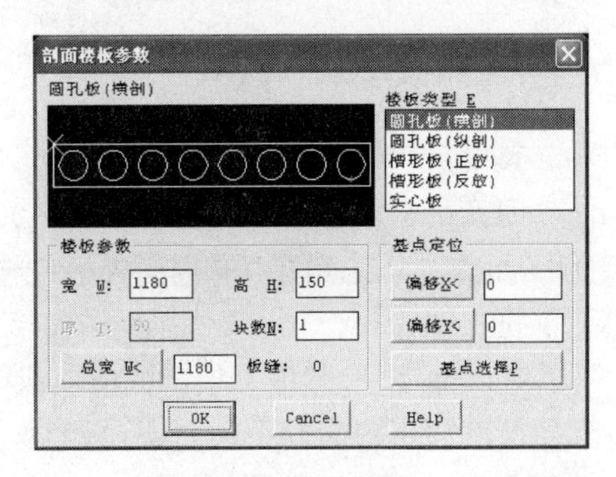

图 6-33　“剖面楼板参数”对话框

6.3.4　加剖断梁　jpdl

菜单：楼板剖梯 ▶ 加剖断梁

图元：剖面梁板，剖面楼梯（S_FLOOR，S_STAIR）；黄（2）；LINE

功能：在剖面图中加横剖面梁（可直接加，也可以在已有的剖面板上加）。

执行本命令，点取剖面梁的参照点，再给出梁左侧到参照点的距离、梁右侧到参照点的距离和梁底边到参照点的距离，这样剖断梁就加入图中（见图 6-34）。

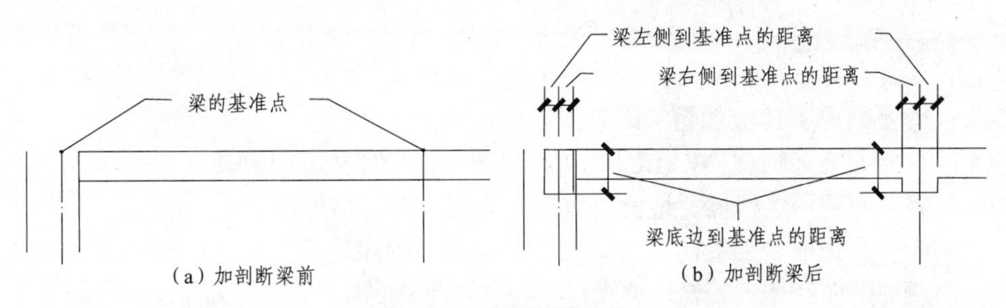

图 6-34　加剖断梁示例

6.3.5　加可见梁　jkjl

菜单：楼板剖梯 ▶ 加可见梁

图元：剖面立面梁板（S_E_FLOOR）；黄（2）；LINE

功能：在剖面图中加纵向可以看到的梁。

执行本命令，点取梁的起始点、结束点和梁高，此时可见梁就绘制完成（见图 6-35）。

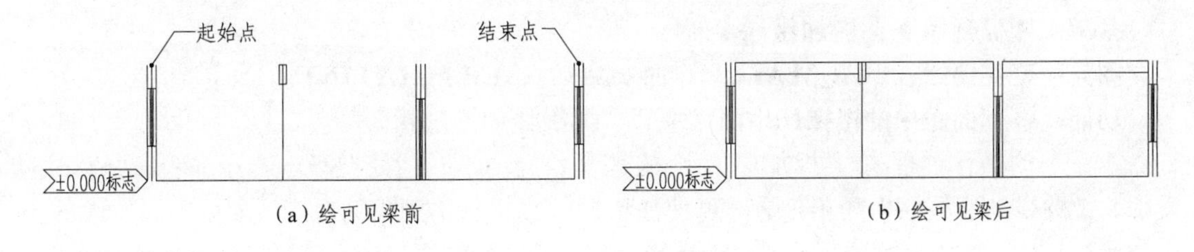

图 6-35　加可见梁示例

6.3.6 剖线面层 pxmc

菜单：楼板剖梯 ▶ 剖线面层

图元：剖线面层（S_SURFACE）；紫（6）；LINE

功能：为剖面图中的剖面楼板或楼梯加面层。

执行本命令，拾取要加面层的剖线，再输入面层厚度，此时剖线面层就绘好了。

在本命令中，拾取一根剖面楼板或楼梯线，与其相连的同层线都将一起加面层（见图 6-36）。面层厚度输正值为向下加面层（板总厚不变），输负值为向上加面层（板底不动，原板厚不变），输值前加“=”（板顶不动，原板厚不变），如图 6-37 所示。

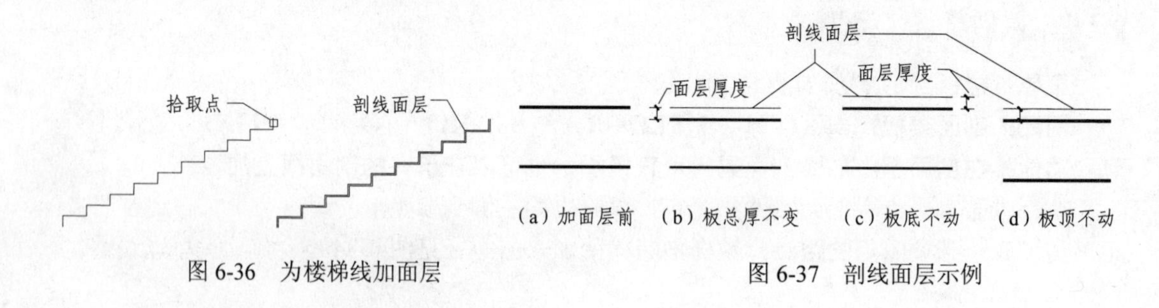

图 6-36 为楼梯线加面层

图 6-37 剖线面层示例

6.3.7 梁板加粗 lbjc

菜单：楼板剖梯 ▶ 梁板加粗

图元：公共墙线（PUB_WALL）；白（255）；LWPOLYLINE

功能：将剖面图中的楼梯、地面、屋顶、梁板线向两边加粗。

执行本命令，选取要加粗的剖面梁板或楼梯线，程序就将所选图元加粗（见图 6-38）。如果已加粗后的剖面线还需编辑，要用[取消加粗]命令恢复后再进行编辑。

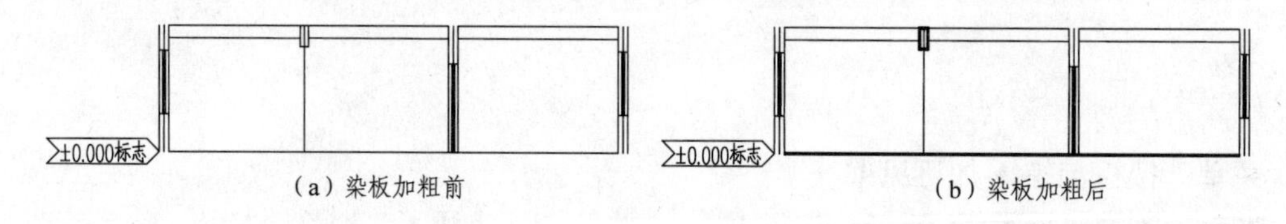

图 6-38 梁板加粗示例

6.3.8 向内加粗（梁板）lbxnjc

菜单：楼板剖梯 ▶ 向内加粗

图元：公共墙线（PUB_WALL）；白（255）；LWPOLYLINE

功能：将剖面图中的楼梯、地面、屋顶、梁板线向内加粗。

本命令的操作过程与[梁板加粗]命令的基本相同，不同之处在于本命令加粗时是以这些楼梯、梁板线为边界向内加粗，这样可使加粗后的线条与不加粗的对齐（参见平面墙线的[向内加粗]一节）。如果已加粗后的剖面线还需编辑，可以用剖面的[取消加粗]命令恢复后再进行编辑。

6.3.9　取消加粗（剖面）pmqxjc

菜单：楼板剖梯 ▶ 取消加粗

图元：公共墙线（PUB_WALL）；白（255）；LWPOLYLINE

功能：将已经由剖面的[墙线加粗]、[向内加粗]和梁板的 [梁板加粗]、[向内加粗]命令生成的加粗线擦除。

如需修改由剖面的[墙线加粗]、[向内加粗]和梁板的[梁板加粗]、[向内加粗]命令处理过的剖面线，应先执行本命令擦除画在 PUB_WALL 层上的粗线，修改后再重新加粗。

6.3.10　整体楼梯　zhtlt

菜单：楼板剖梯 ▶ 整体楼梯

图元：剖面楼梯，剖面立面楼梯，剖线面层，柱填，剖面栏杆（S_STAIR，S_E_STAIR，S_SURFACE，SOLID_HATCH，S_HANDRAIL）；黄（2），紫（6），灰（251）；LINE，PLINE，HATCH；生成组

功能：通过输入参数绘制剖面整体楼梯。

执行本命令，屏幕弹出如图 6-39 所示的对话框。

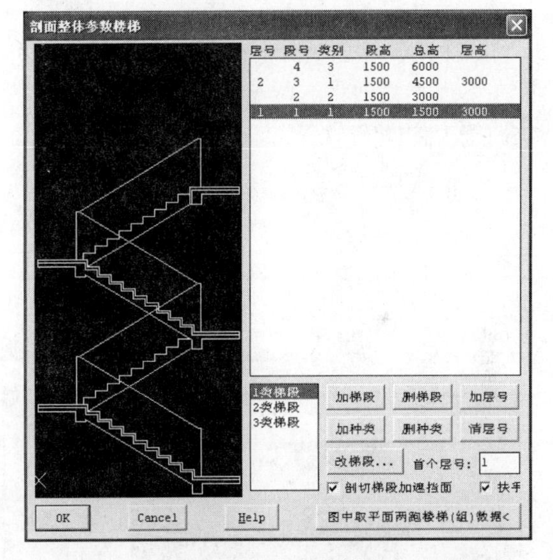

图 6-39　“剖面整体参数楼梯”对话框

其中各选项说明如下。

- 「加梯段」、「删梯段」用于增加和删去一个梯段。
- 「加种类」、「删种类」用于增加和删去梯段类型，增加时每次增加一个类型，删除时会删去所有不被使用的类型。
- 「加层号」、「清层号」用于增加和清除楼层号。由于构成整个楼梯的基本单位是梯段，而每个楼层可能会有多个梯段，所以希望显示层高时需要在每一层的起始梯段加入楼层号。
- 「改梯段」用于修改某种类型的梯段。用「加种类」增加的梯段类型是按当前默认的形式加入的，如果需要修改这种梯段类型就单击此按钮，在如图 6-40 所示的对话框中调整其形式和参数。这个对话框的使用方法请见[参数直梯]命令。
- 「图中取平面两跑楼梯（组）数据」可以到图中取平面两跑楼梯的图形，以此获得剖面楼梯的参数，并加入本对话框。

下面通过两个例子说明用两种方法输入楼梯数据的方法。

例 1：通过“剖面直楼梯段参数”对话框输入各个标准梯段的数据。

（1）单击「加梯段」按钮，将梯段加至 4 个。单击「改梯段」按钮，将“1 类梯段”的参数调整成为如图 6-40 所示。

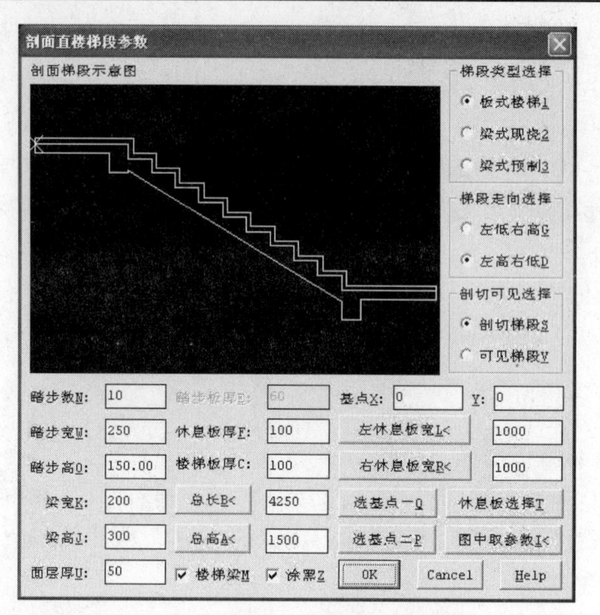

图 6-40　设置“1 类梯段”的参数

（2）单击「加种类」按钮，增加“2 类梯段”。按住<Ctrl>键，在上列表框选中 2、4 梯段，再在下列表框中将这两个梯段改成“2 类梯段”。单击「改梯段」按钮，将“2 类梯段”的参数调整为如图 6-41 所示。

（3）单击「加种类」按钮，增加“3 类梯段”。在上列表框选中 4 梯段，再在下列表框中将这个梯段改成“3 类梯段”。单击「改梯段」按钮，将“3 类梯段”的参数调整为如图 6-42 所示。

（4）在列表中选取各层的第一跑（按住<Ctrl>键可多选），单击「加层号」按钮加入层号，各层的层高也随着显示。如果层号不合适，调整「首个层号」。

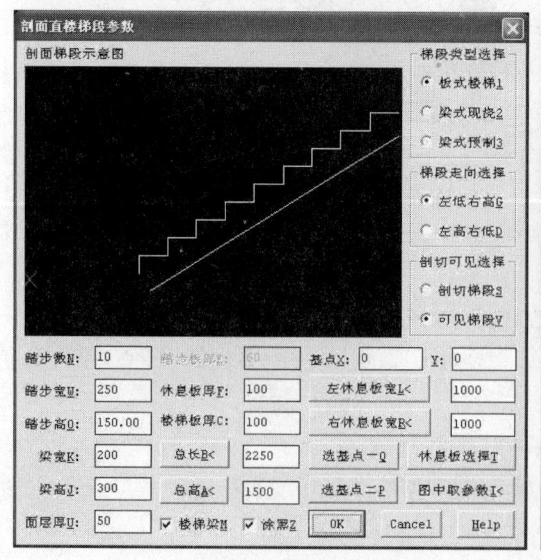

图 6-41　设置“2 类梯段”的参数

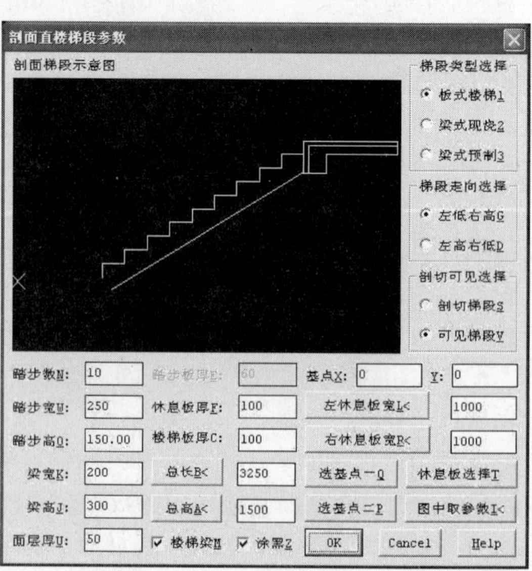

图 6-42　设置“3 类梯段”的参数

例 2：从[两跑楼梯]命令绘制的平面楼梯获取数据。

（1）单击「图中取平面两跑楼梯（组）数据」按钮，在图中拾取平面两跑楼梯。用[两跑楼梯]命令绘制的平面楼梯中存储了首层、二层、标准层和顶层等各类层的信息。

（2）在如图 6-43（a）所示的对话框中选择取数据的方式。在「平面楼梯数据提取方式」栏中选「全部」时，不管拾取的平面楼梯是哪一层的，绘制整个剖面楼梯的全部数据都可从取到的平面楼梯中获得。此时绘出的剖面楼梯只有两种层高，首层为一种，其他各层为另一种。

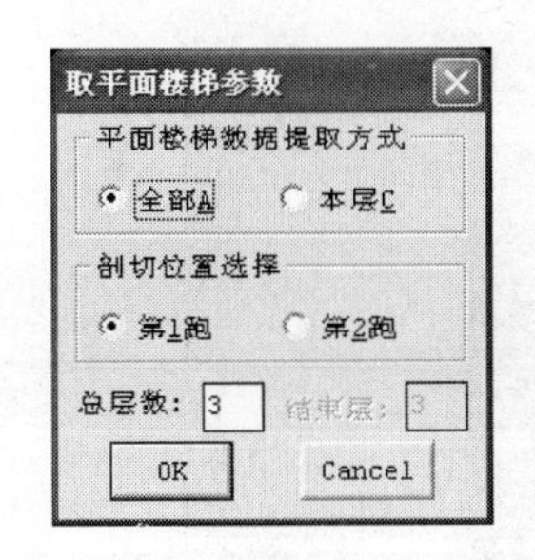

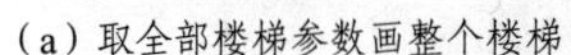
（a）取全部楼梯参数画整个楼梯

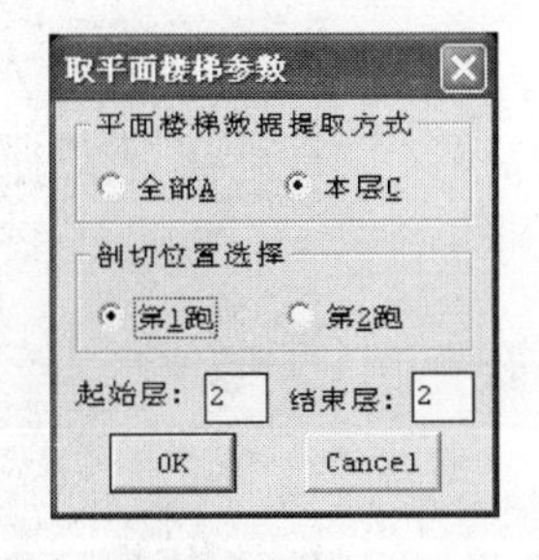

（b）取本层参数替换指定层楼梯

图 6-43　取平面楼梯参数对话框

（3）如果在「平面楼梯数据提取方式」栏中选「本层」，就只用从平面楼梯取得的数据来替换原来层的数据或是添加一个新层。此时用平面楼梯数据替换对话框中哪一梯段的数据与所拾取的平面楼梯是哪一类楼层有关。以取「起始层」为“2”，「结束层」为“2”为例［见图 6-43（b）］：如果选取的是“首层”楼梯，就替换 2 层楼梯的第一跑和第二跑；如果选取的是“二层”或“标准层”楼梯，就替换 2 层楼梯的第一跑和 1 层楼梯的第二跑；如果选取的是“顶层”楼梯，就替换 1 层楼梯的第一跑和第二跑。总之，替换的基本原则是在剖面图中所替换的楼层就是平面图中所表示的楼层，这样可以做到平面图与剖面图的楼层对应。

在对话框中设定参数后，单击「OK」按钮退出，在图中点取插入点，则整体楼梯绘制完毕。

6.3.11　参数直梯　cshzht

菜单：楼板剖梯 ▶ 参数直梯

图元：剖面楼梯（S_STAIR），剖面立面楼梯（S_E_STAIR）；黄（2）；LINE；生成组

功能：通过输入参数绘制剖面直楼梯段。

执行本命令，屏幕弹出如图 6-44 所示的对话框，其中各控件功能如下。

- 「梯段类型选择」中有「板式楼梯 1」、「梁式现浇 2」和「梁式预制 1」三种形式供选择。
- 「梯段走向选择」用于选择当前被编辑梯段的倾斜方向。
- 「剖切可见选择」用于选择画出的梯段是剖切部分还是可见部分，以不同的颜色表示。
- 「基点（X，Y）」用于设置插入点偏离梯段基点的距离。
- 「选基点一」、「选基点二」按钮用于选择插入基点相对图形的位置，其中，“一”以面层线上的点作为基点，“二”以无面层时梯段上点为基准。

- 「休息板选择」按钮用于确定是否绘出左右两侧的休息板。
- 「图中取参数」按钮用于到图中选取已画好的楼梯图元，取其梯段数据。
- 「楼梯梁」和「涂黑」复选框用于选择是否加楼梯梁和是否将剖面涂黑。
- 其余项用于确定梯段的具体尺寸，有对应按钮的可以到图中去取长度。

在对话框中设置好各参数后，单击「OK」按钮退出，再给出插入点，此时楼梯就插入图中。

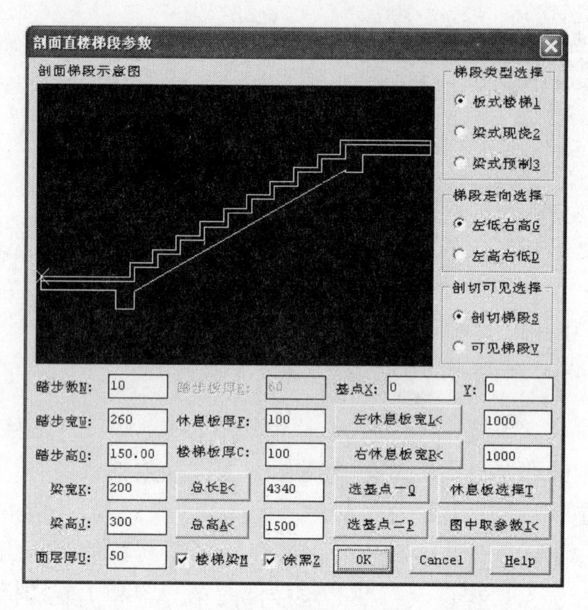

图 6-44 “剖面直楼梯段参数”对话框

6.3.12 参数栏杆 cshlg

菜单：楼板剖梯 ▶ 参数栏杆

图元：剖面楼梯（S_STAIR），剖面立面楼梯（S_E_STAIR）；黄（2）；LINE；生成组

功能：通过输入参数绘制剖面直楼梯段栏杆。

执行本命令，屏幕弹出如图 6-45 所示的对话框。

其中各控件功能如下。

- 「楼梯栏杆形式」下拉列表中列出已有的栏杆形式，「入库」按钮用于向栏杆库中添加自制的栏杆形式；「删除」按钮用于删除栏杆库中用户自制的栏杆形式。
- 「梯段走向选择」用于选择梯段的倾斜方向。
- 「基点位移（X，Y）」用于图形插入点相对于基准点 X、Y 方向的偏移量。
- 「步长数」即栏杆基本单元所跨越楼梯踏步数。
- 「从图中取参数」用于到图中选取已画好的剖面楼梯图元，取其数据。
- 其余项用于确定梯段的具体尺寸，有对应按钮的可以到图中取长度。

设置好各参数后，单击「OK」按钮退出，再给出插入点，栏杆就插入图中。

用户可以自己建立新的栏杆图案形式，图 6-46 所示为一个示例。其具体操作步骤如下：

（1）在图中绘制一段楼梯，再绘制栏杆图案的基本单元。

（2）执行本命令，在“剖面楼梯栏杆参数”对话框中单击「入库」按钮，选取要定义成栏杆图案的图元，再点取栏杆图案的起始点和结束点，然后输入栏杆图案的名称，给出步长数，此栏杆形式便加入到楼梯栏杆库中。

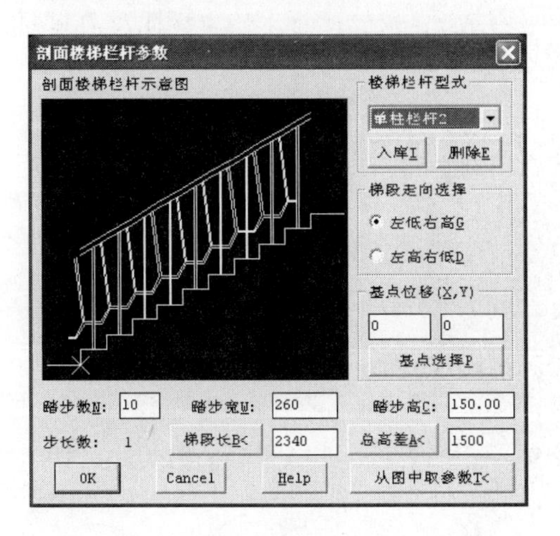

图 6-45　“剖面楼梯栏杆参数”对话框

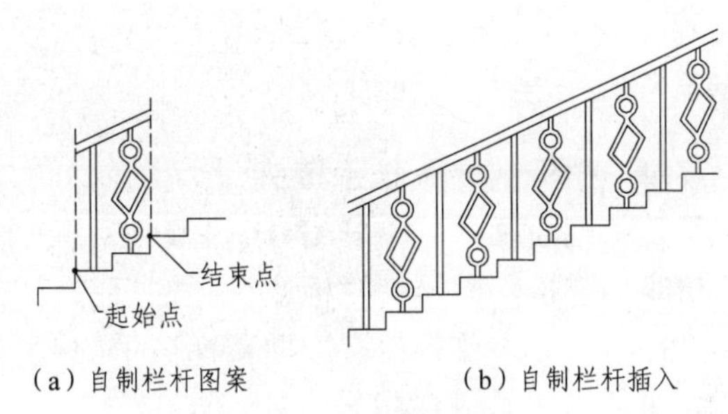

图 6-46　自制栏杆图案示例

6.3.13　楼梯栏板　ltlb

菜单：楼板剖梯 ▶ 楼梯栏板

图元：剖面楼梯（S_STAIR），剖面立面楼梯（S_E_STAIR）；黄（2）；LINE

功能：在剖面楼梯上绘制楼梯栏板线。

执行本命令，首先给出栏板高度，再点取起始点和结束点（取点时要取在楼梯两端的踏步尖角处），此时楼梯栏板线即绘制完成（见图 6-47）。

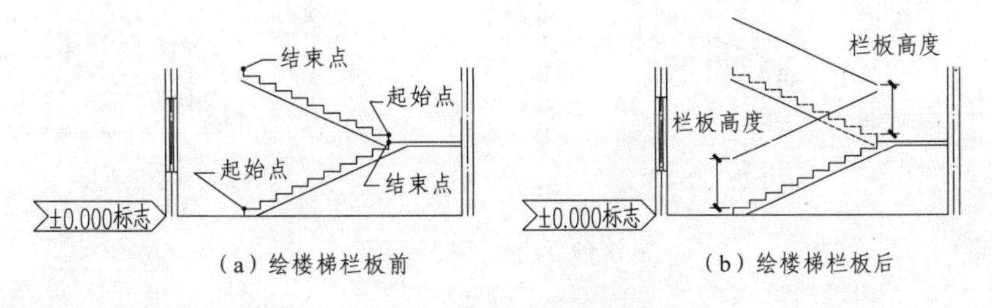

图 6-47　绘楼梯栏板示例

6.3.14　楼梯栏杆　ltlg

菜单：剖面楼梯 ▶ 楼梯栏杆

图元：楼板剖梯（S_STAIR），剖面立面楼梯（S_E_STAIR）；黄（2）；LINE

功能：在剖面楼梯上绘制楼梯栏杆。

执行本命令，首先给出栏杆高度，再点取起始点和结束点（取点时要取在楼梯两端的踏步尖角处），从而将楼梯栏杆绘制完成（见图 6-48）。

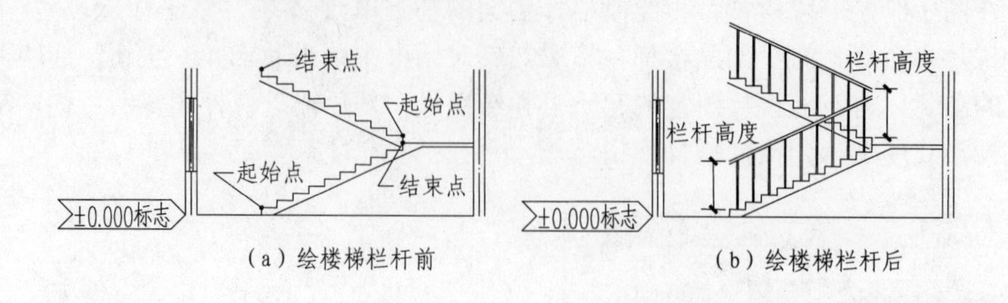

（a）绘楼梯栏杆前　　（b）绘楼梯栏杆后

图 6-48　绘楼梯栏杆示例

6.3.15　扶手接头　fshjt

菜单：楼板剖梯 ▶ 扶手接头

图元：剖面栏杆（S_HANDRAIL）；黄（2）；LINE

功能：连接剖面楼梯栏板或栏杆的接头。

执行本命令，首先拾取剖面楼梯扶手的接头线，再拾取可见楼梯扶手的接头线，扶手的接头处理完毕（见图 6-49）。

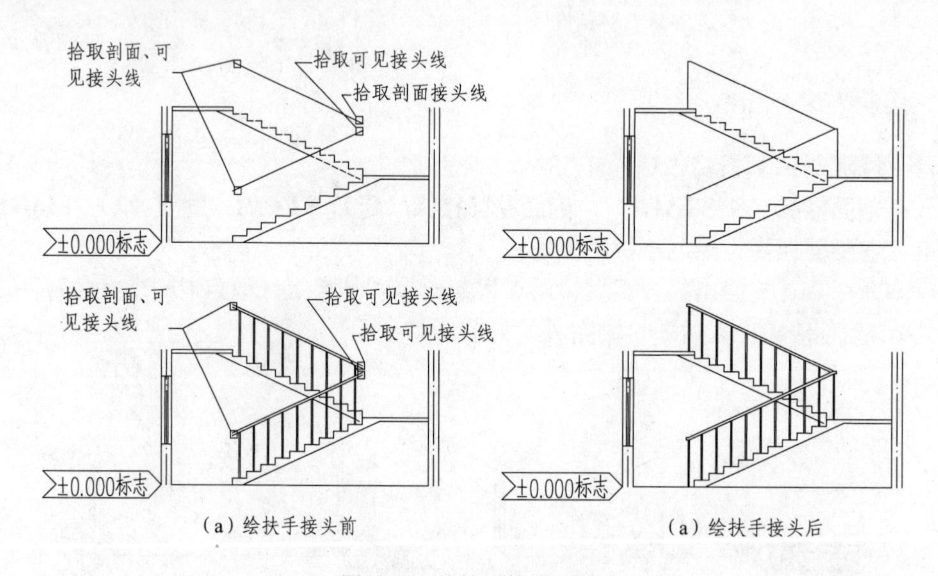

（a）绘扶手接头前　　（a）绘扶手接头后

图 6-49　绘扶手接头示例

6.3.16　剖梯阵列　ptzhl

菜单：楼板剖梯 ▶ 剖梯阵列

图元：剖面楼梯，剖面栏杆（S_STAIR，S_HANDRAIL）；黄（2）；LINE

功能：复制多层剖面楼梯。

执行本命令，按命令行提示选取要阵列的剖梯，按<回车>键后输入阵列个数和阵列间距，这样剖面楼梯就复制完成了。

图 6-50 是一个剖梯阵列示例，要求将图 6-50（a）所示的剖面楼梯增加两层。具体方法：

执行本命令，选取全部楼梯，输入阵列个数为 3（包括本身）、阵列间距，此时剖梯阵列即完成，如图 6-50（b）所示。

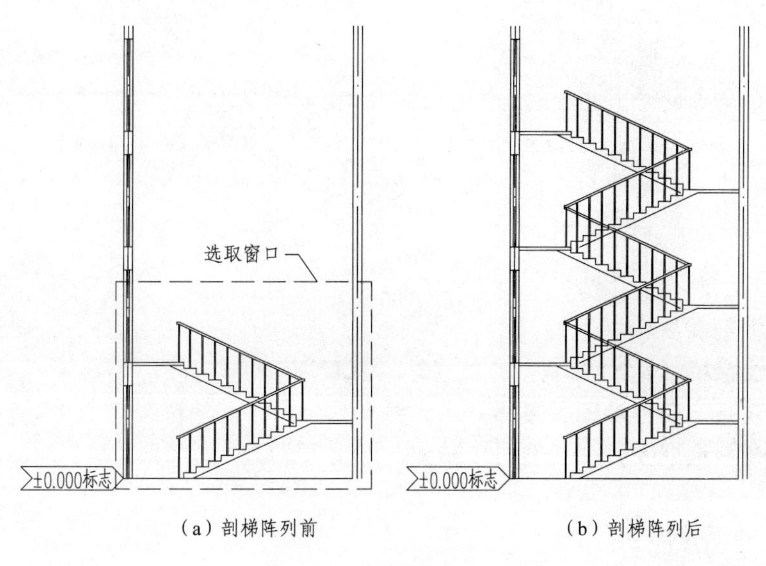

（a）剖梯阵列前　（b）剖梯阵列后

图 6-50　剖梯阵列示例

6.3.17　改踏步高　gtbg

菜单：楼板剖梯 ▸ 改踏步高

图元：剖面楼梯（S_STAIR），剖面立面楼梯（S_E_STAIR）；黄（2）；LINE

功能：改变剖面图中已生成楼梯线的踏步高。

执行本命令，选取要改踏步高的楼梯线（剖、视梯可同时选取），确定剖梯与视梯的上下位置关系，输入层高（即所选楼梯的总高），并确认由此计算出的踏步高，即可完成改踏步高操作（见图 6-51）。

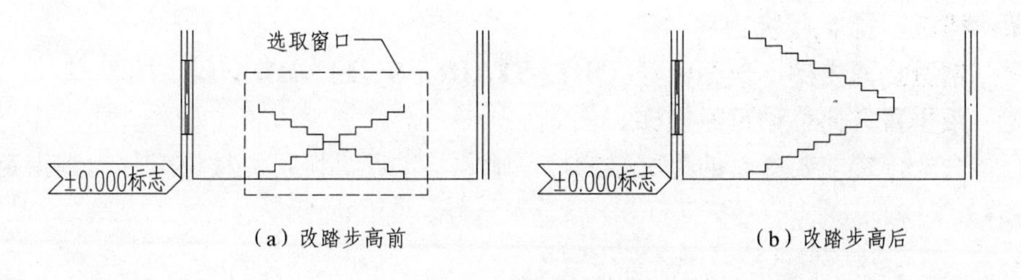

（a）改踏步高前　（b）改踏步高后

图 6-51　改踏步高示例

6.3.18　楼梯反向　ltfx

菜单：楼板剖梯 ▸ 楼梯反向

图元：剖面楼梯（S_STAIR），剖面立面楼梯（S_E_STAIR）；黄（2）；LINE

功能：将剖面图中已生成的楼梯线左右翻转方向。

执行本命令，选取要反向的楼梯后，楼梯方向即改变（见图 6-52）。

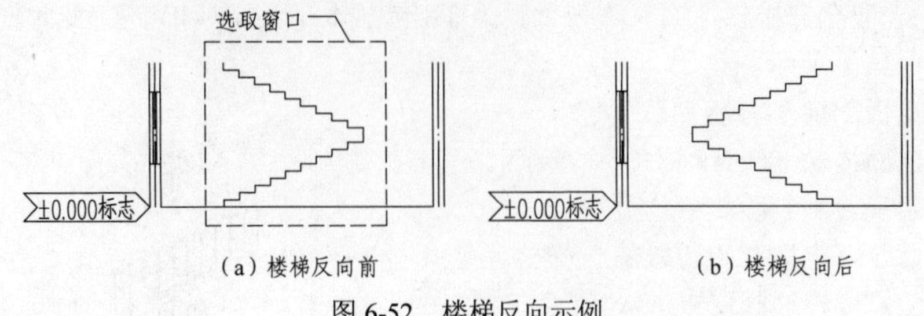

图 6-52　楼梯反向示例

6.3.19　剖梯上移　ptshy

菜单：楼板剖梯 ▶ 剖梯上移

图元：剖面楼梯（S_STAIR）；黄（2）；LINE

功能：沿垂直方向移动剖面楼梯。

执行本命令，选取要移动的剖面楼梯后，再输入移动距离，剖面楼梯就移动到指定位置（见图 6-53）。

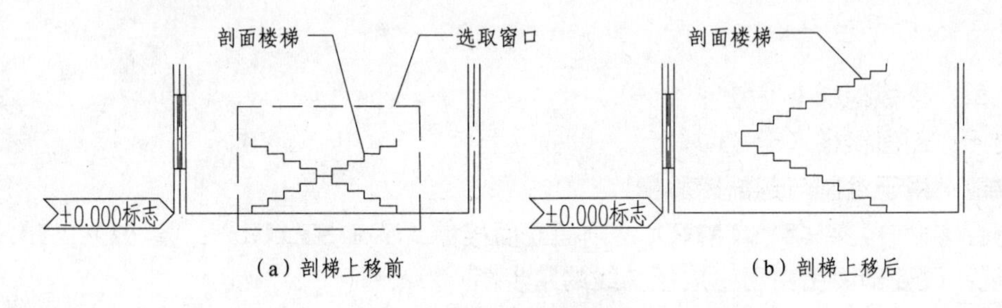

图 6-53　剖梯上移示例

6.3.20　视梯上移　shtshy

菜单：楼板剖梯 ▶ 视梯上移

图元：剖面立面楼梯，剖面栏杆（S_E_STAIR，S_HANDRAIL）；黄（2）；LINE

功能：沿垂直方向移动可见楼梯。

执行本命令，选取要移动的可见楼梯后，输入移动距离，可见楼梯就移动到指定位置上（见图 6-54）。

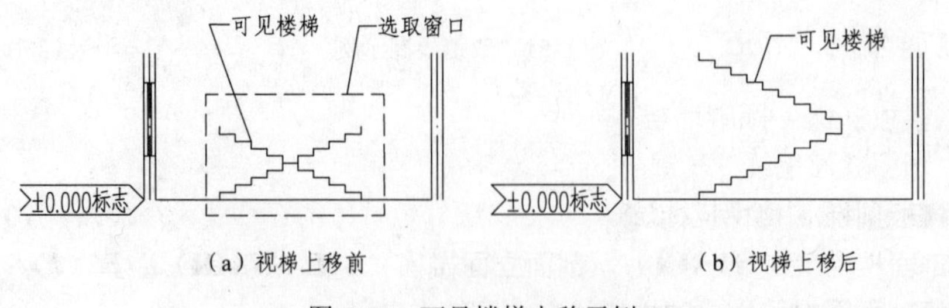

图 6-54　可见楼梯上移示例

6.3.21　梯板底线　tbdx

菜单：楼板剖梯 ▶ 梯板底线

图元：剖面楼梯（S_STAIR），剖面立面楼梯（S_E_STAIR）；黄（2）；LINE

功能：用于绘制剖面楼梯的底板线。

执行本命令，点取要画底板线的楼梯起始点和结束点（取点时要取在楼梯线的端点处），再给出梯板的厚度，这样梯板底线就绘制完成了（见图 6-55）。

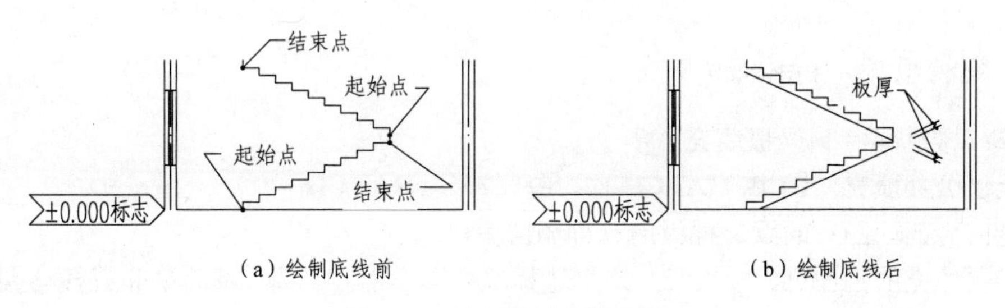

图 6-55　绘制梯板底线示例

6.3.22　休息平台　xxpt

菜单：楼板剖梯 ▶ 休息平台

图元：剖面楼梯（S_STAIR），剖面立面楼梯（S_E_STAIR）；黄（2）；LINE

功能：用于绘制与剖面梯段相连的休息平台线。

执行本命令，点取平台的起始点和结束点，再给出休息平台的厚度，此时休息平台就绘制完成了（见图 6-56）。

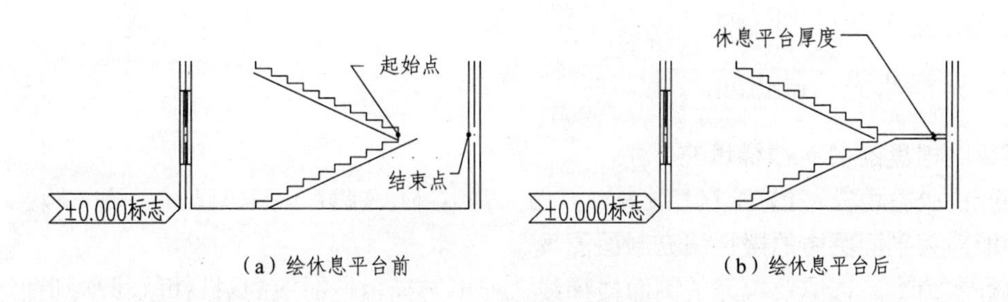

图 6-56　绘休息平台示例

6.3.23　踢脚墙裙　tjqq

菜单：楼板剖梯 ▶ 踢脚墙裙

图元：剖面立面墙线（S_E_WALL）；白（255）；LINE

功能：在剖面图中绘制以楼板（或楼梯线）为参照的踢脚（或墙裙线）。

执行本命令，在楼板线上点取起始点和结束点后，输入踢脚或墙裙的高度，此时踢脚或墙裙就绘制完成了（见图 6-57）。

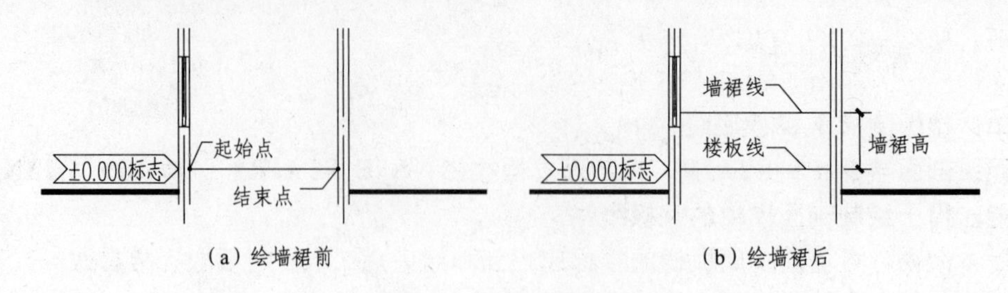

（a）绘墙裙前　　（b）绘墙裙后

图 6-57　绘踢脚墙裙示例

6.3.24　梁板填充　pmlbtch

菜单：楼板剖梯 ▶ 梁板填充

图元：公共填充（PUB_HATCH）；白（7）；HATCH

功能：为剖面图中的梁、楼板填充剖面图案。

选取要填充的剖面梁、楼板线，弹出选择填充图案的对话框（此对话框使用参见[屋顶填充]一节）。在此对话框中选择图案后，单击「OK」按钮退出，选中的剖面梁、楼板线即被填充图案。

6.3.25　墙线填充（剖面）pmqxtch

菜单：楼板剖梯 ▶ 墙线填充

图元：公共填充（PUB_HATCH）；白（7）；HATCH

功能：为剖面图中的墙线填充剖面图案。

执行本命令，选取要填充的剖面墙线，弹出选择填充图案的对话框（此对话框使用参见[屋顶填充]一节）。在此对话框中选择图案后，单击「OK」按钮退出，选中的图元即被填充图案。

6.3.26　楼梯填充　pmlttch

菜单：楼板剖梯 ▶ 楼梯填充

图元：公共填充（PUB_HATCH）；白（7）；HATCH

功能：为剖面图中的楼梯填充剖面图案。

执行本命令，选取要填充的剖面楼梯线，弹出选择填充图案的对话框（此对话框使用参见[屋顶填充]一节）。在此对话框中选择图案后，单击「OK」按钮退出，选中的剖面楼梯线即被填充图案。

6.3.27　遮挡处理　zhdchl

菜单：楼板剖梯 ▶ 遮挡处理

图元：遮罩（WIPEOUT）；白（7）；WIPEOUT；生成组（与遮挡前景图元成组）

功能：为选取的前景图元填充遮挡面，或将插入块处理成有遮挡功能的图块。

执行本命令，选取遮挡的前景图元后，即完成遮挡处理。前景图元可以是闭合的线条，也可以是图块，如果是闭合线条，就以这些线条为轮廓线生成遮挡面，并将遮挡面和前景图元做成组；如果是图块，就将遮挡面加入此图块，此时图中所有同名图块都具有了遮挡功能。图 6-58 是一个遮挡处理示例，要求将图 6-58（a）中的楼梯遮挡窗。具体方法：执行本命令，选取全部楼梯作为前景图元，即完成遮挡处理，如图 6-58（b）所示。

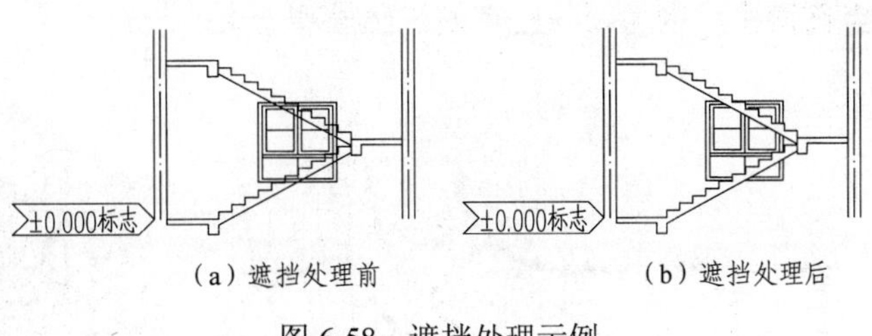

（a）遮挡处理前　（b）遮挡处理后

图 6-58　遮挡处理示例

> 注意：生成的遮挡面是一种“WIPEOUT”图元，需要擦除时不太容易选取，使用[遮挡擦除]命令会比较方便。

6.3.28　遮挡擦除　zhdcch

菜单：楼板剖梯 ▶ 遮挡擦除

图元：遮罩（WIPEOUT）；白（7）；WIPEOUT

功能：擦除由[遮挡处理]填充的遮挡面。

执行本命令，选择遮挡面，遮挡面即被擦除。

6.3.29　剖线修补　pxxb

菜单：楼板剖梯 ▶ 剖线修补

图元：剖面*（S_*）；LINE

功能：修补残缺的剖线。

本命令与[墙线修补]命令基本相同，不同处在于本命令是修补剖面图上的图元。

6.4　三维鸟瞰

目前，本软件中的三维建模只限于用三维实体（3DSolid）搭建模型。[生成三维]命令用于在设计平面图的过程中临时生成三维模型，供设计者观察效果，以后还可恢复原状。

6.4.1　平面生模　pmshmx

菜单：三维鸟瞰 ▶ 平面生模

图元：三维*（3D_*）；3DSOLID，INSERT

功能：利用图中已有的平面图，生成一个三维实体模型标准层。

执行本命令，屏幕上弹出如图 6-59 所示的对话框，在这个对话框中可以设置建筑高度方向的参数。设置好参数后，单击「OK」按钮退出，选取要生成三维模型的平面图（见图 6-60），再给出平面图的基点和三维模型的插入点，三维模型标准层就生成了（见图 6-61）。生成的三维模型标准层可以插在

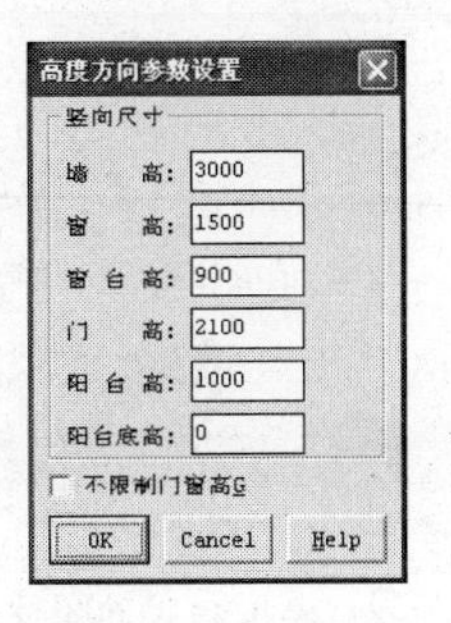

图 6-59　“高度方向参数设置”对话框

当前图中，也可以与已有的三维模型合并。

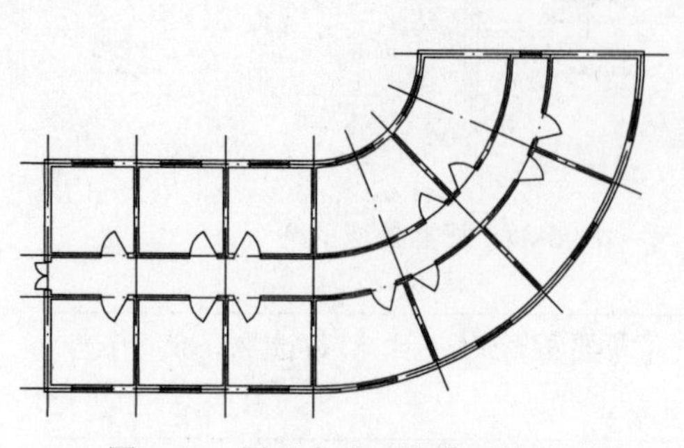

图 6-60　用于生成三维模型的平面图

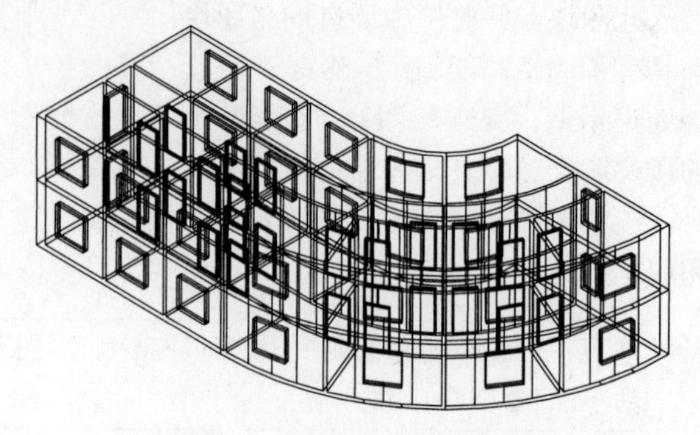

图 6-61　生成的三维模型标准层

6.4.2　画三维墙　hswq

菜单：三维鸟瞰 ▶ 画三维墙

图元：三维墙线（3D_WALL）；白（255）；3DSOLID

功能：用于绘制三维墙实体。

本命令使用方法与平面图中[画双线墙]命令的基本相同，只是在绘图过程中增加了以下两个设置三维参数的热键。

- “B—底标高”，用于改变绘制三维墙的当前底标高。
- “H—墙高”，用于改变绘制三维墙的当前墙高。

6.4.3　切除墙体　qchqt

菜单：三维鸟瞰 ▶ 切除墙体

图元：三维墙线（3D_WALL）；白（255）；3DSOLID

功能：过切除线做垂直面，切除三维墙的一侧。

执行本命令，拾取切除线（或用热键“P－取两点”点取两点作为切除线），再拾取要切除的部分，三维墙体即被切除。图 6-62 所示为要切除的三维墙；图 6-63 所示为切除后的墙体。

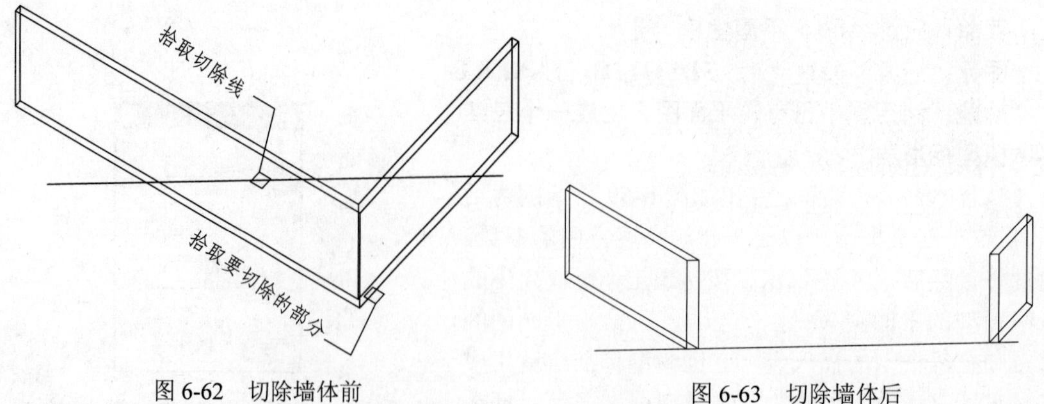

图 6-62　切除墙体前

图 6-63　切除墙体后

6.4.4　填补墙体　tbqt

菜单：三维鸟瞰 ▶ 填补墙体

图元：三维墙线（3D_WALL）；白（255）；3DSOLID

功能：过填补线做垂直面，填补三维墙的凹进部分。

执行本命令，拾取填补线（或用热键“P－取两点”点取两点作为填补线），再拾取要填补的凹进部分，三维墙体即填补完成。图 6-64 为要填补的墙体；图 6-65 为填补后墙体。

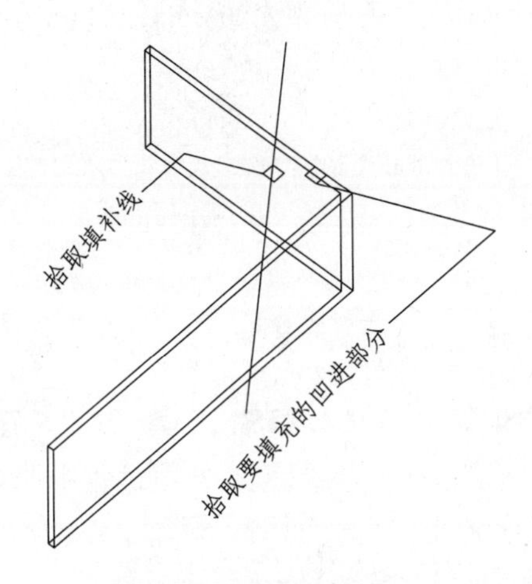

图 6-64　填补墙体前

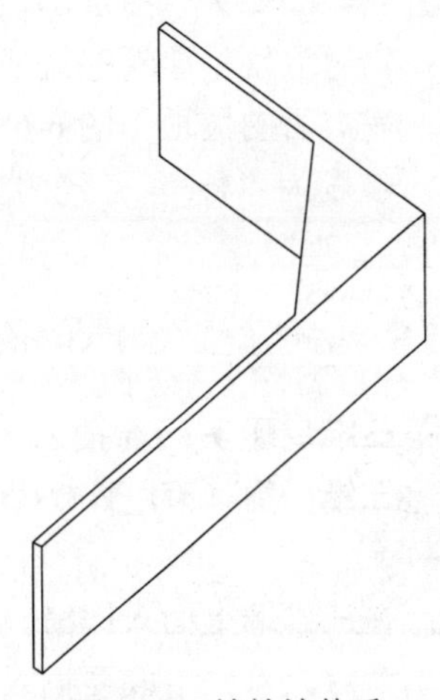

图 6-65　填补墙体后

6.4.5　檐口绘制　swykhzh

菜单：三维鸟瞰 ▶ 檐口绘制

图元：三维屋顶（3D_ROOF）；青（4）；3DSOLID

功能：沿墙绘制三维檐口实体。

执行本命令，弹出如图 6-66 所示的“剖面檐口参数”对话框，其使用方法请参照剖面的[剖面檐口]命令。沿墙点取三维檐口的轨迹，这样三维檐口即生成（见图 6-67）。

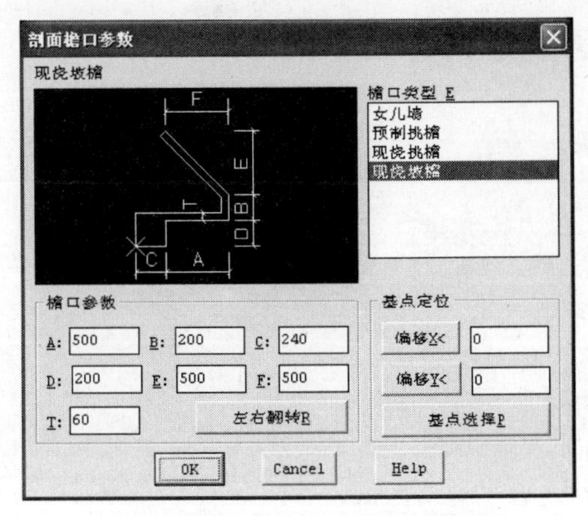

图 6-66　“剖面檐口参数”对话框

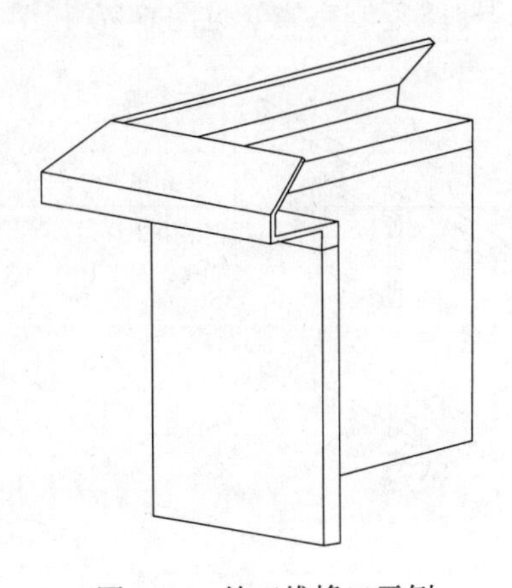

图 6-67　绘三维檐口示例

6.4.6 任意坡顶 rypd

菜单：三维鸟瞰▶任意坡顶

图元：当前层；当前颜色；3DSOLID（日照菜单下执行生成 3DFACE）

功能：用坡屋顶底边（PLINE）生成坡屋顶。

执行本命令，拾取坡屋顶底边线（PLINE），如图 6-68（a）所示；输入统一屋顶坡度（比例）或坡角（度）；如果一些边的坡度与统一坡度不一致，需再分别拾取这些边线，并输入坡度或坡角；完成后的坡顶如图 6-68（b）所示，其中取统一坡度为“1:1”，三个端墙输入坡角“90°”。

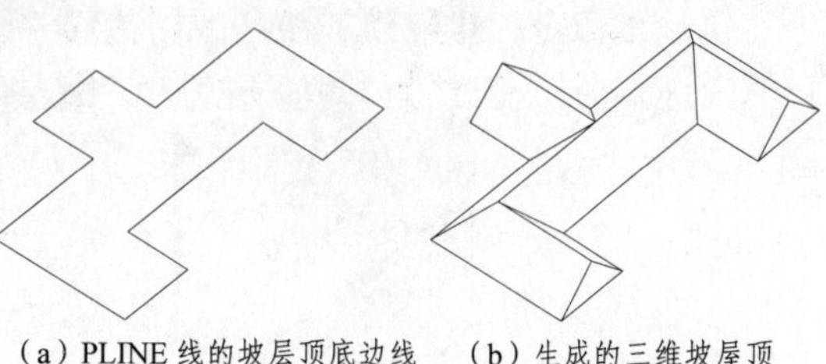

（a）PLINE 线的坡层顶底边线　（b）生成的三维坡屋顶

图 6-68　生成任意坡屋顶示例

6.4.7 门窗插入（三维）swmchchr

菜单：三维鸟瞰▶门窗插入

图元：三维门窗（3D_WINDOW），材质玻璃（3T_GLASS）；黄（2），蓝（5）；INSERT

功能：在三维墙上插入门窗。

执行本命令，首先拾取要插入门窗的三维墙，再按命令行提示给出有关尺寸，三维门窗就插入图中（见图 6-69）。

6.4.8 门窗复制（三维）swmchfzh

菜单：三维鸟瞰▶门窗复制

图元：三维门窗（3D_WINDOW），材质玻璃（3T_GLASS）；黄（2），蓝（5）；INSERT

功能：将一组已插入的三维门窗在同一道墙上复制若干次。

执行本命令，首先选取要复制的门窗，再点取复制方向，最后输入复制距离和复制次数，三维门窗就复制完成（见图 6-70 和图 6-71）。

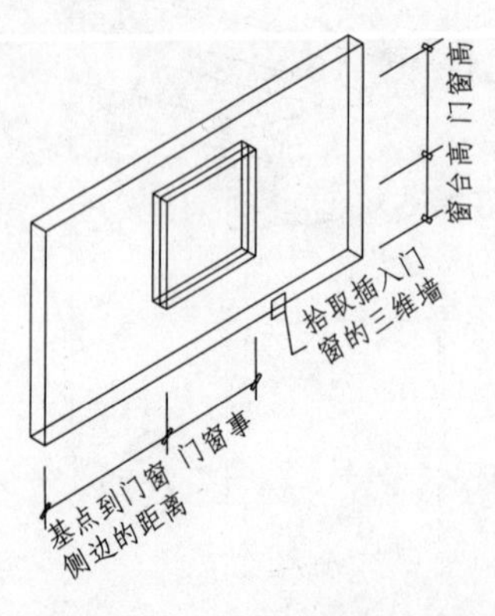

图 6-69　三维门窗插入示例

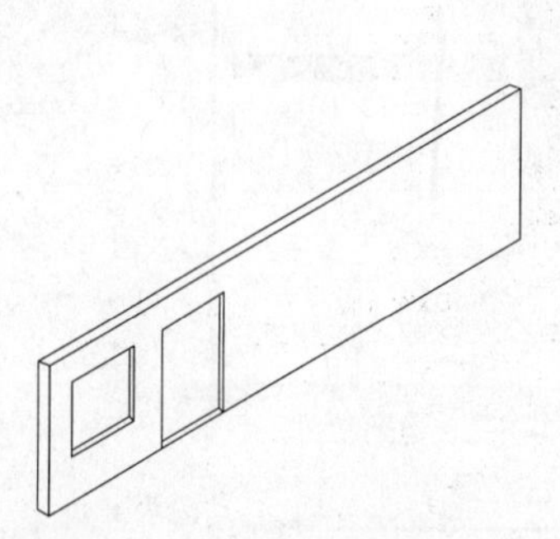

图 6-70　三维门窗复制前

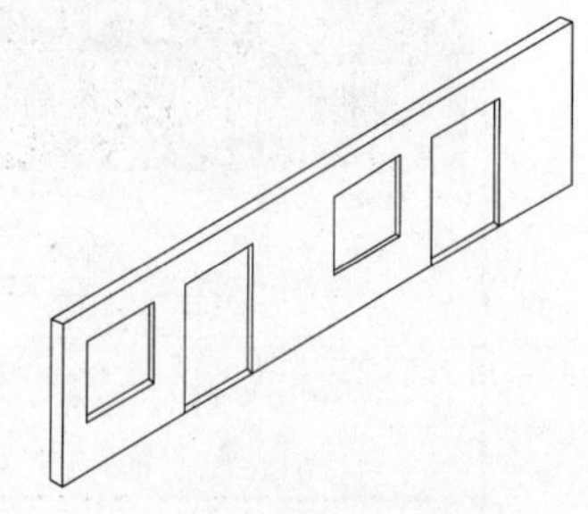

图 6-71　三维门窗复制后

6.4.9　门窗修改（三维）swmchxg

菜单：三维鸟瞰▶门窗修改

图元：三维门窗（3D_WINDOW），材质玻璃（3T_GLASS）；黄（2），蓝（5）；INSERT

功能：修改一组已插入的三维门窗的宽和高。

执行本命令，首先选取要修改的三维门窗，再输入新的门窗高度、宽度，此时三维门窗修改完毕（见图 6-72 和图 6-73）。

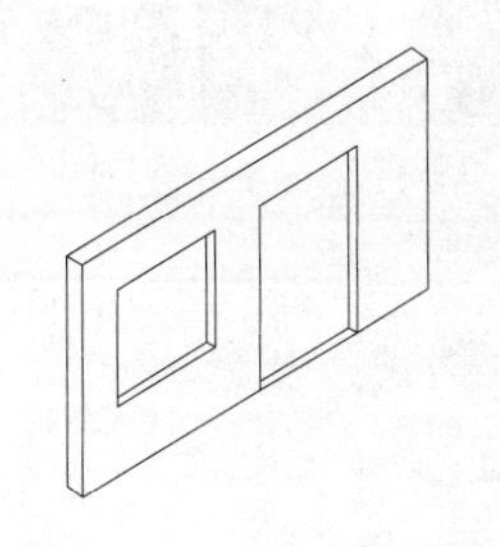

图 6-72　三维门窗修改前

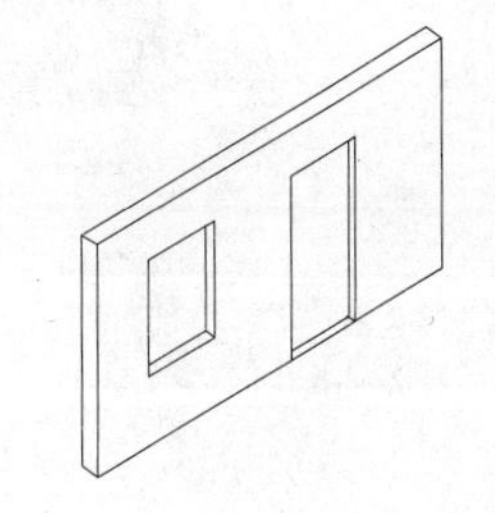

图 6-73　三维门窗修改后

6.4.10　门窗移动（三维）swmchyd

菜单：三维鸟瞰▶门窗移动

图元：三维门窗（3D_WINDOW），材质玻璃（3T_GLASS）；黄（2），蓝（5）；INSERT

功能：将一组已插入的三维门窗沿墙面做上、下、左、右移动。

执行本命令，首先选取要移动的三维门窗，再点取移动方向，输入移动距离，三维门窗就移动到指定的位置（见图 6-74 和图 6-75）。

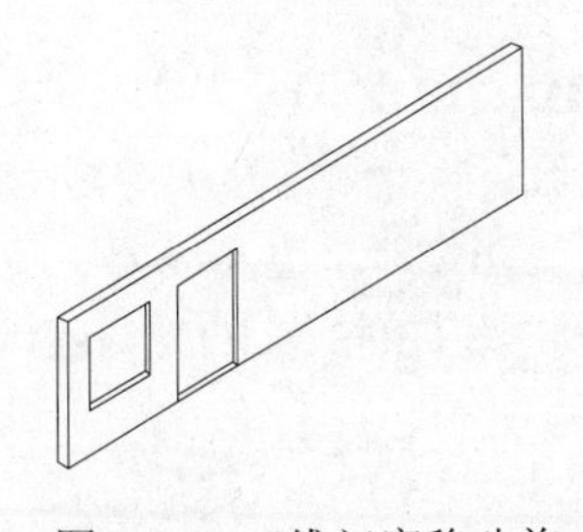

图 6-74　三维门窗移动前

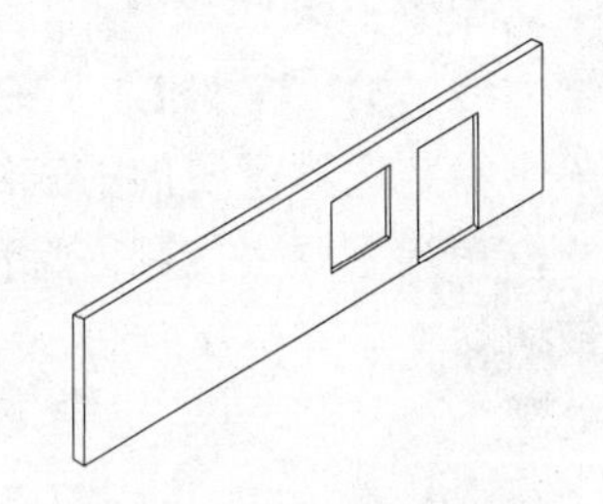

图 6-75　三维门窗移动后

6.4.11　换三维窗　hmxmch

菜单：三维鸟瞰▶换三维窗

图元：三维门窗（3D_WINDOW），材质玻璃（3T_GLASS）；黄（2），蓝（5）；INSERT

功能：把选中的三维门窗换成另一种类型。

执行本命令，在图上选取要替换的三维门窗，屏幕上弹出如图 6-76 所示的“三维门窗图块”对话框。在图库中选取新的门窗类型后，三维门窗的更换即完成。

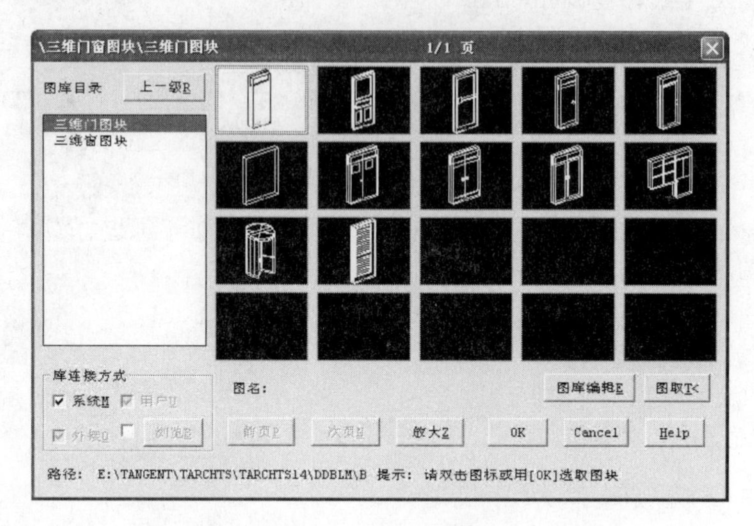

图 6-76　三维门窗图库

6.4.12　门窗擦除（三维）swmchcch

菜单：三维鸟瞰 ▶ 门窗擦除

图元：三维门窗（3D_WINDOW），材质玻璃（3T_GLASS）；黄（2），蓝（5）；INSERT

功能：擦除一组已插入的三维门窗。

执行本命令，选取要擦除的三维门窗，三维门窗即被擦除。

6.4.13　区域切除　mxqyqch

菜单：三维鸟瞰 ▶ 区域切除

图元：三维墙线（3D_WALL）；白（255）；3DSOLID

功能：将一个指定边界区域内的三维实体图元切除。

执行本命令，按提示画出切除区域的边界线（见图 6-77），边界线向上拉伸所形成区域内的三维实体被切除（见图 6-78）。本命令只处理三维实体（3DSOLID），不擦除门窗等图元，如需要可另行处理。

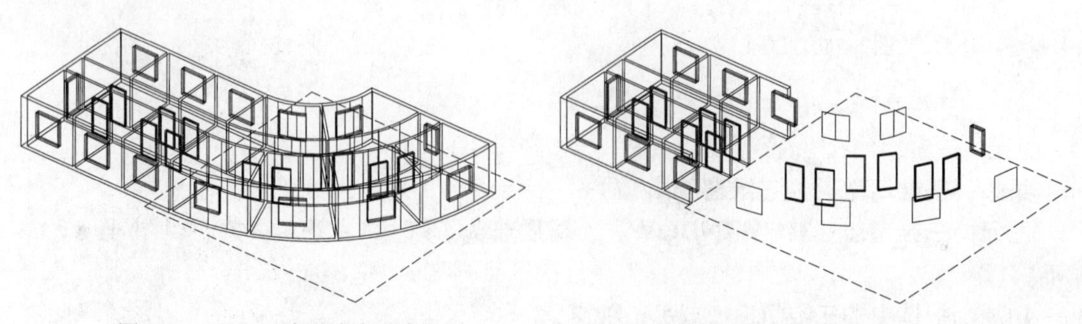

图 6-77　画出切除区域边界线

图 6-78　切除完成后

6.4.14　区域剖断　mxqypd

菜单：三维鸟瞰 ▸ 区域剖断

图元：三维墙线（3D_WALL）；白（255）；3DSOLID

功能：将一个指定边界区域内的三维实体图元做剖断处理。

执行本命令，按提示画出切除区域的边界线（见前节中图 6-77），边界线向上拉伸所形成的切割面将截到的三维实体剖断（见图 6-79 所示）。本命令与[区域切除]命令的不同是只做剖断，不删除。

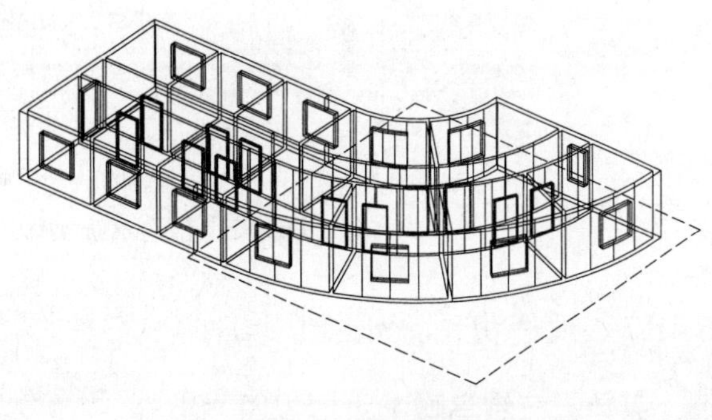

图 6-79　剖断完成后

6.4.15　拉伸压缩　mxlshys

菜单：三维鸟瞰 ▸ 拉伸压缩

图元：三维墙线（3D_WALL）；白（255）；3DSOLID

功能：对三维实体在边界内的部分相对边界外的部分做拉伸（或压缩）处理。

执行本命令，按命令行提示画出拉压区域边界线（见图 6-80），点取拉伸基点和要拉伸到的位置点，以确定移动方向和距离（也可输入距离），此时区域边界内的部分被移动，并在区域边界处做拉伸或压缩处理（见图 6-81）。

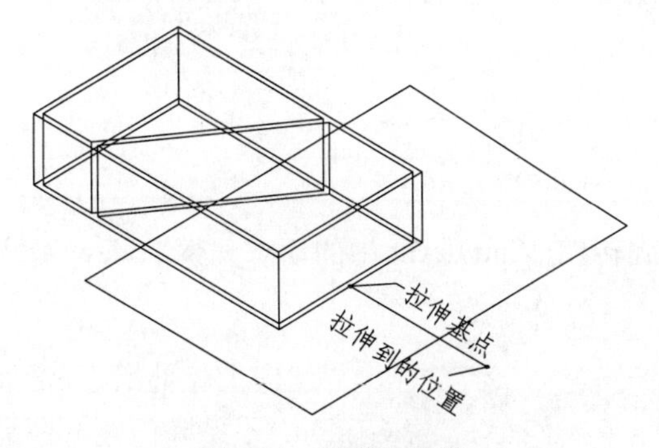

图 6-80　模型拉伸前

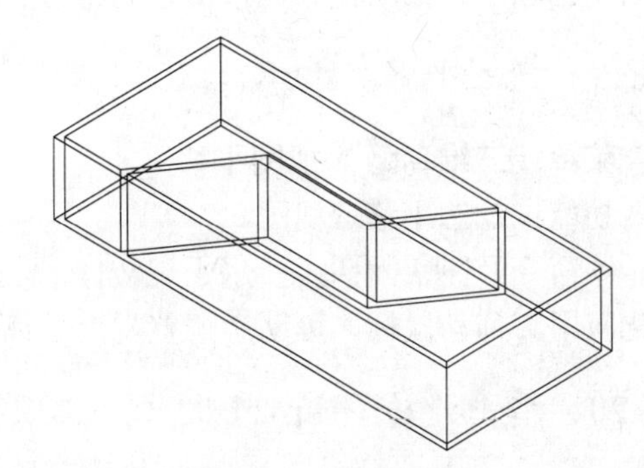

图 6-81　模型拉伸后

6.4.16　用户坐标　yhzb

菜单：三维鸟瞰 ▸ 用户坐标

图元：三维墙线（3D_WALL）；白（255）；3DSOLID

功能：通过拾取三维实体图元的边界线，将当前的用户坐标转到实体的一个面上。

执行本命令，拾取三维实体图元上的一条边界线，通常这样的边界线同属于两个面，此时其中之一亮显，并询问是否此面，如果要选取的不是这个面，就按<回车>键切换到下一个；如果是要安放用户坐标系的面，就键入“Y”；最后确定坐标系 *Z* 轴的指向，用户坐标系就转换到指定的那个平面上（见图 6-82）。

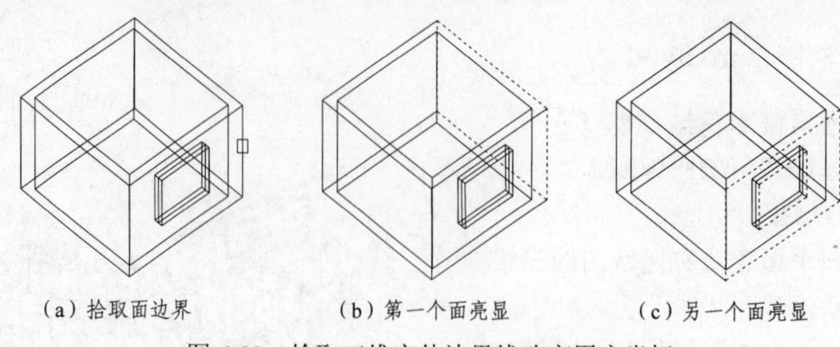

(a) 拾取面边界　　(b) 第一个面亮显　　(c) 另一个面亮显

图 6-82　拾取三维实体边界线改变用户坐标

6.4.17　设透视图　shtsht

菜单：三维鸟瞰 ▶ 设透视图

功能：将三维轴测图转换成透视图。

用户可以先用[设轴测图]命令（即 AutoCAD 的[ddvpoint]命令）将当前图设置到适当的视角，再使用本命令将视图转变成透视方式。

6.4.18　视点距离　tshjl

菜单：三维鸟瞰 ▶ 视点距离

功能：动态变化透视图的视点距离。

本命令及[视图平移]、[水平旋转]、[垂直旋转]命令是 AutoCAD 中的动态观察 Dview 命令的简化应用。拖动鼠标，可动态调整视点距离。

6.4.19　视图平移　shtpy

菜单：三维鸟瞰 ▶ 视图平移

功能：动态平移透视图。

本命令及[视点距离]、[水平旋转]、[垂直旋转]是 AutoCAD 中的动态观察 Dview 命令的简化应用。拖动鼠标，可动态调整视点距离。

6.4.20　水平旋转　shpxzh

菜单：三维鸟瞰 ▶ 水平旋转

功能：动态水平旋转透视图。

本命令及[视点距离]、[视图平移]、[垂直旋转]是 AutoCAD 中的动态观察 Dview 命令的简化应用。拖动鼠标，可动态水平旋转透视图。

6.4.21　垂直旋转　chzhxzh

菜单：三维鸟瞰 ▶ 垂直旋转

功能：动态垂直旋转透视图。

本命令及[视点距离]、[视图平移]、[水平旋转]是 AutoCAD 中的动态观察 Dview 命令的简化应用。拖动鼠标，可动态垂直旋转透视图。

6.4.22 生成三维 shchsw

菜单：三维鸟瞰 ▶ 生成三维

功能：将平面图临时转换成三维标准层，观察此平面图的鸟瞰效果。

执行本命令，选择平面图中需要变三维的墙线、门窗等，平面图中生成一个三维标准层，可以观察此平面图的鸟瞰效果（见图 6-83）。如果此时用户的视点还在平面图状态，可用[设轴测图]命令转换视点，以便于观察。生成三维时，墙、门窗、阳台等图元高度方向的尺寸可用[竖向参数]命令来调整。执行[取消三维]命令，可以重新恢复原有平面图。

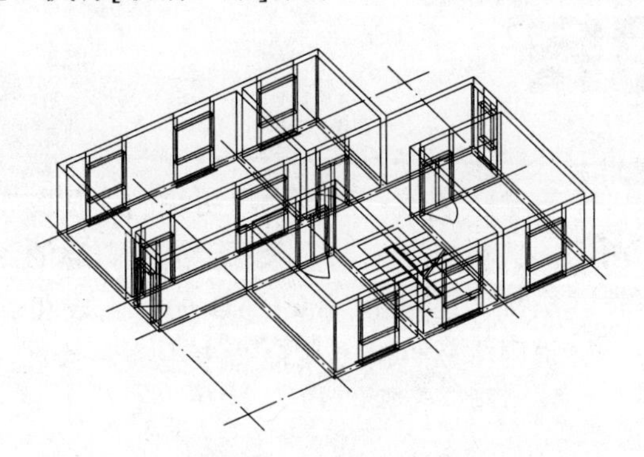

图 6-83 生成三维示例

6.4.23 取消三维 qxsw

菜单：三维鸟瞰 ▶ 取消三维

功能：取消鸟瞰效果。

执行本命令，则取消鸟瞰效果，显示平面图。

6.4.24 竖向参数 3es

菜单：三维鸟瞰 ▶ 竖向参数

功能：设定生成立面、剖面和三维图时的高度方向尺寸参数。

本命令为鸟瞰图、三维模型，以及立、剖面图设定高度方向的默认数据。参数设定在[平面生模]一节中提到过的，具体参数设置是在如图 6-59 所示的对话框中完成的。

6.4.25 开关平面 axof

菜单：三维鸟瞰 ▶ 开关平面

功能：打开或关闭透视图中的平面部分，如轴线、标注等元素的图元。

执行本命令，可以将透视图中平面部分隐藏或显示。

第 7 章 图块与图案

本章介绍图库管理、用户图块制作及图案制作和填充。本软件中使用的图块可以分为两大类：一类是普通的图块，可以用本软件的图库管理系统，也可用 AutoCAD 命令生成和管理；另一类是专用的图块，必须用本软件的专用命令来生成和管理。

7.1　图库管理

本软件提供的图库管理系统不仅可用于系统所带图库和用户自制的图块管理，而且因为这套管理系统是以 Windows 操作系统的目录结构为基础设计的，所以只要稍加处理，任何 Windows 目录下的 AutoCAD 图形文件都可以被纳入到这个图库系统的管理之下。

7.1.1　图块入库　tkrk（BI）

菜单：图库图案 ▶ 图块入库

功能：将所选取的图元制作成图块，并加入图库。

本命令只用于制作一般的图块，如果需要制作门窗、柱子这样的专用图块，请见“造用户块”一节。执行本命令，选取要制作成图块的图元，再给出插入块的基点，屏幕上弹出如图 7-1 所示的对话框；在对话框中选取入库图块位置后，单击「OK」按钮确定，再选择是否记录图块尺寸（这个尺寸用于以后插入图块时，预显示图块插入后的尺寸），图块便制好入库。

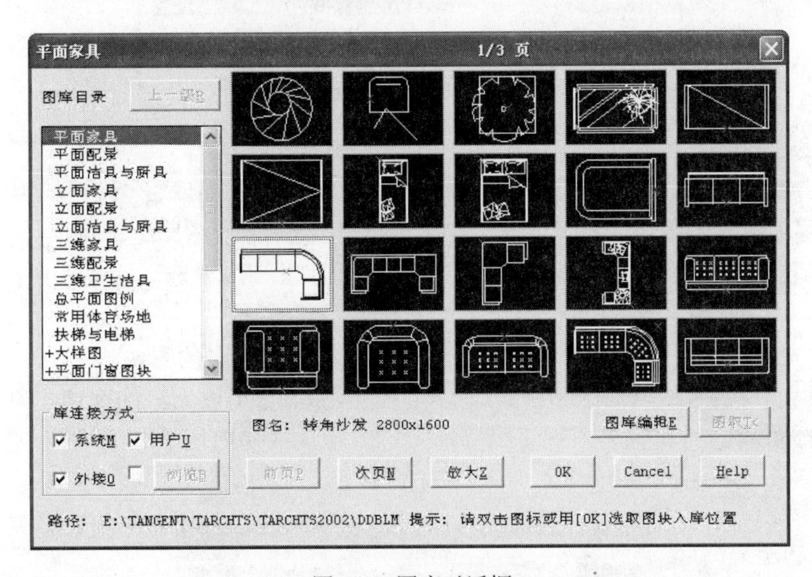

图 7-1　图库对话框

图块入库和输出时都要使用图 7-1 所示的对话框。下面具体说明对话框中各项的使用方法。

- 「图库目录」列表框中列出图库目录，单击其中某项，就进入这个目录。图库的目录可以是多级的，如果目录名称前面带“+”，就表示下面还有子目录，双击该项就可进入其下一级目录列表；单击「上一级」按钮，可以返回其上一级目录列表。
- 「库连接方式」栏中有 4 个选项，可以连接 4 种图库：「系统」库是软件自带的图库，用户不可添加或删除其中的图块；「用户」库是用户可以添加或删除其中图块的图库，希望加入「系统」库中某个目录的图块也加到此库的对应目录中；「外接」库是通过局域网或将整个目录复制到本机来共享其他人图块的图库；「浏览」库是供用户任意指向浏览的图库。当「系统」、「用户」和「外接」库同时选上时，三个库同名目录的图块会在一起出现，其排列的顺序为「用户」→「系统」→「外接」。

- 「浏览」按钮用于查看和指定「浏览」库所在的位置。单击此按钮，弹出如图 7-2 所示的对话框；用户通过选取左侧目录列表框，改变浏览图库的目录。在点取目录时单击鼠标右键，会弹出编辑菜单，选择「增加至收藏夹」项，可以将选中的目录存入收藏夹，使再次选取时更加方便。「浏览」库不能与其他三库合并浏览，因此不能同选。

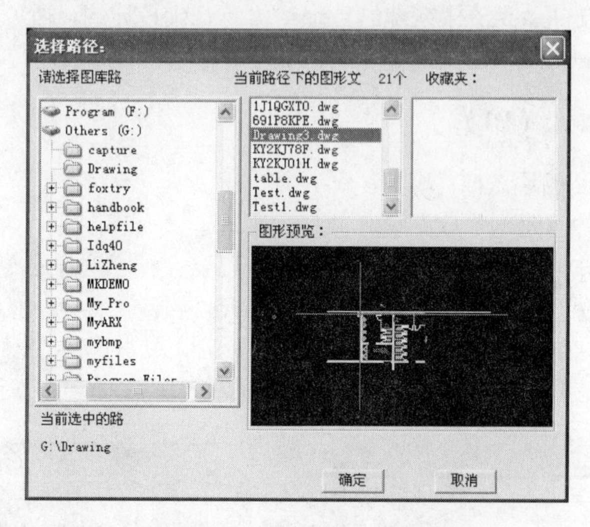

图 7-2 “选择路径”对话框

- 「图库编辑」按钮用于进入图库编辑方式，可以编辑图库目录、指定用户和外接图库的路径、移动或复制图块，以及制作幻灯片等（相当于执行[图库编辑]命令）。
- 「图取」按钮用于在一些命令中（如[换平面窗]）到图中选取图块来代替在图库中选图块。
- 「前页」、「次页」按钮用于向前或向后翻页，查看更多的图块。
- 「放大」按钮用于弹出如图 7-3 所示的对话框，显示放大了的图块幻灯片；幻灯片的上面显示该图的路径和图名，下面编辑框中可以加入或修改图名，「系统」库的图不可修改图名。

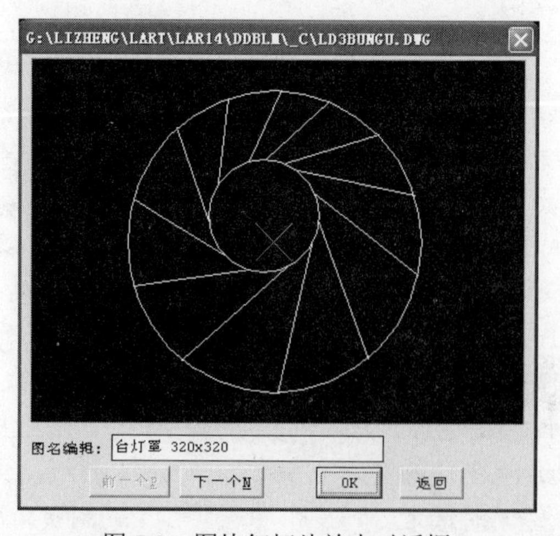

图 7-3 图块幻灯片放大对话框

单击对话框中显示的幻灯图标，左下角显示该图块所在图库的路径，「前页」、「次页」按钮上方显示该图块的名称。双击幻灯图标或单击幻灯图标再单击「OK」按钮，便选中这个图块。在本命令中，选中图块表示确定了图块幻灯片所放的位置；在[图块输出]命令中则表示选中了要输出的图块。

图块成功入库后，所选的图元就从图中删除了，如果想恢复这些图元，可以执行 AutoCAD 命令“OOPS”。

7.1.2　图块输出　tkshch（BT）

菜单：图库图案 ▶ 图块输出

图元：当前图层；INSERT

功能：在图库中选取图块，将其插入当前图中。

执行本命令，弹出如图 7-1 所示的对话框，让用户从中选取所需要的图块；其使用方法已在[图块入库]一节中介绍过。

在库中选取图块后，单击「OK」按钮，弹出如图 7-4 所示的“图块尺寸”对话框，其各项的使用方法如下。

- 「比例选择」、「X 比例」、「Y 比例」、「Z 比例」用于选择或输入图块要插入的比例。
- 「不等比例」复选框用于确定图块是否等比例插入，不等比例时要分别输入 *X*、*Y*、*Z* 轴三个方向的比例。
- 「X」、「Y」、「Z」用于直接显示和修改图块的尺寸，只有造块时输入过图块尺寸记录的图块，才可以使用这些项。
- 「炸开」复选框用于选择插入时是否需要炸开；选中此项，就不能再选「不等比例」复选框。

图 7-4　图块输出对话框

- 「连续插」复选框用于选择是否需要连续插入多个图块。

单击「OK」按钮，退出“图块尺寸”对话框，点取插入点，图块便插入图中。动态选取插入点时，还可以用以下几个热键改变图块的插入状态。

- “{A}90 度旋转”，用于以插入基点为中心，逆时针旋转 90°。
- “{S}X 翻转”，用于以插入基点为中心，在 *X* 方向做镜像翻转。
- “{D}Y 翻转”，用于以插入基点为中心，在 *Y* 方向做镜像翻转。
- “{R}改插入角”，用于以插入基点为中心，动态选取新的插入角度，或直接键入新角度值。
- “{T}改基点”，用于动态改变插入基点的位置。
- “{C}缩放”，用于动态改变图元大小。

7.1.3　外框插块　wkchk

菜单：图库图案 ▶ 外框插块

图元：随当前图层；INSERT

功能：在指定的矩形框内插图块。

本命令的功能与[图块插入]命令的相似，只是在插入时是以一个矩形外框来确定插入位置和尺寸。执行本命令，从图库中选取图块后，输入插入角度并点取矩形框的两个角点，图块就被插入图中（见图 7-5）。

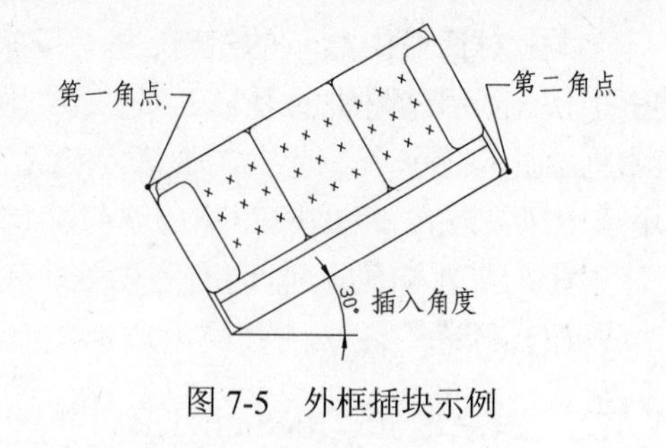

图 7-5　外框插块示例

7.1.4　图库编辑　tkbj（BE）

菜单：图库图案 ▶ 图库编辑

功能：编辑图库目录、指定用户和外接图库的路径、移动或复制图块，以及制作幻灯片等。

执行本命令，弹出如图 7-6 所示的“图库编辑”对话框。

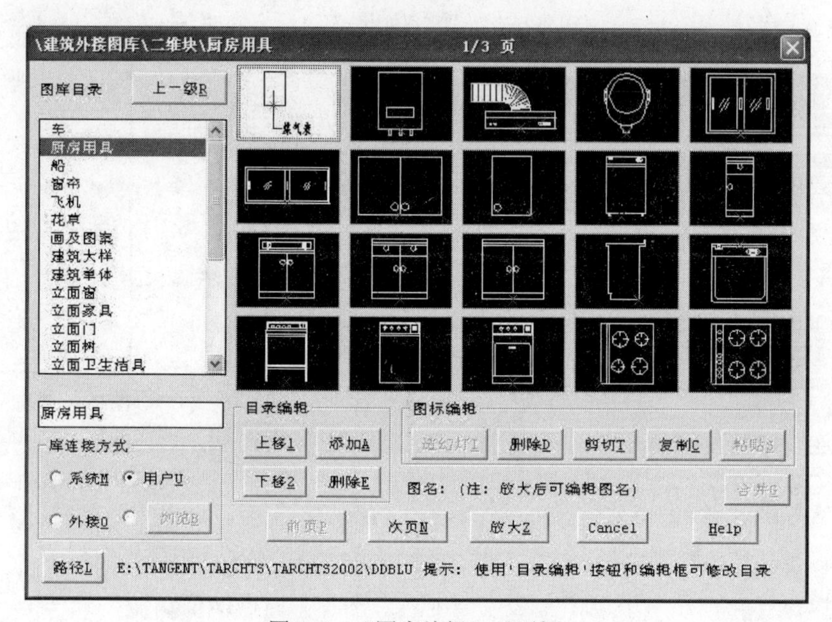

图 7-6　“图库编辑”对话框

该对话框看上去和图 7-1 中选图块的对话框有些相似，但多了一些用于编辑的按钮。在这个对话框中可以编辑图库目录、指定用户和外接图库的路径、移动或复制图块，以及制作幻灯片等。具体使用方法如下：

（1）编辑「图库目录」包括修改目录名、移动目录位置和增减目录。

- 修改目录名称时，单击「图库目录」列表框中的目录项，目录名称即显示在其下面的编辑框中，修改编辑框中的文字，目录名称即修改完成；没有定义过名称的目录，其名称为 Windows 目录的名称；「系统」库的名称不能修改。
- 移动目录位置时，单击「图库目录」列表框中要移动的目录项，单击「目录编辑」栏中的「上移」或「下移」按钮，就可以移动此目录的位置。
- 增减目录项时，单击「图库目录」列表框中的目录项后，单击「目录编辑」栏中的

「添加」按钮，即在该项位置添加一个新目录，其名称采用默认值；单击「删除」按钮，则弹出确认删除的警告框，如确认要删除需先选上「请确认必须删除」选项，再单击「OK」按钮，即删除此目录项及其下的全部图形和幻灯库文件。

（2）移动、复制或删除图块时，都要先单击幻灯图标选取图块，按住[Shift]键再单击幻灯图标，可以将该图标至上次选取图标之间的图标全部选上；按住[Ctrl]键再单击幻灯图标，可以在已经选取图标的基础上增加或减少选取的内容。对话框左下角显示选中图块所在图库的路径，下方显示出该图块的名称；单击「前页」或「次页」按钮，可以翻页。

- 移动图块时，先选取要移动的图块，单击「图标编辑」栏中的「剪切」按钮，再选择要移到的位置，单击「粘贴」按钮，图块移动即完成。
- 复制图块时，先选取要复制的图块，单击「图标编辑」栏中的「复制」按钮，再选择要复制的位置，单击「粘贴」按钮，图块复制即完成；在同一目录下复制图块，与移动图块的结果相同。
- 删除图块时，先选取要删除的图块，单击「图标编辑」栏中的「删除」按钮，弹出确认删除的对话框，确认后图块即被删除。

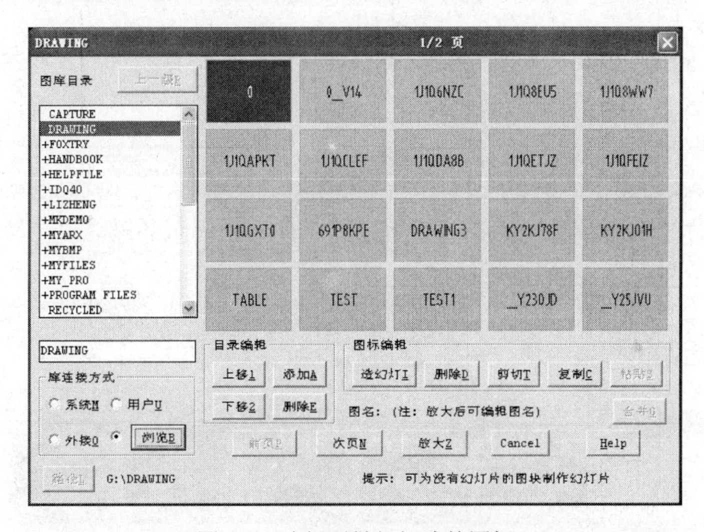

图 7-7　选择要做幻灯片的图标

（3）「造幻灯」按钮用于制作幻灯片。浏览到不是用[图块入库]命令制作的图块，可能没有幻灯片，图标上只显示该图块的图名，如图 7-7 所示。选取要做幻灯片的图块，单击「造幻灯」按钮，弹出如图 7-8 所示对话框；如选择「1.用图块制作幻灯片」，则制作新的幻灯片；如选择「2.从已有幻灯库中提取」，则需选取已有的幻灯库文件，从中提取已有的幻灯片。

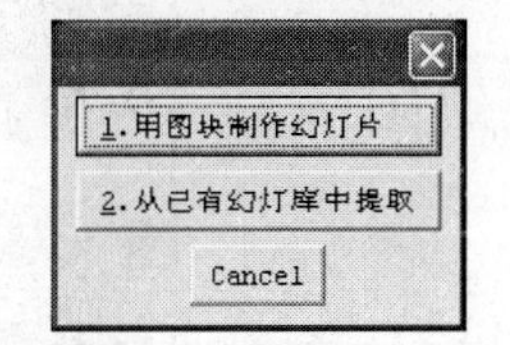

图 7-8　选制幻灯片方式

（4）「路径」按钮用于指定「用户」和「外接」图库的路径。两个图库路径的默认值，是软件安装目录下\DDBLU\，用户可以将它们分别指向其他地方；「用户」库的路径，应该是一个有读写权限的目录；但需注意的是，如果「用户」库的路径被改变，那么用户在这以前存入的图块（如自行制作的门窗、柱子和阳台等）就会看不到，除非将它们移动或者复制到新的地方。改变路径是通过如图 7-2 所示对话框（参见[图块入库]一节）完成的。

（5）「合并」按钮用于合并 DDBL 图库，即将图库目录名为\DDBL\的特定格式图库中的图提取出来，存入本软件中的用户图库；方法是用「浏览」方式找到名为“DDBL”的图库目录，单击「合并」按钮即完成合并。为了不造成重复合并，程序在完成合并后，将名为“Dwg_copy.mak”的标记文件放在“DDBL”目录下，以便该目录无法再次合并；用户可以通过手工删除标记文件来实现图库的再次合并。

7.1.5 图块管理 tkgl

菜单：图库图案▶图块管理

图元：INSERT

功能：对当前图上的图块进行分类统计，并取得图元选择集。

执行本命令，选取要参与图块统计的图形，屏幕上弹出如图 7-9 所示的对话框。该对话框的使用方法如下。

- 「全体块」和「门窗块」用于选择要在对话框中显示图块的范围。选择「全体块」时，对话框中显示图中所有图块，按图块名称区分；选择「门窗块」时，显示图中平面门窗图块，按门窗名称区分，没有名称的门窗注明“门”或“窗”。
- 「选取」和「反选」用于选中或放弃选中某个图块。单击选取某个图块后，单击「选取」按钮，就将这个图块名称加入到左下角的选取下拉列表中；单击「反选」按钮，就将这个图块名称从选取列表中去除。
- 「放大」按钮用于将选中图块的幻灯图标放大显示。

单击某个图标就选中了这个图块，在对话框下面列出图块名称、3 个方向的插入比例，以及这种图块的数量。

单击「OK」按钮退出对话框，选取列表中列出的图块构成一个先选择集，可用于下一步的操作；单击「返回」按钮结束，不进行任何操作。

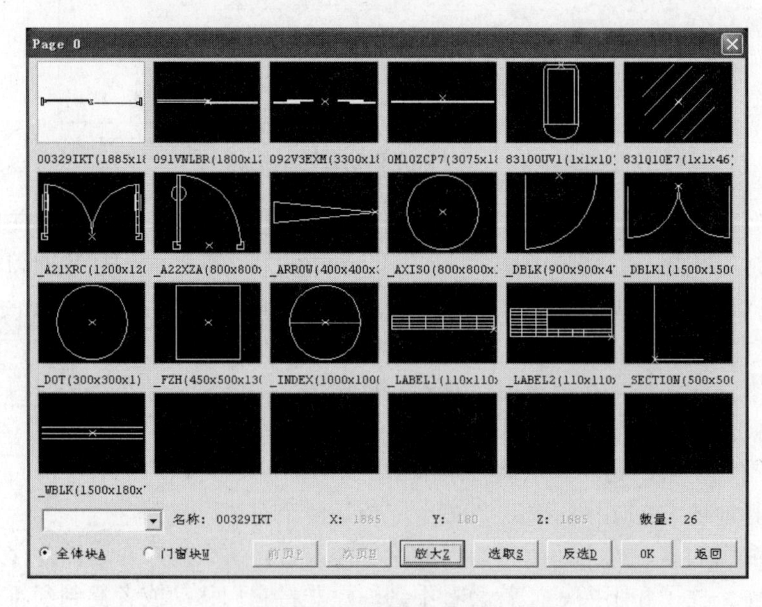

图 7-9 图块管理对话框

7.1.6 改块颜色 gkys

菜单：图库图案 ▶ 改块颜色

图元：INSERT

功能：改变图块颜色的工具。

执行本命令，在命令行输入图块要变为的颜色号，再选取要改变颜色的图块，选中的图块颜色就改为指定的颜色。用热键“Q－选项”可弹出如图 7-10 所示的对话框，用于设置改图块颜色时的一些选项使用方法如下。

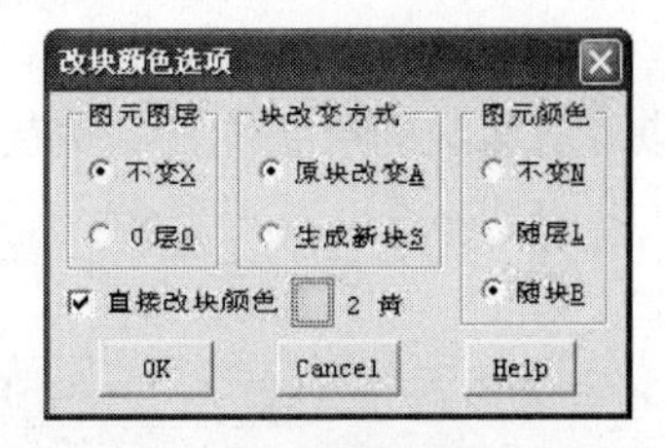

图 7-10 改块颜色选项对话框

- 「图元图层」栏用于选择是否需要将图块中各图元的图层改为“0”层（当块中图元在“0”层时，插入块的颜色、线型就会跟随其所在层的颜色、线型变化）。
- 「块改变方式」栏用于选择在改变颜色的时候是否要生成新的图块。用「原块改变」方式，颜色的改变会影响所有相同块名的插入块；选择「生成新块」方式，就会生成新的无名块，这样图块颜色的改变就只跟选到的插入块有关。
- 「图元颜色」栏用于选择是否需要将图块中各图元的颜色改成「随层」或「随块」。如果块中图元颜色“随层”，图块中各图元的颜色随其所在层变化；如果块中图元颜色“随块”，图块中各图元显示的颜色就会跟随块的颜色设置而变化。
- 「直接改块颜色」复选框用于选择是否要把选定图块的颜色改为「图元颜色」中指定的颜色。选择此项，程序在修改图块中各图元的特性后，还修改选定图块的颜色；不选此项，则只修改图块中各图元的特性，不改变选定图块的颜色项。

7.1.7 做块处理 tkchl

菜单：图库图案 ▶ 做块处理

图元：INSERT

功能：制作图块或将一般图块改为无名块。

执行命令后，可在图 7-11 所示的对话框中选择做块方法，有 4 种可选的做块方法。

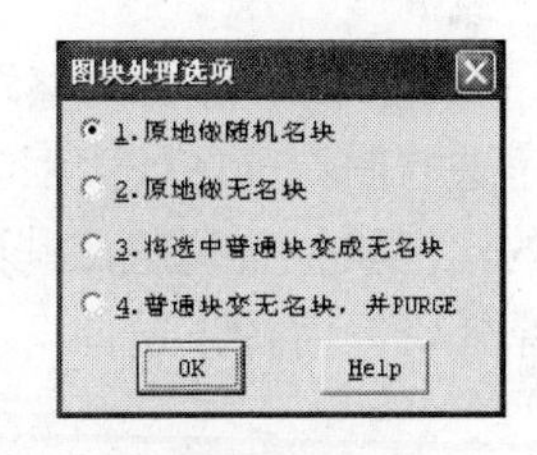

图 7-11 图块处理选择对话框

- 「1.原地做随机名块」，用于将选取的图元做成普通图块，程序随机命名块名。
- 「2.原地做无名块」，用于将选取的图元做成无名图块。
- 「3.将选中普通块变成无名块」，用于将选中的图块变为无名块。这种功能用于处理名称相同，内容不同的图块，可以防止同名块发生冲突。
- 「4.普通块变无名块，并 PURGE」，在做普通块变无名块处理后，再执行“PURGE”命令，以清理掉图中多余的图块定义（Block）。

> 注意：不要用 3、4 项功能处理平面门窗块，否则会破坏门窗的内部数据，使门窗编辑失效！无名图块的优点是不需要在删除后再用 PURGE 命令清理图的空间，相同的图块修改后不会互相影响；缺点是 AutoCAD 不支持双击进行编辑的功能。

7.1.8 图块剪裁 tkjc

菜单：图库图案 ▶ 图块剪裁

图元：当前图层；INSERT

功能：对图中的插入块图元进行修剪。

执行本命令，选取要剪裁的图块，再点取一条剪裁线（或取两点画一条剪裁线），最后点取剪裁线的终止位置，剪裁线起、终点位置包围的部分被剪裁掉（见图 7-12）。

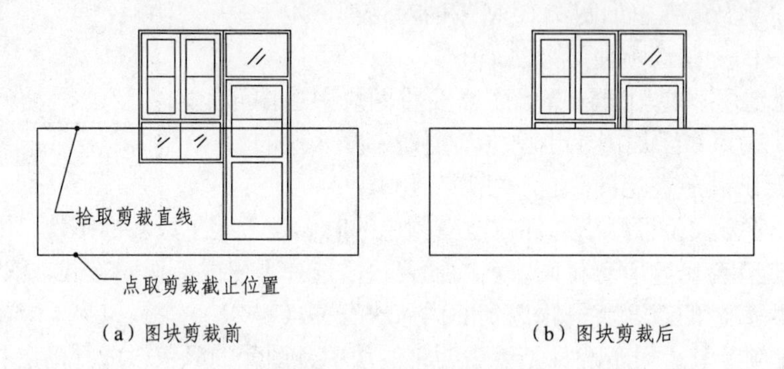

图 7-12 图块剪裁示例

7.1.9 调整宽高 tzhkg

菜单：图库图案 ▶ 调整宽高

图元：随当前图层；INSERT

功能：修改多个图块的实际宽高；或调整图形的纵横比例，使其从一个矩形框转而适合另一个矩形框。

执行本命令，选取要改变宽高的图元，程序将选取插入块的实际宽度和高度作为默认值，输入新的宽、高后，图块按新的比例调整宽高。输入负值可将图块镜像，<回车>表示不修改宽度或高度。

热键“B－边框调整”用于取边框调整图形大小。选取要调整的图元（可选多个图元，也可选非图块的图元）后，再分别点取基准边框和新边框的角点，选中的图元按先后两个边框的比例和位置调整这些图元的大小和位置（见图 7-13）。通过改变新老边框第一、二点的关系还可以将图形镜像。

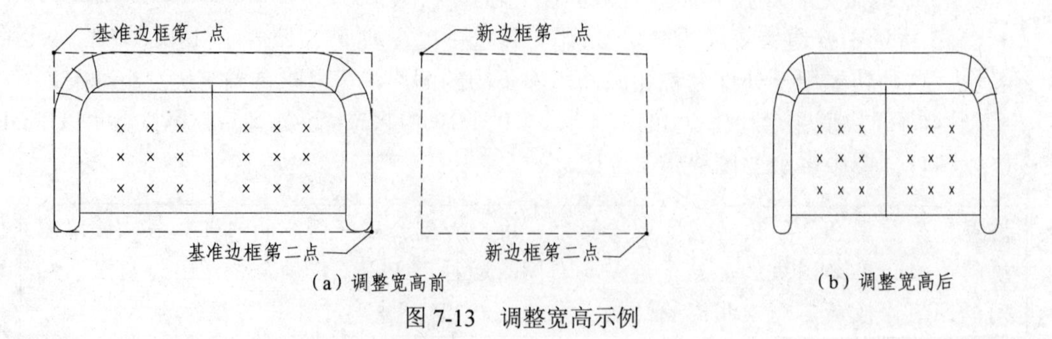

图 7-13 调整宽高示例

7.1.10　删属性点　shshxd

菜单：图库图案 ▶ 删属性点

图元：ATTDEF

功能：删除由于炸开图块而存留在图上的属性点。

在执行[图块入库]等造块命令前，最好进行此项操作。

7.2　填充图案

填充图案是指在一个封闭的区域内填充的图案，这种图案文件用的是 AutoCAD 提供的标准格式，用选取填充区域边界的方法可以完成填充。

7.2.1　层填图案 ctta（TC）

菜单：图库图案 ▶ 层填图案

图元：公共填充（PUB_HATCH），SOLID_HATCH（涂黑）；白（7）；HATCH

功能：在选定层上封闭的区域内填充各种剖面图案。

执行本命令，先拾取一条填充轮廓线以确定图层，再选取要填充的轮廓线，屏幕上弹出如图 7-14 所示的对话框，在其中选择要填充的图案；也可以单击「图案库」按钮，弹出如图 7-15 所示的对话框，选择其他图案。设定好比例后，可用「填充预演」按钮观察填充效果，或单击「OK」按钮正式填充。

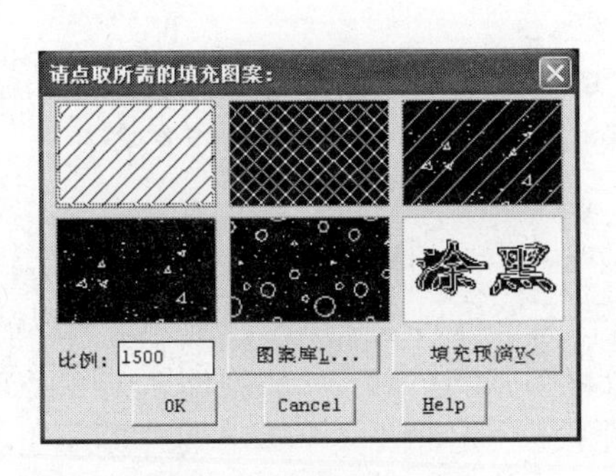

图 7-14　建筑常用图案

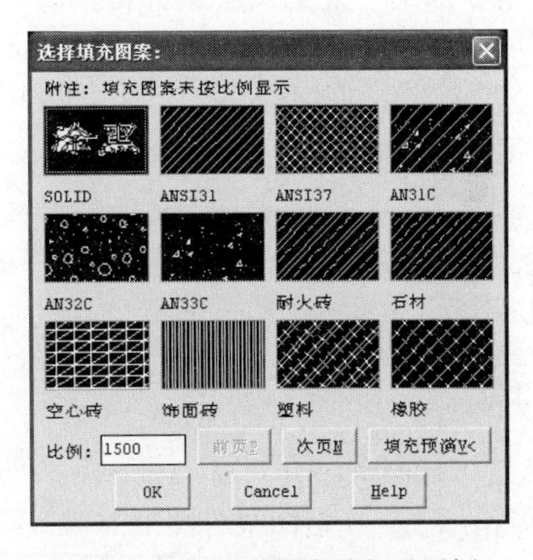

图 7-15　ACAD 图案选择对话框

7.2.2　墙线填充　qxtch

菜单：图库图案 ▶ 墙线填充

图元：公共填充（PUB_HATCH），SOLID_HATCH（涂黑）；白（7）；HATCH

功能：为平面图中的墙体部分填充各种剖面图案。

本命令与[层填图案]命令的功能和操作都基本相同，只是本命令是专门针对墙线的。图 7-16 为墙线填充的示例。

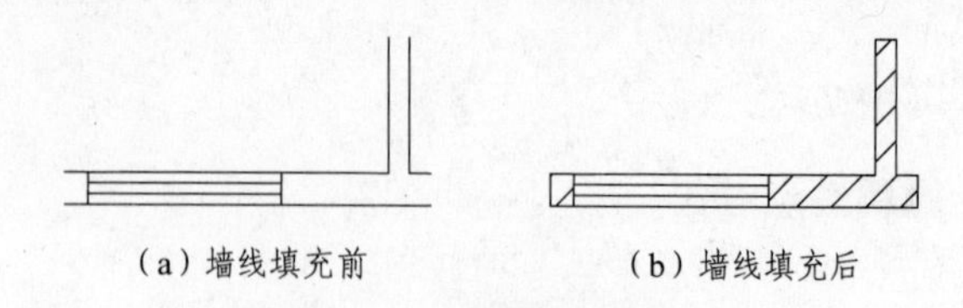

图 7-16 墙线填充示例

在涂黑填充时，填充图元被放在“SOLID_HATCH”层，而没有像其他填充一样放在“PUB_HATCH”层，是为了让用户可以在出图时将涂黑部分设成其他颜色。

7.2.3 图案擦除 tacch（FR）

菜单：图库图案 ▶ 图案擦除

图元：公共填充（PUB_HATCH），面层（SURFACE），SOLID_HATCH；白（7）；HATCH，LINE，ARC

功能：擦除图中已填充的图案，以及各种线图案绘制的面层线。

执行本命令，选取要擦除的填充图案或面层线后，所选的填充图案或面层线被擦除。被擦除的填充图案必须是位于公共填充（PUB_HATCH）层上的。

7.2.4 直排图案 zzhpta

菜单：图库图案 ▶ 直排图案

图元：POINT，LINE，ARC，CIRCLE

功能：制作一个直排图案并将其装入 AutoCAD 图案库。

在执行造图案命令前，要先在屏幕上绘制好准备入库的图形。造图案时所在的图层及图形所处坐标位置和大小不限，但构成图形的图元只限点（POINT）、直线（LINE）、弧（ARC）和圆（CIRCLE）四种。

执行本命令，输入新造图案的名称，再选择要造图案的图元并点取图案基点，一般基点宜选在有特征的点上（例如，圆的圆心或直线和弧的端点），有时图案的基点选择在一定程度上会影响以后图案插入的再现精度。选定基点后，输入横向和竖向的重复间距（可用光标点取两点确定间距），图案造好。用本命令造的图案被存入用户的标准图案库文件（位于软件安装目录中 SYS 子目录下的 ACAD.PAT）。以后用各种图案填充命令填充图案时，可以从图案库中选用这些图案。图 7-17、图 7-18 为两个自制直排图案的示例（左边为图案基本单元，右边为填充示例）。在造图案时图形的横、竖向重复间距不一定非要大于图形的外形尺寸，利用这一点可以造出相互嵌套的图案（见图 7-18）。

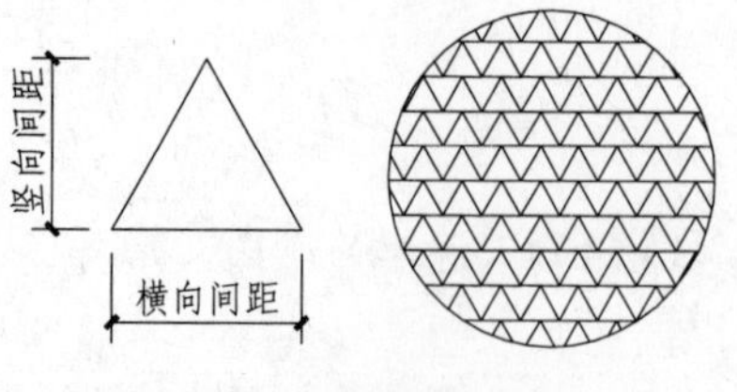

图 7-17 造直排图案示例 1

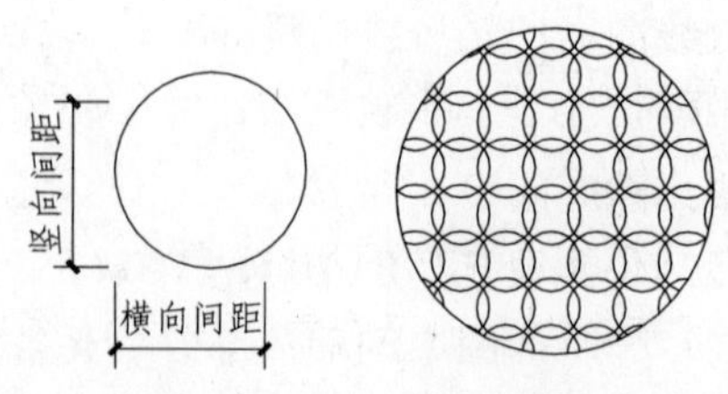

图 7-18 造直排图案示例 2

7.2.5　斜排图案　zxpta

菜单：图库图案 ▶ 斜排图案

图元：POINT，LINE，ARC，CIRCLE

功能：制作一个斜排图案并将其装入 AutoCAD 图案库。

本命令的操作方法与[直排图案]命令的基本相同，只是造出的图案是交错排列的，而且在提示输入竖向重复间距时，其默认值是横向重复间距的 0.866 倍。取这个数值是考虑用户在造斜排图案时，常用这样的高宽比（如图 7-19 所示，该图案制作时就是选择了这个高宽比）。用本命令造的图案被存入用户的标准图案库文件（位于软件安装目录中 SYS 子目录下的 ACAD.PAT）。以后用各种图案填充命令填充图案时，可以从图案库中选用这些图案。

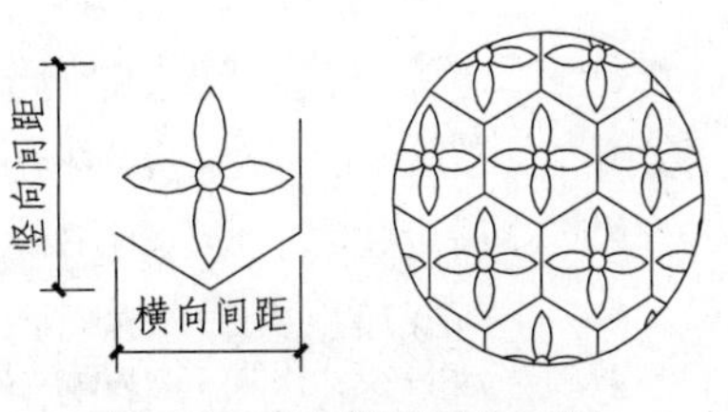

图 7-19　造斜排图案示例

7.2.6　删库图案　shkta

菜单：图库图案 ▶ 删库图案

功能：删除图案库中的某种图案。

执行本命令，输入要删除图案的名称后，这个图案即从图案库文件（ACAD.PAT）中删除。被删除后的图案将不能恢复。

7.3　线图案

线图案是指沿一条线填充的图案，采用的是本软件自创的格式。

7.3.1　线图案库　xtak

菜单：图库图案 ▶ 线图案库

图元：公共填充（PUB_HATCH）；白（7）；LINE，ARC，CIRCLE；生成组

功能：沿轨迹线绘制取自线图案库的线图案，库中图案可由用户自定义。

执行本命令，屏幕弹出如图 7-20 所示的对话框。在对话框右侧的线图案列表中选取所需线图案名称，并按需要调整 X、Y 比例和步长等参数后，单击「OK」按钮退出对话框；拾取线图案的轨迹线（PLINE 线）或直接在图中取点绘制一条轨迹线，线图案就沿轨迹线绘出。

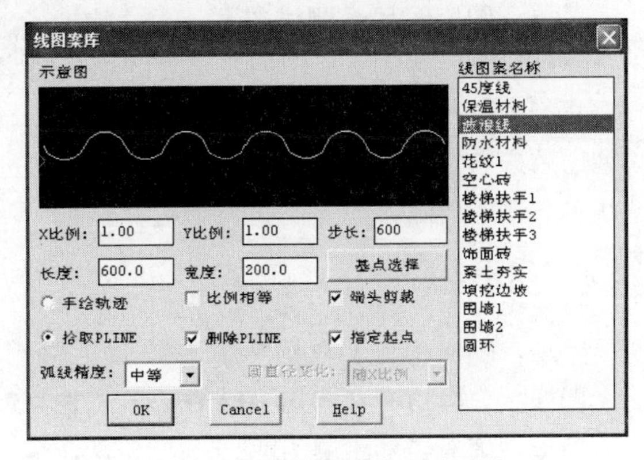

图 7-20　“线图案库”对话框

该对话框中各控件的功能如下。

- 「示意图」用于查看线图案的效果，其中黄色的部分为图案的基本单元。
- 「X 比例」、「Y 比例」和「步长」

用于设定图案插入比例和单个基本单元所占的长度。

- 「长度」、「宽度」用于设定在图中绘制图案时单位图案的长和宽。其中长度在比例相等时自动确定。
- 「基点选择」按钮用于改变图案插入的基准点。
- 「手绘轨迹」、「拾取 PLINE」选择是在图中直接绘基准线还是取一条线 Pline 做基准线。
- 「比例相等」复选框用于设定 X、Y 轴两方向的比例是否相等。
- 「端头剪裁」复选框用于确定是否对线图案两端进行垂直剪裁。
- 「删除 PLINE」复选框用于设定画好图案后是否擦除基准线。
- 「指定起点」复选框用线 Pline 做基准线时，用户自己选定用线的哪一端作为图案起点。
- 「弧线精度」当图案中有弧时才有效，用于调整弧线的显示精度。
- 「圆直径变化」当图案中有圆时才有效，用于调整圆的直径应是随 X 还是 Y 变化。

用户可用[图案入库]命令自定义线图案库中的图案。

7.3.2 图案入库 xtark

菜单：图库图案 ▶ 图案入库

图元：LINE，ARC，CIRCLE

功能：将用户制作的线图案加入到线图案库中。

执行本命令，选取要定义成线图案的图元（只能是 LINE、ARC 和 CIRCLE 三种图元），再点取线图案的起始点和结束点，以确定线图案基本单元的步长，再输入线图案的名称，用户制作的线图案即被加入到线图案库中。图 7-21 为自制线图案示例，其中图 7-21（a）为线图案的基本单元示例，图 7-21（b）为用此图案绘出的线图案。

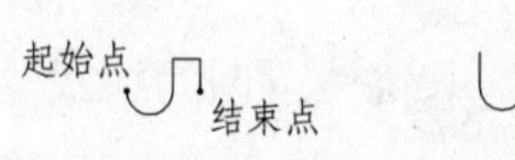

（a）自制图案的基本单元　　（b）用自制图案绘制线图案

图 7-21　自制线图案示例

7.3.3 删线图案 shxta

菜单：图库图案 ▶ 删线图案

功能：删除线图案库中用户建立的填充图案。

执行本命令，屏幕弹出如图 7-20 所示对话框。此时对话框中的「线图案名称」列表框中，只列出用户自定义的线图案名称。选择要删除的图案名称，单击「OK」按钮退出，此图案被从线图案库中删除。

7.3.4 自然土壤 zrtr

菜单：图库图案 ▶ 自然土壤

图元：公共填充（PUB_HATCH）；白（7）；SOLID，LINE；生成组

功能：填充自然土壤图案。

执行本命令，点取绘制自然土壤图案的起始点和结束点，再输入线图案的宽度后，图中指定位置被填充自然土壤图案。图 7-22 为自然土壤图案填充示例。

图 7-22 绘制自然土壤示例

7.3.5 素土夯实 sthsh

菜单：图库图案▶素土夯实

图元：公共填充（PUB_HATCH）；白（7）；LINE；生成组

功能：填充素土夯实图案。

执行本命令，点取绘制素土夯实图案的起始点和结束点，再输入线图案的宽度后，图中指定位置即被填充素土夯实图案。图 7-23 为素土夯实图案填充示例。

图 7-23 绘制素土夯实示例

7.3.6 空心砖 kxzh

菜单：图库图案▶空心砖

图元：公共填充（PUB_HATCH）；白（7）；LINE；生成组

功能：在墙中填充空心砖图案。

执行本命令，点取空心砖墙的起始端角点和结束端角点端角点，再点取砖墙另一侧角点，以确定空心砖墙的厚度，空心砖图案填入原墙线中（见图 7-24）。

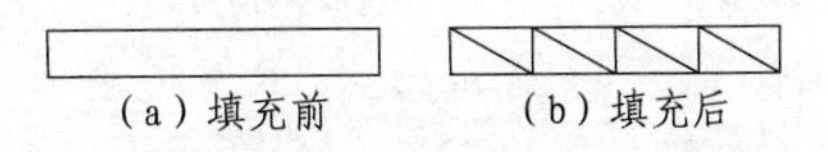

（a）填充前 （b）填充后

图 7-24 填充空心砖图案示例

7.3.7 饰面砖 shmzh

菜单：图库图案▶饰面砖

图元：公共填充（PUB_HATCH），面层（SURFACE）；白（7），紫（6）；LINE；生成组

功能：在墙表层绘制饰面砖图案。

执行本命令，输入饰面砖的起始点和结束点，再点取一点确定饰面砖的厚度方向并输入厚度，沿墙绘出饰面砖图案（见图 7-25）。

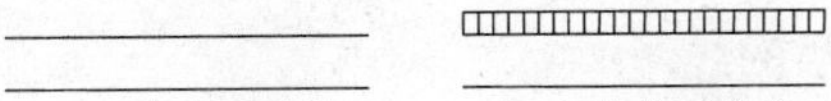

（a）绘饰面砖前 （b）绘饰面砖后

图 7-25 绘饰面砖示例

7.3.8 保温层 bwc

菜单：图库图案▶保温层

图元：剖面面层（S_SURFACE）；紫（6）；LINE，ARC，LWPOLYLINE

功能：沿墙绘制表示保温层的图案。

执行本命令，点取保温层一侧的墙线上起始点、各转折点和结束点，再点取保温层的偏移方向并输入其厚度，即沿墙线绘出保温层（见图 7-26）。

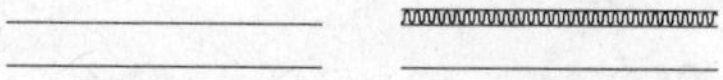

（a）绘保温层前　（b）绘保温层后

图 7-26　绘制保温层示例

7.3.9 防水层 fshc

菜单：图库图案▶防水层

图元：面层（SURFACE）；紫（6）；LINE，ARC，LWPOLYLINE；生成组

功能：沿墙绘制表示防水层的图案。

执行本命令，点取防水层一侧的墙线上起始点、各转折点和结束点，再点取防水层的偏移方向并输入其厚度，即沿墙线绘出防水层（见图 7-27）。

（a）绘防水层前　（b）绘防水层后

图 7-27　绘制防水层示例

热键“G—拾取已有的 PLINE 线”用于在拾取的 PLINE 线上绘制防水层。拾取后，还可以用两个热键修改这条 PLINE 线（见图 7-28）：“R—圆角”用于在转角处做圆弧倒角［见图 7-28（a)］；“C—切角”用于在转角处做等距切角［见图 7-28（b)］。

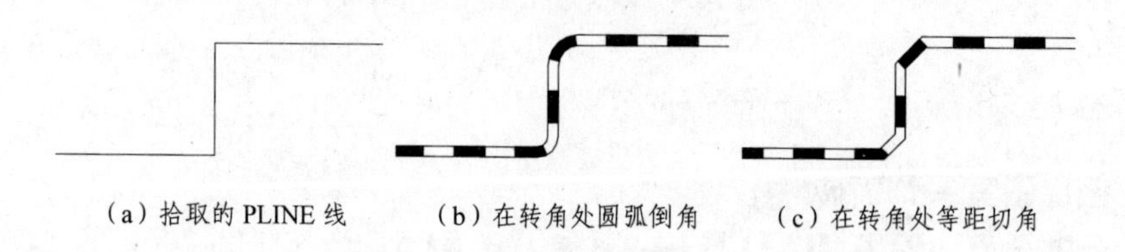

（a）拾取的 PLINE 线　（b）在转角处圆弧倒角　（c）在转角处等距切角

图 7-28　做圆角和防水层示例

7.3.10 加面层 jmc

菜单：图库图案▶加面层

图元：面层（SURFACE）；紫（6）；LINE，ARC，LWPOLYLINE

功能：沿墙绘制表示面层的线。

执行本命令，确定面层厚度，可以选取要加面层的墙线和柱子，程序会自动为这些墙线和柱子加面层（墙线还需逐段确定面层的偏移方向），如图 7-29 所示。

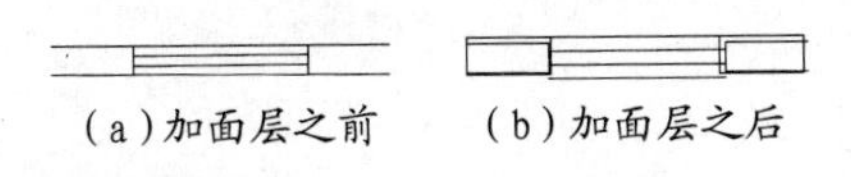

图 7-29　加面层示例

在选取自动绘制面层图元时，按<回车>键可进入手工绘制面层方式，点取面层一侧的墙线上起始点、各转折点和结束点，再点取面层的偏移方向并输入其厚度，即沿墙线绘出面层。

取面层的偏移方向前，还可用热键“R—圆角”和“C—切角”在要做面层的线的转角处做圆弧倒角或等距切角处理（参见[防水层]一节）。

执行[图案擦除]命令，可擦除面层并将被修改宽度的门窗恢复。

7.3.11　画围墙　hwq

菜单：图库图案 ▶ 画围墙

图元：公共填充（PUB_HATCH）；白（7）；LWPOLYLINE；生成组

功能：用于绘制围墙。

执行本命令，点取围墙的起始点、各转折点和结束点，再点取围墙的内侧一点后，即绘出如图 7-30 所示的围墙线。围墙线的粗细，按照[初始设置]中墙线设置参数而定。

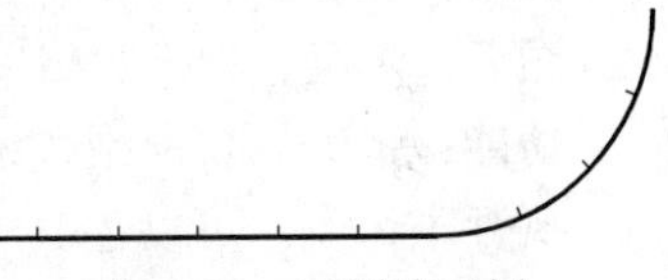

图 7-30　画围墙示例

热键“G－拾取已有的 PLINE 线”用于在拾取的 PLINE 线上绘制围墙。

7.3.12　柱锥面线　zhzhmx

菜单：图库图案 ▶ 柱锥面线

图元：公共填充（PUB_HATCH）；白（7）；LINE

功能：用于绘制立面图的柱面或锥面线，以及绘制等分线。

执行本命令，弹出如图 7-31 所示的对话框。通过调整对话框中参数，可以绘制立面图的柱面或锥面线。将「左角」和「右角」均调成 90°，就可以绘制等分线。单击「OK」按钮退出对话框后，如果选「柱面」，需在柱面轮廓线上取三点；选「锥面」，需在锥面轮廓线上取四点，如图 7-32（a）所示。在绘制对称的部分弧面时，不必调整「左角」和「右角」，只需将“第一点”和“第二点”反向选取就可以了。绘制完成的柱、锥面线如图 7-32（b）所示。

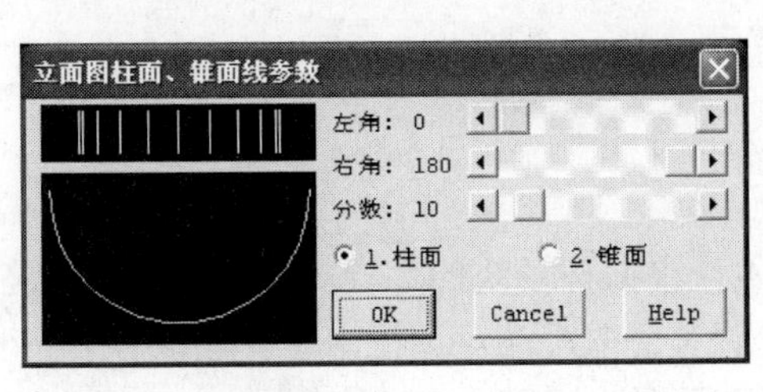

图 7-31　“立面圆柱面、锥面线参数”对话框

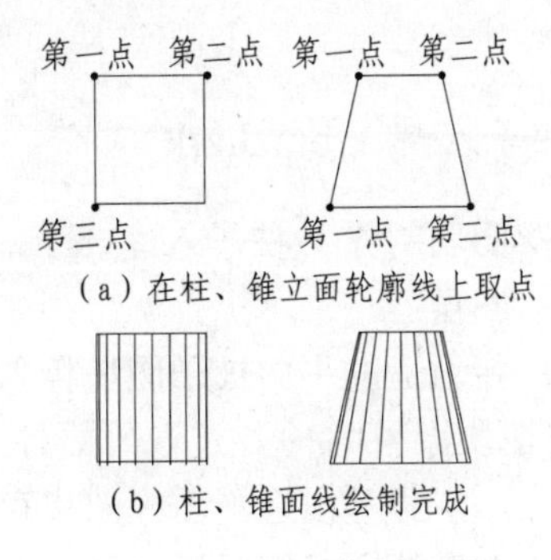

图 7-32　绘制柱锥面示例

7.4 造用户块

造一般的图块，用户可以在绘制好要造块的图形后，用[图块入库]命令将其加入到用户图库中。但一些专用的图块，如门窗、柱子图块，由于使用时要现场处理位置和比例关系，因此要用本节介绍的专用命令来造。造这类图块的步骤如下：

（1）用[造块原型]命令选取一个作为新图块原型的同类图块，并设置一个专用的环境。

（2）在原型块的基础上绘制新图块（可用 AutoCAD 的各种命令），注意应将图块绘制在“0”层上，否则其颜色不能随层变化。

（3）用各种入库命令将造好的图块入库；如不想入库可用[放弃造块]命令退出造块环境。不要用其他方式退出环境。

7.4.1 造块原型 zkyx

菜单：图块制作▸造块原型

图元：0 层；INSERT

功能：选取图块原型，进入该类图块的造块环境。

执行本命令，可以选取一个作为造块原型的图块，并进入造块环境。程序会自动识别取到的原型图块类型，从而设置相应的环境。可以选取的图块原型有：平面门窗图块、平面柱子图块、立面门窗图块、立面阳台图块和剖面门窗图块。进入造块环境后，可修改图块原型，并根据图块原型的类别，决定图块入库的命令：[门窗入库]、[柱子入库]、[立面门窗入库]、[立面阳台入库]和[剖面门窗入库]。

如果选取的是平面转角窗或圆弧窗，就会在门窗附近出现一个红色扳手，表示该窗正在修改中；修改该门窗后，使用[定义角窗]命令，完成对该窗的编辑。

如想放弃并退出，执行[放弃造块]命令，不要用其他方式退出这个环境。

7.4.2 放弃造块 fqzk

菜单：图块制作▸放弃造块

图元：0 层；INSERT

功能：放弃并退出造图块环境。

本命令用于放弃并退出由[造块原型]命令所进入的造块环境。

7.4.3 柱子入库 pmzhzrk

菜单：图块制作▸柱子入库

图元：0 层

功能：将新造的平面柱子图块存入图库。

使用[造块原型]命令，选取平面柱子，进入造平面柱子块的环境。新的平面柱子造好后，执行本命令，屏幕弹出选平面柱图块存放位置的对话框，在对话框中选择图块存入位置，就可将其存入图库的平面柱子目录下。关于如何将原有柱子替换成新造的柱子，可参照[柱子替换]命令。

7.4.4　门窗入库　mchrk

菜单：图块制作 ▶ 门窗入库

图元：0 层

功能：将新造的平面门窗图块存入图库。

使用[造块原型]命令，选取平面门窗，进入造平面门窗块的环境。新的平面门窗造好后，执行本命令，屏幕弹出选平面门窗图块存放位置的对话框，在对话框中选择图块存入位置，就可将其存入图库的平面门窗目录下。关于如何将原有门窗替换成新造的门窗，可参照[换平面窗]命令。

7.4.5　定义角窗　dyjch

菜单：图块制作 ▶ 定义角窗

图元：门窗（WINDOW）；黄（2）；INSERT

功能：完成平面转角窗或圆弧窗的编辑，使其重新恢复成图块。

使用[造块原型]命令，选取平面转角窗或圆弧窗，就会在门窗附近出现一个红色扳手，表示该窗正在修改中（见图 7-33）。这时可以修改该门窗，修改结束后，使用本命令完成对该窗的编辑。

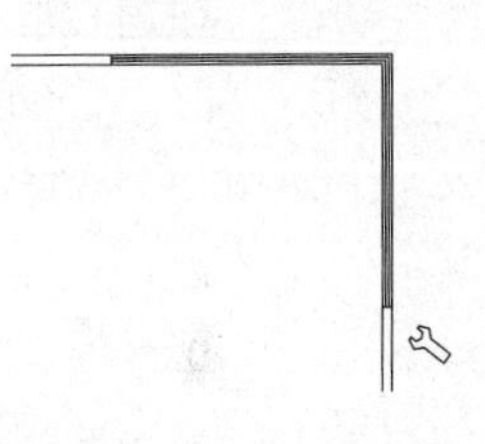

图 7-33　定义角窗示例

7.4.6　轮廓填实　zhlktsh

菜单：图块制作 ▶ 轮廓填实

图元：SOLID_HATCH；白（7）；HATCH

功能：造柱子块时，用于填实柱子原型。

执行本命令，选取要填实的柱子轮廓线，即可完成柱子填实。本命令是[实心抽空]命令的逆操作。

7.4.7　实心抽空　zhshxchk

菜单：图块制作 ▶ 实心抽空

图元：0，SOLID_HATCH；白（7）；HATCH，SOLID，LINE，LWPOLYLINE

功能：造柱子块时，用于消去柱子原型的填充。

执行本命令，选取要消去的填充图元，柱子填充即被消除。本命令是[轮廓填实]命令的逆操作。

当柱子原型为“HATCH”、“SOLID”图元或有宽度的“LWPOLYLINE”图元时，本命令在消去这些图元的同时，还勾画出其轮廓线。如果只希望勾画轮廓线，不想消去原有的填充图元，可在命令结束后执行命令“OOPS”恢复原来的填充部分。

7.4.8　填实删除　zhtshshch

菜单：图块制作 ▶ 填实删除

图元：SOLID_HATCH；白（7）；HATCH，SOLID，LWPOLYLINE

功能：造柱子块时，用于删除柱子原型的填充。

执行本命令，选取要删除的填实图元，柱子的填充即被删除。本命令在处理“HATCH”

图元时，与[实心抽空]命令相同。

7.4.9 轮廓删除 zhlkshch

菜单：图块制作 ▶ 轮廓删除

图元：0 层；白（7）；LINE，CIRCLE，LWPOLYLINE

功能：造柱子块时，用于删除柱子原型的轮廓线。

执行本命令，选取要删除的柱子轮廓线，这些轮廓线即被删除。

7.4.10 初始门窗 chshmch

菜单：图块制作 ▶ 初始门窗

图元：0 层；黄（2）；LWPOLYLINE

功能：在造立面门窗的环境中，将门窗原型变成空窗套。

在造立面门窗的环境中，执行本命令，输入门窗的棂宽，生成一个如图 7-34 所示的空窗套，原有门窗线条即被擦除。

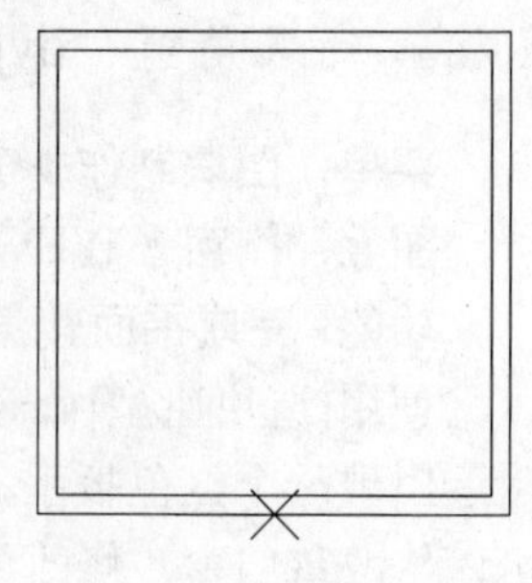

图 7-34 初始门窗示例

7.4.11 划分网格 hfwg

菜单：图块制作 ▶ 划分网格

图元：0 层；黄（2）；LINE

功能：在造立面门窗的环境中，为门窗原型划分单线格。

用[初始门窗]命令绘制一个空窗套（见图 7-34）后，执行本命令，拾取门窗外框，再输入水平、垂直方向的网格数后，就绘出如图 7-35 所示的单线网格。

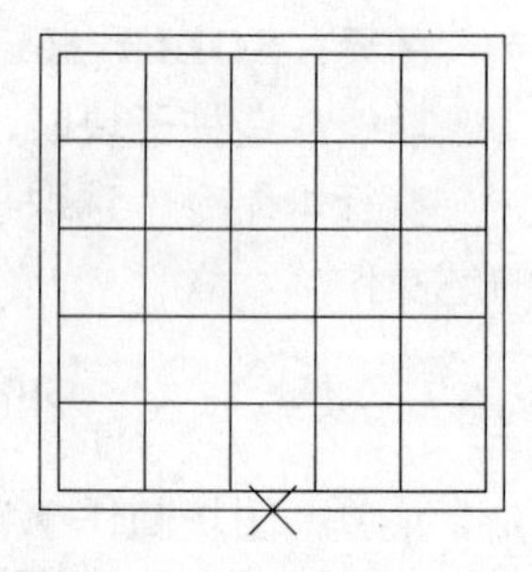

图 7-35 划分网格示例

7.4.12 划分区格 hfqg

菜单：图块制作 ▶ 划分区格

图元：0 层；黄（2）；LINE

功能：在造立面门窗的环境中，为门窗原型划分双线格。

用[初始门窗]命令绘制一个空窗套（见图 7-34）后，执行本命令，输入分格的窗棂宽，再拾取门窗外框，然后输入水平、垂直方向的区格数，就绘出如图 7-36 所示的区格。

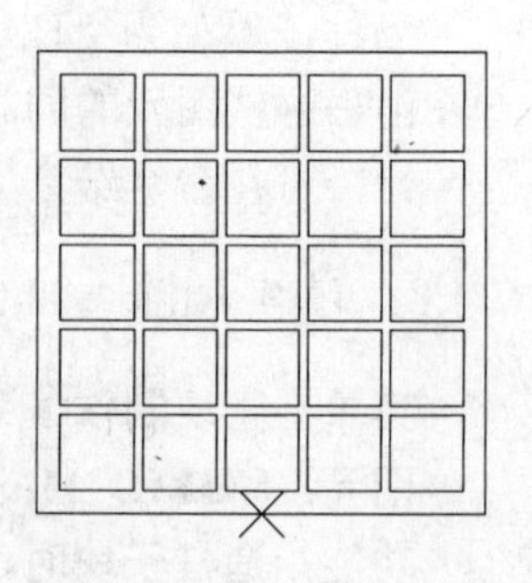

图 7-36 划分区格示例

7.4.13　立面门窗入库　lmmchrk

菜单：图块制作 ▶ 立面门窗入库

图元：0 层

功能：将新造的立面门窗图块存入图库。

使用[造块原型]命令，选取立面门窗，进入造立面门窗块的环境。新的立面门窗造好后，执行本命令，屏幕弹出选立面门窗图块存放位置的对话框，在对话框中选择图块存入位置，就可将其存入图库的立面门窗目录下。关于如何将原有立面门窗替换成新造的立面门窗，可参照[换立面窗]命令。

7.4.14　立面阳台入库　lmytrk

菜单：图块制作 ▶ 立面阳台入库

图元：0 层

功能：将新造的立面阳台图块存入图库。

使用[造块原型]命令，选取立面阳台，进入造立面阳台块的环境。新的立面阳台造好后，执行本命令，屏幕弹出选立面阳台图块存放位置的对话框，在对话框中选择图块存入位置，就可将其存入图库的立面阳台目录下。关于如何将原有立面阳台替换成新造的立面阳台，可参照[换阳台]命令。

7.4.15　剖面门窗入库　pmmchrk

菜单：图块制作 ▶ 剖面门窗入库

图元：0 层

功能：将新造的剖面门窗图块存入图库。

使用[造块原型]命令，选取剖面门窗，进入造剖面门窗块的环境。新的剖面门窗造好后，执行本命令，屏幕弹出选剖面门窗图块存放位置的对话框，在对话框中选择图块存入位置，就可将其存入图库的剖面门窗目录下。关于如何将原有剖面门窗替换成新造的剖面门窗，可参照[换剖面窗]命令。

第 8 章
图框与布图

本章介绍图面布置和图纸打印的方法。所谓图面布置，就是在图中插入图框和图形及协调各种比例图形之间的位置与比例关系。

对于单一比例的图，可以只插入图框不用布图，但对于图中有两个以上内涵比例的图，选用一种方法来布图是必要的。由于布图方法与内涵比例的关系比较密切，所以建议对此概念还不了解的用户在阅读本章前，先参阅第 2 章中的“内涵比例”一节。

本软件提供了以下两种布图的方式。

（1）单视窗布图。在这种布图方式中，不同比例的图形被分别制成独立的图块（或分别设置尺寸比例），以此控制图形的比例。这种方式的优点是操作比较简单，易学；缺点是如果需要修改必须用专门命令炸开（或调整内涵比例），操作较麻烦一些。建议初学者用此方法布图。

（2）多视窗布图。这种布图方式是将不同比例的图块放在图纸空间中的不同的视口中。这种方式的优点是不同比例的图形可以直接修改；缺点是不便于多图的拼接，这个问题对于需要将一些小图拼接起来以便出图的用户来说是很不方便的；另一缺点是使用这种方法要求掌握 AutoCAD 的图纸空间和模型空间的概念，因此不适于初学者。

8.1　图框插入　tkchr

菜单：图框布图 ▶ 图框插入

图元：图框：公共图框（**PUB_TITLE**），青（**4**）；公共文字（**PUB_TEXT**），文字：白（**7**）；**LWPOLYLINE**，**INSERT**；生成组

功能：在图中插入实或虚的图框。

用本命令可以插入一个实图框，也可以插入一个虚拟的图框。虚拟图框的插入主要是满足一些用户希望在绘图时能随时了解图纸大小的需要；而实图框一般建议在图形绘制好后再插入，以免在绘制过程中产生干扰。另一种办法是先插入图框，在需要时用[开关图框]的命令显示或隐藏图框。

执行本命令，屏幕上会弹出如图 8-1 所示的对话框，在这个对话框中可以设定要插入图框的各项参数。设定好之后，单击「OK」按钮，退出对话框。图框插入图中前，还会弹出如图 8-2 所示的对话框，在这个对话框中可设定或修改标题栏中的各项内容。最后点取插入点，图框便插入图中；如果插入的是虚拟图框，就在图中图框所在区域内显示栅格点。

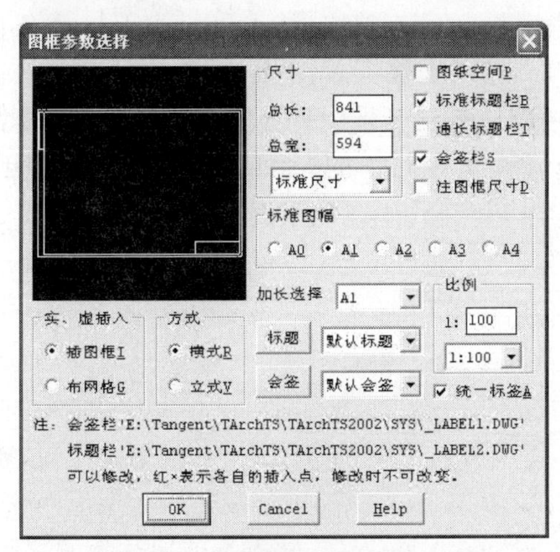

图 8-1　“图框参数选择”对话框

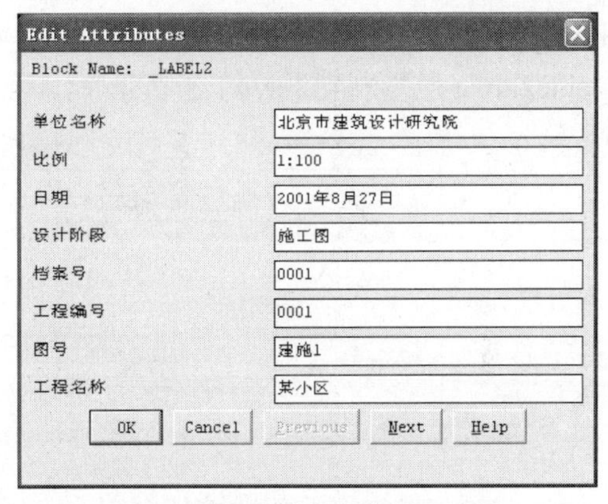

图 8-2　标题栏内容编辑对话框

在图 8-1 所示的对话框中设定图框参数时，各控件的功能如下。

- 「实、虚插入」栏用于选择是实际插入一个图框还是仅在图框范围显示网格（虚框）。
- 「方式」栏用于选择图纸是「横式」还是「立式」。
- 「尺寸」栏用于设定图纸的尺寸；如果是标准尺寸，可以在下面的「标准图幅」栏中选择标准图号，或在「加长选择」中再选标准的加长图号。只有非标的尺寸才需要在此栏中直接输入长、宽尺寸。
- 「图纸空间」用于选择是否要在图纸空间插入图框。
- 「标准标题栏」、「通长标题栏」复选框用于选择是否加入标题栏和用哪种标题栏，两个选项只能选一个，或者都不选。
- 「会签栏」复选框用于选择是否要在图框中加入会签栏。
- 「注图框尺寸」复选框用于选择是否要在图框的左下角标注图框的规格尺寸。

- 「比例」用于设定图框的插入比例。如果是用[做比例块]或[定义窗口]命令处理过图形，那么图框应按 1:100 插入；否则，按图形的内涵比例插入。
- 「标题」、「会签」栏用于选择图框所用标题栏和会签栏的图块文件，如果在右面的下拉列表中选择“默认 XX”，就使用软件所带的标题或会签栏；如需要使用自制的标题或会签栏，可以单击相应的按钮，选择合适的图块文件。
- 「统一标签」复选框用于选择各种图号的标签是否统一设定。如果不选，程序就分别记录各种图号所用的标签。

下面介绍自制标题栏和会签栏的方法。

标题栏和会签栏是在插入图框时同时插入的图块，用户可以修改或重新制作这些图块。默认会签栏的图形文件名为_label1.dwg，标题栏的文件名为_lable2.dwg，位于软件安装目录下的“SYS”子目录下。修改时，注意不要改动图形的插入点位置，亦即图中坐标为“0,0”的点，如图 8-3 和图 8-4 所示。图形的插入点在表格的右下角。自定义的会签栏和标题栏也可以用其他的文件名存在任意目录下，用「标题」或「会签」按钮加入到选择列表中，即可供以后调用。

在图 8-2 所示的对话框中可以修改标题栏中包含的一些属性文字，在插入前可对这些属性的文字内容重新定义。如果重新定义过这些属性，会在当前图目录下加入一个新的_lable2.dwg。以后再插入图框时，默认的文字以上一次修改的为准。用户也可在修改_lable2.dwg 时，自己加入一些属性文字，加入后图 8-2 的对话框中也会出现这些项目。标准的_lable2.dwg 应复制到“sys”子目录下，不过当前图目录下的_lable2.dwg 文件优先被使用。

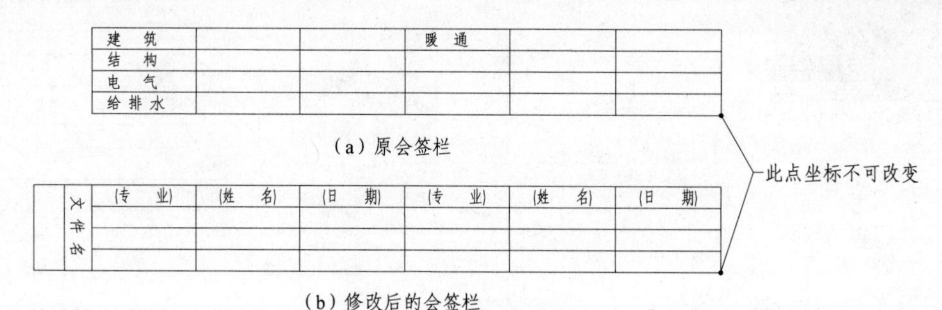

图 8-3 会签栏修改示意

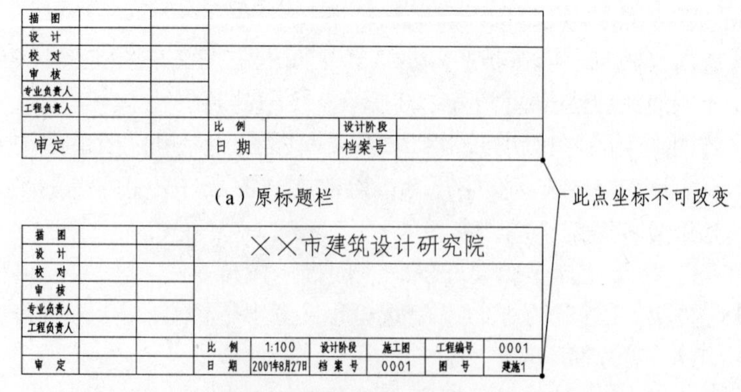

图 8-4 标题栏修改示例

8.2 变比例 bbl

菜单：图框布图 ▶ 变比例

图元：公共窗口（PUB_WINDW）；INSERT，VIEWPORT

功能：改变用[做比例块]命令生成的比例块（或窗口）的比例因子。

执行命令，拾取一个要变比例的比例图块（单视窗布图）或窗口（多视窗布图），再输入要修改的比例，这个比例块或窗口中的图形便被改变为新的比例。

8.3 移动 ydchk

菜单：图框布图 ▶ 移动

图元：公共窗口（PUB_WINDW），公共图框（PUB_TITLE）；INSERT，VIEWPORT

功能：移动比例块、窗口或图框的位置。

本命令兼用于单、多视窗布图。执行命令后，拾取要移动的比例块（单视窗布图）或窗口（多视窗布图），再点取要移动到的位置，即可完成移动操作。本命令也可用于移动图框。

8.4 删除 shchchk

菜单：图框布图 ▶ 删除

图元：公共窗口（PUB_WINDW），公共图框（PUB_TITLE）；INSERT，VIEWPORT

功能：删除比例块、窗口或图框。

本命令兼用于单、多视窗布图。执行本命令后，拾取要擦除的比例块（单视窗布图）或窗口（多视窗布图），选中的比例块或窗口即被擦除。本命令也可用于删除图框。

8.5 块转视窗 kzhshc

菜单：图框布图 ▶ 块转视窗

图元：公共窗口（PUB_WINDW）；转变前：INSERT，转变后：VIEWPORT

功能：将以比例块方式表示的单视窗图转换为多视窗图。

执行本命令后，图中的各比例块都变为多视窗布图的视窗窗口。最好在图中所有的图形都已被制成比例块的情况下使用本命令。如果图中仍有未做成比例块或被临时炸开的图形，使用本命令可能会造成各图形之间相互重叠。

8.6　视窗转块　shchzhk

菜单：图框布图 ▶ 视窗转块

图元：公共窗口（**PUB_WINDW**）；转变前：**VIEWPORT**，转变后：**INSERT**

功能：将多视窗图转换为比例块组成的单视窗图。

执行本命令后，图中的各视窗窗口变为比例块。本命令在图纸空间才能正常地运行。

8.7　变米单位　bmdw

菜单：图框布图 ▶ 变米单位

图元：公共标注（**PUB_DIM**）；绿（**3**）；**DIMENSION**

功能：将以毫米为单位的尺寸标注变为以米为单位的标注。

执行本命令，选取要变单位的尺寸标注，并确定小数位数后，选中的尺寸标注即被修改。图 8-5 所示为一个尺寸标注用本命令处理的例子。

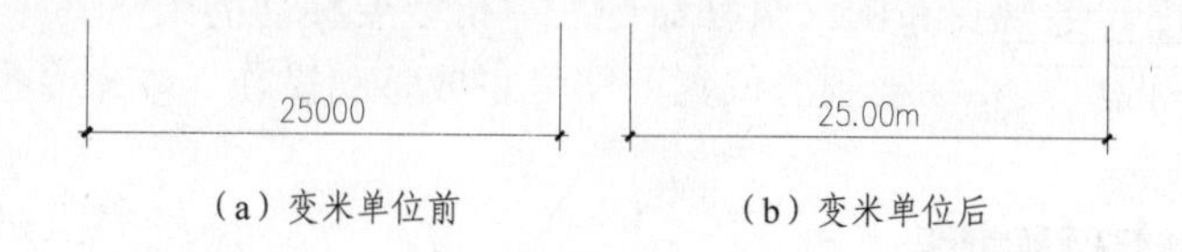

图 8-5　变米单位示例

8.8　毫米单位　hmdw

菜单：图框布图 ▶ 毫米单位

图元：公共标注（**PUB_DIM**）；绿（**3**）；**DIMENSION**

功能：将以米为单位的尺寸标注变为以毫米为单位的标注。

本命令为[变米单位]命令的逆命令。选取要恢复为毫米单位的尺寸标注后，选中的尺寸标注便恢复为毫米单位标注。

8.9　单视窗布图

单视窗布图的基本原理是将不同比例的图形制成不同比例的图块，或者将图形改变比例后相应地调整尺寸标注的比例。将图形制成比例块后，如果还需要修改就需要将比例块临时炸开，修改后再重新制成比例块。比例块与视窗可以互相转化。

8.9.1　做比例块　zblk

菜单：图框布图 ▶ 做比例块

图元：公共窗口（**PUB_WINDW**）；**INSERT**

功能：将图中一部分图形或外部图形文件制成图块，通过放缩以指定的比例置于图中。

在图中以不同比例来绘制图形（例如，在一张 1∶100 的图中，加一个 1∶50 的详图）时，如果直接按比例绘制，在绘图和标注尺寸时都不方便。用本命令与[内涵比例]命令配合使用，就可以很方便地解决上述问题。具体的做法：在绘图时，不管是 1∶100 还是 1∶50 的图形都以 1∶1 绘制，只是在绘制这两部分图形前分别调用[内涵比例]命令，将两部分图形的内涵比例分别设定为其各自的比例。图形画好后如图 8-6（a）所示，1∶100 图中的文字和符号看上去要比 1∶50 图形中的大（2 倍）。用[做比例块]命令，分别开窗将两部分图形制成与内涵比例一致的“比例块”（或将图形经放缩处理）后，效果如图 8-6（b）所示。

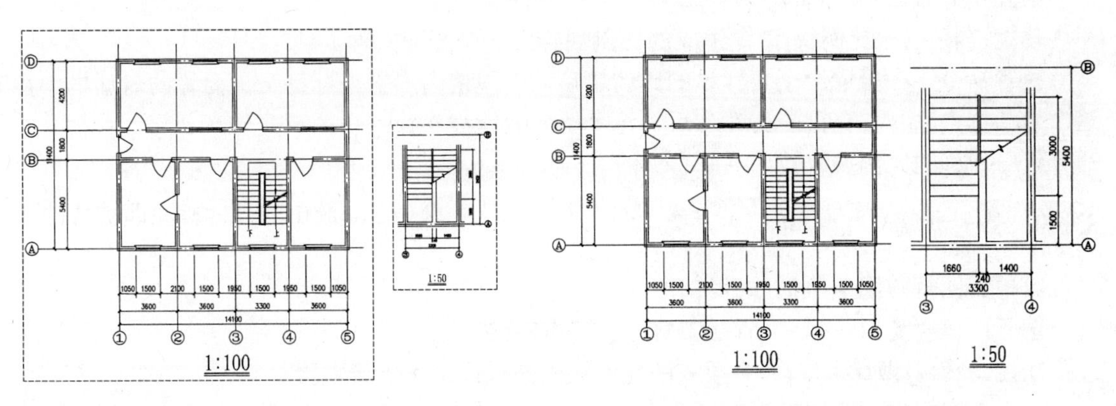

（a）制作比例块时分别开窗选图形　　（b）分两次将图形制作成比例块

图 8-6　做比例块示例

执行本命令，在如图 8-7 所示的对话框中可设定布图的比例和方式。其控件功能介绍如下。

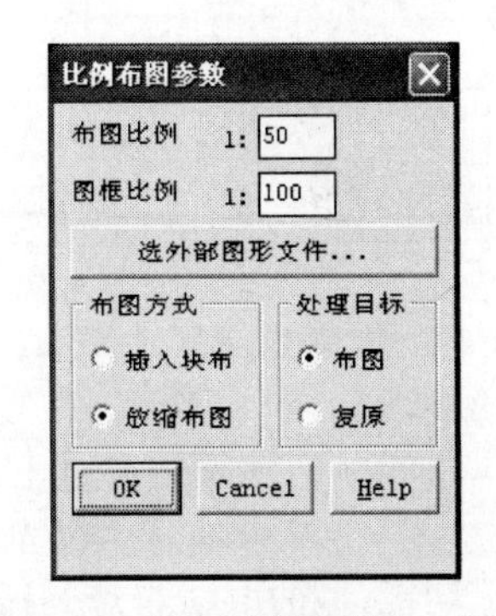

图 8-7　“比例布图参数”对话框

- 「布图比例」用于设定比例块的插入比例，应与画这部分图形时定义的“内涵比例”及图名上标注的比例一致。
- 「图框比例」用于设定图形所在图框的插入比例，这个比例应与绘图机出图时的出图比例相同。
- 「选外部图形文件」按钮用于插入一个其他的图形文件作为做比例块的图形。
- 「布图方式」栏用于设定布图时是否将图形制作成图块。用本命令布图的方法有两种：一种是用制作成图块的方式改变图形比例而保持标注尺寸不变；另一种是在缩放图形的同时调整尺寸标注的比例来保证标注尺寸的数字不变。设为「插入块布」时，图形被制作成图块，以调整图形尺度；设为「放缩布图」时，不是将图形制作成图块，而是直接缩放图形，同时调整尺寸标注的比例来适应图形尺度的变化（此时标注尺寸要在[初始设置]中选中「尺寸长度变比例」项）。
- 「处理目标」栏用于选择当前是要进行「布图」处理还是将已布过的图进行「复原」处理。如果原来布图时用的是「插入块布」的方式，「复原」时就将其炸开还原；如果原来用的是「放缩布图」方式，就将图形的大小及尺寸标注比例还原。

如果是在本图中选择做块的图形，单击「OK」按钮退出后，开窗口选择要做比例块的图形，再点取图形的插入点，一个比例块或放缩处理后的图形就插入图中。对于比例块，可以用[变比例]、[移动]或[删除]命令来改变大小、移动位置或将其删除。

如果「处理目标」选择的是「复原」，单击「OK」按钮后进行复原处理。用本命令布图处理过的图形，要在复原后再进行图形修改（也可以用[临时炸开]命令炸开比例块后修改）。

8.9.2 存比例块 cblk

菜单：图框布图 ▶ 存比例块

图元：公共窗口（PUB_WINDW）；INSERT

功能：将用[做比例块]命令生成的比例块存为一个图形文件。

执行命令，在拾取一个要存盘的比例块后，出现请用户输入存盘文件名称的对话框。在这个对话框中输入要存盘的文件名后，这个比例块即被作为一个图形文件（.dwg）存盘。本命令仅对做好的比例块有效。

8.9.3 临时炸开 lshzhk

菜单：图框布图 ▶ 临时炸开

图元：公共窗口（PUB_WINDW）；INSERT

功能：将用[做比例块]命令插入的比例块炸开，以便于进行编辑。

本命令在用户需要少量修改已制作成比例块的图形时使用。修改前先用本命令炸开这个比例块，修改后再用[炸开取消]命令恢复为比例块。

使用本命令后，直到用[炸开取消]命令恢复前，所有对图形的修改或新绘制的图形都被认为是对所炸开的比例块的修改，并在[炸开取消]时将其加入到恢复的比例块中。

> 注意：不要用 AutoCAD 的炸开（分解）命令来炸开要修改的比例块，这样可能会引起图中比例尺寸的混乱。

8.9.4 炸开取消 zhkqx

菜单：图框布图 ▶ 炸开取消

图元：公共窗口（PUB_WINDW）；INSERT

功能：将用[临时炸开]命令炸开的图形恢复为比例块。

在用[临时炸开]命令炸开并修改了比例图块后，一定要用此命令将炸开的比例块恢复。执行命令后，原先炸开的图形连同新修改的内容再次变为比例块，其比例设定不变。

8.10 多视窗布图

多视窗布图是采用在图纸空间开多个不同比例窗口的方法来布图。用此种方法布图时，一般将图框绘制在图纸空间。

8.10.1　定义视口　dychk

菜单：图框布图 ▶ 定义视口

图元：公共窗口（PUB_WINDW）；VIEWPORT

功能：在图纸空间开视口，插入图形并定义所开视口的比例。

本命令是将不同比例的图形布置在同一张图中的另一种方法。利用[内涵比例]命令，绘制好不同内涵比例的图形；用本命令就可以在图纸空间分别开视口，将不同比例的图形插入到各个视口中。

执行本命令，在模型空间内开窗选取要放在定义视口中的图形后，命令行会提示输入这个视口的比例，这个比例应与绘制该部分图形时所设置的内涵比例相同。如果有多个图纸空间布局，还会显示如“错误！未找到引用源”。图 8-8 所示对话框，用于选择要插入视口的布局。然后，在指定的图纸空间内插入一个指定比例的视口。

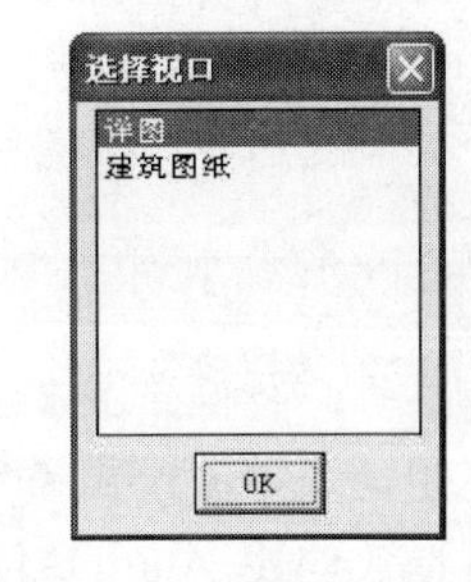

图 8-8　“选择视口”对话框

图 8-9 所示是一个用[定义视口]命令布图的例子。图 8-9(a）所示是布图前在模型空间绘制的图形，左边的图以比例 1∶100 绘制，右边的图以比例 1∶50 绘制；图 8-9（b）所示是利用[定义视口]命令分别将两部分插入图纸空间后的情况。虽然看上去图 8-9 与图 8-6 所显示的布图效果没有什么不同，但布图后两者所在的空间不同，一个是在图纸空间，而另一个是在模型空间。

利用本命令在图纸空间所开的视口会有一个矩形边框，如果希望隐去此方框，可使用[开关窗口]命令。

与[做比例块]命令相比，用本命令布图的优点是图形在修改时不必采用“恢复”或“临时炸开”的方法恢复图形后再修改，而直接到模型空间去修改；缺点是要求操作者对 AutoCAD“图纸空间”和“模型空间”的概念要有所了解，否则会在空间转换时产生混乱。

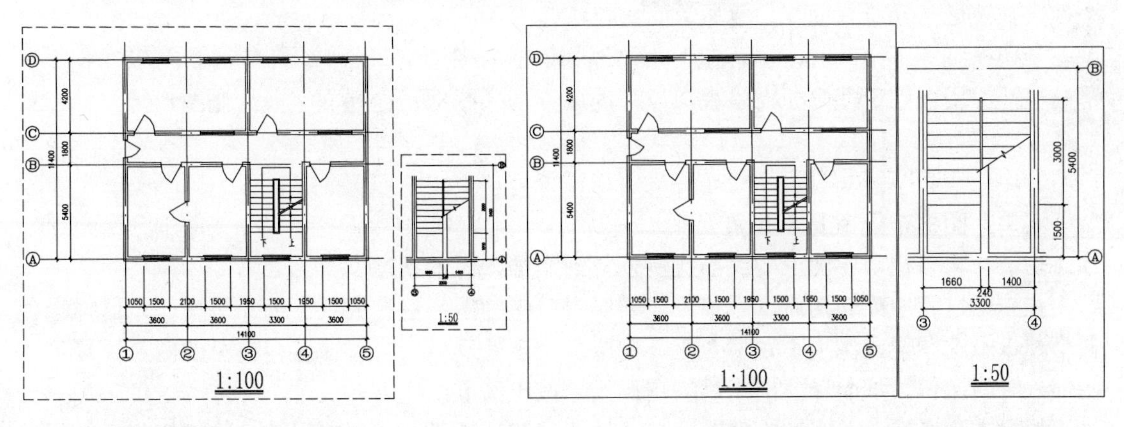

（a）定义窗口时分别开窗选图形　　（b）分两次将图形定义成不同比例的窗口

图 8-9　定义视口示例

8.10.2 窗口放大 chkfd

菜单：图框布图 ▶ 窗口放大

功能：从图纸空间转到模型空间，放大显示指定视窗中的图形，或者从模型空间转回图纸空间。

如果在执行本命令前位于图纸空间，执行本命令后将从布图的多视窗状态转到单视窗状态，并以全屏显示当前激活的视口（如没有激活的视口，则需用户指定视口）；如果在执行本命令前处于单视窗状态，则执行本命令后返回布图的多视窗状态。

设置本命令的目的是为了便于用户在布图的多视窗状态和单视窗状态之间相互切换。另一个类似的命令是[多窗转换]。

8.10.3 多窗转换 dchzhh（ZH）

菜单：图框布图 ▶ 多窗转换

功能：平铺模式（Tilemode）的开关。

直接调用 AutoCAD 的 Tilemode 命令，在多视窗状态（0）与单视窗状态（1）间进行转换。

8.10.4 纸模切换 zhmqh

菜单：图框布图 ▶ 纸模切换

功能：图纸空间（Pspace）和模型空间（Mspace）的切换。

直接调用 AutoCAD 的 Mspace 与 Pspace 命令，在两者之间进行切换。本命令仅在布图的多视窗状态时有效。

当切换到模型空间时，多视窗中的某一视口被激活，可以在这个视口内对图形进行编辑，就像在单视窗的模型空间中一样。十字光标局限在此视窗内移动，如果将十字光标移出这个视口就变为箭标；如果需要激活另一个视口，只要将箭标移至此视口内并单击鼠标左键，这个视口就被激活（原来的视口复原）。

当切换到图纸空间时，屏幕左下角出现三角形的图纸空间标记，十字光标可以在整个屏幕内移动，用户则可在多视窗中视口以外的地方插入图框、注释文字或绘制图形等。

8.10.5 比例重置 blchzh

菜单：图框布图 ▶ 比例重置

功能：将各视口中图形的大小比例恢复到刚插入时的状态。

在布图过程中或布图后，用户可能要对视口中的图形进行放大、缩小等操作，这样会使各个视口中的图形比例大小发生变化。使用本命令处理后，可以使各视口中的图形恢复到初始插入时的比例，从而保证出图时的图形尺寸按比例准确无误。

执行本命令后，各视口中的图形自动调整到初始插入时的比例尺寸。比例恢复后，图形在窗内的位置和视口的大小可能不一定合适了，此时可移动图形或修改视口的大小，这两种操作不会使图形的比例发生变化。

8.10.6　开关图框　kgtk

菜单：图框布图 ▶ 开关图框

图元：公共图框（PUB_TITLE）

功能：打开（或关闭）PUB_TITLE（公共图框）层，显示（或不显示）图框。

执行本命令后，原来显示的图框变为不显示，原来不显示的图框变为显示。

> 注意：绘制在公共窗口（PUB_TITLE）层上的其他图元也将随图框显示或隐藏。

8.10.7　开关窗口　kgchk

菜单：图框布图 ▶ 开关窗口

图元：公共窗口（PUB_WINDW）

功能：打开（或关闭）PUB_WINDW（公共窗口）层，显示（或不显示）窗口外框。

用多视窗布图时，所开视口会有一个可见的矩形外框。通常在出图时不希望这个方框出现在图中，利用本命令可以将这个视口外框隐藏起来。执行本命令，原来显示的外框被隐藏，原来隐藏的外框被显示。

8.10.8　消隐出图　xycht

菜单：图框布图 ▶ 消隐出图

功能：对指定的视口进行处理，从而使在出图时这些视口内的图形是被消隐的。

如果在布图时使用了多视窗布图的方式，并且希望在出图时图中的三维图形能够被消隐。那么在出图前，应该使用本命令来处理那些需要消隐的视口。

执行本命令后，选取要进行消稳的视口，选中的视口便被处理。从表面看图中没有什么变化，但处理过的视口在以后出图时其中的图形是消隐的。

在 AutoCAD 的出图对话框中设置消隐状态，对多视口中的图形是无效的。

第9章 转条件图

本章介绍有关转换图层接口、转换条件图和裁剪大图的命令。转换图层接口的命令只有自行修改了图层定义文件或有特殊图层要求，并已经定制了相应图层接口文件的用户才用得到；转换条件图是将绘制好的建筑图转换为结构或设备等其他专业使用的条件图。

9.1 另存接口 savecov

菜单：转条件图 ▶ 另存接口

功能：按[图层接口]命令中的「用户接口」方式存图，当前图保持不变。

本命令主要用于用户一般用系统默认或用户自定义的图层定义绘图，但有时需要为别人提供专用的用户接口定义图层的图纸的情况。

9.2 另存默认 savedft

菜单：转条件图 ▶ 另存默认

功能：按[图层接口]命令中的「默认图层」方式存图，当前图保持不变。

本命令主要用于用户一般用自定义图层或专用的用户接口定义图层绘图，但有时需要为别人提供系统默认图层定义的图纸情况。

9.3 图层接口 tcjk

菜单：转条件图 ▶ 图层接口

功能：对当前图进行“接口”、“用户”和“默认”三种图层转换。

本功能是针对对于图层有特殊要求的用户设计的。只有安装了专为特殊用户设计的数据文件，使用本命令才有意义。执行本命令后弹出如图 9-1 所示的对话框。选择「图层转换选择」栏中的一项，单击「OK」按钮结束，就可以将当前图的图层按相应的图层定义转换。「图层转换选择」栏中 3 种选项的含义如下。

- 「默认图层」指本软件提供的、未经任何修改的图层定义。
- 「用户绘制」指用户自己对本软件提供的图层文件修改后的图层定义。
- 「用户接口」指开发商专门为有特殊需求的用户提供的图层定义，这样的图层定义是某个单位用户专用的，对其他用户没有影响。定制了专用的特殊图层后，这些图层排在对话框的最上面，中间加有“*”，一般用户没有这些行。

另外，[门名称前缀] 编辑框中输入的字母用于区分门与窗的图层。

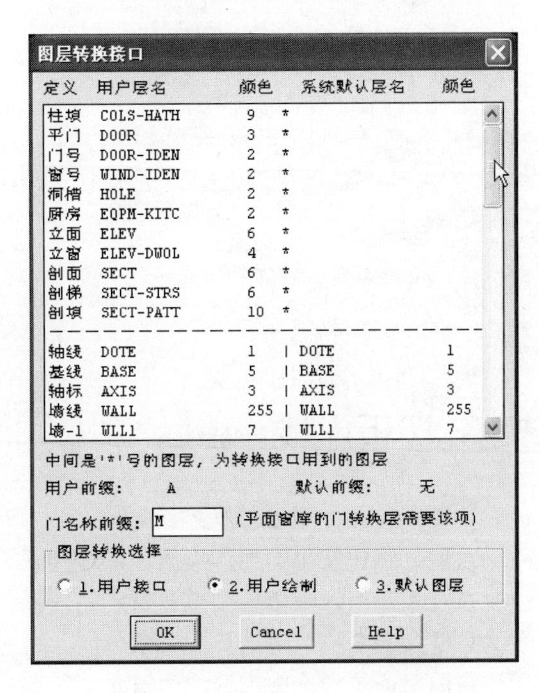

图 9-1 “图层转换接口”对话框

9.4 结构基础 jgjch

菜单：转条件图 ▶ 结构基础

功能：将建筑平面图转换为结构基础条件图。

执行本命令，弹出如图 9-2 所示的对话框，建议用户先将原建筑图存盘，并将当前图更名为条件图的名称。单击「生成条件图」按钮，选取要生成条件图的图形，这样选中部分的建筑平面图即被转变为基础平面条件图（见图 9-3）。

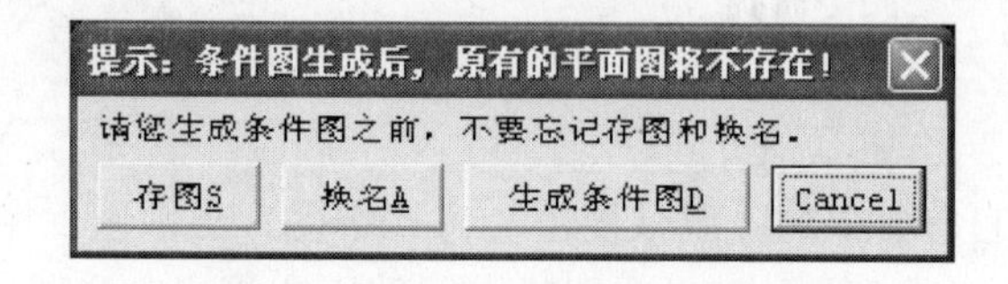

图 9-2 生成条件图前提示存图对话框

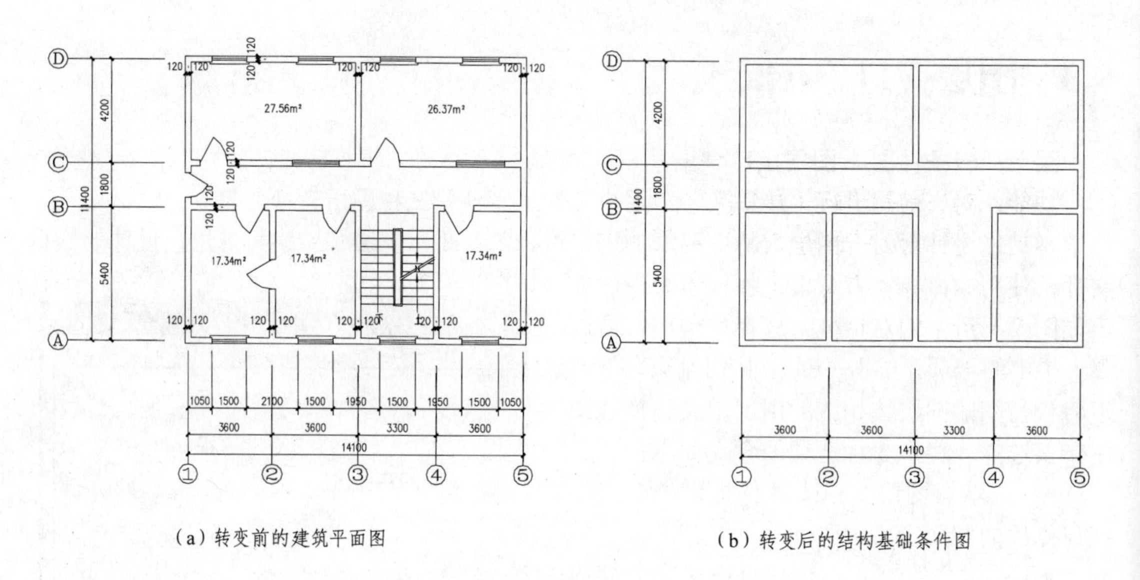

图 9-3 转结构基础示例

9.5 楼板虚线 lbxx

菜单：转条件图 ▶ 楼板虚线

功能：将建筑平面图转换为虚墙线楼板平面条件图。

执行本命令，弹出如图 9-2 所示的对话框，建议用户先将原建筑图存盘，并将当前图更名为条件图的名称。单击「生成条件图」按钮，选取要生成条件图的图形，并回答是否要保留门窗洞口，这样选中部分的建筑平面图即被转变为虚墙线楼板平面条件图（见图 9-4）。

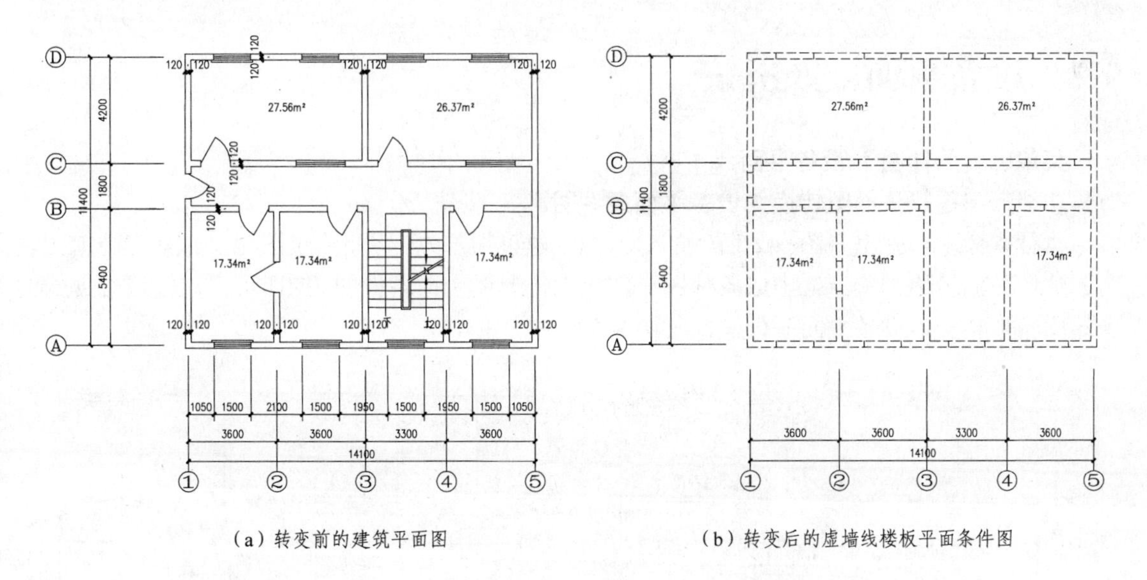

（a）转变前的建筑平面图　　（b）转变后的虚墙线楼板平面条件图

图 9-4　转虚墙线楼板平面图示例

9.6　楼板实线　lbshx

菜单：转条件图 ▶ 楼板实线

功能：将建筑平面图转换为实墙线楼板平面条件图。

执行本命令，弹出如图 9-2 所示的对话框，建议用户先将原建筑图存盘，并将当前图更名为条件图的名称。单击「生成条件图」按钮，选取要生成条件图的图形，并回答是否要保留门窗洞口，选中部分的建筑平面图即被转变为实墙线楼板平面条件图（见图 9-5）。

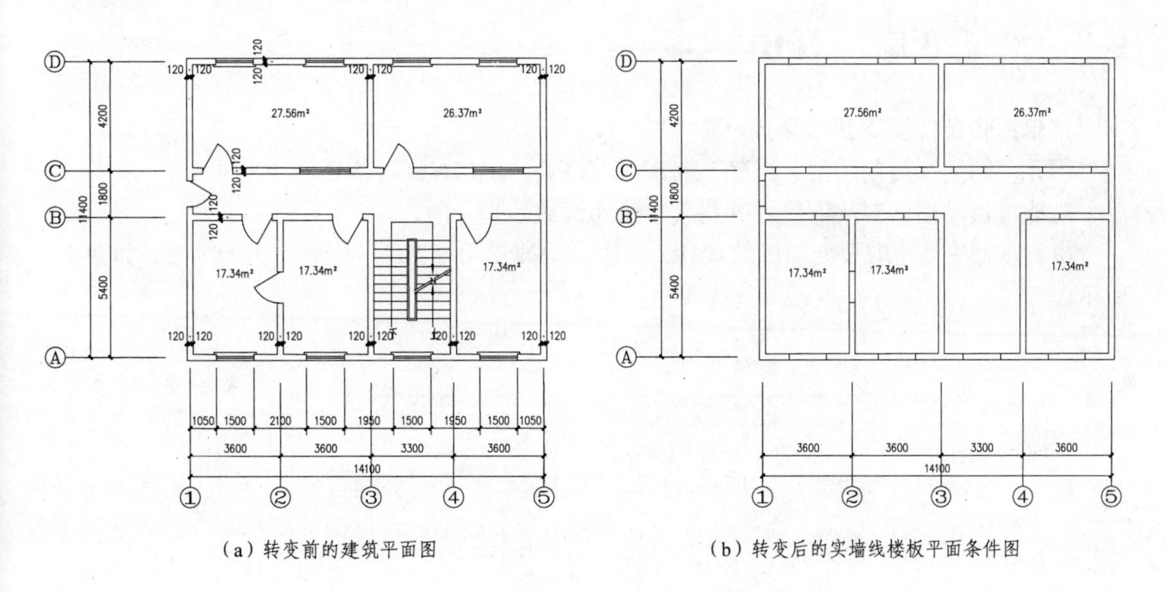

（a）转变前的建筑平面图　　（b）转变后的实墙线楼板平面条件图

图 9-5　转实墙线楼板平面图示例

9.7 设备平面 shbpm

菜单：转条件图 ▶ 设备平面

功能：将建筑平面图转换为设备平面条件图。

执行本命令，弹出如图 9-2 所示的对话框，建议用户先将原建筑图存盘，并将当前图更名为条件图的名称。单击「生成条件图」按钮，选取要生成条件图的图形，选中部分的建筑平面图即被转变为设备平面条件图（见图 9-6）。

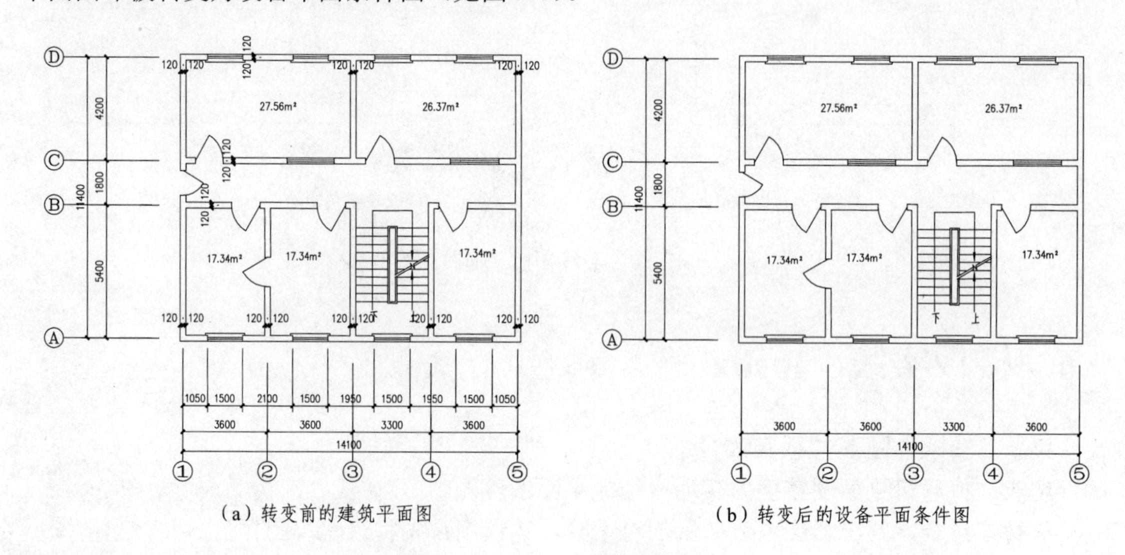

（a）转变前的建筑平面图　　（b）转变后的设备平面条件图

图 9-6 转设备平面图示例

9.8 沿墙变虚 yqbx

菜单：转条件图 ▶ 沿墙变虚

图元：图层（当前墙层）；颜色（BYLAYER）；LINE，ARC

功能：自动搜索封闭墙线，并将其转换为虚线线型。

执行本命令，拾取要变虚的墙线后，程序自动搜索相连墙线，将其变虚的效果，如图 9-7 所示。

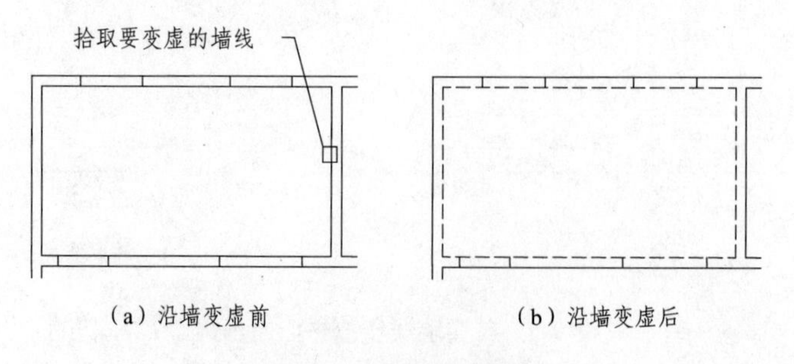

（a）沿墙变虚前　　（b）沿墙变虚后

图 9-7 沿墙变虚示例

9.9　沿墙变实　yqbsh

菜单：转条件图 ▶ 沿墙变实

图元：图层（当前墙层）；颜色（BYLAYER）；LINE，ARC

功能：自动搜索封闭墙线，并将其转换为实线线型。

执行本命令，拾取要变实的虚墙线，程序自动搜索相连墙线，将其变实的效果，如图 9-8 所示。

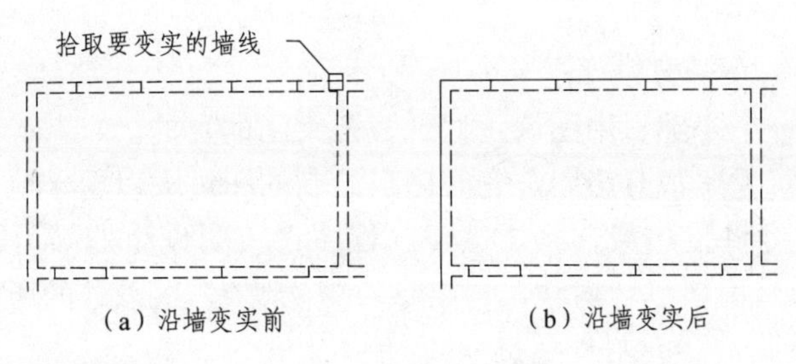

图 9-8　沿墙变实示例

9.10　墙线变虚　qxbx

菜单：转条件图 ▶ 墙线变虚

图元：图层（当前墙层）；颜色（BYLAYER）；LINE，ARC

功能：将选取的墙线转换为虚线线型。

本命令与[沿墙变虚]命令的作用相似，不同的是本命令为直接选取要变虚的墙线。执行本命令，选取要变虚的墙线后，选中的墙线即变成虚线。

9.11　墙线变实　qxbsh

菜单：转条件图 ▶ 墙线变实

图元：图层（当前墙层）；颜色（BYLAYER）；LINE，ARC

功能：将选取的墙线转换为实线线型。

本命令与[沿墙变实]命令的作用相似，不同的是本命令为直接选取要变实的墙线。执行本命令，选取要变实的虚墙线后，选中的墙线即变成实线。

9.12　图变单色　tbds

菜单：转条件图 ▶ 图变单色

功能：将当前图各层的颜色改为指定的一种颜色。

执行本命令，输入颜色代号后，图中的所有图元变为指定的颜色。可用[颜色恢复]命令将变为单色的图恢复原色。

9.13 颜色恢复 yshf

菜单：转条件图▶颜色恢复

功能：将已变为单色的图恢复为原来的颜色。

本命令是[图变单色]命令的逆操作，将已变成单色的图恢复原来的颜色。

9.14 外引剪裁 wyjc

菜单：转条件图▶外引剪裁

功能：通过插入一个外部引用图块，达到裁开大图的目的。

本命令用于将一张大图裁开出图。有时用户绘制的图过大以至于无法在绘图机上打印整张的图，用本命令就可将整图裁开分块打印。程序将大图作为外部引用块插入图中，并用“XCLIP”命令对外部引用块进行剪裁，再将该块中除“0”层以外的所有图元复制到图中。通过调整层的冻结和打开（可由[外引提取]命令执行），决定让块中的或复制的图元可见。只要复制图元可见时就可以被编辑，从而达到满意的出图效果。

执行本命令后，先选择需要的大图文件作为外部引用块插入图中，然后在如图 9-9 所示的对话框中选择哪些层需要冻结或解冻。在对话框中选中的外部引用块的图层将被冻结，相应的复制图元层就被打开；如果不选图层直接单击[OK]按钮，所有外部引用块中的图层全部打开，相应的复制图元所在层全部冻结。

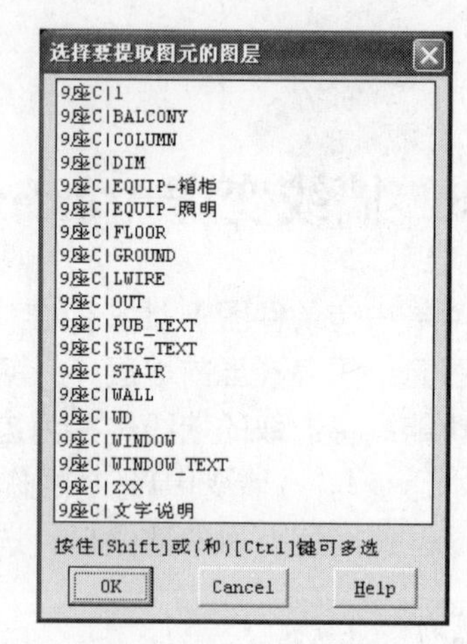

图 9-9 “选择要提取图元的图层”对话框

由于“0”层图元没有复制，因此引用块中“0”层图元不能超出剪裁边界。如果要调整剪裁边界，需用“XCLIP”命令。

9.15 外引提取 wytq

菜单：转条件图▶外引提取

功能：通过拾取要开关层图元，以达到是选择显示复制图元，还是外部引用图元的目的。

本命令用于调整由[外引剪裁]命令插入的外部引用图块和复制的图元层，通过调整层的冻结和打开，决定让外部引用块中的或复制的图元可见。对于某一层，拾取一次就变换一次图层打开和关闭的状态。例如，拾取某一层前，外部引用块上的这一层是冻结的，复制图元的这一层是可见的；那么拾取这一层上的一个图元后，外部引用块上的这一层就被打开，而复制图元的这一层冻结。

第 10 章
总 图

本章中介绍加粗建筑物轮廓线、绘制红线退让边界、道路、成片树木和填充色块绘制等画总图的工具。注总图中坐标位置的工具在“尺寸及符号标注”一章中介绍。

10.1 红线退让 hxtr

菜单：总图 ▶ 红线退让

图元：与红线相同的层；颜色随层；LWPOLYLINE

功能：生成向红线内部不等距退让的红线退让线。

执行本命令，首先拾取红线（PLINE 线），再给出不同退让距离的分界点，即图 10-1 中的 A、B、C、D、E 点，然后程序分别亮显各段并要求输入该段的退让距离（需倒角段，将剪切长度按负值输入）。本例中，AB 段输入“8”，BC 段输入“-15”，CD 段输入“15”，DE 段输入“30”，EA 段输入“40”。

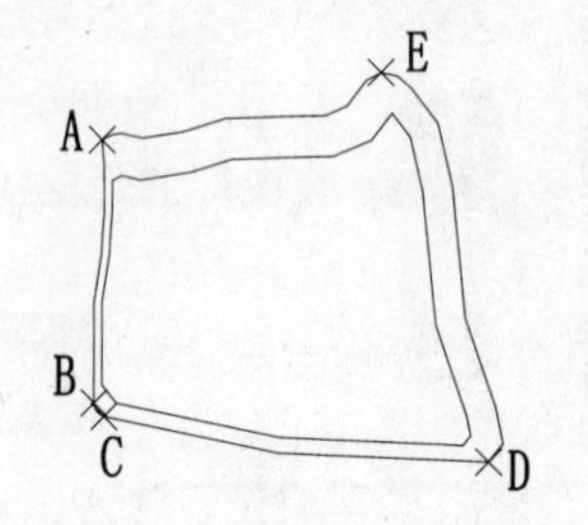

图 10-1 生成红线退让线示例

10.2 轴线绘制 zhxhzh

菜单：总图 ▶ 轴线绘制

图元：轴线（DOTE）；红（1）；LINE，ARC

功能：用于绘制总图中的点画线（如道路中心线）。

本命令开始时，为画直轴线的方式。绘制过程中，可以用以下一些热键切换状态。

- “A—弧轴”，进入画弧轴的方式，只画一段弧轴就自动返回直轴方式。画弧轴时先确定两个端点，再确定三点弧的中间点。键入“C”可切换到圆心定弧的方式，再按<回车>键可切换圆弧的顺、逆时针方向。
- “F—取参照点”，如直接取点有困难，可取一个定位方便的点作为参照点；给出相对坐标后，即可准确定出轴线上的点。
- “U—回退”用于将刚画的一段轴线删去，退回到前一步的状态。
- “C—闭合”用于将最后一个绘制点与起始点闭合，并结束轴线的绘制。

10.3 道路绘制 dlhzh

菜单：总图 ▶ 道路绘制

图元：地面（GROUND）；黄（2）；LINE，ARC

功能：在总图中绘制道路。

本命令的使用方法，与平面的[画双线墙]命令类似，但绘出的道路两端不封口。

10.4 道路圆角 dlyj

菜单：室外总图 ▶ 道路圆角

图元：地面（GROUND）；黄（2）；LINE，ARC

功能：使各种道路节点变为给定半径的圆弧路节点。

本命令的使用方法，与平面的[墙线圆角]命令类似。

10.5 等径圆角（道路） dldjyj

菜单：总图 ▶ 等径圆角

图元：地面（GROUND）；黄（2）；LINE，ARC

功能：使不同节点处的道路同时变为给定半径的圆弧路节点。

本命令的使用方法，与平面墙线的[等径圆角]命令类似。

10.6 画成片树 hpmsh

菜单：总图 ▶ 画成片树

图元：绿化（TREE）；绿（62）；REGION

功能：画成片或单棵的平面树。

本命令用于平面绿化设计。执行命令后，按鼠标左键，再移动鼠标就可以连续画出树的平面形状；按鼠标左键可以开、关绘制状态；按鼠标右键或按<回车>键结束绘制。绘出树的半径和间距随机生成比较自然，如图 10-2 所示。

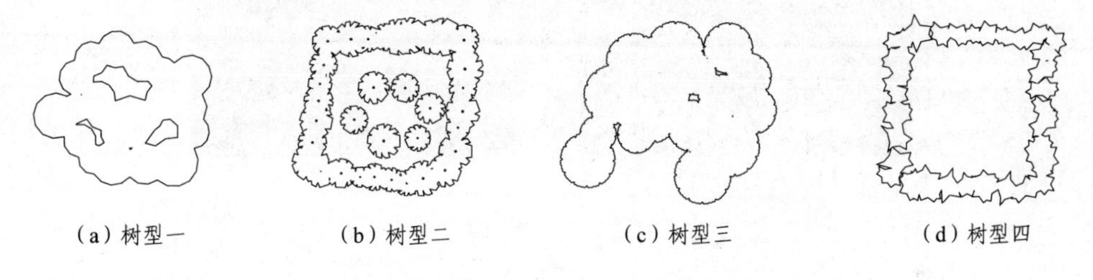

（a）树型一　（b）树型二　（c）树型三　（d）树型四

图 10-2　画成片树示例

绘制过程中，以下热键可以调整状态。

- “{S}单点绘制”，在移动鼠标绘制成片树后，手工做单点补充。
- “{U}回退”，取消最后一棵树；如果是动态绘制状态，则暂停绘制。
- “{D}调整参数”，弹出如图 10-3 所示的对话框，其中「树半径范围」和「树间距范围」用于调整半径和间距的范围；「固定半径」和「固定间距」按钮用于将半径和间距设为固定值，单击这两个按钮可以在固定为下限、固定为上限和不固定间切换；「放缩系数」栏用于改变整体尺度；「树形选择」栏中的 4 种树形形式见图 10-2。

图 10-3　“画成片树参数设置”对话框

10.7 插总图块 chztk

菜单：总图 ▶ 插总图块

图元：当前层；**INSERT**

功能：在当前层插入总图块。

执行本命令，弹出“总平面图例”对话框（见图 10-4）。在其中选取要插入的图块，单击「OK」按钮退出对话框，点取插入点，图块便插入图中。选取插入位置时，有多个热键可以改变插入状态，其使用方法请参见[图块输出]。

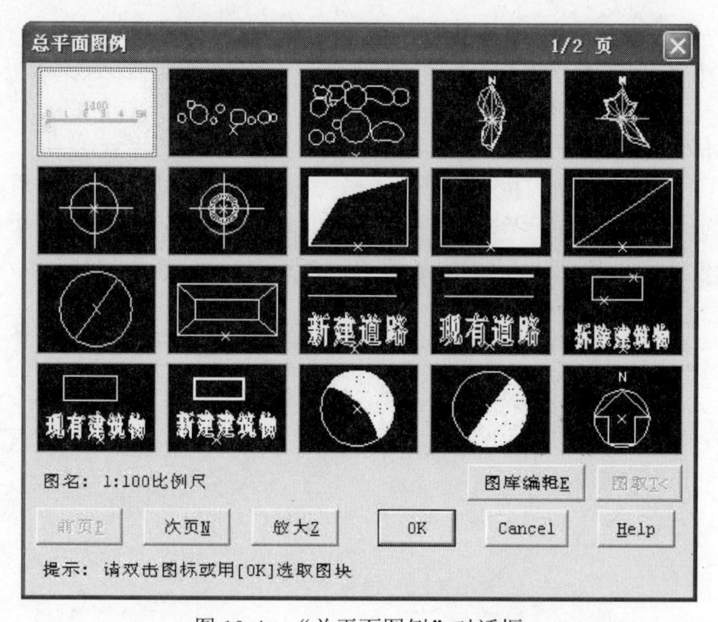

图 10-4 “总平面图例”对话框

10.8 矩形色块 jxsk

菜单：总图 ▶ 矩形色块

图元：色块*（**CLR_***）；多种颜色；**HATCH**，**LWPOLYLINE**

功能：在图中插入矩形色块。

本命令用于为建筑图填充背景色。点取两点绘制一个矩形色块，第一点取矩形的一个角点，第二点取其对角点；取点过程中，有以下两个热键可以设置状态。

- “A－角度”，用于设置插入矩形的摆放角度。
- “C－层号”，用于设置色块的层号；色块＋层号＝图层名称；如层号为“3”，层名就是“CLR_3”；层号为顺序产生，输入最大允许层号即开新层。

新画的色块在最上面，若欲其适当显示，可用[遮挡顺序]命令进行处理。

10.9　多边色块　dbsk

菜单：总图 ▶ 多边色块

图元：色块*（CLR_*）；多种颜色；HATCH，LWPOLYLINE

功能：在图中插入多边形（包括弧线）色块。

本命令用于为建筑图填充背景色。执行本命令，可以拾取一条 PLINE 线作为填充轮廓线（此时键入“C”可设置色块的层号，设层号方法参见[矩形色块]命令）；也可以逐点描述要填充的轮廓，开始时，为描述直线的方式；点取过程中，有以下多个热键可以切换状态。

- “A－描述弧线”，只点取一段弧线，就自动返回直线方式。先确定两个端点，再点取三点弧的中间点。键入<C>可切换到圆心定弧的方式，再键入<回车>可切换圆弧的顺、逆时针方向。
- “U－回退”，用于将刚描述的一段轮廓线消去，退回到前一步的状态。
- “C－闭合”，用于将最后一个点与起始点闭合，并结束轮廓线的绘制。

新画的色块在最上面，若欲其适当显示，可用[遮挡顺序]命令进行处理。图 10-5 是一个色块填充的示例，先将整个房子用[多边色块]命令填充，然后用[矩形色块]填充 4 个房间。

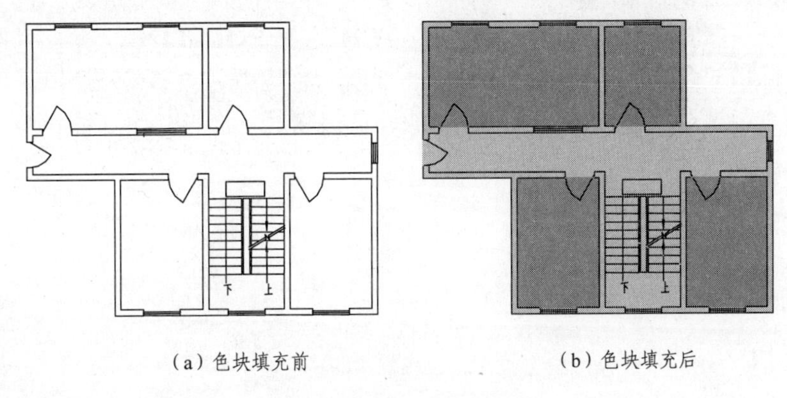

（a）色块填充前　　　（b）色块填充后

图 10-5　色块填充示例

10.10　遮挡顺序　skzhdshx

菜单：总图 ▶ 遮挡顺序

图元：色块*（CLR_*）；多种颜色；HATCH，LWPOLYLINE

功能：增减色块层的数量、改变各层的颜色、调整各层的遮挡顺序，以及设置当前色块层。

执行本命令，弹出如图 10-6 所示的对话框。在这个对话框中可以设置当前色块层，在命令[矩形色块]和[多边色块]中会被使用。点击颜色列中的颜色块，弹出如图 10-7 所示的对话框，可选取该层颜色；勾选某个层，单击「∧上移」和「∨下移」按钮可以改变当前层的位置，显示时排在上面的层覆盖排在下面的层；「增加层」和「删除层」用于在最后增加或减去一个层。

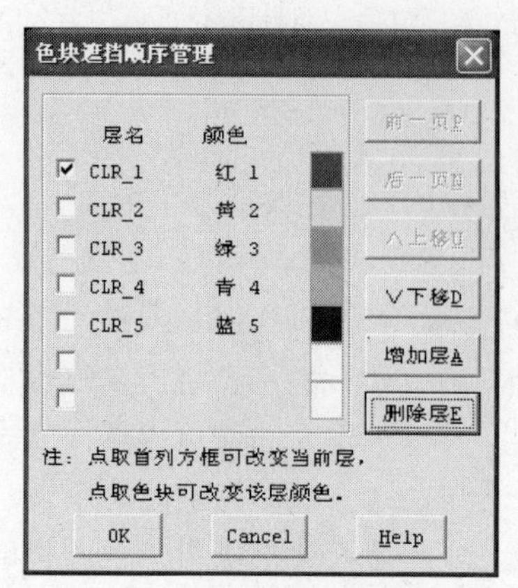

图 10-6 “色块遮挡顺序管理”对话框

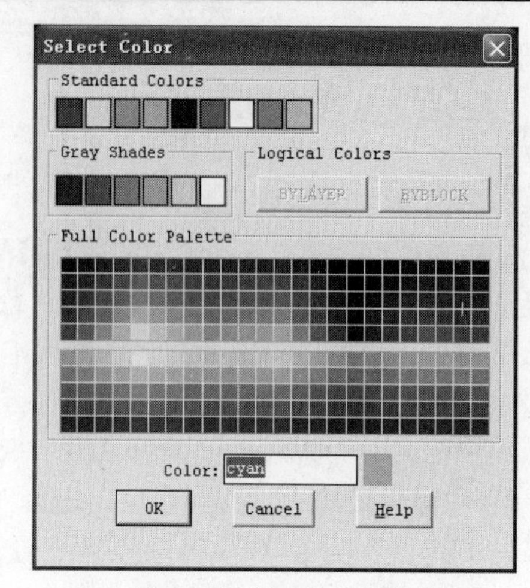

图 10-7 颜色选取对话框

10.11 色块擦除 skcch

菜单：总图 ▶ 色块擦除

图元：色块*（**CLR_***）；多种颜色；**HATCH**，**LWPOLYLINE**

功能：擦除填充色块。

执行本命令，选取要擦除的色块后，色块即被擦除。

第 11 章 日照计算

本章介绍用于进行日照分析计算的命令。本软件可进行 4 种类型的日照计算：

（1）建筑物遮挡产生的日照阴影计算；

（2）等日照时间曲线的计算；

（3）某位置点受日照时间的计算；

（4）建筑物窗受日照时间的计算。

不管进行哪种日照计算，在计算前都应绘出遮挡建筑物的外形轮廓线，并定义其高度。计算时，对于绘制在图中的建筑物是按照“上北、下南、左西、右东”的原则来确定其朝向的。

11.1 建筑高度 jzhgd（HH）

菜单：日照▶建筑高度

图元：POLYLINE，LINE，ARC，CIRCLE

功能：定义建筑物轮廓线的高度。

在使用本命令前，要先在图中画好表示遮挡建筑物外轮廓的图形。建筑物的外轮廓线可以是 POLYLINE、LINE、ARC 和 CIRCLE 等图元。

要定义的建筑物高度包括其底标高和顶标高。底标高为负，可能表示日照的平面高于遮挡建筑物的底平面；而底标高大于 0，则可以表现类似于门洞或墙洞的遮挡建筑物。

执行本命令后，屏幕上弹出如图 11-1 所示的对话框。在这个对话框中可以输入要设置的底标高和顶标高，也可以在列表中直接选以前曾输入过的数据。

- 「图取」用于选取一栋或多栋建筑取得其底标高和顶标高。
- 「将其设为当前值」复选框用于使以后绘制的线条都变成有高度的线，其底标高和顶标高就是对话框中设定的值。
- 「注顶标高」复选框用于在建筑中心位置标注建筑的顶标高。

用本命令处理过的建筑物轮廓线已变为有高度的线。

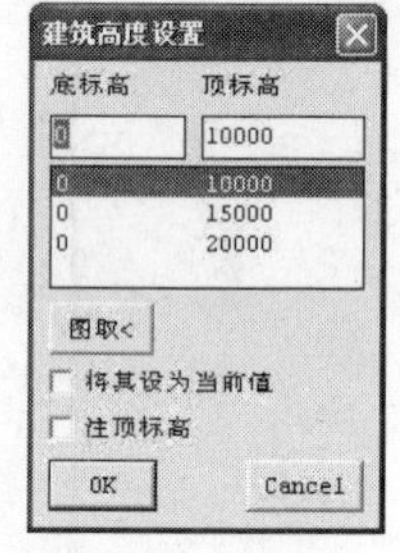

图 11-1 “建筑高度设置”对话框

11.2 插日照窗 chrzhch

菜单：日照▶插日照窗

图元：日照窗（_SUNWD），黄（2），INSERT

功能：在设置过高度的建筑物轮廓线上插入要进行日照窗计算的窗。

插窗前，要先用[建筑高度]命令设置要插窗建筑物轮廓线的高度。根据提示拾取要插窗的墙线后，屏幕上弹出如图 11-2 所示的对话框。在这个对话框中可以调整插窗的参数，包括：窗的宽度、窗之间的距离和窗台到本层地板的高度，这三组数据分别可以是全部统一的，也可以是逐个设置的。此外，楼层数与每一层上的窗数也是可调的。

下面以“窗宽”为例说明前述 3 种插窗参数（宽度或高度）的统一或分别设置的方法。在窗宽项的右端有一个「统一窗宽」复选框，选定这个复选框，各窗的宽度相同；如果不选此框，各窗的窗宽可以分别设置，此时窗宽列表右边的编辑框变为可用。在列表中选择某一个窗后，再在这个编辑框中修改其数据并按<回车>键，这个窗宽便被修改。

所有数据设定完毕后，单击「确定」按钮，选定的墙线上便插入窗，并对窗自动编号。插窗后，在平

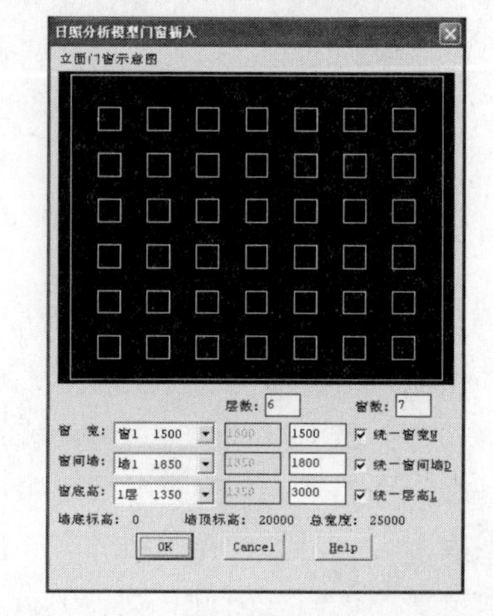

图 11-2 “日照分析模型门窗插入”对话框

面图中的情况如图 11-3（a）所示。由于本命令是将多组窗插到一个直立的面中，因此从轴测图角度看，插窗后的情况如图 11-3（b）所示。本命令对弧墙也有效。

在本命令的对话框中只能成组地修改窗的参数，如果用户确实需要将窗设成上、下层不同的状态，那么也可以直接在墙面上移动、添加或删除窗。

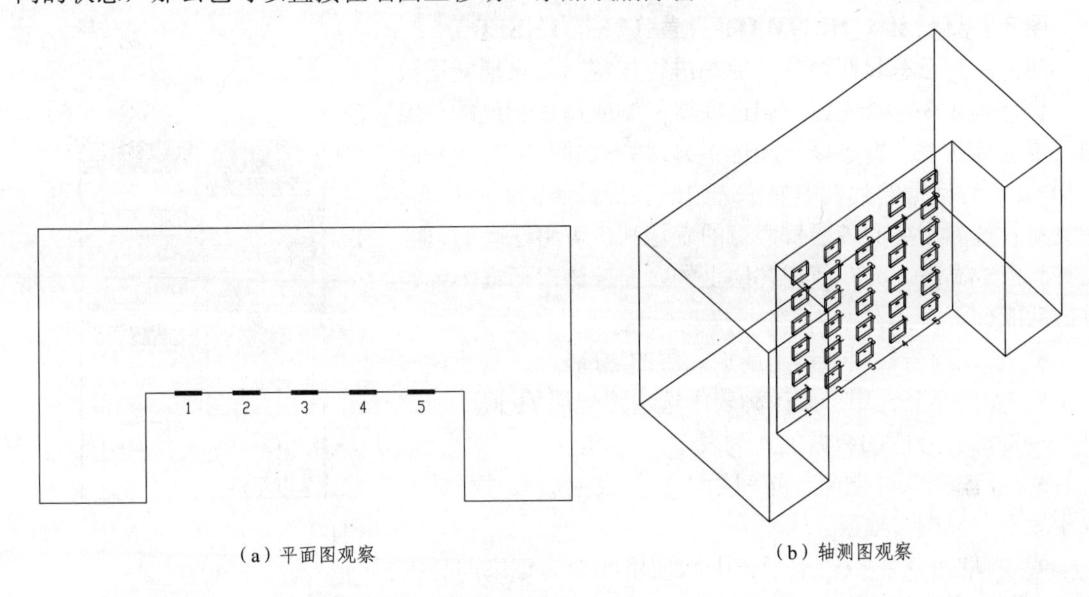

（a）平面图观察　　（b）轴测图观察

图 11-3　在建筑物墙线上插入日照窗后的情况

11.3　顺序插窗　shxchch

菜单：日照▶顺序插窗

图元：日照窗（_SUNWD），黄（2），INSERT

功能：用侧边定位方式在模型上插入日照窗。

本命令用于在日照模型墙上顺序插入一层日照窗。拾取模型墙线，直墙输入墙垛宽度和窗宽，弧墙输入窗中心位置的角度和窗宽，一个窗插在墙上以后，重复输入垛宽和窗宽就可以沿墙连续插入窗。插入窗的底边与墙的底边对齐，如果需要改变窗的标高或将窗复制多层用[竖向定窗]命令；为日照窗编号用[重排窗号]命令。

11.4　中心插窗　zhxchch

菜单：日照▶中心插窗

图元：日照窗（_SUNWD），黄（2），INSERT

功能：用中点定位方式在模型上插入日照窗，可按等距分布方式一次插入多个窗。

本命令用于在日照模型墙上中心插入一层日照窗。拾取模型墙线，输入窗宽，可以在该墙上以中心定位，均匀分布的方式插入多个日照窗。插入窗的底边与墙的底边对齐，如果需要改变窗的标高或将窗复制多层用[竖向定窗]命令；为日照窗编号用[重排窗号]命令。

11.5 竖向定窗 shxdch

菜单：日照 ▶ 竖向定窗

图元：日照窗（_SUNWD），黄（2），INSERT

功能：对已有日照窗的底标高进行调整，并可增减层数。

执行本命令，首先在图中选取要复制或调整高度的日照窗（不同墙面上的窗可以一起选中），弹出如图 11-4 所示的对话框，该对话框的列表中显示选中的各层日照窗的底标高；通过输入实际需要的各层日照窗的底标高，可将已有的日照窗移到指定高度，并在新增的层上加入窗。该对话框中各控件的功能如下。

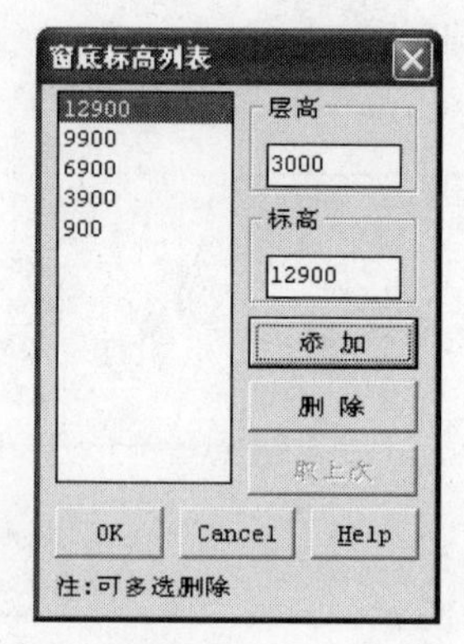

图 11-4 “窗底标高列表”对话框

- 「层高」栏用于设定新加入层的层高。
- 「标高」栏用于修改列表中选中那一层的标高，按<回车>键即将修改的数据加入列表中。
- 「添加」、「删除」按钮用于在列表中加入一行数据或删除表中选中的数据。
- 「取上次」按钮用于将上次使用此命令记录的数据调出，取代当前的数据。

11.6 重排窗号 chpchh

菜单：日照 ▶ 重排窗号

图元：日照窗（_SUNWD），黄（2），ATTRIB

功能：将序号不合适的日照窗重新排窗号。

日照窗插入后，可以用复制、移动等方法生成新的窗或是调整位置；修改后，可以用本命令重排调整后的窗号。另一种情况是日照窗分多次插入，插入后用本命令统一排号，如图 11-5 所示。

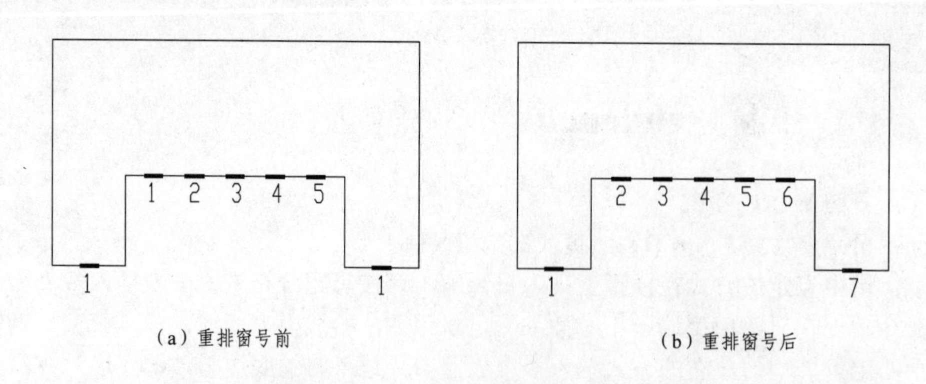

（a）重排窗号前　（b）重排窗号后

图 11-5 重排窗号示例

11.7　算日照窗　srzhch

菜单：日照 ▶ 算日照窗

图元：公共文字（PUB_TEXT）；白（7）；LINE，TEXT

功能：计算受到建筑物遮挡时，建筑物上的窗在一日内受日照的时间，计算结果以表格形式输出。

执行本命令，先选取遮挡建筑物轮廓线，如果需要做新旧日照情况的对比，可以选取两组建筑物，先选原有建筑的外轮廓线；然后再选改动后建筑物外轮廓线；最后选取要参与计算的窗（从平面图方向看时，各层的窗是重叠在一起的，因此选取要参与计算的窗时，最好用窗选的方法选取，这样才能保证将从上到下所有层上的窗都选到）。如果不需要新旧对照，第二组外轮廓线可不选。选好后，屏幕上显示如图 11-6 所示的对话框。在对话框中设置好计算参数，单击「OK」按钮退出对话框，程序计算出选中日照窗一日内受日照的时间，并将计算结果绘制成表格插入图中（见图 11-7）。

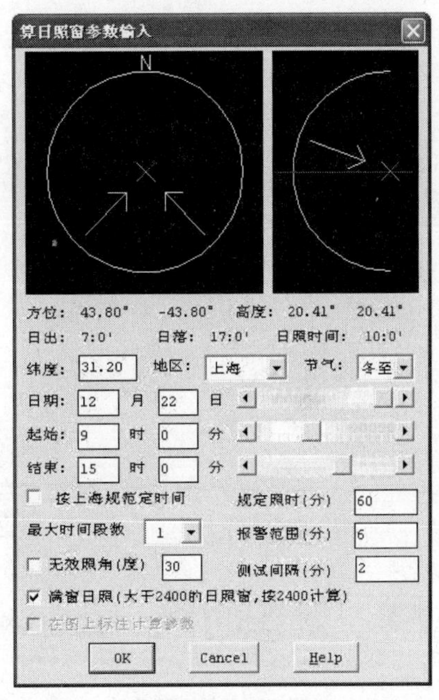

图 11-6　“算日照窗参数输入”对话框

图 11-6 所示对话框中各控件的功能如下。

- 该对话框上部的两个图是日照光线示意图，左面的是日照方位示意图，图中的两个箭头表示太阳光的入射方向，白色表示起始时间的入射方向，黄色表示结束时间的入射方向；右面的是日照高度角示意图，图中两个箭头表示阳光，红色水平线表示地平面，箭头表示起始或结束时间的阳光入射方向。图的下面标出这些角度的具体数据及日出、日落时间和总日照持续时间。
- 「纬度」、「地区」用于设定当前要计算日照的地点。
- 「节气」、「日期」用于设定当前要计算日照的时间。
- 「起始」、「结束」用于设定有效日照的起、止时间。
- 「按上海规范定时间」复选框用于选择计算日照窗时是否按上海规范规定的最大时间段、起始结束时间和是否要求满窗日照来计算。
- 「规定照时」用于设定最低日照时间。低于此时间，日照窗表中的日照时数显示为红色。
- 「最大时间段数」用于设定间断日照时允许的时间段数。常用的有两种：要求日照时间必须是连续的，取“1”；对连续日照没有要求的，取“全部”。
- 「报警范围」用于设定接近最低日照时数的范围，日照时数进入这个范围又没低于「规定照时」，就显示黄色数字。
- 「无效照角」复选框用于设定一个角度，阳光对墙面的入射角小于此角即认为是无效光照。

- 「测试间隔」用于设定一个时间段中取样测试的时间间隔。
- 「满窗日照」复选框用于设定计算日照窗时是否要求是满窗日照。不选此项，计算时按窗的中点受日照情况计算。
- 「在图上标注计算参数」用于设定是否要在图上标注计算参数，本命令中无用。

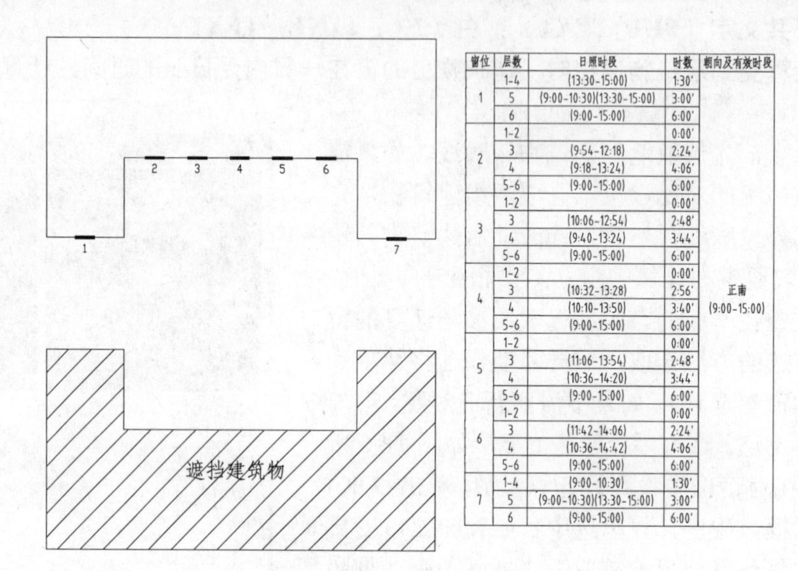

窗位	层数	日照时段	时数	朝向及有效时段
1	1-4	(13:30-15:00)	1:30'	正南 (9:00-15:00)
	5	(9:00-10:30)(13:30-15:00)	3:00'	
	6	(9:00-15:00)	6:00'	
2	1-2		0:00'	
	3	(9:54-12:18)	2:24'	
	4	(9:18-13:24)	4:06'	
	5-6	(9:00-15:00)	6:00'	
3	1-2		0:00'	
	3	(10:06-12:54)	2:48'	
	4	(9:40-13:24)	3:44'	
	5-6	(9:00-15:00)	6:00'	
4	1-2		0:00'	
	3	(10:32-13:28)	2:56'	
	4	(10:10-13:50)	3:40'	
	5-6	(9:00-15:00)	6:00'	
5	1-2		0:00'	
	3	(11:06-13:54)	2:48'	
	4	(10:36-14:20)	3:44'	
	5-6	(9:00-15:00)	6:00'	
6	1-2		0:00'	
	3	(11:42-14:06)	2:24'	
	4	(10:36-14:42)	4:06'	
	5-6	(9:00-15:00)	6:00'	
7	1-4	(9:00-10:30)	1:30'	
	5	(9:00-10:30)(13:30-15:00)	3:00'	
	6	(9:00-15:00)	6:00'	

图 11-7　日照窗计算示例

11.8　等照时线　dzhshx

菜单：日照 ▶ 等照时线

图元：阴影（_SHDE）；白（7）；REGION

功能：计算并绘制等日照时间曲线。

等照时线是指划分日照时间多于和少于某一时间的区域分界曲线。一般这是一条（或几条）封闭的曲线，曲线内的区域日照时间少于指定时间，曲线外区域的日照时间多于这个指定时间。本命令中日照时间以 1 小时为基本单位。

执行本命令，首先给出绘制等照时线的起始和结束时间，如果起始和结束时间不同，可以一次绘制多条等照时线（例如，起始时间为 1，结束时间为 4，就计算出日照时间分别为 1、2、3、4 小时的等照时线）。再选择遮挡建筑物的轮廓线。这时屏幕上弹出如图 11-8 所示的对话框，在这个对话框中可以设置日照地的位置和产生阴影的时间。在对话框输入数据后，单击「OK」按钮，绘出等照时线。图 11-9 所示是一个等照时线计算的示例。

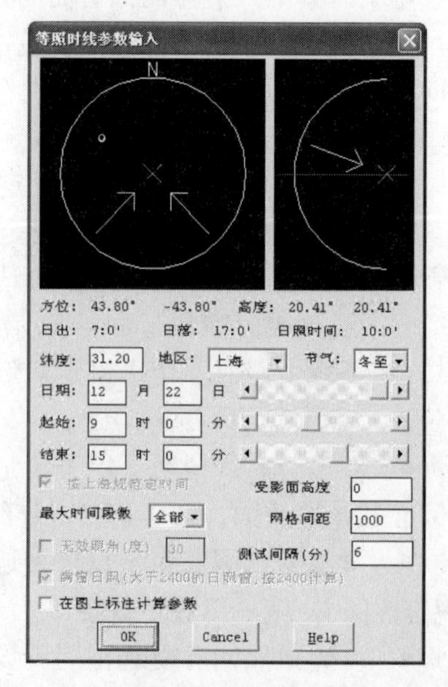

图 11-8　“等照时线参数输入”对话框

图 11-8 所示对话框与[算日照窗]命令中的相似，大部分控件的功能已经介绍过，下面仅介绍此对话框中不同的两个控件。

- 「受影面高度」用于输入等照时线所在平面的标高。
- 「网格间距」用于设定计算多点时的网格间距。

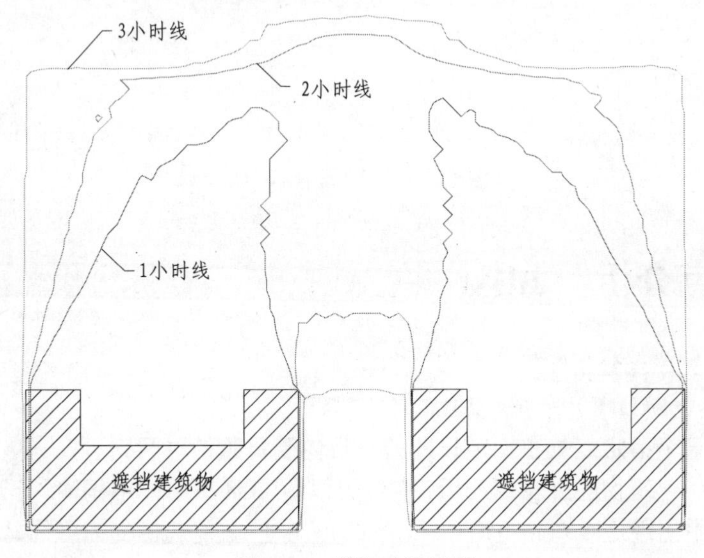

图 11-9　等照时线示例

11.9　阴影轮廓　yylk

菜单：日照 ▶ 阴影轮廓

图元：阴影（_SHDE）；多种颜色；REGION

功能：计算日照阴影并绘出阴影的轮廓线。

本命令用来计算并绘出由于建筑物遮挡而产生的日照阴影。一次计算可以得到多个时刻的阴影结果。在选取了作为遮挡建筑物外轮廓线的图形后，会弹出如图 11-10 所示的对话框。这个对话框与执行[等照时线]命令中弹出的对话框基本相同，只是多了一个「重叠修正」复选框。「重叠修正」选项用于确定是否要在计算时考虑建筑物轮廓线重叠或距离过近的影响。用户在使用时可先不选定此项，如果在计算时出错，那么可以选中此项后，再重新计算。

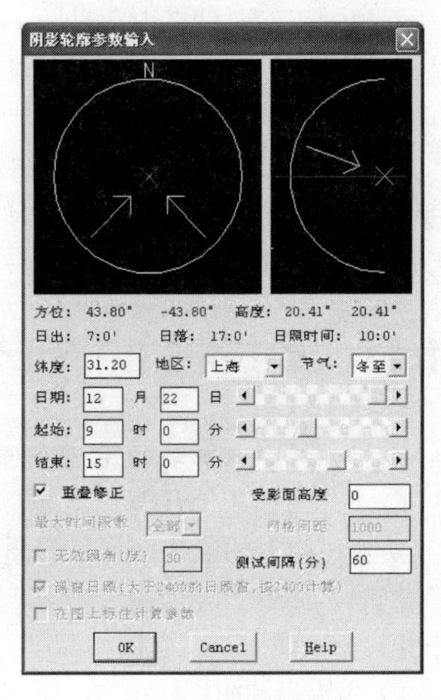

图 11-10　“阴影轮廓参数输入”对话框

在所有数据输入后，单击「确定」按钮，日照阴影计算开始；计算结束后，一组日照阴影的轮廓线便绘入图中。图 11-11 是一个绘制阴影轮廓的示例，从 9 时到 15 时，每小时绘出一个阴影轮廓，共有 7 条阴影轮廓线，用不同的颜色和线型表示。

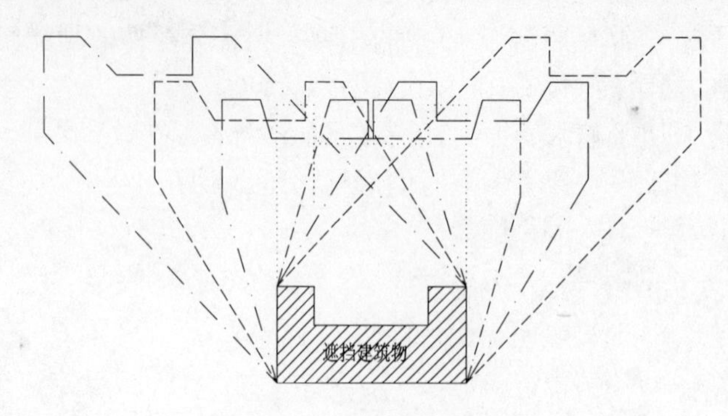

图 11-11　阴影轮廓线示例

11.10　单点分析　ddfx

菜单：日照 ▶ 单点分析

图元：阴影（_SHDE）；黄（2）；INSERT

功能：计算某个指定点处在指定日期的一日内受日照的时间。

在选择了遮挡建筑物的外轮廓线后，弹出类似图 11-8 所示的用于输入日照计算数据的对话框。在本命令中出现这个对话框时，「无效照角（度）」复选框变为可选，如果选中这个复选框，就可以在其右边的编辑框里输入角度数据。在一些地区计算日照时间时要求在总受照时间中扣除阳光照射到墙面上的入射角小于某一角度时的时间，这里要输入的就是这个角度。如果没有这样的规定，就不要选中「无效照角（度）」这个复选框。

计算数据输入后，单击「确定」按钮，就可以点取图中要进行日照分析的点。如果不须考虑“无效照角”，可以在任意点取点；但如果要考虑“无效照角”，则点必须取在建筑物轮廓线上。以后再输入计算日照点的高度，计算结果便显示在一个弹出的对话框内（见图 11-12）。同时在计算点的位置还插入一个标记块，可以用[单点标注]命令来对其进行标注。该对话框中“一段日照”、“二段日照”和“三段日照”是指连续日照的时间段数，图 11-8 所示对话框中的「最大时间段数」用于设定标注时标哪一行的数据。一个点计算结束后还可以再取下一点进行计算。

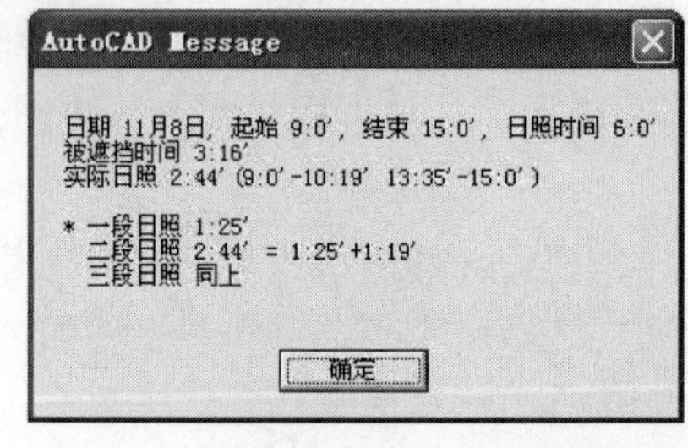

图 11-12　显示单点计算结果的对话框

11.11　影线时角　yxzhs

菜单：日照 ▶ 影线时角

图元：阴影（_SHDE）；黄（2）；INSERT

功能：根据阴影线计算受影面上某点的日照时刻及阴影高度。

执行本命令，屏幕弹出如图 11-13 所示的用于输入日照计算数据的对话框，在其中设定「纬度」、「日期」及「遮挡物高度」数据后，单击「OK」按钮退出对话框。然后点取用[阴影轮廓]命令绘出的阴影线上要计算的点，阴影线应该是“_SHDE”层上的“LINE”、“PLINE”

或“REGION”；也可以按<回车>键，通过取两点来描述阴影线（此时第一点是建筑物上产生遮挡的点，第二点为计算点）。程序会根据阴影线的角度、其起始点到计算点的距离及遮挡建筑物的高度来计算日照的时刻、角度和计算点上阴影投在被遮挡建筑物立面上的高度［见图 11-14（a)］。计算结果信息用对话框显示［见图 11-14（b)］。同时在计算点的位置还插入一个标记块，可以用[单点标注]命令来对其进行标注。

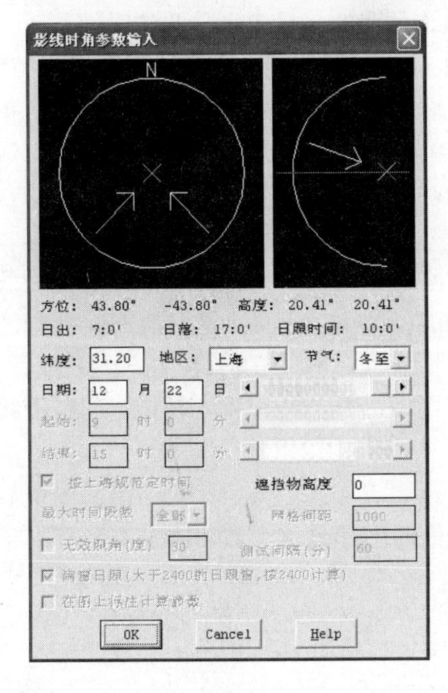

图 11-13　“影线时角参数输入”对话框

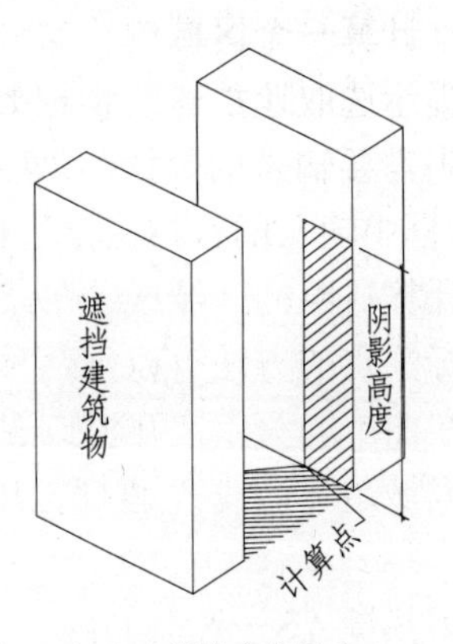

（a）阴影高度图示

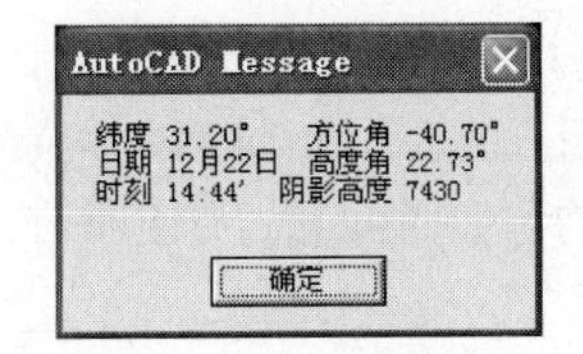

（b）显示计算结果

图 11-14　影线时角计算示例

11.12　单点标注　ddbzh

菜单：日照 ▶ 单点标注

图元：阴影（_SHDE）；黄（2），白（7）；INSERT，TEXT，LINE

功能：将[单点分析]或[影线时角]的计算结果标注到图面上。

在标注前，要先用[单点分析]或[影线时角]命令进行过单点的日照分析。选取要标注的分析点，并点取文字放置位置后，标注文字即写入图中。图 11-15 所示为图 11-12 显示的[单点分析]计算结果的标注，图 11-16 所示为图 11-14 显示的[影线时角]计算结果的标注。

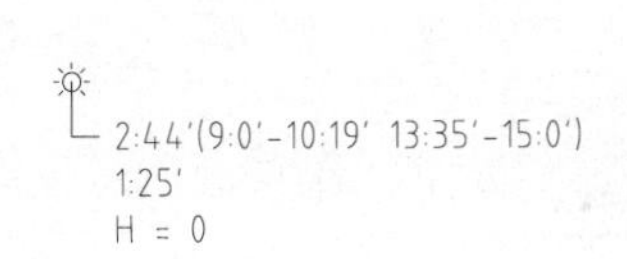

图 11-15　标注单点分析结果

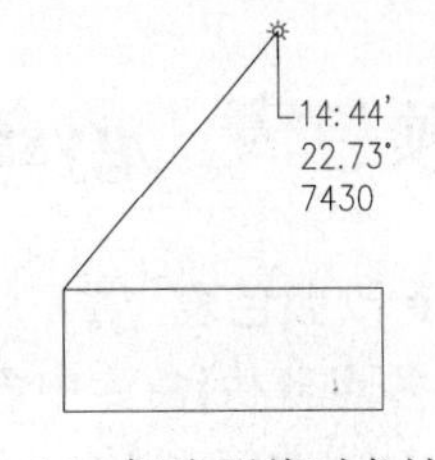

图 11-16　标注影线时角计算结果

11.13 多点分析 duodfx

菜单：日照 ▶ 多点分析

图元：阴影（_SHDE）；多种颜色；TEXT

功能：计算一个区域内均匀分布的网格点在指定日期的一日内受日照的时间。

根据提示选取遮挡建筑物轮廓线后，弹出如图 11-8 所示的输入日照计算数据的对话框。这个命令中需要输入的数据与[等照时线]命令中应输入的数据相同，而其中「网格间距（毫米）」编辑框中输入的数据决定了标注点的间距。输入数据并单击「OK」按钮退出对话框，再设定要计算日照的区域或一条线，计算结果被标注在各计算点上。

确定标注点的方法有以下两种：

（1）在图中取两点，开窗口选一个矩形区域（或用热键“D－任意区域”，选择一条已经绘制好的区域边界曲线），程序按用户给定的网格间距分割这个区域，并计算每个分割区的日照时间。

（2）用热键“S－选分布线”，拾取一条事先在图中画好的线，程序按指定间距沿线取计算点，并计算出每个点的日照时间。

图 11-17 和图 11-18 分别表示用两种不同的取日照点方式的分析计算结果。图中显示的数字表示所在点受日照时间（单位为小时）。表示日照时间超过这个数字再加 0.5。例如，“2+”表示此点的日照时间超过 2.5 小时。

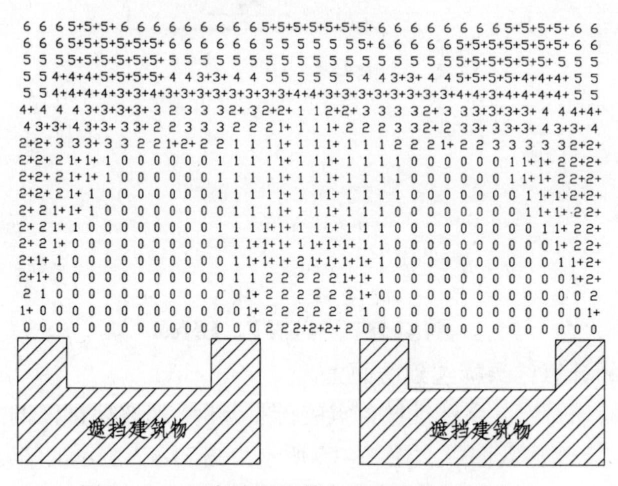

图 11-17 开窗确定计算点的多点分析示例

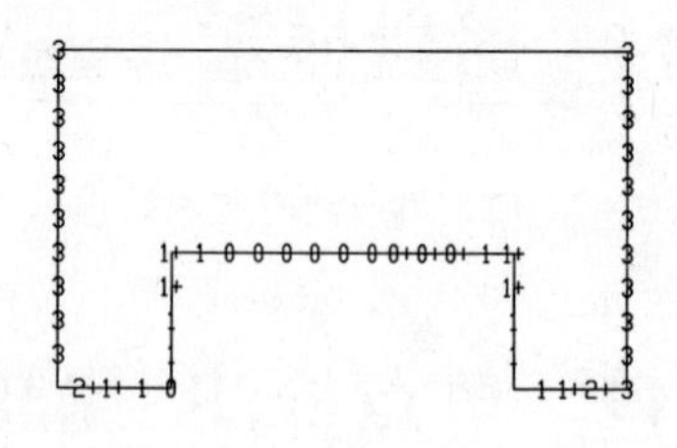

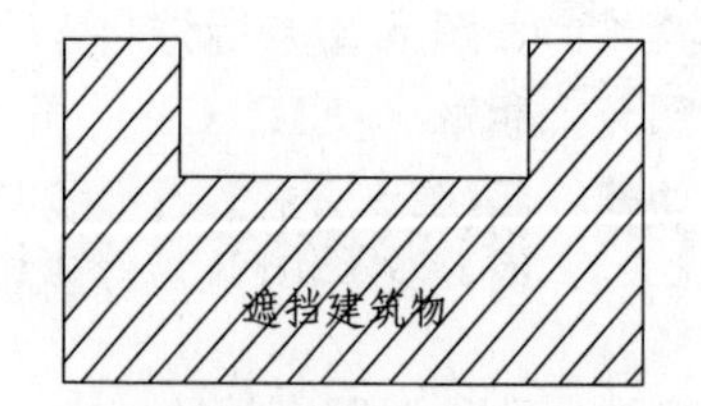

图 11-18 沿线取点的计算示例

11.14 改颜色表 gysb

菜单：日照 ▶ 改颜色表

功能：设置[多点分析]命令中表示时间数字的颜色。

本命令用如图 11-19 所示的对话框来设置表示日照时间数字的颜色。在对话框中修改颜色的方法有以下两种。

（1）在颜色列的编辑框中键入颜色号号码。

（2）点击颜色列中的颜色块，并在随后弹出的“选择颜色”对话框中设定颜色。

用本命令设定了日照时间数字与颜色的关系后，执行[多点分析]命令时的数字颜色按所设定的显示。

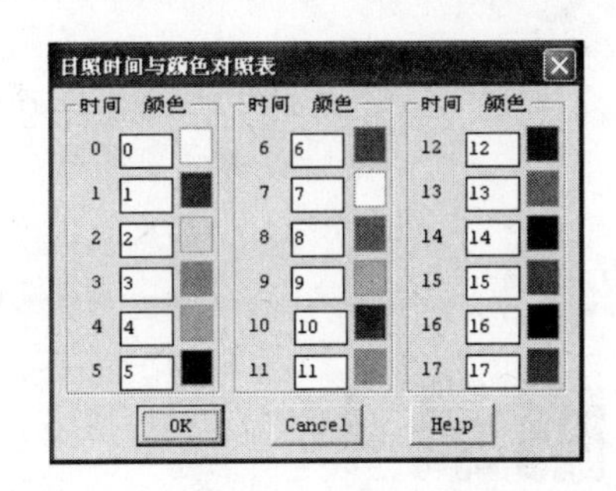

图 11-19　“日照时间与颜色对照表”对话框

11.15　逐时显示　zhshxsh

菜单：日照 ▶ 逐时显示

图元：阴影（_SHDE）；多种颜色；TEXT

功能：逐个显示[多点分析]结果中各等日照时间的区域。

执行本命令即可逐个显示各日照时间的区域（显示某时间的数字时，隐去其他时间的数字），目的是使用户可以更清楚地观察某日照时间的区域。

运行过程中，按<回车>键，即可显示下一个时区；用热键“C－中止”可中途退出。只有用[多点分析]命令标出计算区域中各点的日照时间后，本命令才有效。

11.16　时段显示　shdxsh

菜单：日照 ▶ 时段显示

图元：阴影（_SHDE）；多种颜色；TEXT

功能：显示某时段内的[多点分析]结果，隐去其他时段的日照区域。

执行本命令，输入要选择时段的起始和结束时间后，在图上显示这个时间段内的日照时间区域，隐去其他时段的数字。只有用[多点分析]命令标出计算区域中各点的日照时间后，本命令才有效。

11.17　阴影擦除　yycch

菜单：日照 ▶ 阴影擦除

图元：阴影（_SHDE）

功能：擦除阴影轮廓线和等照时线。

用本命令擦除图中所有的阴影线时，一般可以在出现选阴影线提示时直接按<回车>键，表示全选。命令执行时只擦除阴影线，而保留其他的图形。

附录 I
天正建筑 TS 命令索引表

附录 I　　天正建筑 TS 命令索引表

图标	中文命令名	英文命令	功　能	章　节
GB	Big5->Gb	big5_gb	将台湾地区的 BIG5 码转为国标码	5.2.20
B5	Gb->Big5	gb_big5	将国标码转为台湾地区的 Big5 码	5.2.19
	半径标注	bjbzh	标注圆或圆弧的半径	4.1.10
	保温层	bwc	沿墙绘制表示保温层的图案	7.3.8
	背景剪裁	bjjc	将文字所在位置的背景图形剪裁掉，使文字清晰	5.1.25
	比例重置	blchzh	将各视口中图形的大小比例恢复到刚插入时的状态	8.10.5
	边线擦除	bxcch	擦除搜索边界时留下的线或颜色填充	4.2.26
No.	编排序号	bpxh	在表格中按行或按列编排序号，或者在图中插入顺序排列的序号	5.2.17
	变比例	bbl	改变用[做比例块]命令生成的比例块（或窗口）的比例因子	8.2
M	变米单位	bmdw	将以毫米为单位的尺寸标注变为以米为单位的标注	8.7
	标高编辑	bgbj	翻转标高标注的方向或修改标高数值	4.2.4
	标注擦除	bzhcch (DR)	擦除各种层上的尺寸标注	4.1.27
	表格绘制	bghzh (TW)	参数化绘制表格	5.2.1
	表库管理	btrk	在表头库中添加或删除用户自制的表头	5.2.3
	表线拖动	bxtd	将部分表格线向一个方向拉长或缩短	5.2.5
	捕捉网格	bzhwg	设定以 3 000mm 为间距的捕捉网格，便于绘制单线墙时的定位	3.3.27
	擦表格线	cbgx (RT)	擦除指定的表格线段	5.2.7
	擦分格线	cfgx	擦除给定矩形范围内的分格线	2.3.25
	裁延伸线	cyshx (CL)	取两点截取过长的尺寸延伸线，以此两点连线为界剪裁尺寸延伸线	4.1.14
	菜单开关		显示或隐去屏幕菜单	2.2.5
	参数栏杆	cshlg	通过输入参数绘制剖面直楼梯段栏杆	6.3.12
	参数直梯	cshzht	通过输入参数绘制剖面直楼梯段	6.3.11
	层高标高	cgbg	为立或剖面图中选定的楼层线、屋顶和地坪线等注标高	4.2.10
	层高尺寸	cgchc	为立或剖面图中选定的楼层线、屋顶和地坪线等标注尺寸	4.1.31
	层填图案	ctta (TC)	在选定层上封闭的区域内填充各种剖面图案	7.2.1
	插日照窗	chrzhch	在设置过高度的建筑物轮廓线上插入要进行日照窗计算的窗	11.2
	插入表头	chrbt	在表头库中选择表头插入图中	5.2.2
	插异型柱	chyxzh	插入+形、T 形、L 形等形状的异型柱	3.2.2
	插正负零	chzhfl	在立、剖面图中插入正负零标志，确定图中 0 高度的位置	4.2.7
	插转角窗	chzhjch	沿转折的墙线插入转角窗（或称异型窗）	3.4.5
	插总图块	chztk	在当前层插入总图块	10.7
	拆分表格	chfbg	将一个表格拆分成两部分	5.2.14

续表

图标	中文命令名	英文命令	功　能	章　节
	池槽布置	cchbzh	在厨房或厕所平面中绘制小便池、盥洗槽或台板	3.6.2
	尺寸断开	bzhdk (DB)	将尺寸线在指定处断开	4.1.15
	尺寸合并	bzhhb (DM)	将多个尺寸标注合并成为一个	4.1.17
	尺寸精度	bzhjd	改变尺寸标注数字小数点后的保留位数	4.1.22
	尺寸平移	bzhpy (HM)	将尺寸线的一端沿标注方向移动，同时相应地改变尺寸值	4.1.11
	尺寸伸缩	chcshs (TD)	确定一个基准位置，将尺寸边线逐一调整到该位置	4.1.13
	尺寸纵移	bzhzy (VM)	沿尺寸界线的方向拖动尺寸标注线的位置或改变尺寸界线的长度	4.1.12
	初始门窗	chshmch	在造立面门窗的环境中，将门窗原型变成空窗套	7.4.10
	初始设置	qarcfg (CS)	设置绘图时所用的字体、线宽、门窗和标注式样等	2.2.1
	窗变高窗	chbgch	将普通窗变为高窗，连接经过窗的墙线	3.4.25
	窗口放大	chkfd	从图纸空间转到模型空间，放大显示指定视窗中的图形，或者从模型空间转回图纸空间	8.10.2
	垂直旋转	chzhxzh	动态垂直旋转透视图	6.4.21
	存比例块	cblk	将用[做比例块]命令生成的比例块存为一个图形文件	8.9.2
	单变双-2	dxbsh2	将已绘制好的单线墙转换为双线墙，并可处理与已有双线墙的连接	3.3.31
	单侧变宽	dcbk	从一侧改变直、弧墙上门窗的宽度（以门窗侧边为基点）及其相关的尺寸标注	3.4.16
	单侧栏板	danclb	为直楼梯单侧加上栏板	3.5.7
	单侧剖断	dcpd	剖断平面首层楼梯，并绘制剖切线	3.5.10
	单词缩放	dcsf	改变文字或属性文字的大小	5.1.14
	单词替换	dcth	根据文字内容搜索（或成批替换）图中文字或属性	5.1.17
	单词旋转	dcxzh	改变文字或属性文字的插入角度	5.1.15
	单词颜色	dcys	改变文字或属性文字的颜色	5.1.16
	单点标注	ddbzh	将[单点分析]或[影线时角]的计算结果标注到图面上	11.12
	单点分析	ddfx	计算某个指定点处在指定日期的一日内受日照的时间	11.10
	单线变双	dxbsh	将已绘制好的单线墙转换为双线墙	3.3.30
	单线剖断	dxpd	绘制以单线表示的楼梯剖断线	3.5.12
	单线拖动	dxtd	平行拖动单根表格线	5.2.6
	单线圆墙	dxyq	绘制单线圆墙	3.3.29
	单轴变号	dzhbh (HX)	逐个改变图中的轴线编号	3.1.12
	当前墙层	dqqc (UW)	设定当前墙层	3.3.1
	当前图层	dqtc (DQ)	将用户所选图元的图层设定为当前图层	2.3.8
	道路绘制	dlhzh	在总图中绘制道路	10.3
	道路圆角	dlyj	使各种道路节点变为给定半径的圆弧路节点	10.4

续表

图标	中文命令名	英文命令	功 能	章 节
	等径圆角	qxdjyj	使多个节点处的墙线同时变为给定半径的圆弧墙线	3.3.13
	等径圆角（道路）	dldjyj	使不同节点处的道路同时变为给定半径的圆弧路节点	10.5
	等照时线	dzhshx	计算并绘制等日照时间曲线	11.8
	地坪标高	dpbg	标注平面或大样图各楼层地坪的标高	4.2.3
	电梯插入	dtchr	在平面图中绘制电梯及电梯门	3.5.5
	调整宽高	tzhkg	修改多个图块的实际宽高；或调整图形的纵横比例，使其从一个矩形框转而适合另一个矩形框	7.1.9
	顶层栏板	dclb	为已绘好的顶层楼梯加上栏板	3.5.9
	定义隔墙	dygq (GQ)	将当前墙层上一段或数段两端与其他墙线相交的双线墙处理为隔墙	3.3.18
	定义角窗	dyjch	完成平面转角窗或圆弧窗的编辑，使其重新恢复成图块	7.4.5
	定义门窗	dymch	将线、弧等绘制的门窗，定义成本软件的门窗；将多个相邻门窗合并成一个或将已合并的门窗拆分	3.4.12
	定义视口	dychk	在图纸空间开视口，插入图形并定义所开视口的比例	8.10.1
	定义柱墙	dyzhq	将选取图元定义成柱子或生成轮廓融合的墙线	3.2.3
	定异型窗	dymlch	将图中门窗改制成门连窗、飘窗、元宝窗或弧形窗，除飘窗外可将其加入图库	3.4.13
	断面符号	xpqh (LP)	在图中标注断面剖切符号	4.2.16
	多边剪裁	dbjc	用多边窗口方式剪下所需部分图形作为详图存盘	2.3.4
	多边色块	dbsk	在图中插入多边形（包括弧线）色块	10.9
	多窗转换	dchzhh (ZH)	平铺模式（Tilemode）的开关	8.10.3
	多点分析	duodfx	计算一个区域内均匀分布的网格点在指定日期的一日内受日照的时间	11.13
	多线编辑	dxbj (DJ)	对多段线进行编辑的工具（加、减顶点，直、弧互换，优化）	2.2.15
	多用擦除	dycch (EA)	有选择地擦除选中图元。对于门窗和墙线，还具有[门窗擦除]和[墙线剪裁]的功能	2.2.7
	多用改字	dygz (DG)	将多个与文字有关的编辑命令组合在一起的命令	5.1.3
	多轴变号	duozhbh (MH)	改变图中一组轴线编号，该组编号自动重新排序	3.1.13
	垛宽插窗	qkchmch (WB)	先定垛宽，然后用侧边定位方式在平面墙线上插入门窗或在平面窗上插门	3.4.4
	垛宽插门	qkchmch (WB)	先定垛宽，然后用侧边定位方式在平面墙线上插入门窗或在平面窗上插门	3.4.4
	垛宽高窗	qkchmch (WB)	先定垛宽，然后用侧边定位方式在平面墙线上插入门窗或在平面窗上插门	3.4.4
	防水层	fshc	沿墙绘制表示防水层的图案	7.3.9

续表

图标	中文命令名	英文命令	功　　能	章　节
	放弃造块	fqzk	放弃并退出造图块环境	7.4.2
	分解对象		将专业对象分解为 AutoCAD 普通图形对象	2.2.6
	扶手接头	fshjt	连接剖面楼梯栏板或栏杆的接头	6.3.15
	复制表行	fzhbh	将表格中某一行的内容复制到另一行中	5.2.10
	改变层高	lpgcg	将已有立、剖面图中连续的若干层改变层高	6.1.6
	改变墙厚	gbqh	将某一厚度的墙（连同门窗）变成另一厚度	3.3.11
	改变线型	gbxx (CT)	改变轴线的线型	3.1.6
	改层文件	gcwj	重新定义图层的名称和颜色设定，可将新的设定以图层文件存盘	2.2.13
	改尺寸值	gchczh (CI)	修改已标注尺寸的数值	4.1.18
	改尺寸组	gchcz (GZ)	通过输入新、旧两组尺寸值，逐个修改符合条件的各组尺寸及相关图形	4.1.29
	改单尺寸	gdchc (GD)	通过修改标注值改变尺寸标注，并修改关联的被标注物	4.1.28
	改对齐点	zgdqd	改变文字（TEXT，MTEXT）、属性（ATTRIB）或属性定义（ATTDEF）的对齐方式	5.1.22
	改块颜色	gkys	改变图块颜色的工具	7.1.6
	改踏步高	gtbg	改变剖面图中已生成楼梯线的踏步高	6.3.17
	改颜色表	gysb	设置[多点分析]命令中表示时间数字的颜色	11.14
	高窗变窗	gchbch	将高窗变为普通窗，打断经过窗的墙线	3.4.26
	隔断隔板	gdgb	利用洁具绘制隔断、隔板	3.6.3
	隔墙复原	gqfy (NG)	将当前墙层上已定义好的双线隔墙恢复原状	3.3.19
	隔墙复制	gqfzh	可将带门窗的双线墙复制成隔墙	3.3.7
	汉字拆分	hzchf	将图中的一行汉字拆分成单个的汉字	5.1.18
	毫米单位	hmdw	将以米为单位的尺寸标注变为以毫米为单位的标注	8.8
	横排文字	hphz	将选中的文字按当前字型参数进行横排变换	5.1.6
	红线退让	hxtr	生成向红线内部不等距退让的红线退让线	10.1
	弧段楼梯	hdlt	绘制弧段楼梯平面图	3.5.4
	弧线阳台	hxyt	在双线弧墙或无墙窗处插入弧线阳台	3.7.2
	弧线轴网	hxzhw	生成弧线轴网或圆形轴网，可用直或弧轴线作为基准轴	3.1.2
	划分区格	hfqg	在造立面门窗的环境中，为门窗原型划分双线格	7.4.12
	划分网格	hfwg	在造立面门窗的环境中，为门窗原型划分单线格	7.4.11
	画成片树	hpmsh	画成片或单棵的平面树	10.6
	画单线墙	hdxq	绘制单线直墙或弧墙	3.3.28
	画对称轴	dchzh	绘制对称轴及符号	4.2.21
	画可见墙	hpmkjq	在剖面图中绘制可见墙线	6.2.8
	画三维墙	hswq	绘制三维墙实体	6.4.2

续表

图标	中文命令名	英文命令	功　　能	章　节
	画双线墙	hshxq (DW)	绘制双线直墙（折线墙）或弧墙	3.3.2
	画双线墙（剖面）	pmshxq	在剖面图中绘制双线墙	6.2.7
	画围墙	hwq	绘制围墙	7.3.11
	画遮挡面	wipeout	在造立面阳台的环境中，为阳台加遮挡面，用于遮挡后面的立面门窗	6.1.22
	画指北针	hzhbzh	在当前图插入指北针图块	4.2.23
	换立面窗	hlmmch(EW)	把选中的立面门窗换成另一种类型	6.1.16
	换平面窗	hmch (HW)	将图中已有的窗（或门）换成另一种类型的窗（或门）	3.4.11
	换剖面窗	hpmmch	将图中已有的剖面门窗换成另一种类型的门窗	6.2.15
	换三维窗	hmxmch	把选中的三维门窗换成另一种类型	6.4.11
	换阳台	hlmyt	把选中的立面阳台换成另一种类型	6.1.19
	恢复原值	hfyzh	把已用[改尺寸值]命令修改过的尺寸数值恢复为原标注值	4.1.19
	绘屋顶线	hwdx	逐个找出屋顶平面的各角点，然后连成一条封闭的屋顶线	3.8.5
	计算器	jsq (CA)	用于一般算术计算	2.3.26
	加保温层	jbwc	在所需的墙一侧加保温层	3.3.17
	加窗套	jcht	为立面窗增加全包的窗套或窗上、下沿线	6.1.18
	加粗线段	jcxd (JC)	加粗指定的线段	2.3.11
	加可见梁	jkjl	在剖面图中加纵向可以看到的梁	6.3.5
	加门口线	jmkx	在门口或洞口的一侧或中间加分隔线	3.4.22
	加面层	jmc	沿墙绘制表示面层的线	7.3.10
	加剖断梁	jpdl	在剖面图中加横剖面梁（可直接加，也可以在已有的剖面板上加）	6.3.4
	加剖断线	jpdx	在平面图或剖面图中加剖断线	4.2.22
	加雨水管	jyshg	在屋顶平面图中绘制雨水管	3.8.8
	减去表列	jqbl	在已绘制好的表格中删去一列	5.2.12
	减去表行	jqbh	在已绘制好的表格中删去一行	5.2.9
	减去轴线	jqzhx (NX)	删除图中的轴线及其轴号	3.1.5
	建筑出图		将图形做适当处理后，用绘图机出图	2.2.16
	建筑高度	jzhgd (HH)	定义建筑物轮廓线的高度	11.1
	箭头绘制	jthzh (AW)	绘制指示方向或坡度的箭头及引线	4.2.20
	交点打断	jddd (BX)	将交于一点的线（或弧）同时打断，或者交点打断并将交线变为圆弧	2.3.18
	交换表列	jhbl	将已有表格中的两列文字互换	5.2.13
	交线处理	jxchl (XE)	清理穿过柱子的墙线或将被打断墙线恢复	3.2.6
	角变弧长	jbhch	将角度标注转换成弧长标注，转换后的标注是一个组	4.1.9

续表

图标	中文命令名	英文命令	功　能	章　节
	角点缩放	jdsf (SF)	将指定的整个表格包括其内部文字以任意不同的纵横比例放大或缩小	5.1.13
	角注弧线	jzhhq (AF)	沿弧线用角度标注弧墙、轴线及其他图元	4.1.8
	洁具布置	jjbzh	在卫生间（或厨房）中插入洁具（或厨具）	3.6.1
	洁具擦除	jjcch	擦除洁具层上的图元	3.6.10
	洁具尺寸	jjchc	调整已插入图中洁具的尺寸	3.6.9
	洁具替换	jjth	将图中洁具替换为另一种形式的洁具	3.6.5
	洁具旋转	jjxzh	将一组洁具以自身基点为中心旋转指定角度	3.6.6
	洁具移动	jjyd	将一组洁具移动到指定位置	3.6.4
	结构基础	jgjch	将建筑平面图转换为结构基础条件图	9.4
	镜像修复	jxxf	修复因为镜像命令造成的文字、属性、轴线号等图元的反向	5.1.26
	矩形边框	jxbk	绘制台面、大便器台阶和地沟等附件的矩形边框	3.6.11
	矩形剪裁	jxjc	用矩形窗口方式剪下所需部分图形插入图中或存盘	2.3.3
	矩形色块	jxsk	在图中插入矩形色块	10.8
	开关窗口	kgchk	打开（或关闭）PUB_WINDW（公共窗口）层，显示（或不显示）窗口外框	8.10.7
	开关平面	axof	打开或关闭透视图中的平面部分，如轴线、标注等元素的图元	6.4.25
	开关图框	kgtk	打开（或关闭）PUB_TITLE（公共图框）层，显示（或不显示）图框	8.10.6
	空心砖	kxzh	在墙中填充空心砖图案	7.3.6
	块转视窗	kzhshc	将以比例块方式表示的单视窗图转换为多视窗图	8.5
	拉伸压缩	mxlshys	对三维实体在边界内的部分相对边界外的部分做拉伸（或压缩）处理	6.4.15
	立面地坪	lmdp	按给定的室内外高差为立面图绘制室外地坪线	6.1.12
	立面绘制	lmhzh	参数化直接生成立面图的门窗、墙线、地坪和楼层线	6.1.2
	立面门窗入库	lmmchrk	将新造的立面门窗图块存入图库	7.4.13
	立面幕墙	lmmq	在立面图中生成幕墙或带形窗	6.1.3
	立面屋顶	lmwd	可绘制多种形式的立面屋顶	6.1.13
	立面阳台入库	lmytrk	将新造的立面阳台图块存入图库	7.4.14
	立剖导出	lpmdch	拾取正负零标志，将立、剖面图存成图形文件	6.1.10
	立剖导入	lpmdr	选取图形文件，将立、剖面图插入到当前图中	6.1.11
	立剖删除	lpmshch	拾取正负零标志，删除整个相关的立、剖面图	6.1.9
	连接线段	ljxd (LJ)	将两条直线、圆弧或 PLINE 线连接起来，或多选连接同层共线的线段	2.3.17

续表

图标	中文命令名	英文命令	功　　能	章　节
	梁板加粗	lbjc	将剖面图中的楼梯、地面、屋顶、梁板线向两边加粗	6.3.7
	梁板填充	pmlbtch	为剖面图中的梁、楼板填充剖面图案	6.3.24
	两点尺寸	ldbzh (TP)	以两点截取标注线并确定尺寸线位置，再选取要标注的图元标注尺寸，可增减标注点	4.1.3
	两跑楼梯	lplt	绘制两跑楼梯平面图	3.5.1
	临时炸开	lshzhk	将用[做比例块]命令插入的比例块炸开，以便于进行编辑	8.9.3
	另存接口	savecov	按[图层接口]命令中的「用户接口」方式存图，当前图保持不变	9.1
	另存默认	savedft	按[图层接口]命令中的「默认图层」方式存图，当前图保持不变	9.2
	楼板底线	lbdx	为剖面图中的单楼层线加底线，成为双线楼板	6.3.1
	楼板方洞	lbfd	在平面图中绘出楼板方洞	3.8.11
	楼板实线	lbshx	将建筑平面图转换为实墙线楼板平面条件图	9.6
	楼板虚线	lbxx	将建筑平面图转换为虚墙线楼板平面条件图	9.5
	楼板圆洞	lbyd	在平面图中绘出楼板圆洞	3.8.12
	楼层复制	lplcfzh	将已有立、剖面图某一层作为标准层，复制一层或几层到任意楼层	6.1.5
	楼层开关	lckg	打开或关闭立面楼层线	6.1.4
	楼梯擦除	ltcch	擦除平面楼梯和电梯	3.5.6
	楼梯反向	ltfx	将剖面图中已生成的楼梯线左右翻转方向	6.3.18
	楼梯栏板	ltlb	在剖面楼梯上绘制楼梯栏板线	6.3.13
	楼梯栏杆	ltlg	在剖面楼梯上绘制楼梯栏杆	6.3.14
	楼梯填充	pmlttch	为剖面图中的楼梯填充剖面图案	6.3.26
	轮廓删除	zhlkshch	造柱子块时，用于删除柱子原型的轮廓线	7.4.9
	轮廓填实	zhlktsh	造柱子块时，用于填实柱子原型	7.4.6
	门窗变宽	mchbk (HD)	改变直、弧墙上门窗的宽度（以门窗中心为基点）及其相关的尺寸标注	3.4.15
	门窗擦除	mchcch (RW)	擦除已画在图中的门窗，并使墙线自动闭合	3.4.27
	门窗擦除（三维）	swmchcch	擦除一组已插入的三维门窗	6.4.12
	门窗插入（立面）	lmmchchr	把在图库中选中的一个立面门或窗插入指定位置	6.1.17
	门窗插入（剖面）	pmmchchr	在剖面图中插入剖面门窗或立面门窗	6.2.13
	门窗插入（三维）	swmchchr	在三维墙上插入门窗	6.4.7
	门窗尺寸	mchbzh (DH)	为平面门窗标注尺寸，相关轴线也参与标注，可增减标注点	4.1.2

续表

图标	中文命令名	英文命令	功　　能	章　节
	门窗复制	mchfuzh (MC)	在双线墙上复制图中已有门窗，一次可复制多个门窗，并可进行镜像复制	3.4.8
	门窗复制（剖面）	pmmchfzh	复制剖面图中的剖面门窗或立面门窗	6.2.14
	门窗复制（三维）	swmchfzh	将一组已插入的三维门窗在同一道墙上复制若干次	6.4.8
	门窗名称	mchmch (WN)	标注、修改门窗名称，或改变门窗名称的可见性	3.4.9
	门窗入库	mchrk	将新造的平面门窗图块存入图库	7.4.4
	门窗修改（立剖）	lpmchxg	选取要修改的门窗及其下面的楼层线，修改其宽、高及其与地面的距离	6.1.7
	门窗修改（三维）	swmchxg	修改一组已插入的三维门窗的宽和高	6.4.9
	门窗选型	mchxx	设定通用的门窗插入命令所插门窗形式	3.4.1
	门窗移动	mchyd (YC)	沿墙移动直墙上的门窗及其相关的尺寸标注	3.4.14
	门窗移动（三维）	swmchyd	将一组已插入的三维门窗沿墙面进行上、下、左、右移动	6.4.10
	面积测量	fjmj (FM)	自动搜索房间内墙线或选取已有的边线，标出房间面积或给房间涂色。可对已有房间面积累加求和	4.2.24
	名称翻转	mchfzh	将图中门窗的名称文字从门窗一侧移至另一侧	3.4.20
	名称复位	mchfw	将门窗名称的位置移回初始位置	3.4.21
	内涵比例	nhbl	设定文字、线宽和各种符号的大小比例，使其在出图时保持适当的尺寸	2.2.2
	内视符号	nshfh	在平面图中绘制内视符号	4.2.14
	内外翻转	wdrevy	沿内外方向翻转图中的门或窗	3.4.18
	内外翻转（洁具）	jjnwfzh	将选到的洁具图块以墙线为轴翻转到另一个方向	3.6.7
	偶数分格	oshfg	将一块矩形区域按偶数分格	2.3.24
	偏移复制	pyfzh	按指定距离复制一条与原有屋顶线相平行的屋顶线	3.8.6
	平面标高	zhpmbg	为平面图注标高	4.2.2
	平面生立	pmshlm	利用图中已有的平面图，生成一个立面图标准层	6.1.1
	平面生模	pmshmx	利用图中已有的平面图，生成一个三维实体模型标准层	6.4.1
	平面生剖	pmshpm	利用图中已有的平面图，生成一个剖面图标准层	6.2.1
	剖面地坪	pmdp	按给定的室内外高差为剖面图绘制室外地坪线	6.2.4
	剖面门窗入库	pmmchrk	将新造的剖面门窗图块存入图库	7.4.15
	剖面檐口	pmyk	在剖面图中绘制剖面檐口	6.2.5
	剖切索引	pqsy (O3)	为图中另有剖面详图的部分注剖切索引号	4.2.12
	剖视符号	dpqh (BP)	在图中标注剖面剖切符号	4.2.15
	剖梯上移	ptshy	沿垂直方向移动剖面楼梯	6.3.19
	剖梯阵列	ptzhl	复制多层剖面楼梯	6.3.16

续表

图标	中文命令名	英文命令	功　　能	章　节
	剖线面层	pxmc	为剖面图中的剖面楼板或楼梯加面层	6.3.6
	剖线修补	pxxb	修补残缺的剖线	6.3.29
	奇数分格	jshfg	将一块矩形区域按奇数分格	2.3.23
	墙端封口	qdfk	封闭双线墙的端头	3.3.23
	墙厚尺寸	qhbzh (MW)	以两点连线确定尺寸线位置，为截取到的双线墙标注墙厚	4.1.5
	墙生轴网	qshzhw	根据已有的单线墙或双线墙生成正交轴网和弧线轴网	3.1.3
	墙线变实	qxbsh	将选取的墙线转换为实线线型	9.11
	墙线变虚	qxbx	将选取的墙线转换为虚线线型	9.10
	墙线擦除	qxcch (RQ)	擦除指定的单线墙或双线墙	3.3.16
	墙线出头	qxcht	为建筑图增加手绘效果的出头线	3.3.22
	墙线复制	qxfzh (CQ)	连同门窗复制已有双线墙	3.3.6
	墙线复制（剖面）	pmqxfzh	复制已有的剖面双线墙（可带门窗）	6.2.10
	墙线加粗	qxjc (QT)	将选中的墙线向两侧加粗	3.3.24
	墙线加粗（剖面）	pqqxjc	将剖面图中的墙线向两边加粗	6.2.11
	墙线填充	qxtch	为平面图中的墙体部分填充各种剖面图案	7.2.2
	墙线填充（剖面）	pmqxtch	为剖面图中的墙线填充剖面图案	6.3.25
	墙线修补	qxxb (XQ)	修补残缺的双线墙	3.3.15
	墙线移动	qxyd (M1)	移动双线墙中的单根墙线（连同门窗），可用此命令来改变墙厚	3.3.10
	墙线移动（剖面）	pmqxyd	移动剖面墙线和可见墙线，剖面墙上的门窗随着改变，可用于改变墙厚	6.2.9
	墙线圆角	qxyj	使 L 形墙线变为给定半径的圆弧墙线	3.3.12
	墙中尺寸	qzhbzh	以两点连线确定尺寸线位置，为截取到的轴线、墙线等标注尺寸。对双线墙取中线标注	4.1.4
	切除墙体	qchqt	过切除线做垂直面，切除三维墙的一侧	6.4.3
	区域剖断	mxqypd	将一个指定边界区域内的三维实体图元进行剖断处理	6.4.14
	区域切除	mxqyqch	将一个指定边界区域内的三维实体图元切除	6.4.13
	曲排文字	qpwz	沿已有的一条 PLINE 线排列文字	5.1.9
	取消加粗	pmquxjc	将已经由[墙线加粗]、[向内加粗]（或[墙线出头]）命令生成的加粗线（或出头线）擦除	3.3.26
	取消加粗（剖面）	pmqxjc	将已经由剖面的[墙线加粗]、[向内加粗]和梁板的 [梁板加粗]、[向内加粗]命令生成的加粗线擦除	6.3.9
	取消加粗（屋顶）	ztquxjc	将已经由[屋顶加粗]命令生成的加粗线擦除	3.8.10
	取消三维	qxsw	取消鸟瞰效果	6.4.23
	取消外偏	qxwp	使外偏的轴号恢复到原位置	3.1.17

续表

图标	中文命令名	英文命令	功能	章节
	全注标高	qzhbg	为立、剖面图中选定的各图元注标高	4.2.9
	全注尺寸	qzhchc	为立、剖面图中选定的图元标注竖向尺寸	4.1.30
	任意翻转	wdreva (RV)	动态翻转门窗，改变门窗开启方向	3.4.19
	任意坡顶	rypd	用坡屋顶底边（PLINE）生成坡屋顶	6.4.6
	色块擦除	skcch	擦除填充色块	10.11
	删除	shchchk	删除比例块、窗口或图框	8.4
	删库图案	shkta	删除图案库中的某种图案	7.2.6
	删平面图	shpmt	搜索完外墙线后删除平面图	3.8.7
	删线图案	shxta	删除线图案库中用户建立的填充图案	7.3.3
	删属性点	shshxd	删除由于炸开图块而存留在图上的属性点	7.1.10
	设备平面	shbpm	将建筑平面图转换为设备平面条件图	9.7
	设透视图	shtsht	将三维轴测图转换成透视图	6.4.17
	生成三维	shchsw	将平面图临时转换成三维标准层，观察此平面图的鸟瞰效果	6.4.22
	时段显示	shdxsh	显示某时段内的[多点分析]结果，隐去其他时段的日照区域	11.16
	实心抽空	zhshxchk	造柱子块时，用于消去柱子原型的填充	7.4.7
	视窗转块	shchzhk	将多视窗图转换为比例块组成的单视窗图	8.6
	视点距离	tshjl	动态变化透视图的视点距离	6.4.18
	视梯上移	shtshy	沿垂直方向移动可见楼梯	6.3.20
	视图平移	shtpy	动态平移透视图	6.4.19
	饰面砖	shmzh	在墙表层绘制饰面砖图案	7.3.7
	手工散水	shgssh	手工点取画散水的位置，绘制散水	3.8.2
	竖变横排	shpbb	将图中竖排的文字变换为横排文字	5.1.8
	竖排文字	shphz	将选中的文字按当前字形变换成竖排形式	5.1.7
	竖向参数	3es	设定生成立面、剖面和三维图时的高度方向尺寸参数	6.4.24
	竖向尺寸	shxbzh (DL)	连续标注竖直方向尺寸	4.1.6
	竖向定窗	shxdch	对已有日照窗的底标高进行调整，并可增减层数	11.5
	双侧剖断	shcpd	剖断平面中间层楼梯，并绘制剖切线	3.5.11
	双椭圆墙	shxtyq	绘制双线椭圆墙	3.3.4
	双线裁剪	shxcj (JS)	剪裁当前墙层上已画好的双线墙	3.3.14
	双线绘制	shxhzh (DA)	用于绘制双线的命令	2.3.15
	双线楼板	sxlb	在剖面图中绘制向下加厚的双线楼板	6.3.2
	双线圆墙	shxyq	绘制双线圆墙	3.3.3
	双虚直线	shxzhx	绘制盥洗槽支撑垛的双虚线	3.6.12
	水平旋转	shpxzh	动态水平旋转透视图	6.4.20
	顺序插窗	shxchmch (WI)	用侧边定位方式在平面墙线上插入门窗或在平面窗上插门	3.4.2

续表

图标	中文命令名	英文命令	功　能	章　节
	顺序插窗	shxchch	用侧边定位方式在模型上插入日照窗	11.3
	顺序插门	shxchmch (WI)	用侧边定位方式在平面墙线上插入门窗或在平面窗上插门	3.4.2
	顺序高窗	shxchmch (WI)	用侧边定位方式在平面墙线上插入门窗或在平面窗上插门	3.4.2
	搜索边界	ssbj (SB)	搜索图形的几何边界，可将搜索到的区域涂色（用于面积累加）	2.3.21
	搜索墙线	ssqx (SW)	搜索墙线的边界，可将搜索到的区域涂色（用于面积累加）	2.3.22
	搜屋顶线	swdx	自动沿墙线搜索，生成屋顶平面轮廓线	3.8.4
	素土夯实	sthsh	填充素土夯实图案	7.3.5
	算日照窗	srzhch	计算受到建筑物遮挡时，建筑物上的窗在一日内受日照的时间，计算结果以表格形式输出	11.7
	索引图名	sytm (O1)	为图中局部详图标注索引图名及其比例	4.2.13
	台阶坡道	tjpd	绘制室外平面台阶或坡道	3.8.3
	梯板底线	tbdx	绘制剖面楼梯的底板线	6.3.21
	踢脚墙裙	tjqq	在剖面图中绘制以楼板（或楼梯线）为参照的踢脚（或墙裙线）	6.3.23
	填补墙体	tbqt	过填补线做垂直面，填补三维墙的凹进部分	6.4.4
	填充开关	tchkg	将图中的色块填充打开或关闭	2.3.20
	填实删除	zhtshshch	造柱子块时，用于删除柱子原型的填充	7.4.8
	统一字高	tyzg	将选定的图中文字改为统一的高度	5.1.12
	图案擦除	tacch (FR)	擦除图中已填充的图案，以及各种线图案绘制的面层线	7.2.3
	图案面积	tamj	计算用[搜索边界]等命令填充了颜色部分的面积，并标注图中	4.2.25
	图案入库	xtark	将用户制作的线图案加入到线图案库中	7.3.2
	图变单色	tbds	将当前图各层的颜色改为指定的一种颜色	9.12
	图标切换	mnuctrl (MM)	改变要显示的工具条菜单，自制用户菜单	2.2.4
	图层过滤	tcgl (TG)	通过图层过滤的方法生成选择集	2.2.11
	图层恢复	tchf (RY)	恢复上一次[图层记录]命令所记录的图层状态	2.3.10
	图层记录	tcjl (SY)	保存当前图形所有图层层名、颜色和线型等信息	2.3.9
	图层接口	tcjk	对当前图进行“接口”、“用户”和“默认”三种图层转换	9.3
	图层开关	tckg (LF)	根据需要开/关层、冻结、解冻层、锁定/解锁层和隐藏/再现图元	2.2.10
	图库编辑	tkbj (BE)	编辑图库目录、指定用户和外接图库的路径、移动或复制图块，以及制作幻灯片等	7.1.4
	图块管理	tkgl	对当前图上的图块进行分类统计，并取得图元选择集	7.1.5
	图块剪裁	tkjc	对图中的插入块图元进行修剪	7.1.8
	图块入库	tkrk (BI)	将所选取的图元制作成图块，并加入图库	7.1.1

续表

图标	中文命令名	英文命令	功　　能	章　节
	图块输出	tkshch (BT)	在图库中选取图块，将其插入当前图中	7.1.2
	图框插入	tkchr	在图中插入实或虚的图框	8.1
	图形变线	txbx	将已有的图块、文字或三维图转变为以 POLYLINE 线绘制的图形	2.3.14
	图形剪裁	txjc	对图形进行剪裁，去除剪裁窗口内的图形	2.3.5
	图形切割	txqg	在图上给定范围切下一部分图形并加边框后加入图中	2.3.6
	图元改层	tygc (CE)	将选定的图元改变到用户指定的图层上	2.3.7
	图元过滤	tytzhxq (TY)	通过选取样板图元的方法过滤生成选择集	2.2.12
	外包线	wbx	为立面图绘制外包轮廓线	6.1.14
	外框插块	wkchk	在指定的矩形框内插图块	7.1.3
	外引剪裁	wyjc	通过插入一个外部引用图块，达到裁开大图的目的	9.14
	外引提取	wytq	通过拾取要开关层图元，以达到是选择显示复制图元，还是外部引用图元的目的	9.15
	文件输入	wjshr	调入文本文件，将文件中文字书写到图中	5.1.4
	文字避让	wzbr	设置尺寸文字自动避让方式，将已标注尺寸的文字避让或回位	4.1.21
	文字编辑	wzbj (DE)	编辑图中已有的文字和输出带数字文字的累加结果	5.1.2
	文字标注	wzbzh (WT)	用[字形参数]设定的字形及宽高比标注文字，并可在词库中选词	5.1.1
	文字打断	wzdd	将图中原为一个图元的文字打断成为两个图元	5.1.19
	文字对齐	wzdq	将多组文字按指定的方式对齐	5.1.11
	文字翻转	wzfzh	翻转尺寸标注中文字的朝向	4.1.24
	文字输出	wzshch	把表中文字输出到指定文件中	5.2.18
	文字图名	wztm	绘制图纸名称和比例	4.2.19
	文字颜色	wzys	改变图中全部尺寸、标高、断面符号等标注中的文字颜色	4.1.25
	文字炸开	wzzhk	将图中的文字炸开成 Pline 线	5.1.20
	屋顶加粗	ztqxjc	将选中的屋顶线向两侧加粗	3.8.9
	屋顶填充	pmwdtch	为剖面图中的檐口填充剖面图案	6.2.6
	无墙插窗	wqchch	在无墙情况下生成直线（或弧线）的带形窗或幕墙，可用于插柱框架结构中的窗	3.4.6
	无墙插门	wqchm	在无墙情况下插门，可用于柱框架结构中插门或幕墙间插门情况	3.4.7
	弦注弧墙	xzhhq (AS)	沿圆弧标注各墙段弦长尺寸	4.1.7
	显示次序	draworder	调整各图元之间的遮挡关系	6.1.21
	线变复线	xbfx	将若干彼此相接的直线（LINE）、圆弧（ARC）、复线（POLYLINE）连接成整段的复线（LWPOLYLINE，又称为多段线）	2.3.16

续表

图标	中文命令名	英文命令	功　能	章　节
	线图案库	xtak	沿轨迹线绘制取自线图案库的线图案，库中图案可由用户自定义	7.3.1
	线型变比	xxbb	改变图中已有图元的线型比例	2.3.13
	向内加粗	xnjc(NC)	将选中的墙线向内加粗	3.3.25
	向内加粗（梁板）	lbxnjc	将剖面图中的楼梯、地面、屋顶、梁板线向内加粗	6.3.8
	向内加粗（剖面）	pqxnjc	将剖面图中的墙线向内加粗	6.2.12
	消除重线	xchchx	消除重叠的线或将串连在同一直线、弧线上的多根线合为一根	2.3.1
	消去窗套	xqcht	消去窗套，恢复墙线的原状	3.4.24
	消去墙垛	xqqd	消去墙垛，将墙线恢复原状	3.3.21
	消隐出图	xycht	对指定的视口进行处理，使得在出图时这些视口内的图形是被消隐的	8.10.8
	消重图元	xchty	消除各类重叠的图元，可用于处理无意中进行了原地复制的情况	2.3.2
	斜排图案	zxpta	制作一个斜排图案并将其装入 AutoCAD 图案库	7.2.5
	写表文字	xbwz (XZ)	在已画好的表格内填写文字	5.2.15
	行列输入	hlshr (OI)	按行或列在表格内填入文字	5.2.16
	休息平台	xxpt	绘制与剖面梯段相连的休息平台线	6.3.22
	修复尺寸	xfchc	修复被破坏的尺寸标注	4.1.23
	虚实变换	xshbh (DS)	使线型在虚线与实线之间进行切换	2.3.12
	沿墙变实	yqbsh	自动搜索封闭墙线，并将其转换为实线线型	9.9
	沿墙变虚	yqbx	自动搜索封闭墙线，并将其转换为虚线线型	9.8
	沿直线注	yzhqzh (LW)	以两点确定方向注尺寸，可增减标注点。沿直墙线标注时，相关的门窗及轴线被自动选中标注	4.1.1
	颜色恢复	yshf	将已变为单色的图恢复为原来的颜色	9.13
	檐口绘制	swykhzh	沿墙绘制三维檐口实体	6.4.5
	阳台擦除	ytcch (RB)	擦除指定的阳台	3.7.4
	阳台插入	lmytchr	把在图库内选中的立面门或窗，插入一个或多个到指定位置	6.1.20
	一分为二	yfwe (12)	将一个尺寸线等分成两个或多个尺寸线	4.1.16
	移动	ydchk	移动比例块、窗口或图框的位置	8.3
	移动复制	ydfzh (YF)	移动、复制（或多重复制）选择图元，中途可进行一些动态操作	2.2.14
	移立剖面	ylpm	拾取正负零标志，移动整个立、剖面图	6.1.8

续表

图标	中文命令名	英文命令	功　能	章　节
	移双线墙	yshxq (M2)	移动一组双线墙（连同其上的门窗），移墙的同时可以改变墙厚，相连墙线随着伸缩	3.3.9
	移正负零	yzhfl	移动正负零标志，从而调整立、剖面图的正负零标高位置	4.2.8
	阴影擦除	yycch	擦除阴影轮廓线和等照时线	11.17
	阴影轮廓	yylk	计算日照阴影并绘出阴影的轮廓线	11.9
	引出标注	ychbzh (D2)	绘制用引线引出的文字标注，可用于对多个标注点做同一内容的标注	4.2.17
	影线时角	yxzhs	根据阴影线计算受影面上某点的日照时刻及阴影高度	11.11
	用户坐标	yhzb	通过拾取三维实体图元的边界线，将当前的用户坐标转到实体的一个面上	6.4.16
	雨水管	yshg	按给定的位置生成竖直向下的雨水管	6.1.15
	预制楼板	yzhlb	在剖面图中插入预制楼板图块	6.3.3
	造块原型	zkyx	选取图块原型，进入该类图块的造块环境	7.4.1
	造门窗表	zmchb	统计平面图中的门窗名称、规格、数量等，造门窗表	3.4.10
	造图目录	ztml	搜索本图或其他图中的图框信息，造图纸目录表	5.2.4
	增加表列	zjbl	在已绘制好的表格中增加一列或多列	5.2.11
	增加表行	zjbh	在已绘制好的表格中增加一行或多行	5.2.8
	增加窗套	zjcht	为平面图中的窗加窗套	3.4.23
	增加墙垛	zjqd	在双线墙上加墙垛	3.3.20
	增加轴线	zjzhx (AX)	在原有的轴网上增加一条轴线及其相关轴号	3.1.4
	增减边线	zjbx (GL)	增加或减去已有尺寸标注的尺寸延伸线	4.1.26
	炸开取消	zhkqx	将用[临时炸开]命令炸开的图形恢复为比例块	8.9.4
	遮挡擦除	zhdcch	擦除由[遮挡处理]填充的遮挡面。	6.3.28
	遮挡处理	zhdchl	为选取的前景图元填充遮挡面，或将插入块处理成有遮挡功能的图块	6.3.27
	遮挡顺序	skzhdshx	增减色块层的数量、改变各层的颜色、调整各层的遮挡顺序，以及设置当前色块层	10.10
	整理图形	qltx	用于清理图形、坐标系转换、Z 坐标归零、图元坐标值归整和调整图层显示顺序	2.2.3
	整体楼梯	zhtlt	通过输入参数绘制剖面整体楼梯	6.3.10
	整体移墙	zhtyq (M0)	将墙线连同其上的门窗沿法线方向移动一段距离，相连墙线随着修改	3.3.8
	直段楼梯	zhdlt	绘制平面（或立剖面）的直段楼梯或立面坡屋顶图形	3.5.3
	直排图案	zzhpta	制作一个直排图案并将其装入 AutoCAD 图案库	7.2.4
	直线阳台	zhxyt (YT)	在双线直墙或无墙窗结构处插入阳台	3.7.1
	直线轴网	zhxzhw (LX)	生成正交轴网、斜交轴网或单向轴网	3.1.1

续表

图标	中文命令名	英文命令	功　　能	章　节
	纸模切换	zhmqh	图纸空间（Pspace）和模型空间（Mspace）的切换	8.10.4
	指向索引	zhxsy (O2)	为图中另有详图的部分注详图索引号	4.2.11
	中层栏板	zhclb	为已绘好的中间楼层楼梯加上栏板	3.5.8
	中心插窗	zhxchmch (WC)	用中点定位方式在平面墙线上插入门窗或在平面窗上插门	3.4.3
	中心插窗	zhxchch	用中点定位方式在模型上插入日照窗，可按等距分布方式一次插入多个窗	11.4
	中心插门	zhxchmch (WC)	用中点定位方式在平面墙线上插入门窗或在平面窗上插门	3.4.3
	中心高窗	zhxchmch (WC)	用中点定位方式在平面墙线上插入门窗或在平面窗上插门	3.4.3
	重排窗号	chpchh	将序号不合适的日照窗重新排窗号	11.6
	轴号定义	zhhdy	选择轴网标注中要使用的轴线号形式	3.1.11
	轴号拖动	zhhtd	沿尺寸界线方向拖动带轴号的轴网标注线的位置	3.1.14
	轴号外偏	zhhwp	调整已标注的轴号，使轴号向外偏，从而避免其重叠	3.1.16
	轴号移动	zhhyd	沿尺寸界线方向移动带轴号的轴网标注线的位置	3.1.15
	轴号隐现	zhhyx (XH)	改变轴线号中数字的可见性	3.1.18
	轴网标注	zhwbzh (MX)	在图中的各种轴网上标注轴线号和尺寸	3.1.9
	轴网生墙	zhwshq	根据选取的平面轴网绘制双线墙	3.3.5
	轴线标注	pmzhxbzh	为剖面图的轴线标注尺寸和轴线号	6.2.3
	轴线擦除	zhxcch (RX)	擦除指定的轴线和轴线标注	3.1.8
	轴线绘制	zhxhzh	绘制总图中的点画线（如道路中心线）	10.2
	轴线剪裁	zhxjc	裁去一组轴线的一端或某个指定区域内的轴线	3.1.7
	轴线开关	zhxkg (XF)	开关轴线、轴标层（共有 3 种状态）	2.3.19
	轴线生成	pmzhxshch	绘制剖面轴线	6.2.2
	逐点轴标	zhdzhb (MB)	对多组同方向的轴线及无轴网的单线墙做标注	3.1.10
	逐时显示	zhshxsh	逐个显示[多点分析]结果中各等日照时间的区域	11.15
	注标高	zhbg (MG)	标注标高	4.2.1
	注明改值	zhmgzh	在已用[改尺寸值]命令修改过的尺寸文字下面，将实际尺寸值用红字写在括号内	4.1.20
	注坐标点	zhzbd (DP)	标注平面图上某点的坐标	4.2.5
	柱平墙皮	zhpqp	移动柱子使方柱的一侧与指定墙线对齐	3.2.7
	柱锥面线	zhzhmx	用于绘制立面图的柱面或锥面线，也可以绘制等分线	7.3.12
	柱子擦除	zhzcch (RC)	擦除图中的柱子，并恢复由[交线处理]命令打断的墙线	3.2.11
	柱子插入	zhzchr (IF)	在轴网的交点处插入方柱或圆柱	3.2.1
	柱子空心	zhzkx	将平面图中的实心柱变成空心柱	3.2.4
	柱子入库	pmzhzrk	将新造的平面柱子图块存入图库	7.4.3
	柱子实心	zhzshx	将平面图中的空心柱变成实心柱	3.2.5
	柱子替换	zhzth (CP)	将图中的柱子用图库中另一种形式的柱子来替换	3.2.10

续表

图标	中文命令名	英文命令	功　能	章　节
	柱子修改	zhzxg (HC)	修改已插入图中柱子的参数	3.2.9
	柱子移动	zhzyd (CM)	移动图中柱子的位置	3.2.8
	转角阳台	zhjyt	在直线墙（或无墙窗）的转角处生成转角阳台	3.7.3
	字变属性	wzbshx	将图中的文字变为属性文字，或将属性变为普通文字	5.1.21
	字表擦除	zbcch	擦除公共文字及公共表格层上的直线和各层上的文字	5.1.27
	字改上标	zgshb	将图中已有文字中的一个或几个字符改为上标形式	5.1.23
	字改下标	zgxb	将图中已有文字中的一个或几个字符改为下标形式	5.1.24
	字型参数	zxcsh (ZX)	设定当前文字的字体和宽高比	5.1.5
	自动扶梯	zdft	绘制自动扶梯平面图	3.5.2
	自动排版	zdpb	将一段（或多段）文字排版，或合并成一行	5.1.10
	自动散水	zdssh	自动搜索外墙线，绘制散水	3.8.1
	自然土壤	zrtr	填充自然土壤图案	7.3.4
	组编辑		生成、添加、移除及炸开组	2.2.9
	组选开关		使当前的图元选取状态处于按组选取或不按组选取的状态	2.2.8
	左右翻转	wdrevx	沿左右方向翻转图中的门或窗	3.4.17
	左右翻转（洁具）	jjzyfzh	将选到的洁具图块在墙线一侧左右翻转	3.6.8
	坐标参数	zbcsh	修改坐标标注的参数，修正被移动过的标注值	4.2.6
	做比例块	zblk	将图中一部分图形或外部图形文件制成图块，通过放缩以指定的比例置于图中	8.9.1
	做法标注	zfbzh(D3)	标注工程做法	4.2.18
	做块处理	tkchl	制作图块或将一般图块改为无名块	7.1.7

附录 II

简化命令一览表

附录 II　　**简化命令一览表**

命令名	简化命令	命令名	简化命令
TEXT(text1)	T1	计算器(jsq)	CA
组选开关(zxkg)	GS	加粗线段(jcxd)	JC
标注擦除(bzhcch)	DR	减去轴线(jqzhx)	NX
表格绘制(bghzh)	TW	建筑高度(jzhgd)	HH
擦表格线(cbgx)	RT	箭头绘制(Jthzh)	AW
裁延伸线(cyshx)	CL	交点打断(jddd)	BX
层填图案(ctta)	TC	交线处理(jxchl)	XE
尺寸断开(bzhdk)	DB	角点缩放(jdsf)	SF
尺寸合并(bzhhb)	DM	角注弧线(jzhhq)	AF
尺寸平移(bzhpy)	HM	连接线段(ljxd)	LJ
尺寸伸缩(chcshs)	TD	两点尺寸(ldbzh)	TP
尺寸纵移(bzhzy)	VM	门窗变宽(mchbk)	HD
初始设置(qarcfg)	CS	门窗擦除(mchcch)	RW
单轴变号(dzhbh)	HX	门窗尺寸(mchbzh)	DH
当前墙层(dqqc)	UW	门窗复制(mchfuzh)	MC
当前图层(dqtc)	DQ	门窗名称(mchmch)	WN
定义隔墙(dygq)	GQ	门窗移动(mchyd)	YC
多窗转换(dchzhh)	ZH	剖切索引(pqsy)	O3
多用擦除(dycch)	EA	剖视符号(dpqh)	BP
多用改字(dygz)	DG	墙厚尺寸(qhbzh)	MW
多轴变号(duozhbh)	MH	墙线擦除(qxcch)	RQ
垛宽插窗(qkchmch)	WB	墙线复制(qxfzh)	CQ
垛宽高窗(qkchmch)	WB	墙线加粗(qxjc)	QT
垛宽插门(qkchmch)	WB	墙线修补(qxxb)	XQ
面积测量(fjmj)	FM	墙线移动(qxyd)	M1
改变线型(gbxx)	CT	任意翻转(ryfzh)	RV
改尺寸值(gchczh)	CI	竖向尺寸(shxbzh)	DL
改尺寸组(gchcz)	GZ	双线裁剪(shxcj)	JS
改单尺寸(gdchc)	GD	顺序插窗(shxchmch)	WI
隔墙复原(gqfy)	NG	顺序插高(shxchmch)	WI
画双线墙(hshxq)	DW	顺序插门(shxchmch)	WI
双线绘制(shxhzh)	DA	搜索边界(ssbj)	SB
换立面窗(hlmmch)	EW	搜索墙线(ssqx)	SW
换平面窗(hmch)	HW	索引图名(sytm)	O1

续表

命　令　名	简化命令
图案擦除(tacch)	FR
图标切换(mnuctrl)	MM
图层过滤(tcgl)	TG
图层恢复(tchf)	RY
图层记录(tcjl)	SY
图层开关(tckg)	LF
图库编辑(tkbj)	BE
图块管理(tkgl)	BM
图块入库(tkrk)	BI
图块输出(tkshch)	BT
图元改层(tygc)	CE
图元过滤(tytzhxq)	TY
移动复制(ydfzh)	YF
文字编辑(wzbj)	DE
文字标注(wzbzh)	WT
弦注弧墙(xzhhq)	AS
向内加粗(xnjc)	NC
断面符号(xpqh)	LP
写表文字(xbwz)	XZ
行列输入(hlshr)	OI
字表擦除(zbcch)	WR
虚实变换(xshbh)	DS
沿直线注(yzhqzh)	LW
阳台擦除(ytcch)	RB
一分为二(yfwe)	12
移双线墙(yshxq)	M2
引出标注(ychbzh)	D2
增加轴线(zjzhx)	AX
增减边线(zjbx)	GL
整体移墙(zhtyq)	M0
直线阳台(zhxyt)	YT
直线轴网(zhxzhw)	LX
指向索引(zhxsy)	O2
中心插窗(zhxchmch)	WC
中心高窗(zhxchmch)	WC
中心插门(zhxchmch)	WC
轴号隐现(zhhyx)	XH
轴网标注(zhwbzh)	MX
轴线剪裁(zhxjc)	XT
轴线擦除(zhxcch)	RX
轴线开关(zhxkg)	XF
逐点轴标(zhdzhb)	MB
注标高(zhbg)	MG
注坐标点(zhzbd)	DP
柱子擦除(zhzcch)	RC
柱子插入(zhzchr)	IF
柱子替换(zhzth)	CP
柱子修改(zhzxg)	HC
柱子移动(zhzyd)	CM
字型参数(zxcsh)	ZX
做法标注(zfbzh)	D3

附录III

软件中数据文件一览表

附录 III 软件中数据文件一览表

文件名称	路　径	用　途	备　注
Acad.pat	Sys	图案定义数据	软件带，不要复制
Acad.pgp	Sys	简化命令定义（含用户自定义命令）	自动生成，可复制
Acad0.pgp	Sys	简化命令定义	软件带，不要复制
Axis.dat	工作目录	轴线生成记录数据	自动生成，可复制
Axisnb.dat	Lisp	轴号定义数据	自动生成，可复制
Clrchg.dat	Lisp	等照时线颜色定义数据	自动生成，可复制
Ddbldir.dat	Lisp	图库状态记录	自动生成，不要复制
Ddblpos.dat	Lisp	图库状态记录	自动生成，不要复制
Getword.dat	Lisp	文字标注词库数据	软件带，不要复制
Getwordu.dat	Lisp	文字标注词库（含用户自定义词汇）	自动生成，可复制
Layerdef.dat	Sys	图层定义数据	软件带，不要复制
Lnptlib.dat	Lisp	系统线图案库数据	软件带，不要复制
Lnptlibu.dat	Lisp	自定义线图案库数据	用户定义，可复制
Lvtry.dat	Lisp	洁具插入位置数据	自动生成，可复制
Mchbt.dat	Lisp	门窗表格式	自动生成，可复制
Rltplib.dat	Lisp	剖面楼梯栏杆形式数据	软件带，不要复制
Rltplibu.dat	Lisp	自定义剖面楼梯栏杆形式数据	用户定义，可复制
Syword.dat	Lisp	标号收藏词库数据	用户定义，可复制
Tbtit.dat	Lisp	系统表头数据	软件带，不要复制
Tbtitu.dat	Lisp	用户表头数据	用户定义，可复制
TCHindx.dat	Sys	天正命令定义（含用户自定义命令）	自动生成，可复制
TCHindx0.dat	Sys	天正命令定义	软件带，不要复制
Umnu.ini	Sys	用户工具条菜单	自动生成，可复制
Wddtbak.dat	Lisp	门窗表记录数据	自动生成，可复制
Wordlib.dat	Lisp	引出标注回溯词汇数据	自动生成，可复制
Wordlib_c.dat	Lisp	引出标注收藏的回溯词汇数据	自动生成，可复制
Wordlibt.dat	Lisp	表格文字回溯词汇数据	自动生成，可复制
Wordlibw.dat	Lisp	文字标注回溯词汇数据	自动生成，可复制
Wordlibz.dat	Lisp	做法标注回溯词汇数据	自动生成，可复制
Zflib.dat	Lisp	工程做法标准库数据	软件带，不要复制
Zfword.dat	Lisp	做法标注收藏词库数据	用户定义，可复制
Zmchb.dat	Lisp	造门窗表时门窗高数据	自动生成，可复制
自定义做法示例.csv	Lisp	用户自定义工程做法库示例	软件带，不要复制

附录Ⅳ
系统图块用途一览表

附录 IV　　系统图块用途一览表

图块文件名	用　　途
_0BZH.DWG	正负零标志
_3DD1.DWG	三维单扇门
_3DD2.DWG	三维双扇门
_3DFZ.DWG	三维方柱
_3DW1.DWG	三维窗
_3DYZ.DWG	三维圆柱
_ARROW.DWG	箭头之一
_ARROW2.DWG	坡度箭头
_ARROWa.DWG	箭头之二
_ARROWa0.DWG	箭头之三
_ARROWa1.DWG	箭头之四
_ARROWb.DWG	箭头之五
_ARROWb0.DWG	箭头之六
_ARROWb1.DWG	箭头之七
_ARROWc.DWG	箭头之八
_ARROWc0.DWG	箭头之九
_ARROWd.DWG	箭头之十
_AXISO.DWG	轴线号
_AXISO1.DWG	左偏轴线号
_AXISO2.DWG	右偏轴线号
_AXIST.DWG	附加轴线号芯
_BASEPT.DWG	制作插入块时使用的插入点标记
_BELE.DWG	立面阳台
_DBLK01.DWG	平面单扇门选型之一
_DBLK02.DWG	平面单扇门选型之二
_DBLK03.DWG	平面单扇门选型之三
_DBLK11.DWG	平面双扇门选型之一
_DBLK12.DWG	平面双扇门选型之二
_DBLK13.DWG	平面双扇门选型之三
_DCHZH.DWG	对称轴符号
_DELE.DWG	立面门
_DIMX01.DWG	尺寸标注选型之一（45° 粗线）
_DIMX02.DWG	尺寸标注选型之二（45° 细线）
_DIMX03.DWG	尺寸标注选型之三（圆点）
_DIMZB1.DWG	坐标点标注块
_DIMZB2.DWG	坐标点十字叉
_DOT.DWG	[引出标注]、[做法标注]使用的圆点
_EWDHOLE.DWG	造立面阳台时使用的边界标志
_FZH1.DWG	平面方柱选型之一（实心）
_FZH2.DWG	平面方柱选型之二（空心）
_FZH3.DWG	平面方柱选型之三（虚线）
_GCBLK.DWG	平面高窗块

续表

图块文件名	用　　途
_INDEX.DWG	索引标注符号
_INDEX1.DWG	索引图名符号（本图）
_INDEX2.DWG	索引图名符号
_INSIDE1.DWG	内视符号之一
_INSIDE2.DWG	内视符号之二
_INSIDE4.DWG	内视符号之三
_KDONG.DWG	平面空门洞
_LABEL1.DWG	图框会签栏
_LABEL2.DWG	图框图标栏
_LABEL3.DWG	图框图标栏（通长）
_LIFT.DWG	平面电梯
_LIFTD.DWG	平面电梯门
_NORTH.DWG	指北针
_PSTN.DWG	空块（做插入块时使用的标志）
_RAINH.DWG	立面雨水管漏斗
_SBBLK.DWG	剖面阳台
_SECTION.DWG	剖切符号
_SECTION1.DWG	断面符号
_SEWBLK.DWG	剖面图中的立面门窗
_SUN.DWG	[单点分析]、[影线时角]中使用的标注点
_SUNWD.DWG	日照窗
_SWBLK.DWG	剖面门窗
_SWBLK1.DWG	剖面门窗选型之一（四线）
_SWBLK2.DWG	剖面门窗选型之二（三线）
_SWDHOLE.DWG	造剖面门窗时使用的边界标志
_TEMPBLK.DWG	修改转角窗时使用的临时炸开标志
_WBLK1.DWG	平面窗选型之一（四线）
_WBLK2.DWG	平面窗选型之二（三线）
_WDATT.DWG	门窗名称属性
_WDHOLE.DWG	造平面门窗时使用的边界标志
_WELE.DWG	立面窗
_XHSHUAN.DWG	平面消火栓
_YLCAO.DWG	平面预留槽
_YLDONG.DWG	平面预留洞
_YZH1.DWG	平面圆柱选型之一（实心）
_YZH2.DWG	平面圆柱选型之二（空心）
_YZH3.DWG	平面圆柱选型之三（虚线）
TREE_PLN.DWG	画成片树的树形